交通版高等职业教育规划教材

YINGYONG GAODENG SHUXUE

应用高等数学

（下册）

胡大京　主编
王怡民　主审

人民交通出版社

内 容 提 要

本教材分为上、下两册。上册为基础篇，主要内容包括函数、极限与连续，一元函数微分及应用，一元函数积分及应用；下册为专业篇，主要内容包括空间解析几何与向量代数、多元函数微积分及应用、级数及应用、常微分方程及应用、积分变换、概率、数理统计基础及应用、线性代数及应用、MATLAB与数学建模初步。书中各章节都配有例题、习题、复习题及应用型题目。书后附有参考答案与提示。

本教材可作为高职高专院校工科类专业通用的高等数学教材、各类培训教材，也可作为学生专升本的自学用书。

图书在版编目(CIP)数据

应用高等数学. 下册 / 胡大京主编. --北京 ：人民交通出版社，2013.1

ISBN 978-7-114-10276-9

Ⅰ.①应… Ⅱ.①胡… Ⅲ.①高等数学—教材 Ⅳ.①013

中国版本图书馆CIP数据核字(2012)第319502号

书　　名：应用高等数学（下册）
著 作 者：胡大京
责任编辑：富砚博
出版发行：人民交通出版社
地　　址：(100011)北京市朝阳区安定门外外馆斜街3号
网　　址：http://www.ccpress.com.cn
销售电话：(010)59757973
总 经 销：人民交通出版社发行部
经　　销：各地新华书店
印　　刷：北京市密东印刷有限公司
开　　本：787×1092　1/16
印　　张：19.25
字　　数：456千
版　　次：2013年1月　第1版
印　　次：2013年1月　第1次印刷
书　　号：ISBN 978-7-114-10276-9
印　　数：0001—2000册
定　　价：45.00元

前　言

本教材是根据教育部〔2006〕16 号文件关于培养高职高专学生成为高素质技能型人才培养的目标要求和培养对象的特殊性,结合高职院校工科类专业对数学的需求,依照“定位高职、注重‘必需、够用’,强化应用意识,融入数学思想”的原则编写的。教材分为上、下两册。上册为基础篇,主要内容为一元函数微积分及应用;下册为专业篇,内容可根据不同专业需求进行选取。每章前有学习目标,章后配有与内容相关的数学素质拓展。

本教材具有以下特点:

1. 数学应用和专业知识相融合

基础篇内容以一元函数微积分及应用为主,适合各专业学生使用。其中的大量案例来自于实践或与专业知识背景相关。内容由浅入深,通俗易懂,是专业篇的基础。专业篇结合了工科类专业特点,摒弃了原有数学知识体系,融入了较多的专业知识和专业案例,真正体现高职数学服务于专业的教育功能,适合不同专业根据专业需求进行整合。

2. 数学应用和数学思想相融合

教材每一章都配有与内容相关的数学素质拓展部分,为的是更好地将“数学思想和学法”融入教材中,让学生了解相关的数学发展史,激发其学习兴趣,提高学生的数学文化素质。

3. 数学应用和计算机相融合

教材将数学建模思想和工程上常用的数学软件 MATLAB 融入其中。一方面,可更好地体现高职数学利用现代化技术解决实际问题的特点;另一方面,体现了数学的实践应用性,有助于提高学生分析问题、解决问题的能力。

4. 教材编写体现以学生为本

教材编写以“教师好用、学生好学”为出发点,注重从实际问题引入基本概念,揭示其实质。既适度保持数学学科自身的系统性与逻辑性,又充分考虑高职高专学生的认知特点,恰当选取教材内容的深度和广度。在不影响数学基本理论体系的前提下,淡化了繁琐的逻辑证明和推理过程,强化了几何说明、物理意义和经济背景,使学生形象、直观地理解和掌握教学内容,并能实现学以致用。同时,考虑到高职学生的数学基础较薄弱,我们将初等数学的知识要点及部分初等数学内容编成预备知识附于书后,以供查阅。

另外,还配有与教材相配套的《应用高等数学习题册》供学生课外作业使用。书中带有“＊”的内容,学习者可根据实际需要选学。

本教材也可作为高职高专院校工科类专业通用的高等数学教材、各类培训教材，也可作为学生专升本的自学用书。

《应用高等数学（下册）》的编写由浙江交通职业技术学院数学教研室团队历时一年倾力完成。全书由浙江交通职业技术学院院长王怡民负责主审；胡大京担任主编并负责统稿；斯彩英、郑锡陆、王桂云担任副主编。具体编写分工如下：第5、7章由郑锡陆编写，第6、8、9章由胡大京编写，第10章由王桂云编写，第11、12章及每一章节的MATLAB部分由斯彩英编写，乾春涛负责全书文字校对。

参与本书编写讨论的还有浙江交通职业技术学院副院长金仲秋、教务处处长柴勤芳以及路桥学院、汽车学院、机电学院、人文学院、信息学院的各位分院院长及各位专业主任和专业骨干教师。由于有他们的支持，使得本书的价值得到较大提升。

由于编者水平有限，错误和不当之处在所难免，恳请广大读者批评指正。

编　者

2012年10月

目 录

第5章 空间解析几何与向量代数

第 6 章　多元函数微积分及应用

*第 7 章　级数及应用

第 8 章 常微分方程及应用

第9章 积分变换

第10章 概 率

第 11 章 数理统计基础及应用

* 第 12 章 线性代数及应用

第5章 空间解析几何与向量代数

学习目标

1. 掌握空间直角坐标系与向量坐标知识；
2. 掌握向量知识及其运算方法；
3. 会用数量积及向量积运算；
4. 了解空间曲面与曲线的方程；
5. 能够求空间平面与直线方程。

重点：向量线性运算、数量积与向量积运算、求解空间平面与直线方程。
难点：空间曲面与曲线及其方程。

5.1 空间直角坐标系

在空间取定点 O 和三个两两垂直的单位向量 $\boldsymbol{i}$、$\boldsymbol{j}$、$\boldsymbol{k}$，就确定了三条都以 O 为原点的两两垂直的数轴，依次记为 x 轴（横轴）、y 轴（纵轴）、z 轴（竖轴），统称为坐标轴，其坐标分别为 $(x,0,0)$、$(0,y,0)$、$(0,0,z)$。它们构成一个空间直角坐标系，称为 $Oxyz$ 坐标系或 $[O,i,j,k]$ 坐标系。它们的正向通常符合右手规则。用右手握住 z 轴，当右手的四个手指从 x 轴正向以 $90°$ 的角度转向 y 轴的正向时，大拇指的指向就是 z 轴的正向（见图 5-1-1）。三个坐标面：xOy 面、yOz 面、zOx 面，这些坐标面上点的坐标分别为 $(x,y,0)$、$(0,y,z)$、$(x,0,z)$。三个坐标平面把空间分成 8 个卦限（见图 5-1-2）。

1）空间一点的坐标

已知 M 为空间一点. 过点 M 作三个平面分别垂直于 x 轴、y 轴和 z 轴，它们与 x 轴、y 轴、z 轴的交点分别为 P、Q、R，这三点在 x 轴、y 轴、z 轴上的坐标分别为 x、y、z。于是空间的一点 M 就唯一确定了一个有序数组 x,y,z。这组数 x,y,z 就叫做点 M 的坐标，并依次称 x,y,z 为点 M 的横坐标、纵坐标和竖坐标。坐标为 x,y,z 的点 M 通常记为 $M(x,y,z)$。

2）两点间的距离公式

设 $M_1(x_1,y_2,z_1)$、$M_2(x_2,y_2,z_2)$ 为空间内的两个点，由图 5-1-3 可知 M_1、M_2 两点间的距离为

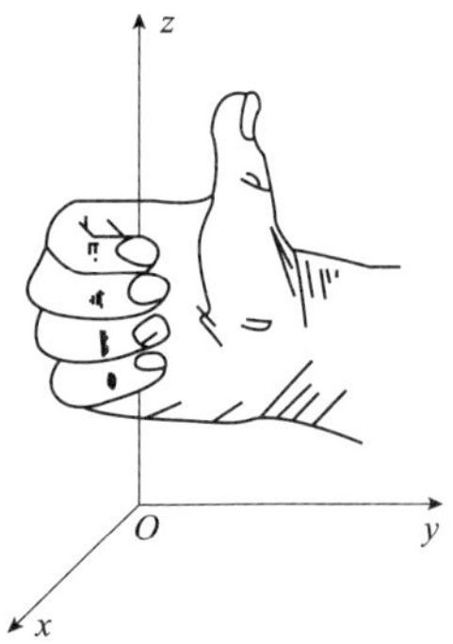

图 5-1-1

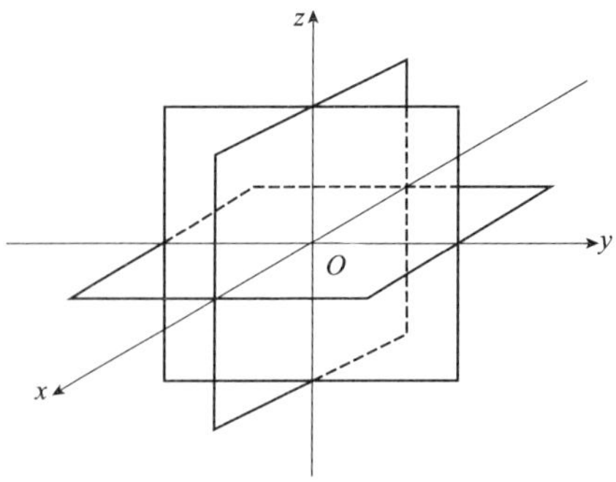

图 5-1-2

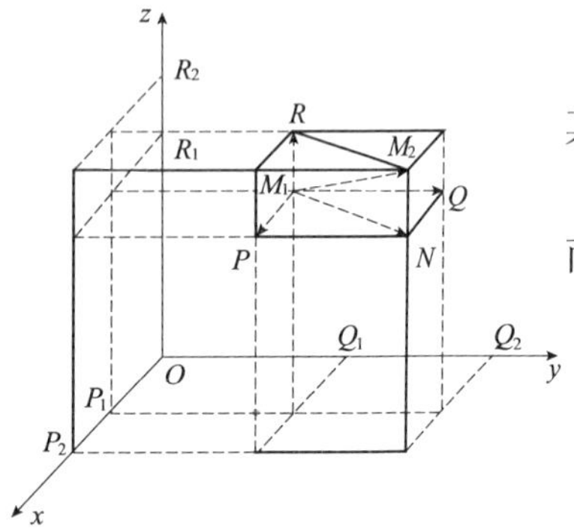

图 5-1-3

$$|M_1M_2|^2 = |M_1N|^2 + |NM_2|^2 (\Delta M_1NM_2 \text{ 是直角三角形})$$

其中

$$|M_1N|^2 = |M_1P|^2 + |PN|^2 (\Delta M_1PN \text{ 是直角三角形})$$

而

$$|PN| = |Q_2Q_1| = |y_2 - y_1|$$
$$|PM_1| = |P_2P_1| = |x_2 - x_1|$$
$$|NM_2| = |R_2R_1| = |z_2 - z_1|$$

所以 M_1M_2 之间的距离为

$$|M_1M_2| = \sqrt{(x_2 - x_1)^2 + (y_2 - y_1)^2 + (z_2 - z_1)^2}$$

例 1 求 $P_1(2, -1, 0)$、$P_2(-1, 2, 3)$ 之间的距离。

解 $|P_1P_2| = \sqrt{[(-1) - 2]^2 + [2 - (-1)]^2 + (3 - 0)^2} = \sqrt{27} = 3\sqrt{3}$

习题 5.1

1. 在空间直角坐标系中，指出下列各点在哪个卦限？

(1) $A(1, -2, 3)$；(2) $B(2, 3, -4)$；(3) $C(2, -3, -4)$；(4) $D(-2, -3, 1)$。

2. 分别求点 (a, b, c) 关于：

(1) 各坐标面的对称点的坐标；

(2) 各坐标轴的对称点的坐标；

(3) 坐标原点的对称点的坐标。

3. 求点 $M(4, -3, 5)$ 到各坐标轴的距离。

4. 在 yOz 面上，求与三点 $A(3, 1, 2)$、$B(4, -2, -2)$ 和 $C(0, 5, 1)$ 等距离的点。

5.2 向量及其运算

5.2.1 向量

向量是指既有大小又有方向的量。

(1)向量的表示法:一般地,几何上常用有向线段表示向量,起点为 A,终点为 B 的向量记为$\overrightarrow{AB}$,见图 5-2-1。也可用黑体小写字母 $\boldsymbol{a}$ 等表示(而在书写中,则用带箭头的小写字母 $\vec{a}$、$\vec{b}$ 表示)。

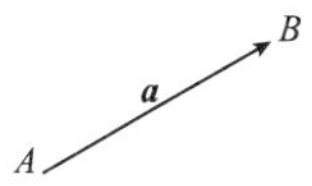

图 5-2-1

(2)自由向量:与起点无关的向量(我们数学上研究的向量都是)。

(3)两个向量相等:$\boldsymbol{a}=\boldsymbol{b}\Leftrightarrow$大小相等,方向相同(即平行且指向相同)。

(4)向量的模:向量的大小,记为 $|\overrightarrow{AB}|$ 。

(5)单位向量:模为 1 的向量。

(6)零向量:大小为 0,方向任意,记为 $\boldsymbol{0}$。

(7)平行向量:两个非零向量,方向相同或相反。两向量平行也称共线。

类似的,设有 $k(k>2)$ 个向量,当把它们的起点放在同一点时,如果这 k 个向量的终点和公共起点在一个平面上,就称这 k 个向量共面。零向量与任何向量平行。

5.2.2 向量的线性运算

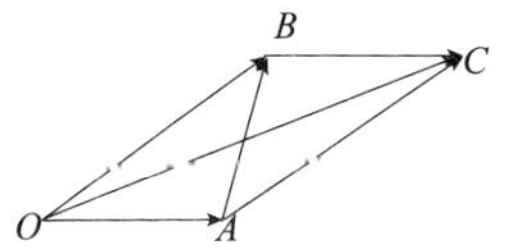

图 5-2-2

1)向量的加法

三角形原则:$\overrightarrow{OA}+\overrightarrow{AB}=\overrightarrow{OB}$

平行四边形原则:$\overrightarrow{OC}=\overrightarrow{OA}+\overrightarrow{OB}$(见图 5-2-2)

2)向量的减法

负向量:与 $\boldsymbol{a}$ 的模相同而方向相反的向量称作 $\boldsymbol{a}$ 的负向量,记作 $-\boldsymbol{a}$。

减法:$\boldsymbol{b}-\boldsymbol{a}=\boldsymbol{b}+(-\boldsymbol{a})$。

三角形法则:$\overrightarrow{OB}-\overrightarrow{OA}=\overrightarrow{AB}$。

3)向量与数的乘法

$$\lambda\boldsymbol{a}=\begin{cases}\lambda>0,|\lambda\boldsymbol{a}|=|\lambda||\boldsymbol{a}|,\text{方向与 }\boldsymbol{a}\text{ 相同}\\ \lambda<0,|\lambda\boldsymbol{a}|=|\lambda||\boldsymbol{a}|,\text{方向与 }\boldsymbol{a}\text{ 相反}\end{cases}\text{(见图 5-2-3)}$$

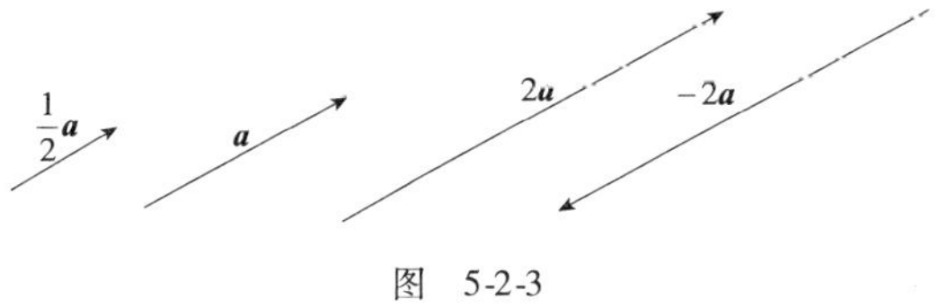

图 5-2-3

当 $\lambda=0$ 时,$\lambda\boldsymbol{a}$ 是零向量。

向量与数的乘积满足如下的运算规律：

$$\lambda(\mu\boldsymbol{a})=\mu(\lambda\boldsymbol{a})=(\lambda\mu)\boldsymbol{a}$$
$$(\lambda+\mu)\boldsymbol{a}=\lambda\boldsymbol{a}+\mu\boldsymbol{a}$$
$$\lambda(\boldsymbol{a}+\boldsymbol{b})=\lambda\boldsymbol{a}+\lambda\boldsymbol{b}$$

5.2.3 向量的坐标表示

下面介绍向量的坐标表示，以便于用坐标来讨论向量问题。

以坐标原点为起点，空间点 $P(x,y,z)$ 为终点的向量$\overrightarrow{OP}$称为 P 的向径，记作 $r(P)=\overrightarrow{OP}$。于是空间一点 P 与向径$\overrightarrow{OP}$建立了一一对应关系。沿 x 轴、y 轴、z 轴的正方向各取一个单位向量 $\boldsymbol{i}$、$\boldsymbol{j}$、$\boldsymbol{k}$，称它们为基本单位向量（如图 5-2-4 所示），于是有：

$$\overrightarrow{OP}=\overrightarrow{OP_1}+\overrightarrow{P_1P}=\overrightarrow{OM}+\overrightarrow{ON}+\overrightarrow{OQ}=x\boldsymbol{i}+y\boldsymbol{j}+z\boldsymbol{k}$$

即任何一个向量都可以分解为与各坐标轴平行的三个向量：$x\boldsymbol{i}$、$y\boldsymbol{j}$、$z\boldsymbol{k}$ 这三个向量分别称为向量$\overrightarrow{OP}$在坐标轴上的分向量。

向量$\overrightarrow{OP}$写成$\{x,y,z\}$，即$\overrightarrow{OP}=\{x,y,z\}$，这就是向量的坐标表示。特别地，$\boldsymbol{i}=\{1,0,0\}$，$\boldsymbol{j}=\{0,1,0\}$，$\boldsymbol{k}=\{0,0,1\}$。

例 1 设起点为 $A(x_1,y_1,z_1)$，终点 $B(x_2,y_2,z_2)$，求向量$\overrightarrow{AB}$的坐标表示式。

解 如图 5-2-5 所示，由三角形法则有$\overrightarrow{OA}+\overrightarrow{AB}=\overrightarrow{OB}$，从而

$$\begin{aligned}\overrightarrow{AB}&=\overrightarrow{OB}-\overrightarrow{OA}=(x_2\boldsymbol{i}+y_2\boldsymbol{j}+z_2\boldsymbol{k})-(x_1\boldsymbol{i}+y_1\boldsymbol{j}+z_1\boldsymbol{k})\\&=(x_2-x_1)\boldsymbol{i}+(y_2-y_1)\boldsymbol{j}+(z_2-z_1)\boldsymbol{k}=\{x_2-x_1,y_2-y_1,z_2-z_1\}\end{aligned}$$

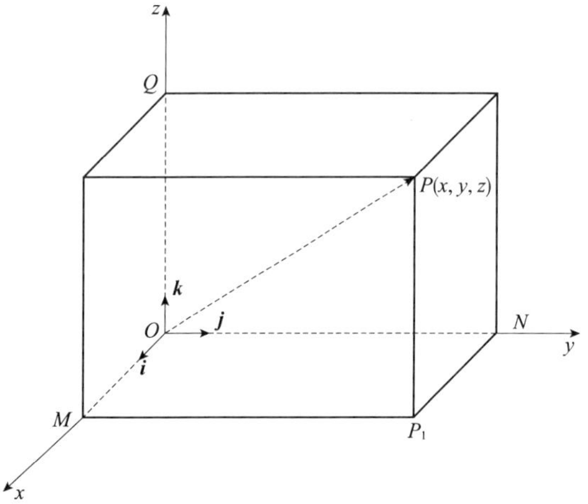

图 5-2-4

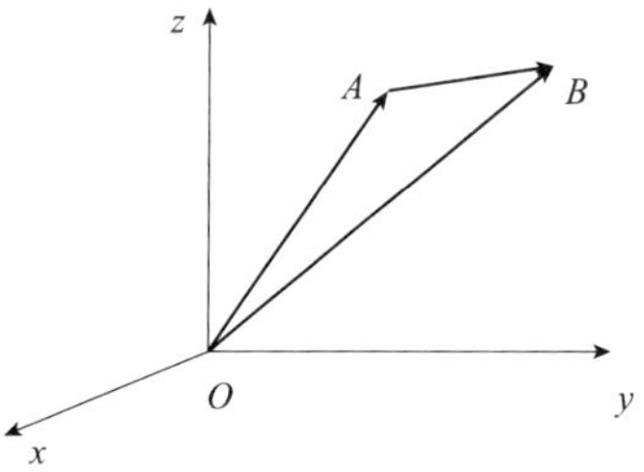

图 5-2-5

5.2.4 向量的坐标运算

1）向量的线性运算

设 $\boldsymbol{a}=\{x_1,y_1,z_1\}$，$\boldsymbol{b}=\{x_2,y_2,z_2\}$，则

$\boldsymbol{a}+\boldsymbol{b}=\{x_1,y_1,z_1\}+\{x_2,y_2,z_2\}=\{x_1+x_2,y_1+y_2,z_1+z_2\}$。

同理得

$\boldsymbol{a}-\boldsymbol{b}=\{x_1,y_1,z_1\}-\{x_2,y_2,z_2\}=\{x_1-x_2,y_1-y_2,z_1-z_2\}$。

$\lambda\boldsymbol{a}=\lambda\{x_1,y_1,z_1\}=\{\lambda x_1,\lambda y_1,\lambda z_1\}$。

2)向量的模

设向径 $\overrightarrow{OP}=\boldsymbol{a}$，则 $\boldsymbol{a}$ 的模即是点 $P(x_1,y_1,z_1)$ 到原点的距离

$$|\boldsymbol{a}|=\sqrt{x_1{}^2+y_1{}^2+z_1{}^2}$$

3)向量的方向

向量的方向由它与 x 轴、y 轴、z 轴的正方向所成的角 α、β、γ 来确定，如图 5-2-6 所示。

α、β、γ 称作向量 $\boldsymbol{a}$ 的方向角，且 $0\leqslant\alpha$、β、$\gamma\leqslant\pi$。$\cos\alpha$、$\cos\beta$、$\cos\gamma$ 称为向量 $\boldsymbol{a}$ 的方向余弦。

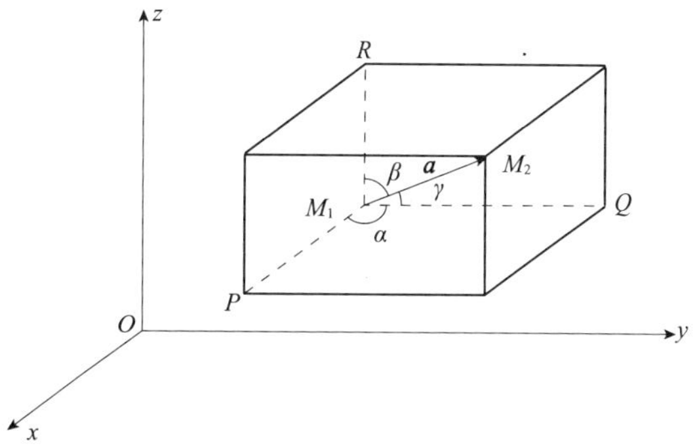

图 5-2-6

$$\begin{cases}\cos\alpha=\dfrac{x}{|\boldsymbol{a}|}=\dfrac{x}{\sqrt{x^2+y^2+z^2}}\\[2ex]\cos\beta=\dfrac{y}{|\boldsymbol{a}|}=\dfrac{y}{\sqrt{x^2+y^2+z^2}}\\[2ex]\cos\gamma=\dfrac{z}{|\boldsymbol{a}|}=\dfrac{z}{\sqrt{x^2+y^2+z^2}}\end{cases}$$

且有
$$\cos^2\alpha+\cos^2\beta+\cos^2\gamma=1$$

例 2 设 $A(1,4,5)$、$B(4,2,0)$，求 $\overrightarrow{AB}$、$|\overrightarrow{AB}|$、$\overrightarrow{AB}$ 的方向余弦。

解 $\overrightarrow{AB}=\overrightarrow{OB}-\overrightarrow{OA}=\{4,2,0\}-\{1,4,5\}=\{3,-2,-5\}$

$|\overrightarrow{AB}|=\sqrt{3^2+(-2)^2+(-5)^2}=\sqrt{38}$

所以
$$\cos\alpha=\frac{3}{\sqrt{38}},\cos\beta=\frac{-2}{\sqrt{38}},\cos\gamma=\frac{-5}{\sqrt{38}}$$

例 3 已知 $\boldsymbol{a}=\{1,2,3\}$，$\boldsymbol{b}=\{-1,-2,7\}$，求 $\boldsymbol{a}+\boldsymbol{b}$、$\boldsymbol{a}-\boldsymbol{b}$、$3\boldsymbol{a}$、$|\boldsymbol{b}|$。

解 $\boldsymbol{a}+\boldsymbol{b}=\{1,2,3\}+\{-1,-2,7\}=\{0,0,10\}$

$\boldsymbol{a}-\boldsymbol{b}=\{1,2,3\}-\{-1,-2,7\}=\{2,4,-4\}$

$3\boldsymbol{a} = 3\{1,2,3\} = \{3,6,9\}$

$|\boldsymbol{b}| = \sqrt{(-1)^2+(-2)^2+7^2} = 3\sqrt{6}$

习题 5.2

1. 填空：

(1)要使 $|\boldsymbol{a}+\boldsymbol{b}| = |\boldsymbol{a}-\boldsymbol{b}|$ 成立，向量 $\boldsymbol{a}$、$\boldsymbol{b}$ 应满足__________；

(2)要使 $|\boldsymbol{a}+\boldsymbol{b}| = |\boldsymbol{a}|+|\boldsymbol{b}|$ 成立，向量 $\boldsymbol{a}$、$\boldsymbol{b}$ 应满足__________。

2. 设 $\boldsymbol{u} = \boldsymbol{a}-\boldsymbol{b}+2\boldsymbol{c}$，$\boldsymbol{v} = \boldsymbol{a}+3\boldsymbol{b}-\boldsymbol{c}$。试用 $\boldsymbol{a}$、$\boldsymbol{b}$、$\boldsymbol{c}$ 表示向量 $2\boldsymbol{u}-3\boldsymbol{v}$。

3. 已知菱形 $ABCD$ 的对角线 $\overrightarrow{AC} = \boldsymbol{a}$，$\overrightarrow{BD} = \boldsymbol{b}$，试用向量 $\boldsymbol{a}$、$\boldsymbol{b}$ 表示 $\overrightarrow{AB}$、$\overrightarrow{BC}$、$\overrightarrow{CD}$、$\overrightarrow{DA}$。

4. 将 ΔABC 的边 BC 五等分，设分点依次为 D_1、D_2、D_3、D_4，再把各分点与点 A 连接，试以 $\overrightarrow{AB} = \boldsymbol{c}$，$\overrightarrow{BC} = \boldsymbol{a}$ 表示向量 $\overrightarrow{D_1A}$、$\overrightarrow{D_2A}$、$\overrightarrow{D_3A}$、$\overrightarrow{D_4A}$。

5. 已知两点 $M_1(0,1,2)$ 和 $M_2(1,-1,0)$，试用坐标表示式表示向量 $\overrightarrow{M_1M_2}$ 及 $-2\overrightarrow{M_1M_2}$。

6. 已知两点 $M_1(4,\sqrt{2},1)$ 和 $M_2(3,0,2)$，计算向量 $\overrightarrow{M_1M_2}$ 的模、方向余弦和方向角。

7. 设向量的方向余弦分别满足：

(1) $\cos\alpha = 0$；　　(2) $\cos\beta = 1$；　　(3) $\cos\alpha = \cos\beta = 0$。

问这些向量与坐标轴或坐标面的关系如何？

8. 求与向量 $\boldsymbol{a} = \{16,-15,12\}$ 平行，方向相反，且长度为 75 的向量 $\boldsymbol{b}$。

5.3 数量积与向量积

5.3.1 向量的数量积

背景：力 $\boldsymbol{F}$ 作用在物体上，使物体得到位移 $\boldsymbol{S}$，力的方向与位移的方向间的夹角为 θ，求此力所做的功。

根据物理学知识知道：

$$W = |\boldsymbol{F}||\boldsymbol{S}|\cos\theta$$

由两个向量确定了一个数，这样的乘积在很多实际问题中也会遇到，为此给出以下定义：

1)定义

$\boldsymbol{a}$ 和 $\boldsymbol{b}$ 的数积记为 $\boldsymbol{a}\cdot\boldsymbol{b}$。当 $\boldsymbol{a}\neq\boldsymbol{0}$，$\boldsymbol{b}\neq\boldsymbol{0}$ 时，

$$\boldsymbol{a}\cdot\boldsymbol{b} = |\boldsymbol{a}||\boldsymbol{b}|\cos\theta$$

这是一个标量，其中 θ 为 $\boldsymbol{a}$ 与 $\boldsymbol{b}$ 的夹角，取值范围 $0\leqslant\theta\leqslant\pi$。数量积又称点积、内积。这样功就表示为：

$$W = \boldsymbol{F} \cdot \boldsymbol{S}$$

根据定义有：

(1)当 $\boldsymbol{a}=\boldsymbol{b}$ 时，$\boldsymbol{a} \cdot \boldsymbol{b} = |\boldsymbol{a}|^2$；

(2)$\boldsymbol{a} \perp \boldsymbol{b} \Leftrightarrow \boldsymbol{a} \cdot \boldsymbol{b} = \boldsymbol{0}$。

注意：零向量与任何向量垂直保证充分性成立。

2)运算规律

(1)$\boldsymbol{a} \cdot \boldsymbol{b} = \boldsymbol{b} \cdot \boldsymbol{a}$(交换律)；

(2)$\lambda \boldsymbol{a} \cdot \boldsymbol{b} = (\lambda \boldsymbol{a}) \cdot \boldsymbol{b}$，$\lambda$ 为常数(结合律)；

(3)$\boldsymbol{a} \cdot (\boldsymbol{b}+\boldsymbol{c}) = \boldsymbol{a} \cdot \boldsymbol{b} + \boldsymbol{a} \cdot \boldsymbol{c}$(分配律)。

3)数量积的坐标表示

设 $\boldsymbol{a} = \{x_1, y_1, z_1\}$，$\boldsymbol{b} = \{x_2, y_2, z_2\}$，则

$$\boldsymbol{a} \cdot \boldsymbol{b} = x_1x_2 + y_1y_2 + z_1z_2 \tag{5-3-1}$$

由两数量积的定义及其坐标表示式可得向量的夹角余弦公式为：

$$\cos\theta = \frac{\boldsymbol{a} \cdot \boldsymbol{b}}{|\boldsymbol{a}||\boldsymbol{b}|} = \frac{x_1x_2 + y_1y_2 + z_1z_2}{\sqrt{x_1^2 + y_1^2 + z_1^2} \cdot \sqrt{x_2^2 + y_2^2 + z_2^2}} \tag{5-3-2}$$

这时两非零向量 $\boldsymbol{a}$ 与 $\boldsymbol{b}$ 互相垂直的充要条件可表示为：

$$x_1x_2 + y_1y_2 + z_1z_2 = 0$$

例1 已知 $\boldsymbol{a} = \{2,3,1\}$，$\boldsymbol{b} = \{4,-2,1\}$，求 $\boldsymbol{a} \cdot \boldsymbol{b}$ 及两向量的夹角。

解 $\boldsymbol{a} \cdot \boldsymbol{b} = 2 \times 4 + 3 \times (-2) + 1 \times 1 = 3$

$$\cos\theta = \frac{\boldsymbol{a} \cdot \boldsymbol{b}}{|\boldsymbol{a}||\boldsymbol{b}|} = \frac{3}{\sqrt{2^2+3^2+1^2} \cdot \sqrt{4^2+(-2)^2+1^2}} = \frac{\sqrt{6}}{14}$$

5.3.2 向量积

背景：力 $\boldsymbol{F}$ 对点 O 的力矩是一个向量 $\overrightarrow{OM}$，它的大小是 $\overrightarrow{OM} = P|\boldsymbol{F}|$($P$ 是力臂)；如图5-3-1所示，若用 $\boldsymbol{r}$ 表示起点为 O，终点为 A(力的作用线上的一点)的向量，则力臂 $P = |\boldsymbol{r}|\sin\theta$，其中 θ 是 $\boldsymbol{r}$ 与 $\boldsymbol{F}$ 的夹角，从而

$$|\overrightarrow{OM}| = P|\boldsymbol{F}|\sin\theta$$

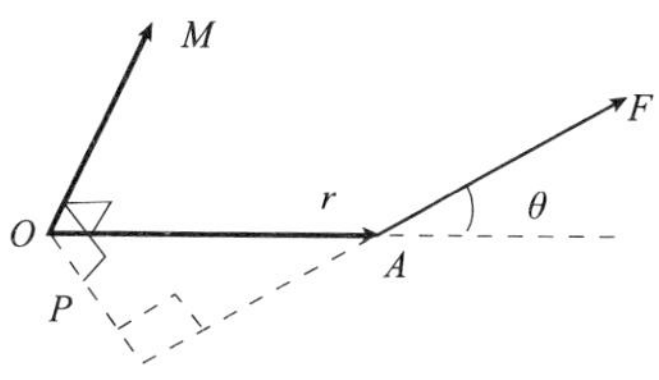

图 5-3-1

力矩向量 $\overrightarrow{OM}$ 的方向垂直于 $\boldsymbol{r}$ 与 $\boldsymbol{F}$ 所在的平面，它的正向按右手定则确定。由两个向量确定了一个向量，这样的向量在很多实际问题中会遇到，为此给出以下定义：

1)定义

$\boldsymbol{a}$ 与 $\boldsymbol{b}$ 的向量积记为 $\boldsymbol{a} \times \boldsymbol{b}$，它是一个向量。当 $\boldsymbol{a} \neq \boldsymbol{0}$，$\boldsymbol{b} \neq \boldsymbol{0}$ 时，它的模及方向为：

(1)模：$|\boldsymbol{a} \times \boldsymbol{b}| = |\boldsymbol{a}||\boldsymbol{b}|\sin\theta$(其中 θ 为 $\boldsymbol{a}$ 与 $\boldsymbol{b}$ 的夹角，θ 的取值范围 $0 \leqslant \theta \leqslant \pi$)；

(2)方向：$\boldsymbol{a} \times \boldsymbol{b}$ 垂直于 $\boldsymbol{a}$ 与 $\boldsymbol{b}$ 所在的平面，它的正向由右手定则确定(特别注意：$\boldsymbol{a} \times \boldsymbol{b} \neq \boldsymbol{b} \times \boldsymbol{a}$)。

这样，力矩可以表示为$\overrightarrow{OM}=\boldsymbol{r}\times\boldsymbol{F}$

向量积又称叉积、外积，根据定义有：

(1)当$\boldsymbol{a}$或$\boldsymbol{b}$为0，或当夹角$\theta=0$或π时，$\boldsymbol{a}\times\boldsymbol{b}=\boldsymbol{0}$；

(2)$\boldsymbol{a}/\!/\boldsymbol{b}\Leftrightarrow\boldsymbol{a}\times\boldsymbol{b}=\boldsymbol{0}$(零向量与任何向量平行保证充分性成立)。

2)运算法则

(1)$\boldsymbol{a}\times\boldsymbol{b}=-\boldsymbol{b}\times\boldsymbol{a}$(反交换律)；

(2)$\lambda(\boldsymbol{a}\times\boldsymbol{b})=(\lambda\boldsymbol{a})\times\boldsymbol{b}=\boldsymbol{a}\times(\lambda\boldsymbol{b})$，$\lambda$为常数(结合律)；

(3)$\boldsymbol{a}\times(\boldsymbol{b}+\boldsymbol{c})=\boldsymbol{a}\times\boldsymbol{b}+\boldsymbol{a}\times\boldsymbol{c}$(分配律)。

3)坐标轴上的单位向量$\boldsymbol{i}$、$\boldsymbol{j}$、$\boldsymbol{k}$的向量积

$$\boldsymbol{i}\times\boldsymbol{i}=\boldsymbol{j}\times\boldsymbol{j}=\boldsymbol{k}\times\boldsymbol{k}=\boldsymbol{0}$$

$$\boldsymbol{i}\times\boldsymbol{j}=\boldsymbol{k},\boldsymbol{j}\times\boldsymbol{k}=\boldsymbol{i},\boldsymbol{k}\times\boldsymbol{i}=\boldsymbol{j}$$

$$\boldsymbol{j}\times\boldsymbol{i}=-\boldsymbol{k},\boldsymbol{k}\times\boldsymbol{j}=-\boldsymbol{i},\boldsymbol{i}\times\boldsymbol{k}=-\boldsymbol{j}$$

4)利用向量的分解式求向量积的公式

设$\boldsymbol{a}=a_x\boldsymbol{i}+a_y\boldsymbol{j}+a_z\boldsymbol{k}$，$\boldsymbol{b}=b_x\boldsymbol{i}+b_y\boldsymbol{j}+b_z\boldsymbol{k}$，则

$$\boldsymbol{a}\times\boldsymbol{b}=(a_yb_z-a_zb_y)\boldsymbol{i}+(a_zb_x-a_xb_z)\boldsymbol{j}+(a_xb_y-a_yb_x)\boldsymbol{k}$$

为了便于记忆，借助行列式表示如下：

$$\boldsymbol{a}\times\boldsymbol{b}=\begin{vmatrix} i & j & k \\ a_x & a_y & a_z \\ b_x & b_y & b_z \end{vmatrix}$$

5)重要结论

$$\boldsymbol{a}/\!/\boldsymbol{b}\Leftrightarrow\boldsymbol{a}\times\boldsymbol{b}=\boldsymbol{0}\Leftrightarrow\frac{a_x}{b_x}=\frac{a_y}{b_y}=\frac{a_z}{b_z}$$

例2 证明：$(\boldsymbol{a}\cdot\boldsymbol{b})^2+(\boldsymbol{a}\times\boldsymbol{b})^2=|\boldsymbol{a}|^2|\boldsymbol{b}|^2$。

证明 $(\boldsymbol{a}\cdot\boldsymbol{b})^2=|\boldsymbol{a}|^2|\boldsymbol{b}|^2\cos^2\theta$，$(\boldsymbol{a}\times\boldsymbol{b})^2=|\boldsymbol{a}|^2|\boldsymbol{b}|^2\sin^2\theta$

于是
$$(\boldsymbol{a}\cdot\boldsymbol{b})^2+(\boldsymbol{a}\times\boldsymbol{b})^2=|\boldsymbol{a}|^2|\boldsymbol{b}|^2$$

此结论可以当作公式用。

习题 5.3

1. 设$\boldsymbol{a}=3\boldsymbol{i}-\boldsymbol{j}-2\boldsymbol{k}$，$\boldsymbol{b}=\boldsymbol{i}+2\boldsymbol{j}-\boldsymbol{k}$，求：

(1)$\boldsymbol{a}\cdot\boldsymbol{b}$，$\boldsymbol{a}\times\boldsymbol{b}$； (2)$(-2\boldsymbol{a})\cdot3\boldsymbol{b}$，$\boldsymbol{a}\times\boldsymbol{b}$； (3)$\cos(\boldsymbol{a},\boldsymbol{b})$。

2. 已知$M_1(1,-1,2)$、$M_2(3,3,1)$和$M_3(3,1,3)$，求同时与$\overrightarrow{M_1M_2}$、$\overrightarrow{M_2M_3}$垂直的单位向量。

3. 设质量为100kg的物体从点$M_1(3,1,8)$沿直线移动到点$M_2(1,4,2)$，计算重力所做的功(长度单位为m，重力方向为z轴的负方向)。

4. 设$\boldsymbol{a}=2\boldsymbol{i}-3\boldsymbol{j}+\boldsymbol{k}$，$\boldsymbol{b}=\boldsymbol{i}-\boldsymbol{j}+3\boldsymbol{k}$和$\boldsymbol{c}=\boldsymbol{i}-2\boldsymbol{j}$，求：

(1)$(\boldsymbol{a}\cdot\boldsymbol{b})\cdot\boldsymbol{c}-(\boldsymbol{a}\cdot\boldsymbol{c})\cdot\boldsymbol{b}$；(2)$(\boldsymbol{a}+\boldsymbol{b})\times(\boldsymbol{b}+\boldsymbol{c})$。

5. 设点 A、B、C 的向径分别为 $r_1=2\boldsymbol{i}+4\boldsymbol{j}+\boldsymbol{k}$，$r_2=3\boldsymbol{i}+7\boldsymbol{j}+5\boldsymbol{k}$，$r_3=4\boldsymbol{i}+10\boldsymbol{j}+9\boldsymbol{k}$，试证三点 A、B、C 在一条直线上。

5.4 空间曲面与曲线及其方程

5.4.1 曲面及其方程

1)曲面的方程的概念

空间曲面可以看成是空间动点按某一条件运动的几何轨迹。例如:求动点 $M(x,y,z)$ 到定点的距离为定长的几何轨迹。它的轨迹是个球面,球面上的点的坐标 (x,y,z) 应满足什么样的关系式?利用空间两点之间的距离公式可得: $(x-a)^2+(y-b)^2+(z-c)^2=R^2$。

这是球面上的点 M 的坐标 (x,y,z) 应满足的关系式,它是关于 x、y、z 的二次方程,凡是这球面上的点的坐标都满足这个方程,而不在这球面上的点的坐标都不满足这个方程,我们将上式称为球面方程。

特别地,中心在原点、半径为 R 的球面方程为:

$$x^2+y^2+z^2=R^2$$

一般地,含有 x、y、z 的方程通常用 $F(x,y,z)=0$ 来表示。

定义 若曲面上的任何点的坐标都满足方程 $F(x,y,z)=0$,而且不在这曲面上的任何点的坐标都不满足这个方程,则方程 $F(x,y,z)=0$ 称为该曲面的方程。

两个基本问题:

(1)已知一曲面作为点的几何轨迹时,建立曲面的方程;

(2)已知坐标 x、y 和 z 间的一个方程时,研究这方程所表示的曲面的形状。如三元二次方程 $\frac{x^2}{a^2}+\frac{y^2}{b^2}+\frac{z^2}{c^2}=1$ 就表示一个椭球面。

(1)特殊的平面方程:

平行于 xOy 平面,且过点 (a,b,c) 的平面方程为 $z=c$。

平行于 yOz 平面,且过点 (a,b,c) 的平面方程为 $x=a$。

平行于 zOx 平面,且过点 (a,b,c) 的平面方程为 $y=b$。

(2)坐标平面: xOy 平面的方程为 $z=0$; yOz 平面的方程为 $x=0$; zOx 平面的方程为 $y=0$。

2)旋转曲面

一条平面曲线绕其平面上的一条直线旋转一周所生成的曲面称为旋转曲面。这条平面曲线和定直线分别称为旋转曲面的母线和轴。

设 xOy 平面上的曲线 Γ: $\varphi(x,y)=0$ 绕 y 轴旋转一周得旋转曲面 S,下面求 S 的方程。在曲面上任取一点 $M(x,y,z)$,由旋转曲面的定义知 M 是由曲线 Γ 上的某一点 $M'(x',y',0)$ 转过一个角度得到的。由于 M' 与 M 同位于垂直于 y 轴的平面上,故 $y'=y$ 又由于 M'

与 M 同位于以点 $B(0,y,0)$ 为中心的圆上，故 $M'B = MB$，即 $x' = \pm\sqrt{x^2+z^2}$，而点 M' 又在曲线 Γ 上，故 $\varphi(x',y') = 0$，从而有 $\varphi(\pm\sqrt{x^2+z^2},y) = 0$ 反之，易知凡是坐标满足上式的点，一定在该旋转曲面上，因此曲面 S 的方程为 $\varphi(\pm\sqrt{x^2+z^2},y) = 0$。

同理可得：曲线 Γ 绕 x 轴旋转一周所得曲面的方程为：

$$\varphi(x, \pm\sqrt{y^2+z^2}) = 0$$

例 1 直线 L 绕另一条与 L 相交的直线旋转一周，所得旋转曲面称作圆锥面。两直线的交点称作圆锥面的顶点，两直线的夹角 $\alpha(0<\alpha<\frac{\pi}{2})$ 称作圆锥面的半顶角。试建立顶点在坐标原点，旋转轴为 z 轴，半顶角为 α 的圆锥面的方程。

解 在 yOz 平面上，直线 L 的方程为 $z = y\cot\alpha$，于是所求旋转面的方程为：

$$z = \pm\sqrt{x^2+y^2}\cot\alpha$$

即 $x^2+y^2 = z^2\tan^2\alpha$。

例 2 将 xOz 坐标面上的双曲线 $\frac{x^2}{a^2}-\frac{z^2}{c^2}=1$ 分别绕 z 轴和 x 轴旋转一周，求所生成的旋转曲面的方程。

解 绕 z 轴旋转所成的旋转曲面称作旋转单叶双曲面。它的方程为 $\frac{x^2+y^2}{a^2}-\frac{z^2}{c^2}=1$。

绕 x 轴旋转所成的旋转曲面称作旋转双叶双曲面。它的方程为 $\frac{x^2}{a^2}-\frac{y^2+z^2}{c^2}=1$。

3）柱面

平行于定直线并沿着定曲线（与动直线不在同一平面内）移动的直线 L 形成的轨迹称作柱面，动直线 L 称作柱面的母线，定曲线 C 称作柱面的准线。

（1）圆柱面：一平行于 Oz 轴的直线沿 xOy 平面上的圆 $C: x^2+y^2=a^2$ 平行移动而成的曲面就是圆柱面，方程为 $x^2+y^2=a^2$（注意和圆的方程的区别和联系）。

同理可得，母线平行于 Oy 轴的圆柱面：$x^2+z^2=a^2$。

母线平行于 Ox 轴的圆柱面：$y^2+z^2=a^2$。

（2）椭圆曲面：$\frac{x^2}{a^2}+\frac{y^2}{b^2}=1$（准线平行于 Oz 轴）。

（3）抛物柱面：$x^2=2py$（准线平行于 Oz 轴）。

（4）双曲柱面：$\frac{x^2}{a^2}-\frac{y^2}{b^2}=1$（准线平行于 Oz 轴）。

以上四种曲面统称为二次曲面。由二次方程 $F(x,y,z)=0$ 表示的曲面称为二次曲面（球面、圆柱面都是二次曲面）。下面介绍得到二次曲面的两种常用方法：

截痕法：用一系列平行于坐标平面的平面来截割曲面，得到平面与曲面的一系列的交线，它们都是平面曲线，利用平面解析几何中学过的知识，来考察这一系列交线的形状，从而认识曲面的形状。

伸缩变形法：用已知的图形沿坐标轴伸缩的方法来研究曲面的形状。

常用的二次曲面：

（1）椭圆锥面：$\frac{x^2}{a^2}+\frac{y^2}{b^2}=z^2$（如图 5-4-1 所示）。

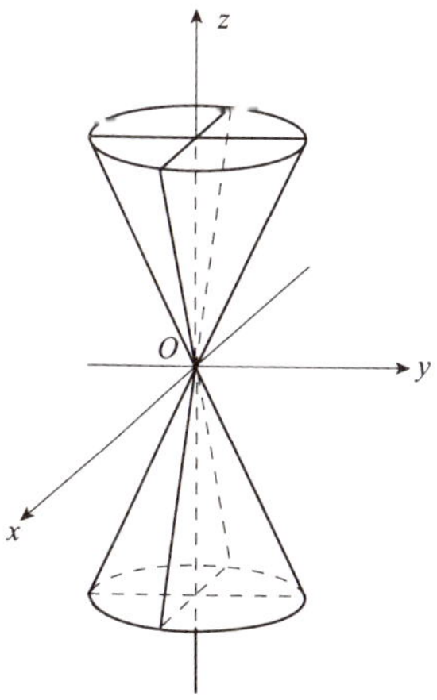

图 5-4-1

（2）椭球面：$\frac{x^2}{a^2}+\frac{y^2}{b^2}+\frac{z^2}{c^2}=1$（如图 5-4-2 所示）。

该图形可利用伸缩变形法得到：把 xOz 面上的椭圆$\frac{x^2}{a^2}+\frac{z^2}{c^2}=1$ 绕 z 轴旋转，便得椭球面的形状。或把球面 $x^2+y^2+z^2=a^2$ 沿 z 轴方向伸缩 $\frac{c}{a}$ 倍，即得旋转椭球面的形状；再把旋转椭球面沿 y 轴方向伸缩 $\frac{b}{a}$ 倍，便得椭球面的形状。因此，球面是旋转椭球面的特殊情形，旋转椭球面是椭球面的特殊情形。

（3）单叶双曲面：$\frac{x^2}{a^2}+\frac{y^2}{b^2}-\frac{z^2}{c^2}=1$。

（4）双叶双曲面：$\frac{x^2}{a^2}-\frac{y^2}{b^2}-\frac{z^2}{c^2}=1$。

（5）椭圆抛物面：$z=\frac{x^2}{a^2}+\frac{y^2}{b^2}$ （如图 5-4-3 所示）。

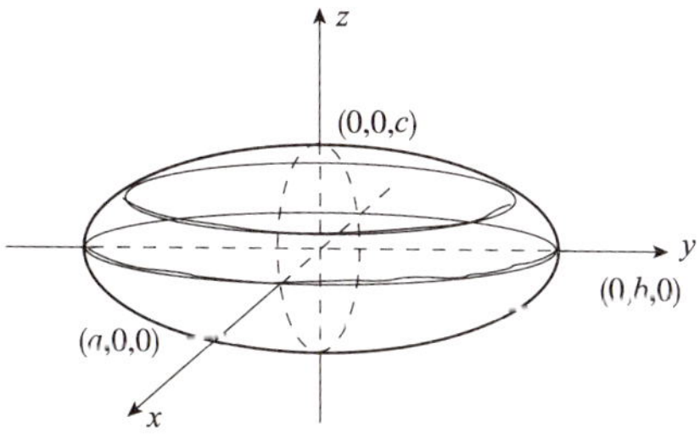

图 5-4-2

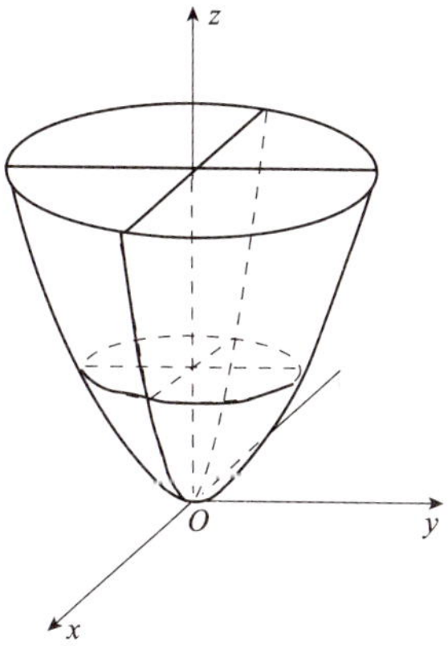

图 5-4-3

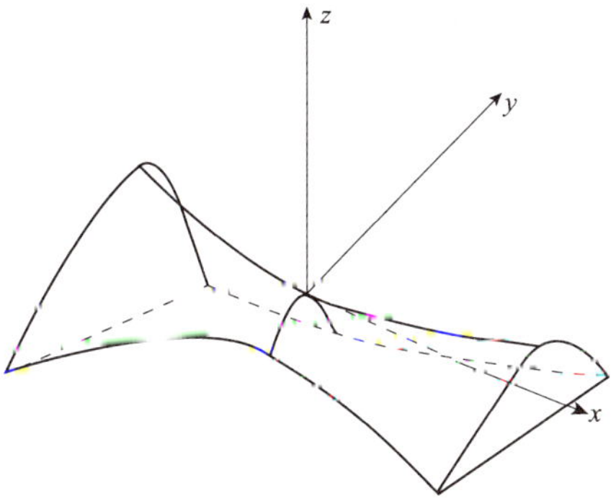

图 5-4-4

椭球面图形可用伸缩变形法得到：把 xOz 面上的抛物线 $\frac{x^2}{a^2}=z$ 绕 z 轴旋转，所得曲面为旋转抛物面 $\frac{x^2+y^2}{a^2}=z$，再把旋转抛物面沿 y 轴方向伸缩 $\frac{b}{a}$ 倍，便得椭圆抛物面。

（6）双曲抛物面：$\frac{x^2}{a^2}-\frac{y^2}{b^2}=z$（马鞍面如图 5-4-4 所示），图形用平面 $x=t$ 截此曲面，所得截痕 I 为平

面 $x=t$ 上的抛物线：$-\frac{y^2}{b^2}=z-\frac{t^2}{a^2}$，此抛物线开口朝下，其顶点坐标为 $x=t,y=0,z=\frac{t^2}{a^2}$。当 t 变化时，I 的形状不变，位置只作平移，而 I 的顶点的轨迹 L 为平面 $y=0$ 上的抛物线：$z=\frac{x^2}{a^2}$。因此，以 I 为母线，L 为准线，母线 I 的顶点在准线 L 上滑动，且母线作平行移动，这样得到的曲面便是双曲抛物面。

其他图形还有椭圆柱面、双曲柱面、抛物柱面等，这里就不一一讲解了。

5.4.2 空间曲线及其方程

1）空间曲线的一般方程

空间曲线 L 可以看成是空间的两张曲面：$\Phi_1(x,y,z)=0$ 及 $\Phi_2(x,y,z)=0$ 的交线，故 L 的方程为 $\begin{cases}\Phi_1(x,y,z)=0\\\Phi_2(x,y,z)=0\end{cases}$（称为曲线的一般方程）。

例 3 方程组 $\begin{cases}x^2+y^2+z^2=25\\z=3\end{cases}$ 表示怎样的空间曲线？

解 第一个方程表示中心在原点，半径为 5 的球面；第二个方程表示平行于 xOy 平面且过 $(0,0,3)$ 的平面。因而这空间曲线 Γ 就是用平面 $z=3$ 来截割球面 $x^2+y^2+z^2=25$ 所得的交线。所给方程组相当于

$$\begin{cases}x^2+y^2+3^2=25\\z=3\end{cases} \quad 或 \quad \begin{cases}x^2+y^2=16\\z=3\end{cases}$$

它表示在 $z=3$ 平面上的中心在 $(0,0,3)$、半径为 4 的圆。

2）空间曲线在坐标面上的投影

引申：$x^2+y^2=16$ 是母线平行于 Oz 轴的柱面，该柱面包含曲线 Γ，被称为曲线 Γ 投影到 xOy 平面上的投影柱面。

一般地，包含曲线 Γ 且母线平行于 Oz 轴的柱面称为曲线 Γ 投影到 xOy 平面上的投影柱面。而投影柱面与 xOy 平面的交线称为曲线 Γ 在 xOy 平面上的投影曲线。

设空间曲线 Γ：$\begin{cases}F(x,y,z)=0\\G(x,y,z)=0\end{cases}$，消去 z，得 $H(x,y)=0$（柱面方程）。

而 $\begin{cases}H(x,y)=0\\z=0\end{cases}$ 便是曲线 Γ 在 xOy 平面上的投影曲线的方程。

类似地还可以分别得到空间曲线 Γ 投影到 yOz、zOx 平面上的投影柱面方程及在 yOz、zOx 平面上的投影曲线方程。

例 4 求空间曲线 Γ：$\begin{cases}x^2+y^2=z\\z=1-y\end{cases}$ 在三坐标平面上的投影曲线的方程。

解 (1) 消去 z 得投影柱面：$x^2+y^2=1-y$

在 xOy 坐标上的投影曲线为：$\begin{cases}x^2+y^2=1-y\\z=0\end{cases}$；

(2)消去 y 得 $x^2+(1-z)^2=z$，即 $x^2+z^2=z-1$，于是在 zOx 坐标平面上的投影曲线的方程为 $\begin{cases} x^2+(1-z)^2=z \\ y=0 \end{cases}$。

(3)由于 $z=1-y$ 中不含 x，说明柱面 $z=1-y$ 本身就包含了 Γ 投影到 yOz 平面的投影柱面，因此 Γ 在 yOz 平面上的投影曲线包含在曲线 Γ'：$\begin{cases} z=1-y \\ x=0 \end{cases}$ 之中，而通过对 Γ 在另外两个坐标平面上的投影曲线的分析，可以知道 Γ 在 yOz 平面上的投影曲线是 Γ' 的一部分：

$$\begin{cases} z=1-y \\ x=0 \end{cases} \quad \left(\frac{3-\sqrt{5}}{2} \leqslant z \leqslant \frac{3+\sqrt{5}}{2}\right)$$

习题 5.4

1. 求以点 $O(1,3,-2)$ 为球心，且通过坐标原点的球面方程。
2. 方程 $x^2+y^2+z^2-2x+4y-4z-7=0$ 表示什么曲面？
3. 将 xOz 坐标面上的抛物面 $z^2=5x$ 绕 x 轴旋转一周，求所生成的旋转曲面的方程。
4. 将 xOz 坐标面上的圆 $x^2+z^2=9$ 绕 z 轴旋转一周，求所生成的旋转曲面的方程。
5. 说明下列旋转曲面是怎样形成的：

(1) $\frac{x^2}{4}+\frac{y^2}{9}+\frac{z^2}{9}=1$；　(2) $x^2-\frac{y^2}{4}+z^2=1$；　(3) $x^2-y^2-z^2=1$。

6. 求曲面 $x^2+9y^2=10z$ 与 yOz 平面的交线。
7. 分别求母线平行于 x 轴及 y 轴而且通过曲线 $\begin{cases} 2x^2+y^2+z^2=16 \\ x^2+z^2-y^2=0 \end{cases}$ 的柱面方程。
8. 求曲线 $\begin{cases} x+z=1 \\ x^2+y^2+z^2=1 \end{cases}$ 在 xOy 面上的投影方程。
9. 求曲线 $x^2+z^2+3yz-2x+3z-3=0$，$y-z+1=0$ 在 xOz 平面上的投影方程。
10. 将曲线 $\begin{cases} x^2+y^2+z^2=9 \\ y=x \end{cases}$ 化为参数方程。

5.5 平面及其方程

5.5.1 平面的方程

1)点法式方程

若非零向量 $\boldsymbol{n}$ 垂直平面 Π，则称该向量是平面的法向量。平面是最简单的曲面，上节给出的是平行于坐标平面的平面方程，本节讨论一般平面的方程。

例 1 已知：平面 Π 过点 $M_0(x_0,y_0,z_0)$ 且垂直于非零向量 $\boldsymbol{n}=A\boldsymbol{i}+B\boldsymbol{j}+C\boldsymbol{k}$，求 Π 方程。

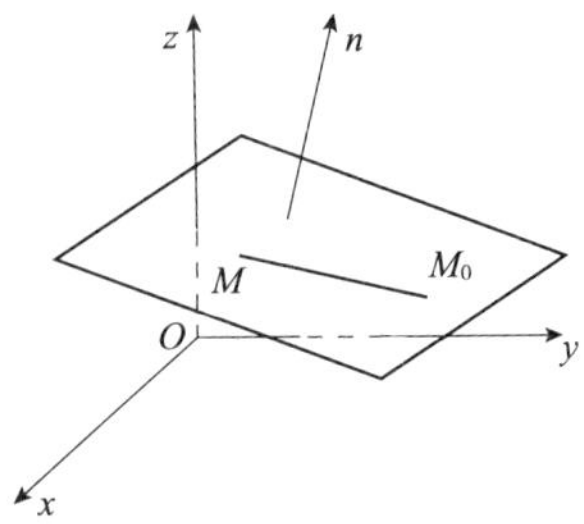

图 5-5-1

解 如图 5-5-1 所示，在 Π 上任取一点 $M(x,y,z)$，引向量 $\overrightarrow{M_0M}=(x-x_0)\boldsymbol{i}+(y-y_0)\boldsymbol{j}+(z-z_0)\boldsymbol{k}$，由于向量 $\boldsymbol{n}$ 垂直于平面 Π，向量 $\overrightarrow{M_0M}$ 在平面上，所以 $\boldsymbol{n}\perp\overrightarrow{M_0M}$，从而有 $\boldsymbol{n}\cdot\overrightarrow{M_0M}=0$，即 $A(x-x_0)+B(y-y_0)+C(z-z_0)=0$。

其中 $\boldsymbol{n}$ 称为平面 Π 的法线向量，因此该方程也称为平面 Π 的点法式方程。

例 2 给出三点 $M_1(2,-1,4)$、$M_2(-1,3,-2)$、$M_3(0,2,3)$，求这三点所确定的平面 Π 的方程。

解 $\overrightarrow{M_1M_2}=-3\boldsymbol{i}+4\boldsymbol{j}+6\boldsymbol{k}$，$\overrightarrow{M_1M_3}=-2\boldsymbol{i}+3\boldsymbol{k}-\boldsymbol{k}$，则所求平面的法向量为：

$$\boldsymbol{n}=\overrightarrow{M_1M_2}\times\overrightarrow{M_1M_3}=\begin{vmatrix}\boldsymbol{i}&\boldsymbol{j}&\boldsymbol{k}\\-3&4&-6\\-2&3&-1\end{vmatrix}=14\boldsymbol{i}+9\boldsymbol{j}-\boldsymbol{k}$$

根据点法式方程，平面方程为 $14(x-2)+9(y+1)-(z-4)=0$。

2) 平面 Π 的一般方程 $Ax+By+Cz+D=0$

方程具有如下性质：

(1) Π 的法向量：$\boldsymbol{n}=A\boldsymbol{i}+B\boldsymbol{j}+C\boldsymbol{k}$。

(2) $D=0$ 表示平面经过原点。

(3) $A=0$ 时，$Ax+By+Cz+D=0$ 的法向量垂直于 x 轴，即平面平行于 x 轴。

(4) $A=B=0$ 时，$Ax+By+Cz+D=0$ 平面垂直于 z 轴，即平行于 xOy 平面。

3) 平面的截距式方程

例 3 已知平面过点 $M_1(a,0,0)$、$M_2(0,b,0)$、$M_3(0,0,c)$，求平面方程。

解 $\overrightarrow{M_1M_2}=-a\boldsymbol{i}+b\boldsymbol{j}$，$\overrightarrow{M_1M_3}=-a\boldsymbol{i}+c\boldsymbol{k}$，则所求平面的法向量为

$$\boldsymbol{n}=\overrightarrow{M_1M_2}\times\overrightarrow{M_1M_3}=\begin{vmatrix}\boldsymbol{i}&\boldsymbol{j}&\boldsymbol{k}\\-a&b&0\\-a&0&c\end{vmatrix}=bc\boldsymbol{i}+ca\boldsymbol{j}+ab\boldsymbol{k}$$

根据点法式方程，平面方程为 $bc(x-a)+acy+acz=0$。即

$\dfrac{x}{a}+\dfrac{y}{b}+\dfrac{z}{c}=1$ （称为平面的截距式方程，a、b、c 称为截距）

例 4 一平面过点 $M(2,-1,3)$ 且平行于向量 $\boldsymbol{a}=\{1,3,-2\}$、$\boldsymbol{b}=\{-4,3,2\}$，求该平面方程。

解 $\boldsymbol{a}\times\boldsymbol{b}=\begin{vmatrix}\boldsymbol{i}&\boldsymbol{j}&\boldsymbol{k}\\1&3&-2\\-4&3&2\end{vmatrix}=12\boldsymbol{i}-6\boldsymbol{j}+15\boldsymbol{k}$，取平面的法向量为

$$\boldsymbol{n}=4\boldsymbol{i}-2\boldsymbol{j}+5\boldsymbol{k}$$

于是，平面方程为 $12(x-2)-6(y+1)+15(z-3)=0$，即

$$4x-2y+5z-25=0$$

5.5.2 两平面的夹角

两平面的法线向量的夹角(通常指锐角)称为两平面的夹角。设两平面的法向量为 $\boldsymbol{n}_1=(A_1,B_1,C_1)$、$\boldsymbol{n}_2=(A_2,B_2,C_2)$，则两平面的夹角由

$$\cos\theta=|\cos(\boldsymbol{n}_1\hat{,}\boldsymbol{n}_2)|=\frac{|A_1A_2+B_1B_2+C_1C_2|}{\sqrt{A_1^2+B_1^2+C_1^2}\sqrt{A_2^2+B_2^2+C_2^2}}$$

确定。

重要结论：(1)两平面垂直的充分必要条件是 $A_1A_2+B_1B_2+C_1C_2=0$。

(2)两平面平行或重合的充分必要条件是 $\dfrac{A_1}{A_2}=\dfrac{B_1}{B_2}=\dfrac{C_1}{C_2}$。

例5 一平面通过两点 $M_1(2,-1,3)$、$M_2(1,2,0)$ 且垂直于平面 $x+y+z=0$，求它的方程。

解 设所求平面的法向量为 $\boldsymbol{n}=(A,B,C)$，因为 $\overrightarrow{M_1M_2}$ 在该平面上，所以 $-A+3B-3C=0$。

又因所求平面垂直于平面 $x+y+z=0$，所以 $A+B+C=0$。

解得 $A=-3B,C=2B$。

所求平面为 $-3B(x-1)+B(y-2)+2B(z-0)=0$。

即 $3x-y-2z-1=0$。

重要结论：点 $P_0(x_0,y_0,z_0)$ 到平面 $Ax+By+Cz+D=0$ 的距离公式为

$$d=\frac{|Ax_0+By_0+Cz_0+D|}{\sqrt{A^2+B^2+C^2}}$$

习题 5.5

1. 求通过点 $(3,0,-1)$ 且与平面 $3x-7y+5z-12=0$ 平行的平面方程。
2. 求过点 $M(2,9,-6)$ 且与连接坐标原点及点 M 的线段 OM 垂直的平面方程。
3. 求过点 $(1,1,-1)$、$(-2,-2,2)$ 和 $(1,-1,2)$ 三点的平面方程。
4. 平面过原点 O，且垂直于平面 $\Pi_1:x+2y+3z-2=0$，$\Pi_2:6x-y+5z+2=0$。求此平面方程。
5. 求平面 $2x-2y+z+5=0$ 与各坐标面的夹角余弦。
6. 求点 $(1,2,1)$ 到平面 $x+2y+2z-10=0$ 的距离。

5.6 空间直线及其方程

5.6.1 空间直线的方程

将直线看成两平面的交线，则得到一般式方程

$$\begin{cases}A_1x+B_1y+C_1z+D_1=0\\A_2x+B_2y+C_2z+D_2=0\end{cases}$$

1）空间直线的对称式方程

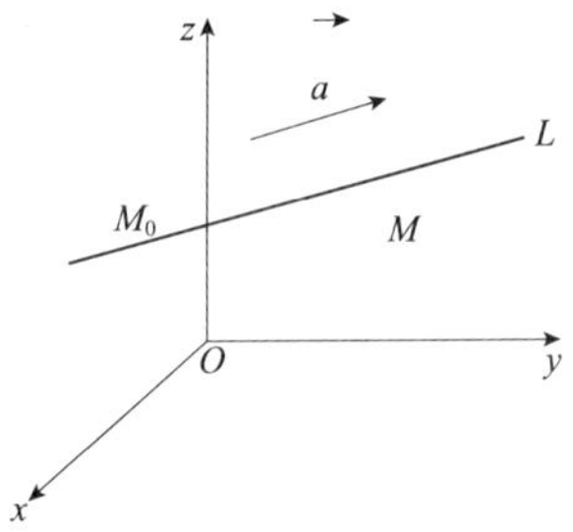

图 5-6-1

例1 已知直线 L 过点 $M_0(x_0,y_0,z_0)$ 且平行于非零向量 $\boldsymbol{a}=l\boldsymbol{i}+m\boldsymbol{j}+n\boldsymbol{k}$，求此直线方程。

解 在 L 上任取一点 $M(x,y,z)$，如图 5-6-1 所示，引向量 $\overrightarrow{M_0M}=(x-x_0)\boldsymbol{i}+(y-y_0)\boldsymbol{j}+(z-z_0)\boldsymbol{k}$

由于 $\boldsymbol{a}/\!/\overrightarrow{M_0M}$，所以

$$\frac{x-x_0}{l}=\frac{y-y_0}{m}=\frac{z-z_0}{n}$$

这就是直线的对称式方程或点向式方程，其中 $\boldsymbol{a}=l\boldsymbol{i}+m\boldsymbol{j}+n\boldsymbol{k}$ 称为 L 的方向向量。

说明：这个形式中允许 l、m、n 至多有两个为0，若 $l=0$，就把它理解为 $x-x_0=0$ 与 $\frac{y-y_0}{m}=\frac{z-z_0}{n}$ 联立方程。

直线的任一方向向量 $\boldsymbol{s}$ 的坐标 m、n、p 叫做该直线的一组方向数，而向量 $\boldsymbol{s}$ 的方向余弦叫做该直线的方向余弦。

2）空间直线的参数式方程

由直线的对称式方程可以直接导出直线的参数式方程，如令

$$\frac{x-x_0}{l}=\frac{y-y_0}{m}=\frac{z-z_0}{n}=t。$$

即得直线的参数式方程：
$$\begin{cases}x=x_0+lt\\y=y_0+mt\\z=z_0+nt\end{cases}\quad(t\text{ 为参数})$$

由直线的对称式方程还可以导出直线的两点式方程。

例2 已知直线过点 $M_1(x_1,y_1,z_1)$、$M_2(x_2,y_2,z_2)$，求过此两点的方程。

解 $\overrightarrow{M_1M_2}=(x_2-x_1)\boldsymbol{i}+(y_2-y_1)\boldsymbol{j}+(z_2-z_1)\boldsymbol{k}$，在直线上任取一点 $M(x,y,z)$，引向量

$$\overrightarrow{M_1M}=(x-x_1)\boldsymbol{i}+(y-y_1)\boldsymbol{j}+(z-z_1)\boldsymbol{k}$$

显然 $\overrightarrow{M_1M_2}/\!/\overrightarrow{M_1M}$，于是

$$\frac{x-x_1}{x_2-x_1}=\frac{y-y_1}{y_2-y_1}=\frac{z-z_1}{z_2-z_1}$$

这就是两点式方程。

5.6.2 两直线的夹角

两直线的方向向量的夹角(通常指锐角)称为两直线的夹角。

设两直线的方向向量为$\boldsymbol{s}_1=(m_1,n_1,p_1)$,$\boldsymbol{s}_2=(m_2,n_2,p_2)$,则两平面的夹角由 $\cos\varphi=|\cos(\boldsymbol{s}_1\hat{,}\boldsymbol{s}_2)|=\dfrac{|m_1m_2+n_1n_2+p_1p_2|}{\sqrt{m_1^2+n_1^2+p_1^2}\sqrt{m_2^2+n_2^2+p_2^2}}$确定。

重要结论:(1)两直线垂直的充分必要条件是 $m_1m_2+n_1n_2+p_1p_2=0$;

(2)两直线平行或重合的充分必要条件是 $\dfrac{m_1}{m_2}=\dfrac{n_1}{n_2}=\dfrac{p_1}{p_2}$。

5.6.3 直线与平面的夹角

当直线与平面不垂直时,直线和它在平面上的投影直线的夹角 φ $(0<\varphi<90°)$称为直线与平面的夹角。当直线与平面垂直时,规定直线与平面的夹角为 90°。

设直线的方向向量 $\boldsymbol{s}=\{m,n,p\}$,平面的法向量 $\boldsymbol{n}=\{A,B,C\}$,直线与平面的夹角为 φ,则

$$\sin\varphi=|\cos(\boldsymbol{s}\hat{,}\boldsymbol{n})|=\frac{|Am+Bn+Cp|}{\sqrt{m^2+n^2+p^2}\sqrt{A^2+B^2+C^2}}$$

显然,直线与平面垂直相当于 $\dfrac{m}{A}=\dfrac{n}{B}=\dfrac{p}{C}$,直线与平面平行相当于 $Am+Bn+Cp=0$。

例 3 一直线过点 (5,0,2) 且平行于平面 $x-4y+2z=0$ 和平面 $2x+3y-z+1=0$,试求其参数方程。

解法 1 两平面的法线向量分别为 $\boldsymbol{n}_1=\boldsymbol{i}-4\boldsymbol{j}+2\boldsymbol{k}$,$\boldsymbol{n}_2=2\boldsymbol{i}+3\boldsymbol{j}-\boldsymbol{k}$

$$\boldsymbol{n}_1\times\boldsymbol{n}_2=\begin{vmatrix}\boldsymbol{i} & \boldsymbol{j} & \boldsymbol{k}\\ 1 & -4 & 2\\ 2 & 3 & -1\end{vmatrix}=-2\boldsymbol{i}+5\boldsymbol{j}+11\boldsymbol{k}$$

$\boldsymbol{a}=-2\boldsymbol{i}+5\boldsymbol{j}+11\boldsymbol{k}$ 即为所求直线的方向向量,于是直线的对称式方程为

$$\frac{x-5}{-2}=\frac{y}{5}=\frac{z+2}{11}$$

其参数方程为

$$\begin{cases}x=5-2t\\ y=5t\\ z=-2+11t\end{cases}$$

解法 2 由两平面的交线$\begin{cases} x-4y+2z=0 \\ 2x+3y-z+1=0 \end{cases} \Rightarrow 5x+2y+2=0$，取两点 $M_1(0,-1,-2)$，$M_2(-2,4,9)$，则 $\overrightarrow{M_1M_2}=-2\boldsymbol{i}+5\boldsymbol{j}+11\boldsymbol{k}$。

根据立体几何知识，该直线平行于向量$\overrightarrow{M_1M_2}$，于是可以把$\overrightarrow{M_1M_2}$看成是该直线方向向量。(后同解法 1)

例 4 平面过点 $p(2,3,4)$ 及 z 轴，求其方程。

解法 1 利用点法式

法线向量$\overrightarrow{OP}\times\boldsymbol{k}=(2\boldsymbol{i}+3\boldsymbol{j}+4\boldsymbol{k})\times\boldsymbol{k}=-2\boldsymbol{j}+3\boldsymbol{i}=3\boldsymbol{i}-2\boldsymbol{j}$

于是平面方程为 $3(x-2)+(-2)(y-3)=0$

即 $3x-2y=0$。

解法 2 利用特殊平面的一般式

设 $Ax+By=0$，将 p 点坐标代入得 $B=-\dfrac{2}{3}A(A\neq 0)$，

取 $A=3, B=-2$，即 $3x-2y=0$。

解法 3 设平面的一般式为 $Ax+By+Cz+D=0$，在 z 轴上取两点 $Q(0,0,0)$、$R(0,0,1)$，解联立方程组

$$\begin{cases} D=0 \\ Cz+D=0 \\ 2A+3B+4C+D=0 \end{cases}$$

得

$$\begin{cases} B=-\dfrac{2}{3}A \\ C=0 \\ D=0 \end{cases}$$

取 $A=3, B=-2$

即 $3x-2y=0$。

例 5 将直线的一般式 $L:\begin{cases} x=2z-5 \\ y=6z+7 \end{cases}$ 化为对称式方程。

解 寻找一点 $(-5,7,0)$ 及方向向量 $\boldsymbol{a}=(2,6,1)$（由平面 $x=2z-5$ 知它的法向量为$\boldsymbol{n}_1=(1,0,-2)$，由平面 $y=6z+7$ 知它的法向量$\boldsymbol{n}_2=(0,1,-6)$，则 $\boldsymbol{a}=\boldsymbol{n}_1\times\boldsymbol{n}_2$，或在直线上取两点 $M_1(-3,13,1)$、$M_2(-7,1,-1)$，则 $\boldsymbol{a}/\!/\overrightarrow{M_1M_2}$）。

例 6 求点 $(-1,2,0)$ 在平面 $x+2y-z+1=0$ 上的投影。

解 设所求投影为 (a,b,c)，则向量 $(a+1,b-2,c)$ 与已知平面垂直，于是 $\dfrac{a+1}{1}=\dfrac{b-2}{2}=\dfrac{c}{-1}=\lambda$，又点 (a,b,c) 在平面 $x+2y-z+1=0$ 上，解得

$$a=-\frac{5}{3}, b=\frac{2}{3}, c=\frac{2}{3}$$

于是所求投影为$\left(-\frac{5}{3},\frac{2}{3},\frac{2}{3}\right)$。

例7 求直线$l_1:\frac{x-9}{4}=\frac{y+2}{-3}=\frac{z}{1}$，$l_2:\frac{x}{-2}=\frac{y+7}{9}=\frac{z-7}{2}$的公垂线方程。

解 $s=\begin{vmatrix} \boldsymbol{i} & \boldsymbol{j} & \boldsymbol{k} \\ 4 & -3 & 1 \\ -2 & 9 & 2 \end{vmatrix}=(-15,-10,30)$

因此公垂线的方向向量可取$(3,2,-6)$，l_1与公垂线所确定的平面Π_1的法向量取为

$$\boldsymbol{n}_1=\begin{vmatrix} \boldsymbol{i} & \boldsymbol{j} & \boldsymbol{k} \\ 4 & -3 & 1 \\ 3 & 2 & -6 \end{vmatrix}=(16,27,17)$$

点$(9,-2,0)$在平面Π_1上，故Π_1的方程为

$$16(x-9)+27(y+2)+17(z-0)=0$$

即

$$16x+27y+17z-90=0$$

同理可得，l_2与公垂线所确定的平面Π_2的法向量为

$$\boldsymbol{n}_2=\begin{vmatrix} \boldsymbol{i} & \boldsymbol{j} & \boldsymbol{k} \\ -2 & 9 & 2 \\ 3 & 2 & -6 \end{vmatrix}=(-58,-6,-31)$$

点$(0,-7,7)$在平面Π_2上，故Π_2的方程为

$$-58(x-0)-6(y+7)-31(z-7)=0$$

即

$$58x+6y+31z-175=0$$

Π_1与Π_2的交线即为l_1与l_2的公垂线，故公垂线的方程为

$$\begin{cases} 16x+27y+17z-90=0 \\ 58x+6y+31z-175=0 \end{cases}$$

平面束：有时用平面束的方程解题比较方便，现在就介绍它的方程。

通过定直线L的所有平面的全体称为平面束。

设直线L：

$$\begin{cases} A_1x+B_1y+C_1z+D_1=0 \\ A_2x+B_2y+C_2z+D_2=0 \end{cases}$$

则平面束的方程为

$$A_1x+B_1y+C_1z+D_1+\lambda(A_2x+B_2y+C_2z+D_2)=0$$

λ为任意常数（这是缺少平面Π_2的平面束）。

例8 一平面过直线$\begin{cases} x+5y+z=0 \\ x-z+4=0 \end{cases}$，且与平面$x-4y-8z+12=0$成$\frac{\pi}{4}$角，求此平面的方程。

解 设平面束方程为$x+5y+z+\lambda(x-z+4)=0$，

即
$$(1+\lambda)x+5y+(1-\lambda)z+4\lambda=0$$

所求平面与直线成 $\frac{\pi}{4}$ 角，故

$$\cos\frac{\pi}{4}=\frac{(1+\lambda)1+5\times(-4)+(1-\lambda)(-8)}{\sqrt{(1+\lambda)^2+5^2+(1-\lambda)^2}\sqrt{1+16+64}}$$

解得 $\lambda=-\frac{3}{4}$，

于是所求平面为 $$x+20y+7z-12=0$$

事实上，$x-z+4=0$ 也是满足条件的平面。

习题 5.6

1. 求过点 $(4,-1,3)$ 且平行于直线 $\frac{x-3}{2}=y=\frac{z-1}{5}$ 的直线方程。
2. 求过点 $M_1(3,-2,1)$ 和点 $M_2(-1,0,2)$ 的直线方程。
3. 求过点 $(2,0,-3)$ 且与直线 $\begin{cases}x-2y+4z-7=0\\3x+5y-2z+1=0\end{cases}$ 垂直的平面方程。
4. 求两直线 $\begin{cases}5x-3y+3z-9=0\\3x-2y+z-1=0\end{cases}$ 与 $\begin{cases}2x+2y-z+23=0\\3x+8y+z-18=0\end{cases}$ 夹角的余弦。
5. 求过点 $(0,2,4)$ 且与两平面 $x+2z=1$ 和 $y-3z=2$ 平行的直线方程。
6. 求过点 $(3,1,-2)$ 且通过直线 $\frac{x-4}{5}=\frac{y+3}{2}=\frac{z}{1}$ 的平面方程。

5.7 利用 MATLAB 作空间曲线与曲面

MATLAB 绘制的三维图形包括三维曲线、三维网格线和三维曲面图。三维图形与二维图形相比需要的数据是三维的。

5.7.1 三维曲线图

三维曲线图是指根据 (x,y,z) 坐标变化绘制的曲线，使用 plot3 命令来实现，使用格式与二维绘图的 plot 命令相似，命令格式如下：

plot3(x,y,z,'s1s2…')　% 用于绘制参数函数 $\begin{cases}x=f(t)\\y=g(t)\\z=h(t)\end{cases}$ 的三维参量曲线，s1，s2，…是用来指定线型、颜色的字符参数。

例 1 画出三维螺旋线 $\begin{cases} x = t\sin t \\ y = t\cos t \\ z = t \end{cases}$, $t \in [0,10\pi]$ 的图形。

解 输入:

```
>>t=0:pi/50:10*pi;% 步进为 pi/50
>>plot3(t.*sin(t),t.*cos(t),t,'linewidth',2);   % 作空间曲线,线宽为 2
>>grid on     % 画坐标分格线
```

输出结果如图 5-7-1 所示。

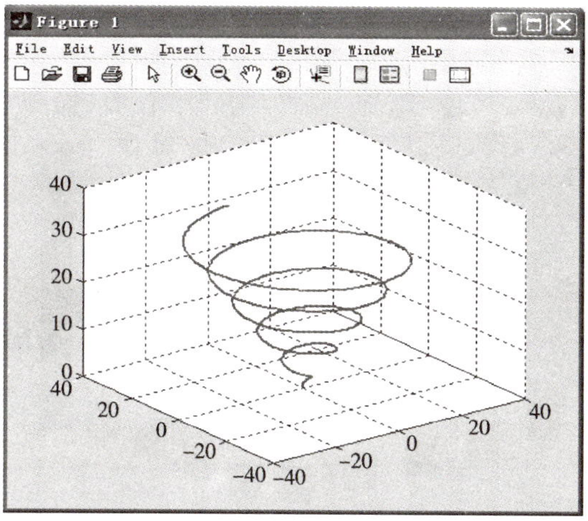

图 5-7-1

5.7.2 三维曲面图

1)三维网线图

三维网线图就是将平面上的网格点(X,Y)对应 Z 值的顶点画出,并将各顶点用线连接起来,使用 mesh 函数绘制三维网线图,命令格式为:

mesh(X,Y,Z,C) % 绘制网格点数据对应的三维网线

说明:(X,Y)是通过 meshgrid 得出的网格顶点,C 是指定各点的用色矩阵,当 C 省略时默认的用色矩阵是 Z。

例 2 在 $-8 \leqslant x \leqslant 8$, $-8 \leqslant y \leqslant 8$ 的范围内绘制函数 $z = \sin\sqrt{x^2+y^2}/(\sqrt{x^2+y^2}+1)$ 的三维网线图。

解 输入:

```
>>[x,y]=meshgrid(-8:0.5:8);   % meshgrid 生成网格矩阵,x 是行矩阵,y 是列矩阵
>>R=sqrt(x.^2+y.^2);z=sin(R)./(R+1);mesh(x,y,z)
```

输出结果如图 5-7-2 所示。

2)三维表面图

三维表面图与网线图相似,但不同的是网线图中网格范围内的区域为空白,而三维表面图则用颜色来填充。命令调用格式为:

surf(X,Y,Z,C)　%绘制网格点数据对应的三维表面图

例 3　用曲面图指令绘制函数 $z = \sqrt{x^2 + y^2}$ 的图形。

解　输入:

```
>>[x,y]=meshgrid(-4:0.5:4);z=sqrt(x.^2+y.^2);surf(x,y,z)
```

输出结果如图 5-7-3 所示。

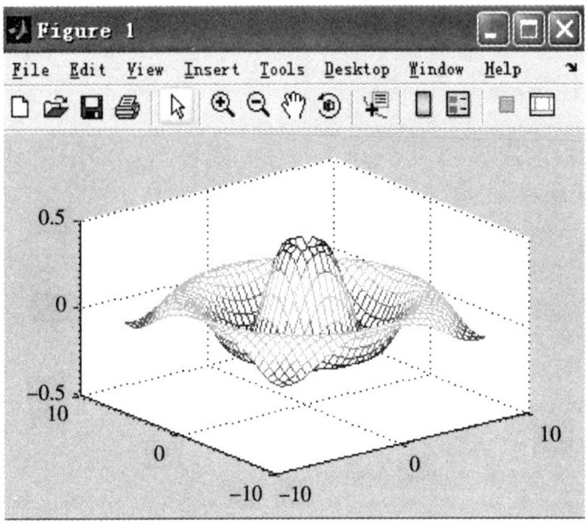

图　5-7-2

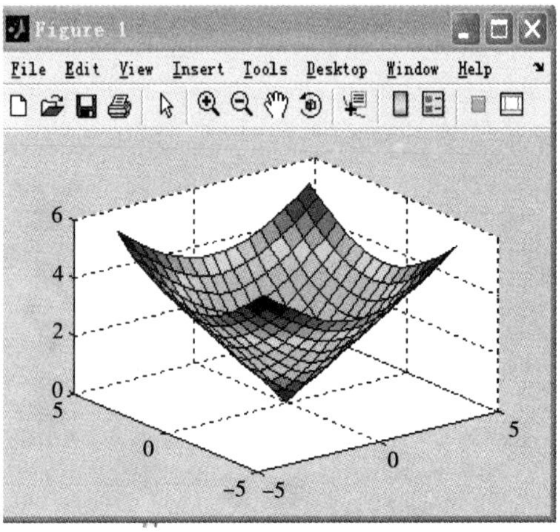

图　5-7-3

例 4　用曲面图指令绘制球面方程为 $x^2 + y^2 + z^2 = 4$ 的图形。

解　输入:

```
>>[x,y]=meshgrid(-2:0.1:2);z=sqrt(4-x.^2-y.^2);surf(x,y,z)
>>hold on;　%保持图形不变
>>[x,y]=meshgrid(-2:0.1:2);z=-sqrt(4-x.^2-y.^2);surf(x,y,z)
```

输出结果如图 5-7-4 所示。

例 5　用曲面图指令绘制椭圆抛物面 $z = \frac{x^2}{4} + \frac{y^2}{9}$ 的图形,并在图形上添加坐标轴注释。

解　输入:

```
>>[x,y]=meshgrid(-3:0.5:3);z=x.^2/4+y.^2/9;surf(x,y,z)
>>grid on
>>xlabel('x');ylabel('y');zlabel('z')　　　%添加坐标轴注释
```

输出结果如图 5-7-5 所示。

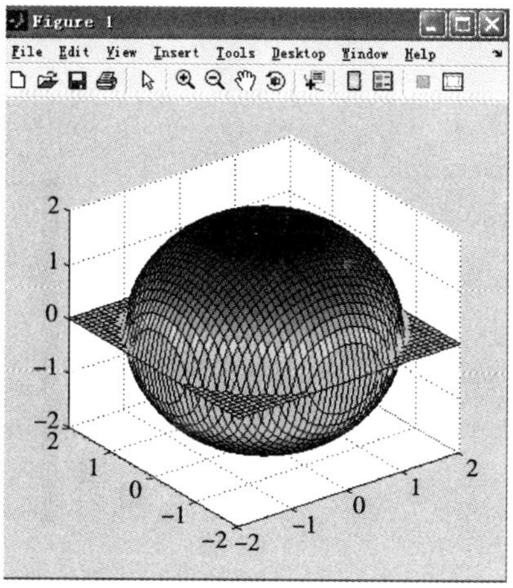

图 5-7-4

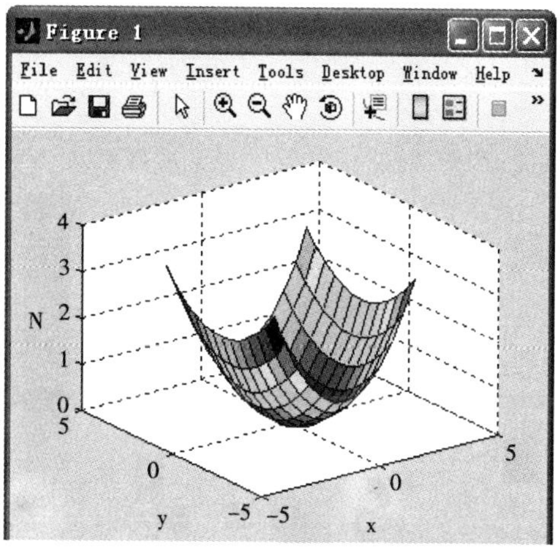

图 5-7-5

习题 5.7

1. 画出三维螺旋线$\begin{cases} x = \sin t, \\ y = \cos t, t \in [0,10\pi] \\ z = t, \end{cases}$的图形。

2. 利用曲线图指令 mesh 绘制函数 $z = \dfrac{x^2}{9} - \dfrac{y^2}{4}$ 的三维图形,要求 $x \in [-8,8]$,$y \in [-8,8]$。

3. 利用曲面图指令 surf 绘制函数 $z = \sin(x - y) - \cos(x + y)$ 的三维图形,要求 $x \in [-8,8]$,$y \in [-8,8]$。

复习题五

1. 已知 $\boldsymbol{a}$、$\boldsymbol{b}$、$\boldsymbol{c}$ 为单位向量，且满足 $\boldsymbol{a}+\boldsymbol{b}+\boldsymbol{c}=0$，计算 $\boldsymbol{a}\cdot\boldsymbol{b}+\boldsymbol{b}\cdot\boldsymbol{c}+\boldsymbol{c}\cdot\boldsymbol{a}$。

2. 设 ΔABC 的三边 $\overrightarrow{BC}=\boldsymbol{a}$，$\overrightarrow{CA}=\boldsymbol{b}$，$\overrightarrow{AB}=\boldsymbol{c}$，三边的中点依次为 D、E、F，试证明 $\overrightarrow{AD}+\overrightarrow{BE}+\overrightarrow{CF}=0$。

3. 设 $\boldsymbol{a}+3\boldsymbol{b}\perp 7\boldsymbol{a}-5\boldsymbol{b}$、$\boldsymbol{a}-4\boldsymbol{b}\perp 7\boldsymbol{a}-2\boldsymbol{b}$，求 $(\boldsymbol{a},\boldsymbol{b})$。

4. 已知 $|\boldsymbol{a}|=2$，$|\boldsymbol{b}|=5$，$(\boldsymbol{a},\boldsymbol{b})=\dfrac{2\pi}{3}$，问系数 λ 为何值时，$\boldsymbol{m}=\lambda\boldsymbol{a}+17\boldsymbol{b}$ 与 $\boldsymbol{n}=3\boldsymbol{a}-\boldsymbol{b}$ 垂直。

5. 求与向量 $\boldsymbol{a}=\{2,-1,2\}$ 共线且满足方程 $\boldsymbol{a}\cdot\boldsymbol{x}=-18$ 的向量 $\boldsymbol{x}$。

6. 设向量 $\boldsymbol{a}=\{-1,3,2\}$，$\boldsymbol{b}=\{2,-3,-4\}$，$\boldsymbol{c}=\{-3,12,6\}$，证明三向量 $\boldsymbol{a}$、$\boldsymbol{b}$、$\boldsymbol{c}$ 共面，并用 $\boldsymbol{a}$ 和 $\boldsymbol{b}$ 表示 $\boldsymbol{c}$。

7. 将 xOy 坐标面上的双曲线 $4x^2-9y^2=36$ 分别绕 x 轴及 y 轴旋转一周，求所生成的旋转曲面的方程。

8. 求通过点 $(1,2,-1)$ 且与直线 $\begin{cases}2x-3y+z-5=0\\3x+y-2z-4=0\end{cases}$ 垂直的平面方程。

9. 求点 $P(3,-1,2)$ 到直线 $\begin{cases}x+y-z+1=0\\2x-y+z-4=0\end{cases}$ 的距离。

10. 求直线 $\begin{cases}x+y-z+1=0\\x-y+2z-2=0\end{cases}$ 与平面 $x-2y+3z-3=0$ 间夹角的正弦。

数学素质拓展——笛卡尔

笛卡尔(Rene Descartes,1596~1650年)是法国数学家、哲学家、物理学家,他对现代数学的发展作出了重要的贡献,是解析几何的奠基人之一。在他还不满周岁时,母亲就罹患肺结核去世,他也受传染,自幼体弱多病,后来养成终生卧床沉思的习惯。1613年他入读普瓦捷大学,攻读法学,四年后获博士学位。为了了解社会,探索自然,他花了三年去体验军旅生活,用了四年游历欧洲各国。1625年开始从事科学工作,潜心著述达20余年。1649年在瑞典被年轻的女王克里斯蒂娜聘请讲授哲学,由于遇到几十年少有的严寒,他不幸得了肺炎在1650年2月11日去世。

笛卡尔是17世纪十分重视科学方法的学者,他说:"没有正确的方法,即使有眼睛的博学者,也会像瞎子一样盲目探索。"解析几何的创建是他长期孜孜以求,深刻思虑,并以进步哲学、科学方法引导的结果。青年的笛卡尔正处于文艺复兴的末期,资产阶级革命的前夕,社会当时正处于宗教和政治急剧变革的漩涡中。勤学善思的笛卡尔认为只有严密的数学才是认识事物的有力工具,他同时觉察到几何证明的严谨,但需奇特的方法;代数的法则、公式的规律,虽便于应用,但束缚人的想象力。因此,他立志"寻求一种包含代数和几何两门学科好处的方法"。

1637年,笛卡尔创立了坐标系,实现了用代数研究几何的宏伟梦想。恩格斯赞誉他:"数学中的转折点是笛卡尔的变量"。

第6章 多元函数微积分及应用

学习目标

1. 了解多元函数的概念；了解二元函数的表示法与几何意义；
2. 了解二元函数的极限与连续的直观意义；
3. 了解多元函数偏导数与全微分的概念，掌握求多元复合函数偏导数和全微分的方法；
4. 会求简单多元函数的最大值和最小值，会求解一些简单的应用题；
5. 了解二重积分的概念与基本性质，掌握二重积分的计算方法；
6. 会用二重积分思想进行重心、形心、转动惯量的计算；
7. 熟悉用 MATLAB 求多元函数的微积分。

重点：多元函数的概念，多元函数的偏导数和全微分的概念。多元函数的最大值和最小值求法及其应用，二重积分的计算方法及其用二重积分思想进行重心、形心、转动惯量的计算。

难点：二元函数的极限与连续的概念，多元复合函数的求导，二重积分的概念及二重积分转化为二次积分的定限方法及实际应用。

在一元函数微分学中，我们讨论的都是有一个自变量的函数。现实世界中，事物变化是复杂的，往往是由各方面的因素决定的，研究的问题牵涉多方面的因素，从数量上加以分析，就是一个变量依赖于多个变量的情形。这就提出了多元函数以及多元函数的微分和积分问题。本章将在一元函数微分学的基础上，讨论多元函数的微分法及其应用，讨论中只以二元函数为主，而二元以上的函数则可以类推。

6.1 多元函数的极限与连续

6.1.1 二元函数概念

实际问题中经常遇到多个变量之间的依赖关系。举例如下：

例 1 圆柱体的体积 V 和它的底半径 r 、高 h 之间具有如下关系

$$V = \pi r^2 h$$

这里，V 是随着 r、h 的变化而变化的，当 r、h 各自独立地取定一个正数值时，V 总有确定的值与之对应。

例 2 一根长为 l 、两端固定且拉紧的弦（图 6-1-1），在张力作用下作微小的上下振动。这时

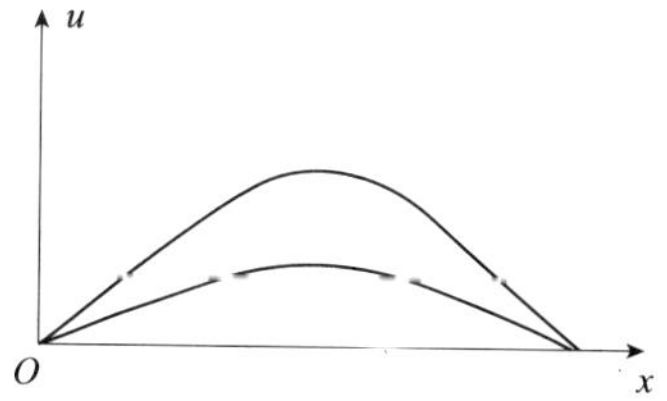

图 6-1-1

弦上各点的纵标 u 既与该点的横标 x 有关，又与时间 t 有关，在力学中可以推出，如果当 $t=0$ 时弦上各点的速度均为零，弦的初始位置为 $u=u_0\sin\frac{\pi}{l}x$，那么 u 与 x、t 的关系为

$$u=u_0\cos\frac{a\pi}{l}t\sin\frac{\pi}{l}x$$

式中 a 是常数，这里，u 是随着 x、t 的变化而变化的，当 x、t 各自独立地取定一个值时，u 总有确定的值与之对应。

例 3 单摆的长度 l、周期 T 和重力加速度 g 之间具有如下关系

$$T=2\pi\sqrt{\frac{l}{g}}$$

通过对单摆长度 l 和周期 T 的实际测定，再利用上面的关系式可推算出重力加速度 g，即

$$g=\frac{4\pi^2 l}{T^2}$$

这里，g 是随着 l、T 的变化而变化的，当 l、T 各自独立地取定一个值时，g 总有确定的值与之对应。

上面三个例子的具体意义虽然各不相同，但却有它们的共性，即多个变量之间的依赖关系，将这些共性加以抽象，就可得出二元函数的定义。

定义 设在某一变化过程中有三个变量 x、y 和 z，变量 z 随着各自独立的变量 x、y 一起变化；对于变量 x、y，在变化过程中取得的每一组值，按照一定的规律，变量 z 总有一个确定的值与之对应，这时，就说 z 是 x、y 的二元函数，一般记作

$$z=f(x,y)$$

其中 x、y 称为自变量，z 也称为因变量，x、y 在变化过程中的取值范围称作该函数的定义域。

类似地，可以定义三元函数 $u=f(x,y,z)$ 以及三元以上的函数。

由于自变量 x、y 所能取的每一组值 x_0、y_0，可以用 xOy 平面上坐标为 $(x_0、y_0)$ 的点来表示，因此二元函数的定义域可以用 xOy 平面上的一个区域来表示，通常所讨论的二元函数的定义域都是由一条曲线或几条曲线所围成的平面区域。

因此，在例 1 中，圆柱体的体积 V 是底半径 r 和高 h 的函数，底半径 r 和高 h 都是自变量，它们都可取任何正数，所以这函数的定义域 $\{(x,y)\mid x>0,y>0\}$ 可以用 xOy 平面上的第一象限（图 6-1-2）来表示（边界不包含在内），以后把这种不包含边界的区域称为开区域。

在例 2 中，弦上各点的纵坐标 u 是该点的横标 x 和时间 t 的函数，如果所研究的是从 $t=0$ 起到 $t=T$ 为止这段时间内弦的振动情况，那么 t 的取值范围是 $[0,T]$，而 x 的取值范围是 $[0,l]$，所以这个函数的定义域可用 xOy 平面上的点集 $\{(x,t)\mid 0\leqslant x\leqslant l,0\leqslant t\leqslant T\}$ 所确定的一个矩形区域来表示（边界也包含在内），如图 6-1-3 所示。以后把这种包含全部边界的区域称为闭区域。

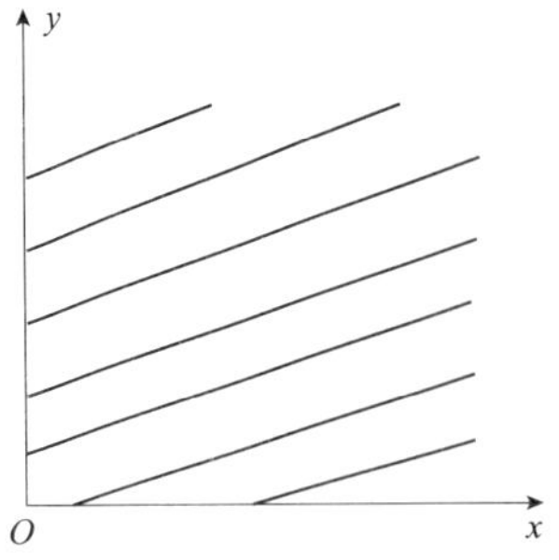

图 6-1-2

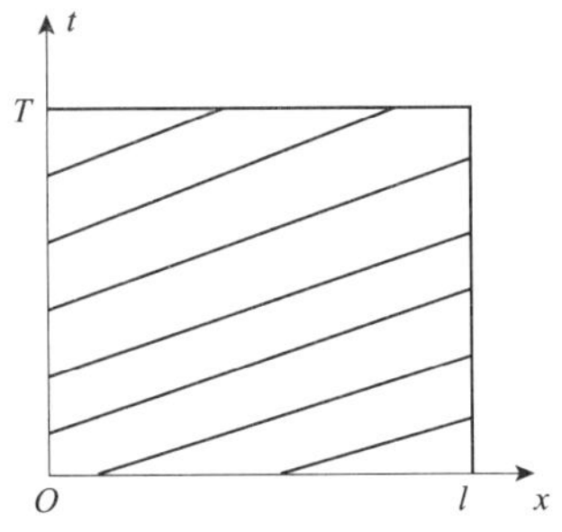

图 6-1-3

考察函数关系的定义域时，应联系函数所反映的客观事物的实际意义来确定。但在抽象地讨论用算式表达的多元函数时，与一元函数一样，函数的定义域由表达函数的式子本身来确定。

例 4 求函数 $z=\ln(x^2+y^2-1)+\dfrac{1}{\sqrt{4-x^2-y^2}}$ 的定义域。

解 要使函数 z 有意义，x 和 y 必须满足下列不等式组

$$\begin{cases}x^2+y^2-1>0\\4-x^2-y^2>0\end{cases}$$

解得

$$1<x^2+y^2<4$$

所以，函数 $z=\ln(x^2+y^2-1)+\dfrac{1}{\sqrt{4-x^2-y^2}}$ 的定义域是平面点集：

$$\{(x,y)\mid 1<x^2+y^2<4\}$$

此点集是介于两圆周 $x^2+y^2=1$ 和 $x^2+y^2=4$ 之间的圆环区域(开区域)(图 6-1-4)。

在一元函数的讨论中已经知道，函数的图形可以帮助了解函数的性质，对于二元函数，情况也是这样，为了讨论二元函数的图形，在空间直角坐标系中可以把二元函数 $z=f(x,y)$ 的自变量 x、y 分别看作 xOy 平面上点 P 的横坐标和纵坐标，对于 xOy 平面上每一点 $P(x,y)$，在空间可以作出一点 $M(x,y,f(x,y))$。因此，当点 $P(x,y)$ 在函数 $z=f(x,y)$ 的定义域 D 中变动时，相应的点 M 就在空间描绘出一个曲面，如图 6-1-5 所示。这个曲面就称作二元函数 $z=f(x,y)$ 的图形。

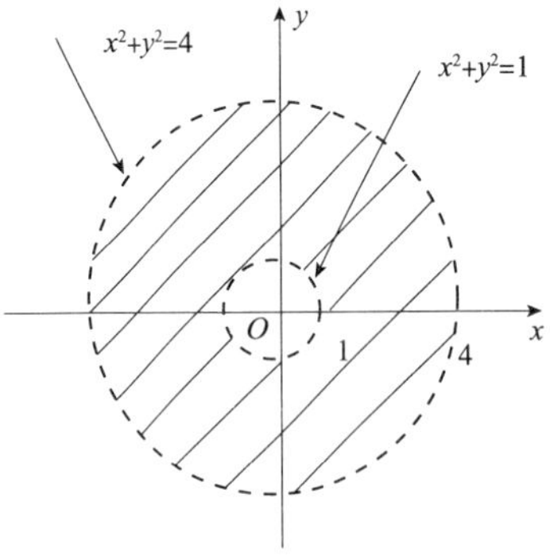

图 6-1-4

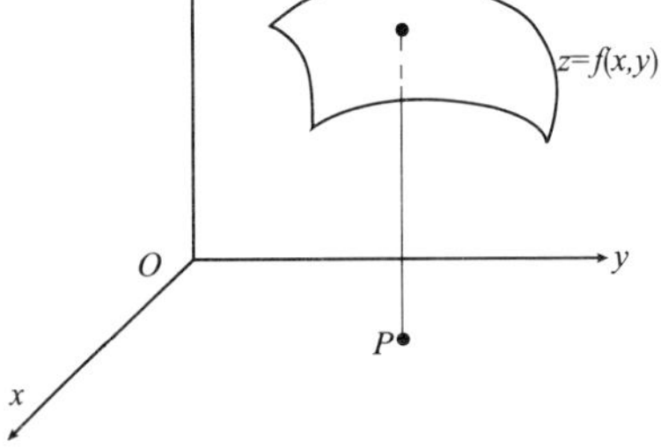

图 6-1-5

6.1.2 二元函数的极限与连续

与一元函数类似，二元函数也有相应的极限和连续概念。

如果当点 $P(x,y)$ 无限趋于点 $P_0(x_0,y_0)$ 时，对应函数值 $f(x,y)$ 无限趋于一个确定的常数 A，就说函数 $f(x,y)$ 有极限，它的极限是 A。记作

$$\lim_{\substack{x\to x_0\\ y\to y_0}} f(x,y) = A$$

或

$$f(x,y)\to A \quad (x\to x_0, y\to y_0)$$

说明：(1)点 $P(x,y)$ 无限趋于点 $P_0(x_0,y_0)$，就是指它们的距离 $\rho = |PP_0|$ 趋于零。

(2)动点 $P(x,y)$ 趋于定点 $P_0(x_0,y_0)$ 是按任意方式实现的，并不局限于某一特定方式(例如沿一条直线)，这是比一元函数复杂之处。

前面在讨论一元函数的连续性时就已经知道，函数连续性的实质就是当自变量变动不大时，因变量的相应变动也不大。对于二元函数的连续性，也可完全一样地讨论。

设函数 $z=f(x,y)$，当自变量 x 从 x_0 变到 $x_0+\Delta x$、y 从 y_0 变到 $y_0+\Delta y$ 时，函数的相应增量为

$$\Delta z = f(x_0+\Delta x,\ y_0+\Delta y) - f(x_0,y_0)$$

如果当 $\Delta x\to 0, \Delta y\to 0$ 时 $\Delta z\to 0$，就说函数 $z=f(x,y)$ 在点 (x_0,y_0) 处是连续的。否则，就说函数 $z=f(x,y)$ 在点 (x_0,y_0) 处不连续或间断。

由于 $\Delta x\to 0, \Delta y\to 0$ 相当于 $x\to x_0, y\to y_0$，而 $\Delta z\to 0$ 相当于 $f(x,y)\to f(x_0,y_0)$，所以连续定义中的条件可改写成

$$\lim_{\substack{x\to x_0\\ y\to y_0}} f(x,y) = f(x_0,y_0)$$

如果函数 $z=f(x,y)$ 在区域 D 上每一点处都连续，就说函数 $z=f(x,y)$ 在区域 D 上连续。以后我们所讨论的函数一般都是连续的。

例 5 求 $\lim\limits_{\substack{x\to 0\\ y\to 0}} \dfrac{\sin xy}{y}$。

解 $\lim\limits_{\substack{x\to 0\\ y\to 0}} \dfrac{\sin xy}{y} = \lim\limits_{\substack{x\to 0\\ y\to 0}} \dfrac{\sin xy}{xy}\cdot x = \lim\limits_{\substack{x\to 0\\ y\to 0}} \dfrac{\sin xy}{xy}\cdot \lim\limits_{\substack{x\to 0\\ y\to 0}} x = 0$。

例 6 求 $\lim\limits_{\substack{x\to 0\\ y\to 0}} \dfrac{xy}{\sqrt{xy+1}-1}$。

解 $\lim\limits_{\substack{x\to 0\\ y\to 0}} \dfrac{xy}{\sqrt{xy+1}-1} = \lim\limits_{\substack{x\to 0\\ y\to 0}} \dfrac{xy(\sqrt{xy+1}+1)}{(\sqrt{xy+1}-1)(\sqrt{xy+1}+1)} = \lim\limits_{\substack{x\to 0\\ y\to 0}} (\sqrt{xy+1}+1) = 2$。

例 7 设 $f(x,y) = \dfrac{\sin \frac{3}{2}\pi x + y}{e^{xy}+xy}$，求 $\lim\limits_{\substack{x\to 1\\ y\to 2}} f(x,y)$。

解 因为函数 $z=f(x,y)$ 在定义域上每一点处都连续，所以

$$\lim_{\substack{x\to 1\\ y\to 2}} f(x,y) = \lim_{\substack{x\to 1\\ y\to 2}} \frac{\sin\frac{3\pi x}{2}+y}{e^{xy}+xy} = \frac{\sin\frac{3\pi}{2}+2}{e^2+2} = \frac{1}{e^2+2}$$

例子说明，有些多元函数的极限问题可以转化为一元函数的极限问题求解。

最后，我们来说明多元函数与一元函数的关系。多元函数是依赖于多个自变量的函数，而一元函数是只依赖于一个自变量的函数，它们既有区别又有联系。由于客观实际中的问题往往是复杂的，是由各方面的因素决定的，因而实践中的函数关系大都是多元函数。多元函数无疑比一元函数来得复杂，但是在一定的精确度范围内，如果忽略某些次要因素的影响，就可以把多元函数的问题当作一元函数的问题来处理，例如，在例 2 中，如果只讨论弦上某个定点 M 的运动情况，就可以把点 M 的横坐标 x 作为常数，而把纵坐标 $u=u_0\cos\frac{a\pi}{l}t\sin\frac{\pi}{l}x$ 作为时间 t 的一元函数来处理。由此可见，多元函数在一定条件下可以变成一元函数，这种化繁为简的方法，在后面讨论多元函数的微分法中将起重要作用。

习题 6.1

1. 试把三角形的面积 S 表示为它的两边 x、y 及其夹角 z 的三元函数。

2. (1) 设 $f(x,y)=\dfrac{2xy}{x^2+y^2}$，求 $f(2,3)$、$f\left(1,\dfrac{b}{a}\right)$ 及 $f(x,kx)$。

(2) 设 $f(x,y)=1+x-(a+y)^2$，求 $f(x+\Delta x,y+\Delta y)$。

(3) 设 $\varphi(x)=e^x\sin x$，求 $\varphi\left(\dfrac{t}{s}\right)$、$\varphi(x-y)$。

3. 求极限 $\lim\limits_{\substack{x\to1\\y\to0}}\dfrac{\ln(x+e^y)}{\sqrt{x^2+y^2}}$。

4. 求极限 $\lim\limits_{\substack{x\to0\\y\to0}}\dfrac{\tan xy}{y}$。

6.2 多元函数微分法及其应用

6.2.1 偏导数

在 6.1 节例 2 中，在讨论弦上某个定点 M 的运动情况时，x 可以看作常数，而 $u=u_0\cos\frac{a\pi}{l}t\sin\frac{\pi}{l}x$ 就可以看作时间 t 的一元函数，按照一元函数的导数概念和求导法则，弦上一点 M 在时刻 t 的速度为

$$\frac{du}{dt}=\left(u_0\cos\frac{a\pi}{l}t\sin\frac{\pi}{l}x\right)'=-u_0\frac{a\pi}{l}\sin\frac{a\pi}{l}t\sin\frac{\pi}{l}x$$

从这里可以看到，在实际的二元函数问题中，有时需要把一个自变量暂时固定，而把二元函数看作另一个变量的一元函数，然后讨论这个一元函数的导数，这种导数就称作二元函

数的偏导数。

定义1 把二元函数 $z=f(x,y)$ 的自变量 y 暂时固定,而把 $z=f(x,y)$ 看成 x 的一元函数,这个一元函数对 x 的导数就称作二元函数 z 对 x 的偏导数,记为 $\frac{\partial z}{\partial x}$、$\frac{\partial f}{\partial x}$、$f'_x(x,y)$、$z'_x$,即

$$\frac{\partial z}{\partial x}=\lim_{\Delta x\to 0}\frac{f(x+\Delta x,y)-f(x,y)}{\Delta x}$$

类似地,定义二元函数 $z=f(x,y)$ 对 y 的偏导数为

$$\frac{\partial z}{\partial y}=\lim_{\Delta y\to 0}\frac{f(x,y+\Delta y)-f(x,y)}{\Delta y}$$

上述定义是函数 $z=f(x,y)$ 在任意点 (x,y) 处对 x 的偏导数 $\frac{\partial z}{\partial x}$ 或对 y 的偏导数 $\frac{\partial z}{\partial y}$。一般说来,它们仍是变量 x、y 的二元函数,故又称为偏导函数。

特别地,函数 $z=f(x,y)$ 在点 (x_0,y_0) 处对 x 或对 y 的偏导数,则是确定的数值,记为

$\left.\frac{\partial z}{\partial x}\right|_{\substack{x=x_0\\y=y_0}}$ 或 $\left.\frac{\partial f}{\partial y}\right|_{\substack{x=x_0\\y=y_0}}$,$f'_x(x_0,y_0)$ 或 $f'_y(x_0,y_0)$。

从偏导数的定义可以看出,计算一个二元函数的偏导数并不需要任何新的方法,当计算 $\frac{\partial z}{\partial x}$ 时,只要把函数 $z=f(x,y)$ 中的 y 看作常数,而对 x 求导数就行了。类似地可以计算 $\frac{\partial z}{\partial y}$。

例1 一定量的理想气体的压强 p、容积 V 和绝对温度 T 之间具有如下关系:

$$p=\frac{RT}{V}$$

其中 R 为常数。求在等温过程中,压强相对于容积的变化快慢。

解 在等温过程中,T 保持不变,这时压强 p 是容积 V 的一元函数,因此压强相对于容积的变化快慢,就是函数 p 对 V 的偏导数,即

$$\frac{\partial p}{\partial V}=-\frac{RT}{V^2}$$

例2 已知 $z=\sin x\arcsin y$,求 $\frac{\partial z}{\partial x}$ 与 $\frac{\partial z}{\partial y}$。

解 求 $\frac{\partial z}{\partial x}$ 时,将 y 看作常数,对 x 求导得

$$\frac{\partial z}{\partial x}=(\sin x)'\arcsin y=\cos x\arcsin y$$

同样可得

$$\frac{\partial z}{\partial y}=\frac{\sin x}{\sqrt{1-y^2}}$$

例3 计算函数 $z=x^2+3xy+y^2$ 在点(1,2)处的偏导数。

解 因为 $\frac{\partial z}{\partial x}=2x+3y$,所以 $\left.\frac{\partial z}{\partial x}\right|_{\substack{x=1\\y=2}}=2\times1+3\times2=8$。

因为 $\frac{\partial z}{\partial y}=3x+2y$,所以 $\left.\frac{\partial z}{\partial y}\right|_{\substack{x=1\\y=2}}=3\times1+2\times2=7$。

偏导数的概念还可以推广到二元以上的函数，如三元函数 $u = f(x,y,z)$ 的偏导数可以定义为

$$\frac{\partial z}{\partial x} = \lim_{\Delta x \to 0} \frac{f(x + \Delta x, y, z) - f(x, y, z)}{\Delta x}$$

计算二元以上函数的偏导数与二元函数的情形完全类似，即在对个变量求偏导数时，将其余自变量看作常数，而对该变量求导数。

例 4 求函数 $u = \dfrac{x}{\sqrt{x^2 + y^2 + z^2}}$ 的偏导数。

解 $$\frac{\partial u}{\partial x} = \frac{\sqrt{x^2 + y^2 + z^2} - x\dfrac{x}{\sqrt{x^2 + y^2 + z^2}}}{x^2 + y^2 + z^2} = \frac{y^2 + z^2}{\sqrt{(x^2 + y^2 + z^2)^3}}$$

同样可得

$$\frac{\partial u}{\partial y} = \frac{-xy}{\sqrt{(x^2 + y^2 + z^2)^3}}, \quad \frac{\partial u}{\partial z} = -\frac{xz}{\sqrt{(x^2 + y^2 + z^2)^3}}$$

6.2.2 高阶偏导数

$z = f(x,y)$ 的偏导数 $\dfrac{\partial z}{\partial x}$ 和 $\dfrac{\partial z}{\partial y}$ 一般仍是 x 、y 的二元函数。实际问题中，有时需要对这种二元函数再求偏导数。例如，第一节例 2 中弦上任一点 M 的速度就是 u 对 t 的偏导数 $\dfrac{\partial u}{\partial t}$，它仍是 x、t 的二元函数，当研究该点的加速度时，就需要把 $\dfrac{\partial u}{\partial t}$ 对 t 再求一次偏导数，这样得到的偏导数叫做函数 u 对 t 的二阶偏导数。一般地，函数 $\dfrac{\partial z}{\partial x}$ 和 $\dfrac{\partial z}{\partial y}$ 的偏导数叫做二元函数 $z = f(x,y)$ 的二阶偏导数，二元函数 $z = f(x,y)$ 按对变量的求导次序不同而有下列四个二阶偏导数：

$$\frac{\partial}{\partial x}\left(\frac{\partial z}{\partial x}\right) = \frac{\partial^2 z}{\partial x^2} = f''_{xx}(x,y)$$

$$\frac{\partial}{\partial y}\left(\frac{\partial z}{\partial x}\right) = \frac{\partial^2 z}{\partial y \partial x} = f''_{xy}(x,y)$$

$$\frac{\partial}{\partial x}\left(\frac{\partial z}{\partial y}\right) = \frac{\partial^2 z}{\partial x \partial y} = f''_{yx}(x,y)$$

$$\frac{\partial}{\partial y}\left(\frac{\partial z}{\partial y}\right) = \frac{\partial^2 z}{\partial y^2} = f''_{yy}(x,y)$$

其中第二、三个偏导数称为混合偏导数。同样可得三阶、四阶以及 n 阶偏导数。二阶及二阶以上的偏导数统称为高阶偏导数。

例 5 表达弦振动规律的函数为

$$u = u_0 \cos \frac{a\pi}{l} t \sin \frac{\pi}{l} x$$

求弦上横标为 x 的点 M 在时刻 t 的加速度。

解 前面已经求得该点在时刻 t 的速度为

$$\frac{\partial u}{\partial t}=-u_0\frac{a\pi}{l}\sin\frac{a\pi}{l}t\sin\frac{\pi}{l}x$$

所求加速度为

$$\frac{\partial^2 u}{\partial t^2}=-u_0\frac{a^2\pi^2}{l^2}\cos\frac{a\pi}{l}t\sin\frac{\pi}{l}x$$

例 6 设 $z=e^{x^2y}$，求 $\frac{\partial^2 z}{\partial x^2}$、$\frac{\partial^2 z}{\partial y\partial x}$、$\frac{\partial^2 z}{\partial x\partial y}$、$\frac{\partial^2 z}{\partial y^2}$。

解

$$\frac{\partial z}{\partial x}=2xye^{x^2y}$$

$$\frac{\partial z}{\partial y}=x^2e^{x^2y}$$

$$\frac{\partial^2 z}{\partial x^2}=2ye^{x^2y}+4x^2y^2e^{x^2y}$$

$$\frac{\partial^2 z}{\partial y\partial x}=2xe^{x^2y}+2x^3ye^{x^2y}$$

$$\frac{\partial^2 z}{\partial x\partial y}=2xe^{x^2y}+2x^3ye^{x^2y}$$

$$\frac{\partial^2 z}{\partial y^2}=x^4e^{x^2y}$$

上例中，我们看到两个二阶混合偏导数是相等的，这是不是偶然的呢？事实上，对于一般的二元函数 $z=f(x,y)$，只要两个混合偏导数连续，就可以证明 $\frac{\partial^2 z}{\partial x\partial y}=\frac{\partial^2 z}{\partial y\partial x}$。这时就说混合偏导数与求导的次序无关。

6.2.3 全微分与全导数

二元函数 $z=f(x,y)$，当自变量 x、y 分别取得增量 Δx 和 Δy 时，$f(x+\Delta x,y+\Delta y)-f(x,y)$ 称为二元函数 $f(x,y)$ 的全增量，记为 Δz，即

$$\Delta z=f(x+\Delta x,y+\Delta y)-f(x,y)$$

一般来说，计算全增量 Δz 比较复杂，所以与一元函数的情形一样，我们希望能找到既简便又比较准确的近似值来代替 Δz。下面就来讨论这个问题。

根据一元函数的微分概念有

$$f(x+\Delta x,y)-f(x,y)\approx\frac{\partial z}{\partial x}\Delta x$$

$$f(x,y+\Delta y)-f(x,y)\approx\frac{\partial z}{\partial y}\Delta y$$

由于全增量 Δz 是由两个自变量同时变化所引起的函数增量，因而想到是否可以用两个偏微分之和来近似代替全增量，即考虑下列近似式是否成立？

$$\Delta z\approx\frac{\partial z}{\partial x}\Delta x+\frac{\partial z}{\partial y}\Delta y$$

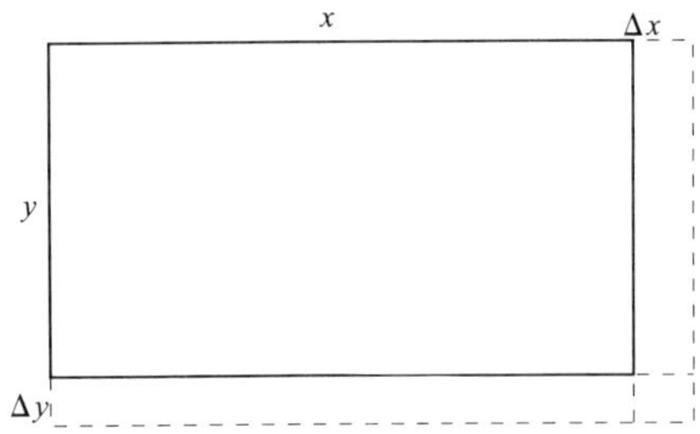

图 6-2-1

下面就先来看一个简单的实例。

设一矩形金属片，它的长和宽各为 x 和 y，则它的面积 $z = xy$。现金属片受热膨胀，长增加了 Δx，宽增加了 Δy，如图 6-2-1 所示，矩形金属片面积的增量记为 Δz，则

$$\Delta z = (x + \Delta x)(y + \Delta y) - xy = y\Delta x + x\Delta y + \Delta x\Delta y$$

现在来看这里的 $\frac{\partial z}{\partial x}\Delta x + \frac{\partial z}{\partial y}\Delta y$ 等于多少？由于

$$\frac{\partial z}{\partial x} = y, \frac{\partial z}{\partial y} = x$$

所以

$$\frac{\partial z}{\partial x}\Delta x + \frac{\partial z}{\partial y}\Delta y = y\Delta x + x\Delta y$$

当 Δx、Δy 很小时，$\Delta x\Delta y$ 就更小，这说明在这个例子中的确可以用两个偏微分之和来近似代替全增量。

由此得到

$$\Delta z \approx \frac{\partial z}{\partial x}\Delta x + \frac{\partial z}{\partial y}\Delta y$$

一般地，我们有下面的结论：

设函数 $f(x,y)$ 的偏导数 $\frac{\partial z}{\partial x}$、$\frac{\partial z}{\partial y}$ 在点 (x,y) 处连续，则有

$$\Delta z = \frac{\partial z}{\partial x}\Delta x + \frac{\partial z}{\partial y}\Delta y + \alpha(\rho) \tag{6-2-1}$$

其中 $\rho = \sqrt{(\Delta x)^2 + (\Delta y)^2}$，$\alpha(\rho)$ 是当 $\rho \to 0$ 时比 ρ 高阶的无穷小。

从式(6-2-1)可知，$\frac{\partial z}{\partial x}\Delta x + \frac{\partial z}{\partial y}\Delta y$ 是 Δx 和 Δy 的线性函数，且与 Δz 相差一个比 ρ 高阶的无穷小，即它是 Δz 的线性主部。由此，我们引入以下定义：

定义 2　设二元函数 $z = f(x,y)$ 的偏导数 $\frac{\partial z}{\partial x}$、$\frac{\partial z}{\partial y}$ 在点 (x,y) 处连续，则函数的全增量 Δz 的线性主部 $\frac{\partial z}{\partial x}\Delta x + \frac{\partial z}{\partial y}\Delta y$ 称为二元函数 $z = f(x,y)$ 在点 (x,y) 处的全微分，记为 $\mathrm{d}z$，即

$$\mathrm{d}z = \frac{\partial z}{\partial x}\Delta x + \frac{\partial z}{\partial y}\Delta y$$

或者写为

$$\mathrm{d}z = \frac{\partial z}{\partial x}\mathrm{d}x + \frac{\partial z}{\partial y}\mathrm{d}y$$

由全微分的定义可知，当 ρ 很小时，即 Δx 和 Δy 都很小时，用 $\mathrm{d}z$ 近似代替 Δz，既简便又比较准确。

通常我们把二元函数的全微分等于它的两个偏微分之和称为二元函数的微分符合迭加原理。这一原理也适用于三元及三元以上函数的情形。如对于 $u = f(x,y,z)$ 就有全微分

$$dz = \frac{\partial u}{\partial x}dx + \frac{\partial u}{\partial y}dy + \frac{\partial u}{\partial z}dz$$

例 7 计算函数 $z = x^2y + y^2$ 的全微分。

解 由于

$$\frac{\partial z}{\partial x} = 2xy, \frac{\partial z}{\partial y} = x^2 + 2xy$$

所以

$$dz = 2xydx + (x^2 + 2y)dy$$

例 8 计算函数 $z = e^{xy}$ 在点(2,1)处的全微分。

解 由于

$$\frac{\partial z}{\partial x} = ye^{xy}, \frac{\partial z}{\partial y} = xe^{xy}$$

所以

$$\left.\frac{\partial z}{\partial x}\right|_{(2,1)} = e^2, \left.\frac{\partial z}{\partial y}\right|_{(2,1)} = 2e^2$$

$$dz = e^2dx + 2e^2dy$$

如果函数 $x = x(t)$ 及 $y = y(t)$ 都在点 t 可导,且函数 $z = f(x,y)$ 在对应点具有连续偏导数,由全微分的定义可知,

$$dz = \frac{\partial z}{\partial x}dx + \frac{\partial z}{\partial y}dy$$

两端除以 dt 得

$$\frac{dz}{dt} = \frac{\partial z}{\partial x}\frac{dx}{dt} + \frac{\partial z}{\partial y}\frac{dy}{dt}$$

$\frac{dz}{dt}$ 通常称为 z 的全导数。

例 9 设函数 $u = x^y$,而 $x = e^t$, $y = \sin t$,求全导数 $\frac{du}{dt}$。

解 函数的复合关系可借助于树形图(图 6-2-2)。

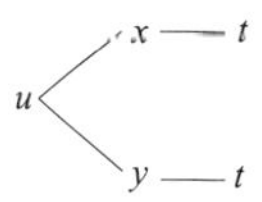

图 6-2-2

$$\frac{du}{dt} = \frac{\partial u}{\partial x}\frac{dx}{dt} + \frac{\partial u}{\partial y}\frac{dy}{dt} = yx^{y-1}e^t + x^y\ln x\cos t = e^{t\sin t}(\sin t + t\cos t)$$

6.2.4 多元复合函数的求导法则

在一元函数中已经知道,复合函数的求导公式在求导法中所起的重要作用,对于多元函数来说也是如此。下面就来讨论多元函数的复合函数的偏导数。

如果函数 $z = f(x,y)$ 的自变量 x、y 都是 s、t 的函数,即

$$x = x(s,t), y = y(s,t)$$

则 z 是 s、t 的函数,求 z 对 s 的偏导数,应该将 t 看作常数,此时 z 通过 x、y 是 s 的一元函

数。根据全导数公式有

$$\frac{dz}{ds}=\frac{\partial z}{\partial x}\frac{dx}{ds}+\frac{\partial z}{\partial y}\frac{dy}{ds}$$

由于 z 、x、y 中含有变量 t，因此需要把记号 $\frac{dz}{ds}$、$\frac{dx}{ds}$、$\frac{dy}{ds}$ 改写为 $\frac{\partial z}{\partial s}$、$\frac{\partial x}{\partial s}$、$\frac{\partial y}{\partial s}$，所以

$$\frac{\partial z}{\partial s}=\frac{\partial z}{\partial x}\frac{\partial x}{\partial s}+\frac{\partial z}{\partial y}\frac{\partial y}{\partial s}$$

同样有

$$\frac{\partial z}{\partial t}=\frac{\partial z}{\partial x}\frac{\partial x}{\partial t}+\frac{\partial z}{\partial y}\frac{\partial y}{\partial t}$$

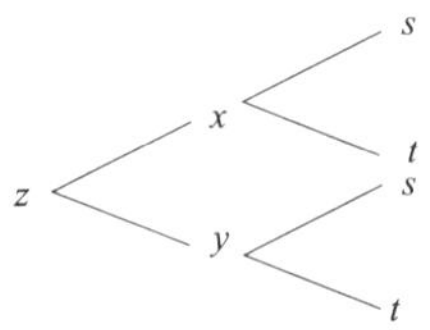

图 6-2-3

这就是复合函数 $z=f[x(s,t),y(s,t)]$ 的求偏导数公式，也称链式公式。

注意：为了帮助记忆，可以按照各变量间的复合关系画出复合关系图（图 6-2-3）。

首先从自变量 z 向中间变量 x、y 画两个分枝，然后再分别从 x、y 向自变量 s、t 画分枝，并在每个分枝旁边写上对其的偏导数。求 $\frac{\partial z}{\partial x}$ $\left(\frac{\partial z}{\partial s}\right)$时，只要把从 z 到 s（t）的每条路径上的各偏导数相乘后，再将这些积相加即可得到。

例 10 设函数 $z=u^v$，而 $u=3x^2+y^2$，$v=4x+2y$，求 $\frac{\partial z}{\partial x}$、$\frac{\partial z}{\partial y}$。

解 $\frac{\partial z}{\partial x}=\frac{\partial z}{\partial u}\frac{\partial u}{\partial x}+\frac{\partial z}{\partial v}\frac{\partial v}{\partial x}=vu^{v-1}6x+u^v\ln u\cdot 4$

$=6x(4x+2y)(3x^2+y^2)^{4x+2y-1}+4(3x^2+y^2)^{4x+2y}\ln(3x^2+y^2)$

$\frac{\partial z}{\partial y}=\frac{\partial z}{\partial u}\frac{\partial u}{\partial y}+\frac{\partial z}{\partial v}\frac{\partial v}{\partial y}=vu^{v-1}2y+2u^v\ln u$

$=2y(4x+2y)(3x^2+y^2)^{4x+2y-1}+2(3x^2+y^2)^{4x+2y}\ln(3x^2+y^2)$

例 11 设函数 $z=e^x\sin y$，$x=2st$，$y=t+s^2$，求 $\frac{\partial z}{\partial x}$、$\frac{\partial z}{\partial t}$。

解 $\frac{\partial z}{\partial x}=\frac{\partial z}{\partial x}\cdot\frac{\partial x}{\partial s}+\frac{\partial z}{\partial y}\cdot\frac{\partial y}{\partial s}=e^x\sin y\cdot 2t+e^x\cos y\cdot 2s$

$=2te^x\sin y+2se^x\cos y$

$=e^x\sin y\cdot 2s+e^x\cos y\cdot 1$

$=2se^x\sin y+e^x\cos y$

复合函数求偏导数步骤：

(1)搞清复合关系——画出复合关系图；

(2)分清每步对哪个变量求导，固定了哪些变量；

(3)对某个自变量求导，应注意要经过一切与该自变量有关的中间变量而最后归结到该自变量。

6.2.5 多元函数的最大值和最小值问题

在一元函数中可以看到，利用函数的导数可以解决一些函数的最大值和最小值问题。然而，在实际问题中，往往还要遇到求多元函数的最大值和最小值问题。下面来学习求二元函数的最大值和最小值。

二元函数 $z=f(x,y)$ 的最大值和最小值是什么意思呢？设 $P(x,y)$ 是二元函数 $z=f(x,y)$ 的定义域内任何不同于 $P_0(x_0,y_0)$ 的点，如果总有 $f(x,y)<f(x_0,y_0)$ 成立，那么函数值 $f(x_0,y_0)$ 就叫做二元函数 $z=f(x,y)$ 的最大值；如果总有 $f(x,y)>f(x_0,y_0)$ 成立，那么函数值 $f(x_0,y_0)$ 就叫做二元函数的最小值。

因此，$z=f(x,y)$ 在点 (x_0,y_0) 取得最大值或最小值，当把 $z=f(x,y)$ 中的 y 固定为 y_0 时，$z=f(x,y)$ 就成为自变量为 x 的一元函数 $z=f(x,y_0)$，这个一元函数也就必然在 x_0 处取得最大值或最小值。所以

$$\left.\frac{\mathrm{d}f(x,y_0)}{\mathrm{d}x}\right|_{x=x_0}=0$$

也就是

$$\left.\frac{\partial f(x,y)}{\partial x}\right|_{\substack{x=x_0\\y=y_0}}=0$$

当把 $z=f(x,y)$ 中的 x 固定为 x_0 时，$z=f(x_0,y)$ 就成为 y 的一元函数，同样 $z=f(x_0,y)$ 也必然在 y_0 取得最大值或最小值。

从而有

$$\left.\frac{\partial f(x,y)}{\partial y}\right|_{\substack{x=x_0\\y=y_0}}=0$$

所以使 $z=f(x,y)$ 取得最大值或最小值的点 (x_0,y_0)，必同时满足

$$\left.\frac{\partial f(x,y)}{\partial x}\right|_{\substack{x=x_0\\y=y_0}}=0,\left.\frac{\partial f(x,y)}{\partial y}\right|_{\substack{x=x_0\\y=y_0}}=0$$

同时满足以上两式的点 (x_0,y_0)，称为函数 $z=f(x,y)$ 的驻点。

根据以上的讨论，可以归纳出解决最大值或最小值问题的步骤：

(1)分析实际问题，建立函数关系式；

(2)求出函数 $z=f(x,y)$ 的偏导数，并分别令

$$f'_x(x,y)=0,f'_y(x,y)=0$$

解方程组

$$\begin{cases}f'_x(x,y)=0\\f'_y(x,y)=0\end{cases}$$

求得驻点。

(3)结合实际意义判定最大、最小值。

在实际问题中，求出的驻点 (x_0,y_0) 往往只有一个，而在这个驻点上，函数取最大值还是最小值，由问题本身即可确定，用不着再作进一步的讨论。

例 12 某工地要用铁板做成一个体积为 $2\mathrm{m}^3$ 的有盖长方体水箱。若设水箱的长为 xm，宽为 ym，为了使其体积为 $2\mathrm{m}^3$，则高应为 $\frac{2}{xy}$ m，此水箱所用材料的面积为 A 。问：当水箱的长、宽、高各取怎样的尺寸时，才能使用料最省？

解 (1)分析实际问题，建立函数关系式：

水箱所用材料的面积为

$$A = A(x,y) = 2\left(xy + \frac{2}{x} + \frac{2}{y}\right) \quad (x > 0, y > 0)$$

(2)求出函数 $A = A(x,y)$ 的偏导数，并分别令

$$\begin{cases} A'_x(x,y) = 2\left(y - \dfrac{2}{x^2}\right) = 0 \\ A'_y(x,y) = 2\left(x - \dfrac{2}{y^2}\right) = 0 \end{cases}$$

解方程组得 $x = \sqrt[3]{2}, y = \sqrt[3]{2}$ 。

(3)根据题意可知水箱所用材料的最小值一定存在，并且在开区域 $x > 0$、$y > 0$ 内取得。因此，当 $x = \sqrt[3]{2}, y = \sqrt[3]{2}$ 时水箱所用材料最省。

习题 6.2

1. 求下列函数的偏导数：

(1) $z = x^y$；　　(2) $z = \arctan\frac{y}{x}$；

(3) $z = x^2\sin y$；　　(4) $u = \sqrt{x^2 + y^2} + \frac{xy}{z}$。

2. 求下列函数的偏导数：

(1) $z = y^x + e^{xy}$，求 $\left.\frac{\partial z}{\partial y}\right|_{\substack{x=1\\y=2}}$；　　(2) $z = e^{x^2+y^2}$，求 $\left.\frac{\partial z}{\partial x}\right|_{\substack{x=1\\y=1}}$、$\left.\frac{\partial z}{\partial y}\right|_{\substack{x=1\\y=1}}$。

3. 求函数 $z = y^x$ 的二阶偏导数 $\frac{\partial^2 z}{\partial x^2}$、$\frac{\partial^2 z}{\partial y^2}$、$\frac{\partial^2 z}{\partial x\partial y}$。

4. 设 $z = u^2\ln v$，而 $u = \frac{x}{y}$，$v = 3x - 2y$，求 $\frac{\partial z}{\partial x}$、$\frac{\partial z}{\partial y}$。

5. 设 $z = \arcsin(x - y)$，而 $x = 3t$，$y = 4t^3$，求 $\frac{\mathrm{d}z}{\mathrm{d}t}$。

6. 求函数 $z = \frac{y}{\sqrt{x^2 + y^2}}$ 的全微分。

7. 欲造一个无盖的长方形水池，已知底部造价为每平方米 a 元，侧面造价为每平方米 b 元，现用 A 元造一个容积最大的水池，求它的尺寸。

6.3 二重积分

本书上册介绍了定积分及其应用，其中的被积函数必须是一元函数，积分范围是区间。因而定积分所能解决的问题局限于计算在一个与一元函数及区间有关的量。但是实际问题中，往往要计算一个与多元函数及平面及空间有关的量。如一般立体的体积、薄片的质量、薄片的重心、物体的转动惯量等，它们一般还不能用定积分来解决，因此，这就有必要把定积分概念推广到被积函数是多元函数、积分范围是平面或空间区域的情形。本节将通过实际问题，引进二重积分的概念，然后介绍它们的计算方法，并用来计算一些常见的物理量和几何量。

6.3.1 二重积分的概念和性质

【案例 1】 曲顶柱体的体积

设有一个立体，它的底是 xOy 平面上的区域 D，它的侧面是以 D 的边界曲线为准线、平行于 z 轴的直线为母线的柱面，它的顶是曲面 $z=f(x,y)$。这里 z 是 x、y 的连续函数，如图6-3-1所示，这个立体叫做曲顶柱体。

由于平顶柱体的高是不变的，它的体积可以用公式

$$\text{体积}=\text{底面积}\times\text{高}$$

来计算，但曲顶柱体的高，即曲顶的竖坐标 $z=f(x,y)$ 是变化的，因此它的体积 V 不能直接按上述公式来计算。到底该如何计算它的体积 V 呢？

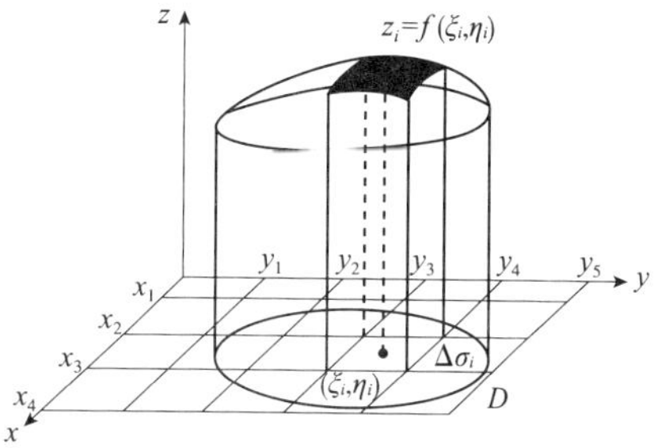

图 6-3-1

由于曲顶的竖坐标 $z=f(x,y)$ 是连续变化的，即在曲顶柱体底 D 的一个很小的局部上，各点处的高度变化不大，因而可以用类似于计算曲边梯形面积的方法来确定高度，如图6-3-1所示，先把区域 D（即曲顶柱体的底）任意分割成 n 个小区域 $\Delta\sigma_1,\Delta\sigma_2,\cdots,\Delta\sigma_n$（这些记号同时也表示各小区域的面积），以每个小区域 $\Delta\sigma_1,\Delta\sigma_2,\cdots,\Delta\sigma_n$ 的边界曲线为准线、以平行于 z 轴的直线为母线作柱面，把整个曲顶柱体分成 n 个细长的曲顶柱体，然后在 $\Delta\sigma_i$ 中任取一点 (ξ_i,η_i)，再以 $\Delta\sigma_i$ 为底，$f(\xi_i,\eta_i)$ 为高作平顶柱体（$i=1,2,\cdots,n$）。这样，就可以用 n 个细长的平顶柱体体积的总和来近似代替曲顶柱体的体积，即

$$V\approx\sum_{i=1}^{n}f(\xi_i,\eta_i)\Delta\sigma_i$$

为了促使近似值向精确值转化，可以使分割的小区域的个数 n 无限增多且每个小区域都无限缩小趋向一点（记作 $\|\Delta\sigma\|\to0$），通过求极限就得到曲顶柱体体积 V 精确值，即

$$V = \lim_{\|\Delta\sigma\| \to 0} \sum_{i=1}^{n} f(\xi_i, \eta_i)\Delta\sigma_i$$

【案例2】 平面薄片的质量

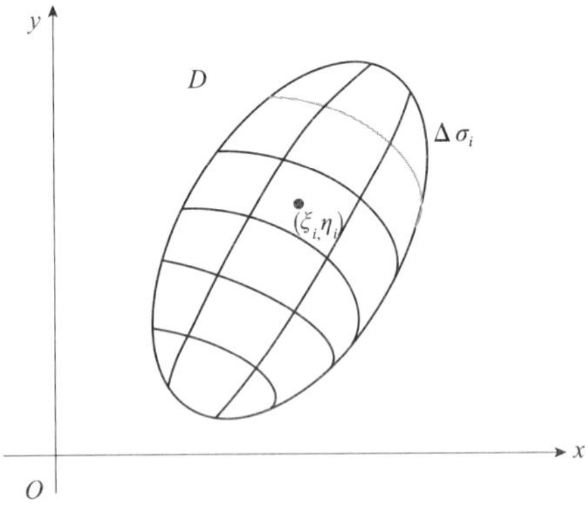

图 6-3-2

设有一平面薄片占有 xOy 平面上的区域 D,它在 (x,y) 处的面密度为 $\rho(x,y)$,这里 $\rho(x,y) > 0$,而且 $\rho(x,y)$ 在 D 上连续,现计算该平面薄片的质量 M 。

将 D 分成 n 个小区域 $\Delta\sigma_1, \Delta\sigma_2, \cdots, \Delta\sigma_n$（这些记号同时也表示各小区域的面积),在 $\Delta\sigma_i$ 中任取一点 (ξ_i, η_i) ,当 $\Delta\sigma_1, \Delta\sigma_2, \cdots, \Delta\sigma_n$ 很小时,由于 $\rho(x, y)$ 连续,每小片区域的质量可近似地看作是均匀的,那么第 i 小块区域的近似质量可取为 $\rho(\xi_i, \eta_i)\Delta\sigma_i$ $(i=1,2,\cdots,n)$(图 6-3-2)。于是

$$M \approx \sum_{i=1}^{n} \rho(\xi_i, \eta_i)\Delta\sigma_i$$

为了促使近似值向精确值转化,可以使分割的小区域的个数 n 无限增多且每个小区域都无限缩小趋向一点(记作 $\|\Delta\sigma\| \to 0$),通过求极限就得到薄片的质量 M 精确值,即

$$M = \lim_{\|\Delta\sigma\| \to 0} \sum_{i=1}^{n} \rho(\xi_i, \eta_i)\Delta\sigma_i$$

两种实际意义完全不同的问题,最终都归结同一形式的极限问题。因此,有必要撇开这类极限问题的实际背景,给出一个更广泛、更抽象的数学概念。

定义 设函数 $z = f(x,y)$ 在闭区域 D 上连续,把 D 任意分成 n 个小区域 $\Delta\sigma_1, \Delta\sigma_2, \cdots, \Delta\sigma_n$(这些记号同时也表示小区域的面积)。在小区域 $\Delta\sigma_i$ 中任取一点 (ξ_i, η_i),$(i = 1,2,3, \cdots, n)$,若

$$\lim_{\|\Delta\sigma\| \to 0} \sum_{i=1}^{n} f(\xi_i, \eta_i)\Delta\sigma_i$$

存在。那么此极限就称为函数 $z = f(x,y)$ 在 D 上的二重积分(这里 $\|\Delta\sigma\| \to 0$ 表示所分的小区域的个数 n 无限增多且每个小区域都无限趋向一点)。记作

$$\iint_D f(x,y)\,\mathrm{d}\sigma$$

式中:$f(x,y)$ 称为被积函数,D 称为积分区域。

因此,曲线柱面的体积等于曲顶的竖坐标在其底面上的二重积分

$$V = \iint_D f(x,y)\,\mathrm{d}\sigma$$

平面薄片的质量等于面密度为 $\rho(x,y)$ 在 D 上的二重积分

$$M = \iint_D \rho(x,y)\,\mathrm{d}\sigma$$

如果在闭区域 D 上 $f(x,y) \geq 0$, 则

$$\iint_D f(x,y)\,\mathrm{d}\sigma$$

在数值上就是以 D 为底、以曲面 $z=f(x,y)$ 为顶的曲顶柱体的体积，这就是二重积分的几何意义。

特别地，如果在闭区域 D 上 $f(x,y)\equiv 1$，并且 D 的面积为 σ，那么根据二重积分的几何意义，得

$$\iint_D \mathrm{d}\sigma=\sigma$$

就是说，二重积分 $\iint_D \mathrm{d}\sigma$ 在数值上等于区域 D 的面积。

二重积分具有与定积分类似的性质：

性质：(1) $\iint_D kf(x,y)\mathrm{d}\sigma=k\iint_D f(x,y)\mathrm{d}\sigma$（$k$ 为常数）；

(2) $\iint_D [f(x,y)\pm g(x,y)]\mathrm{d}\sigma=\iint_D f(x,y)\mathrm{d}\sigma\pm\iint_D f(x,y)\mathrm{d}\sigma$。

如果 D 由 D_1、D_2 所组成，且 D_1、D_2 除边界外无公共点（图 6-3-3），则有

$$\iint_D [f(x,y)\pm g(x,y)]\mathrm{d}\sigma=\iint_{D_1} f(x,y)\mathrm{d}\sigma\pm\iint_{D_2} f(x,y)\mathrm{d}\sigma$$

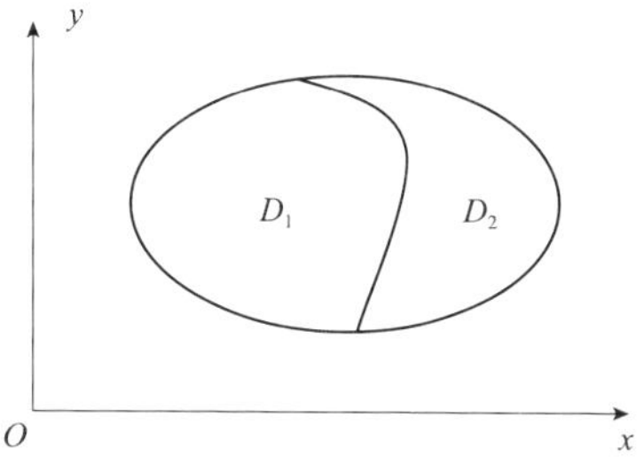

图 6-3-3

6.3.2 二重积分的计算

我们知道，定积分的计算是已经解决了的。因此，如果能够把重积分化为定积分来计算，则重积分的计算问题也就可以解决了。

1）直角坐标系下二重积分的计算

下面说明连续函数 $f(x,y)$ 在闭区域 D 上的二重积分的计算问题。

设积分区域 D 是由两条平行直线 $x=a,x=b$ 及两条连续曲线 $y=\varphi_1(x),y=\varphi_2(x)$ 在 $[a,b]$ 所围成，就是说，区域 D 可以用不等式

$$\varphi_1(x)\leqslant y\leqslant\varphi_2(x),\quad a\leqslant x\leqslant b$$

来表示，如图 6-3-4 所示。

按照二重积分的几何意义 $\iint_D f(x,y)\mathrm{d}\sigma$ 的值等于以 D 为底、以曲面 $z=f(x,y)$ 为顶的曲顶柱体（图 6-3-5）的体积，应用一元函数微积分中已知截面面积的立体体积的计算方法，二重积分可以化为二次积分来计算。

作与 xOy 平面平行的平面 $x=x_0$，该平面与曲顶柱体相交得到的截面是一个以区间 $[\varphi_1(x_0),\varphi_2(x_0)]$ 为底、曲线 $z=f(x_0,y)$ 为曲边的曲边梯形。

所以该截面的面积为

$$A(x_0)=\int_{\varphi_1(x_0)}^{\varphi_2(x_0)} f(x_0,y)\mathrm{d}y$$

一般地，过区间 $[a,b]$ 上任一点 x 且平行于 yOz 面的与曲顶柱体相交得到的截面面积为

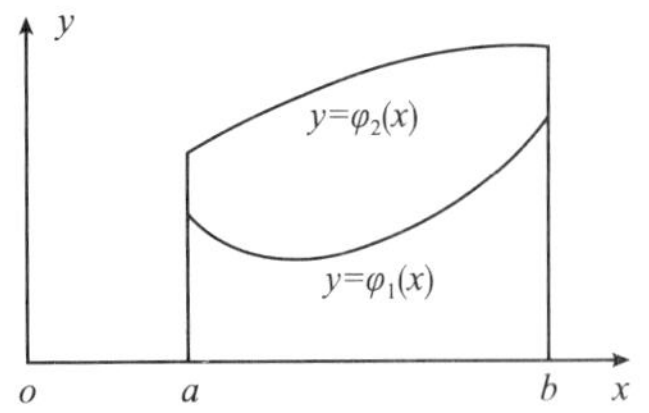

图 6-3-4

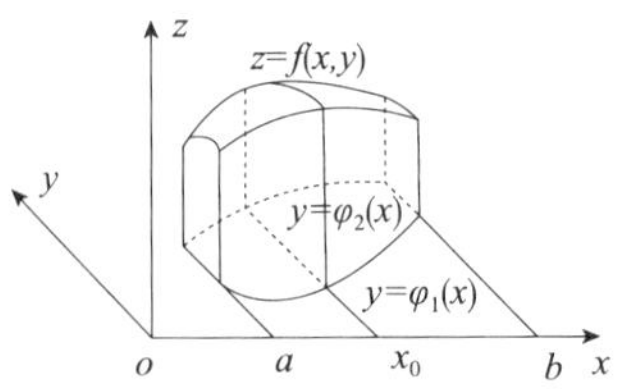

图 6-3-5

$$A(x)=\int_{\varphi_1(x)}^{\varphi_2(x)}f(x,y)\,dy$$

于是，应用一元函数微积分中已知截面面积的立体体积的计算方法，曲顶柱体的体积为

$$V=\int_a^b A(x)\,dx=\int_a^b\left[\int_{\varphi_1(x)}^{\varphi_2(x)}f(x,y)\,dy\right]dx$$

这个体积也就是所求二重积分的值，从而有等式

$$\iint\limits_D f(x,y)\,d\sigma=\int_a^b\left[\int_{\varphi_1(x)}^{\varphi_2(x)}f(x,y)\,dy\right]dx$$

这个等式的右端是一个先对 y、后对 x 的二次积分，即先把函数 $f(x,y)$ 中的 x 看作常数，就是把 $z=f(x,y)$ 只看作 y 的函数，并对 y 计算从 $\varphi_1(x)$ 到 $\varphi_2(x)$ 的定积分；把算得的结果（是 x 的函数）再对 x 计算在区间 $[a,b]$ 的定积分。

上面利用曲顶柱体的体积说明了被积函数 $z=f(x,y)$ 在 D 上不为负的情况下有上述等式成立，对于被积函数在 D 上有正有负的情形，只要区域 D 是如图 6-3-5 所示的类型，上述等式仍然成立，即有

$$\iint\limits_D f(x,y)\,d\sigma=\int_a^b\left[\int_{\varphi_1(x)}^{\varphi_2(x)}f(x,y)\,dy\right]dx \tag{6-3-1}$$

上式右端先对 y 后对 x 的二次积分也常记作

$$\int_a^b dx\int_{\varphi_1(x)}^{\varphi_2(x)}f(x,y)\,dy$$

式(6-3-1)也写作

$$\iint\limits_D f(x,y)\,d\sigma=\int_a^b dx\int_{\varphi_1(x)}^{\varphi_2(x)}f(x,y)\,dy \tag{6-3-2}$$

如果积分区域 D 是由两条平行直线 $y=c$，$y=d$ 及两条连续曲线 $x=\psi_1(y)$，$x=\psi_2(y)$ 在区间 $[c,d]$ 所围成，就是说，区域 D 可以用不等式

$$\psi_1(y)\leqslant\psi_2(y),\ c\leqslant y\leqslant d$$

来表示（图 6-3-6），类似地，可以证明

$$\iint\limits_D f(x,y)\,d\sigma=\int_c^d\left[\int_{\psi_1(x)}^{\psi_2(x)}f(x,y)\,dx\right]dy \tag{6-3-3}$$

即

$$\iint\limits_D f(x,y)\,d\sigma=\int_c^d dy\int_{\psi_1(y)}^{\psi_2(y)}f(x,y)\,dx \tag{6-3-4}$$

式(6-3-1)可以按下述方法来记忆。

对于$[a,b]$内的任一个x值,相应地有纵坐标y从$y=\varphi_1(x)$到$y=\varphi_2(x)$的一条线段(图6-3-7),积分$\int_{\varphi_1(x_0)}^{\varphi_2(x_0)} f(x,y)\mathrm{d}y$可以理解为$f(x,y)$在该线段上的定积分;当$x$从$a$变到$b$时,该线段就扫过区域$D$,所以二次积分$\int_a^b \mathrm{d}x \int_{\varphi_1(x)}^{\varphi_2(x)} f(x,y)\mathrm{d}y$就表示$z=f(x,y)$在$D$上的二重积分。

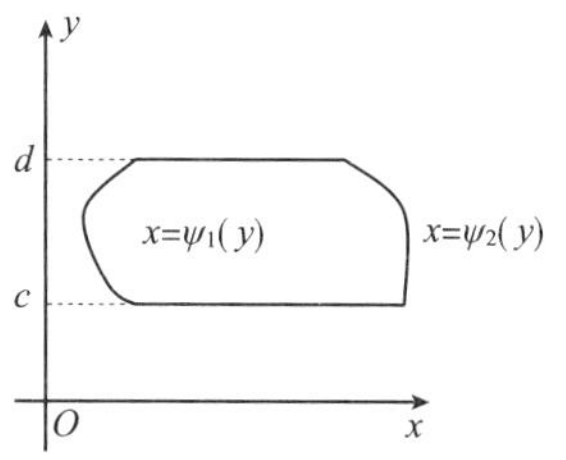

图 6-3-6

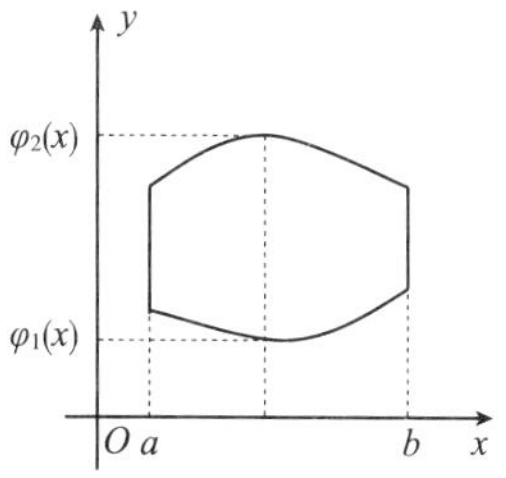

图 6-3-7

关于式(6-3-3)也有类似的记忆方法。请读者自己完成。

例1 计算$\iint\limits_D (x+y)\mathrm{d}\sigma$,其中$D$是由直线$x=1$、$x=2$、$y=0$及$y=3$围成的区域。

解法一 首先画出区域D(图6-3-8)。区域D内点的横坐标的变动范围是区间$[1,2]$。利用式(6-3-1),得

$$\begin{aligned}\iint\limits_D f(x,y)\mathrm{d}\sigma &= \int_1^2\left[\int_0^3 f(x,y)\mathrm{d}y\right]\mathrm{d}x \\ &= \int_1^2\left[xy+\frac{y^2}{2}\right]_0^3\mathrm{d}x \\ &= \int_1^2\left[3x+\frac{9}{2}\right]\mathrm{d}x \\ &= \left[\frac{3}{2}x^2+\frac{9}{2}x\right]_1^2 = 9\end{aligned}$$

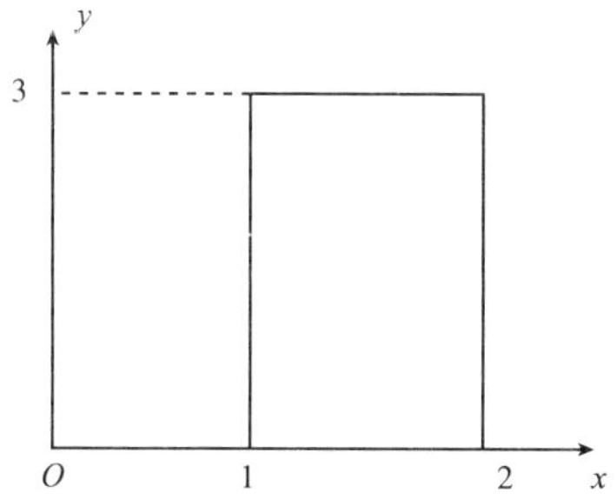

图 6-3-8

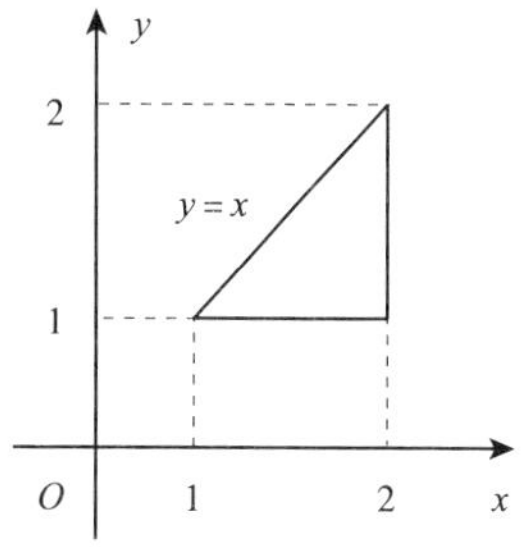

图 6-3-9

解法二 区域D内点的纵坐标的变动范围是区间$[0,3]$,应用公式(6-3-2)得

$$\iint\limits_D (x+y)\mathrm{d}\sigma = \int_0^3\left[\int_1^2 f(x,y)\mathrm{d}x\right]\mathrm{d}y = 9$$

将二重积分化为二次积分计算时,确定积分限是关键,一般可以先画出积分区域的草图,判断区域的类型以确定二次积分的次序,并定出相应的积分限。

例 2 计算 $\iint\limits_D xy\mathrm{d}\sigma$，其中 D 是由直线 $y=1$、$x=2$ 及 $y=x$ 围成的区域。

解 先画出区域 D（图 6-3-9），再利用式（6-3-1），得

$$\begin{aligned}\iint\limits_D xy\mathrm{d}\sigma &= \int_1^2\left[\int_1^x xy\mathrm{d}y\right]\mathrm{d}x\\ &= \int_1^2\left[\frac{xy^2}{2}\right]_1^x\mathrm{d}x\\ &= \int_1^2\left[\frac{x^3}{2}-\frac{x}{2}\right]\mathrm{d}x\\ &= \left[\frac{x^4}{8}-\frac{x_2}{2}\right]_1^2 = 1\frac{1}{8}\end{aligned}$$

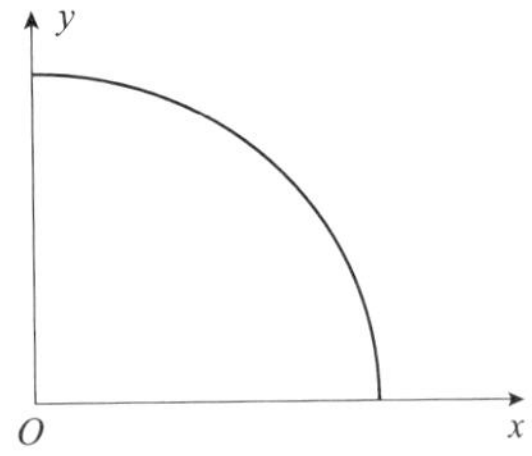

图 6-3-10

例 3 求两个半径相等的直交圆柱面所围成的立体的体积。

解 设圆柱面的半径为 R，且这两个圆柱面的方程分别为 $x^2+y^2=R^2$，$x^2+z^2=R^2$。

利用图形的对称性，只要算出它在第一卦限部分的体积 V_1，然后再乘以 8 就行了。所求立体在第一卦限部分可以看成是一个曲顶柱体，它的底为 xOy 面上四分之一的圆 D（图 6-3-10），

$$0\leqslant y\leqslant\sqrt{R^2-x^2}\quad,\quad 0\leqslant x\leqslant R$$

它的顶是柱面 $z=\sqrt{R^2-x^2}$，得

$$\begin{aligned}V_1 &= \iint\limits_D\sqrt{R^2-x^2}\mathrm{d}\sigma\\ &= \int_0^R\left[\int_0^{\sqrt{R^2-x^2}}\sqrt{R^2-x^2}\mathrm{d}y\right]\mathrm{d}x\\ &= \int_0^R\left[\sqrt{R^2-x^2}y\right]_0^{\sqrt{R^2-x^2}}\mathrm{d}x\\ &= \int_0^R(R^2-x^2)\mathrm{d}x\\ &= \left[R^2x-\frac{x^3}{3}\right]_0^R = \frac{2}{3}R^3\end{aligned}$$

两个半径相等的直交圆柱面所围成的立体的体积为 $\frac{16}{3}R^3$。

读者可以类似地利用式（6-3-2）来计算。

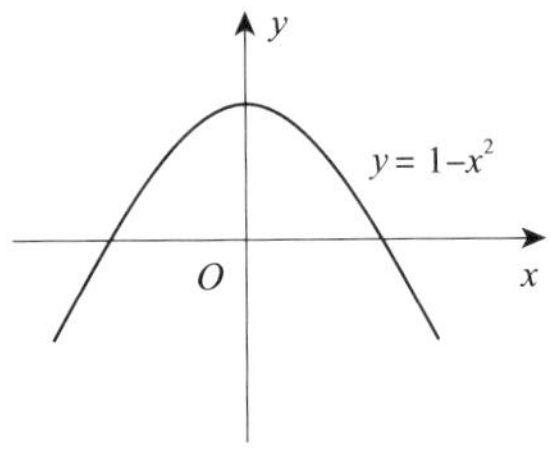

图 6-3-11

例 4 计算 $\iint\limits_D 3x^2y^2\mathrm{d}\sigma$，其中 D 是由 x 轴、y 轴和抛物线 $y=1-x^2$ 所围成的在第一象限内的区域。

解 画出积分区域 D，如图 6-3-11 所示。利用式（6-3-1），得

$$\begin{aligned}\iint\limits_D 3x^2y^2\mathrm{d}\sigma &= \int_0^1\left[\int_0^{1-x^2}3x^2y^2\mathrm{d}y\right]\mathrm{d}x\\ &= \int_0^1 x^2\left[y^3\right]_0^{1-x^2}\mathrm{d}x = \int_0^1 x^2(1-x^2)^3\mathrm{d}x\end{aligned}$$

$$= \left[\frac{x^3}{3} - \frac{3x^5}{5} + \frac{3}{7}x^7 - \frac{x^9}{9}\right]_0^1 = \frac{16}{315}$$

若用式(6-3-2)就有

$$\iint_D 3x^2y^2\mathrm{d}\sigma = \int_0^1 \left[\int_0^{\sqrt{1-x^2}} 3x^2y^2\mathrm{d}x\right]\mathrm{d}y$$

$$= \int_0^1 \left[x^3y^2\right]_0^{\sqrt{1-x^2}} \mathrm{d}y$$

将上、下限代入后，计算积分比较麻烦，所以这里用式(6-3-1)计算较为便利。

在计算二重积分时，总是把它化成二次积分来计算，但是先对 x、后对 y，还是先对 y、后对 x 积分，需要根据区域 D 和被积函数的特点进行具体分析。

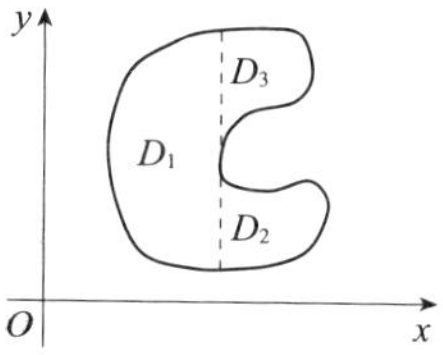

图 6-3-12

当二重积分的积分区域 D 不属于图 6-3-6 或图 6-3-7 所示的类型时，则可以把 D 分成若干部分，使每个部分属于上述的类型(图 6-3-12)，然后算出在各个部分区域上的积分值再相加。

2)极坐标下二重积分的计算

按照二重积分的定义有 $\iint_D f(x,y)\mathrm{d}\sigma = \lim_{\lambda\to 0}\sum_{i=1}^{n} f(\xi_i,\eta_i)\Delta\sigma_i$。现研究这一和式极限在极坐标中的形式。

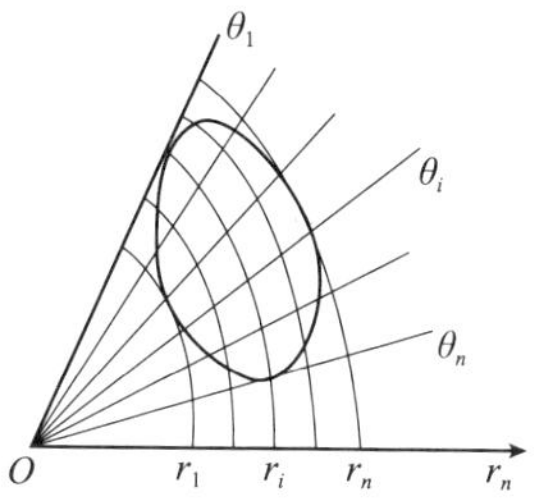

图 6-3-13

如图 6-3-13 所示，用以极点 O 为中心、半径为 r_i 的一族同心圆以及从极点出发的一族射线 $\theta=\theta_i$，将 D 剖分成个小闭区域。除了包含边界点的一些小闭区域外，小闭区域 $\Delta\sigma_i$ 的面积计算如下

$$\Delta\sigma_i = \frac{1}{2}(r_i+\Delta r_i)^2\Delta\theta_i - \frac{1}{2}r_i^{\ 2}\Delta\theta$$

$$= \frac{1}{2}(2r_i+\Delta r_i)\Delta r_i\Delta\theta_i$$

$$= \frac{r_i+(r_i+\Delta r_i)}{2}\Delta r_i\Delta\theta_i = \bar{r}_i\Delta r_i\Delta\theta_i$$

式中，$\bar{r}_i$ 表示相邻两圆弧半径的平均值。

(可以证明：包含边界点的那些小闭区域所对应项之和的极限为零，因此，这样的一些小区域可以略去不计。)

在小区域 $\Delta\sigma_i$ 上取点 (r_i,θ_i)，设该点直角坐标为 (ξ_i,η_i)，根据直角坐标与极坐标的关系有

$$\xi_i = \bar{r}_i\cos\bar{\theta}_i, \eta_i = \bar{r}_i\sin\bar{\theta}_i$$

于是

$$\lim_{\lambda\to 0}\sum_{i=1}^{n} f(\xi_i,\eta_i)\Delta\sigma_i = \lim_{\lambda\to 0}\sum_{i=1}^{n} f(\bar{r}_i\cos\bar{\theta}_i, \bar{r}_i\sin\bar{\theta}_i)\,\bar{r}_i\Delta r_i\Delta\theta_i$$

即

$$\iint_D f(x,y)\mathrm{d}\sigma = \iint_D f(r\cos\theta, r\sin\theta)r\mathrm{d}r\mathrm{d}\theta$$

由于 $\iint\limits_D f(x,y)\mathrm{d}\sigma$ 也常记作 $\iint\limits_D f(x,y)\mathrm{d}x\mathrm{d}y$，因此，上述变换公式也可以写成更富有启发性的形式

$$\iint\limits_D f(x,y)\mathrm{d}x\mathrm{d}y = \iint\limits_D f(r\cos\theta, r\sin\theta) r\mathrm{d}r\mathrm{d}\theta \tag{6-3-5}$$

式(6-3-5)称为二重积分由直角坐标变量变换成极坐标变量的变换公式，其中，$r\mathrm{d}r\mathrm{d}\theta$ 就是极坐标中的面积元素。

极坐标系中的二重积分，同样可以化为二次积分来计算。

情形一　积分区域 D 可表示成以下形式（图 6-3-14）：

$$r_1(\theta) \leqslant r \leqslant r_2(\theta), \alpha \leqslant \theta \leqslant \beta$$

其中函数 $r = r_1(\theta)$ 、$r = r_2(\theta)$ 在 $[\alpha,\beta]$ 上连续。

则

$$\iint\limits_D f(r\cos\theta, r\sin\theta) r\mathrm{d}r\mathrm{d}\theta = \int_\alpha^\beta \mathrm{d}\theta \int_{r_1(\theta)}^{r_2(\theta)} f(r\cos\theta, r\sin\theta) r\mathrm{d}r$$

情形二　积分区域 D 可表示成以下形式（图 6-3-15）：

$$a \leqslant r \leqslant b, \varphi_1(r) \leqslant \theta \leqslant \varphi_2(r)$$

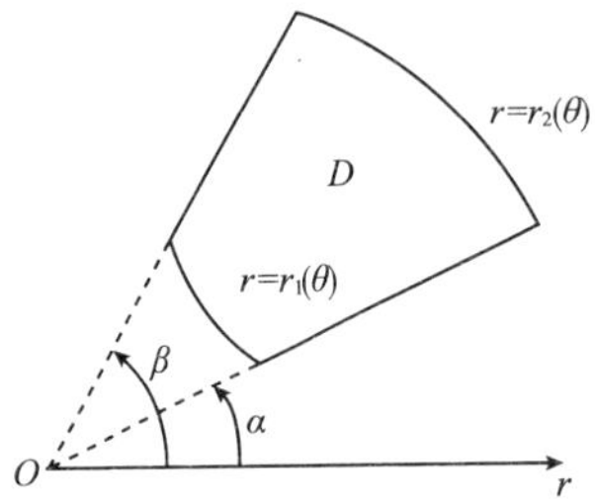

图　6-3-14

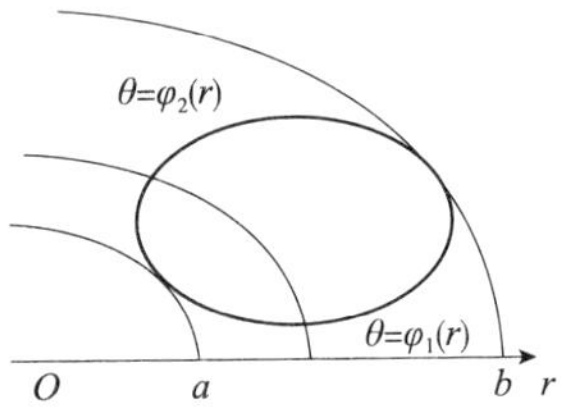

图　6-3-15

则

$$\iint\limits_D f(r\cos\theta, r\sin\theta) r\mathrm{d}r\mathrm{d}\theta = \int_a^b r\mathrm{d}r \int_{\varphi_1(r)}^{\varphi_2(r)} f(r\cos\theta, r\sin\theta)\mathrm{d}\theta$$

下面通过例子来介绍如何将区域用极坐标变量来表示。

例 5　计算 $I = \iint\limits_D \mathrm{e}^{-x^2-y^2}\mathrm{d}x\mathrm{d}y$，其中 D 为 $x^2 + y^2 \leqslant 1$ 。

解　D 表示为 $0 \leqslant r \leqslant 1, 0 \leqslant \theta \leqslant 2\pi$

故有

$$I = \iint\limits_D \mathrm{e}^{-x^2-y^2}\mathrm{d}x\mathrm{d}y = \int_0^{2\pi}\left[\int_0^1 \mathrm{e}^{-r^2} r\mathrm{d}r\right]\mathrm{d}\theta$$

$$= -\frac{1}{2}\int_0^{2\pi}\left[\int_0^1 \mathrm{e}^{-r^2}\mathrm{d}(-r^2)\right]\mathrm{d}\theta$$

$$= -\frac{1}{2}\int_0^{2\pi}\left[e^{-r^2}\right]_0^1 d\theta$$

$$= -\frac{1}{2}\int_0^{2\pi}(e^{-1}-1)d\theta = \pi - \pi e^{-1}$$

例6　计算 $\iint\limits_D (x^2+y^2)\mathrm{d}x\mathrm{d}y$，其中 D 为由圆 $x^2+y^2=2y$、$x^2+y^2=4y$ 及直线 $x-\sqrt{3}y=0$、$y-\sqrt{3}x=0$ 所围成的平面闭区域。

解　D 表示为 $\frac{\pi}{6}\leqslant\theta\leqslant\frac{\pi}{3}$，$2\sin\theta\leqslant r\leqslant 4\sin\theta$

$$\iint\limits_D (x^2+y^2)\mathrm{d}x\mathrm{d}y = \int_{\frac{\pi}{6}}^{\frac{\pi}{3}}\mathrm{d}\theta\int_{2\sin\theta}^{4\sin\theta} r^2\cdot r\mathrm{d}r$$

$$= 15\left(\frac{\pi}{2}-\sqrt{3}\right)$$

说明：使用极坐标变换计算二重积分的原则为：

(1)积分区域的边界曲线易于用极坐标方程表示(含圆弧、直线段)；

(2)被积函数表示式用极坐标变量表示较简单(含 $(x^2+y^2)^\alpha$，α 为实数)。

习题 6.3

1. 设积分区域 D 是矩形区域 $a\leqslant x\leqslant b$、$c\leqslant y\leqslant d$，将二重积分 $\iint\limits_D f(x,y)\mathrm{d}\sigma$ 化为累次积分。

2. 计算 $\iint\limits_D \frac{\mathrm{d}\sigma}{(x-y)^2}$ 的值，其中 D 是矩形区域 $0\leqslant x\leqslant 2$、$3\leqslant y\leqslant 4$。

3. 计算 $\iint\limits_D x^2y\cos xy^2\mathrm{d}\sigma$ 的值，其中 D 是矩形区域 $0\leqslant x\leqslant\frac{\pi}{2}$、$0\leqslant y\leqslant 2$。

4. 计算 $\iint\limits_D x\sqrt{y}\mathrm{d}\sigma$，$D$ 是由两条抛物线 $y=\sqrt{x}$、$y=x^2$ 所围成的区域。

5. 计算 $\iint\limits_D xy^2\mathrm{d}\sigma$，$D$ 是由两条直线 $y=-x+1$、$y=x-1$ 及 y 轴所围成的区域。

6. 计算 $\iint\limits_D (x+2y+1)\mathrm{d}\sigma$，$D$ 是由抛物线 $y^2=-x$ 及直线 $x=-1$ 所围成的区域。

7. 计算 $\iint\limits_D xy^2\mathrm{d}\sigma$，$D$ 是由圆周 $x^2+y^2=4$ 及 y 轴所围成的右半圆。

8. 计算 $\iint\limits_D (x^2+y^2-x)\mathrm{d}\sigma$，$D$ 是由直线 $y=2$、$y=x$ 及 $y=2x$ 轴所围成的区域。

9. 计算 $\iint\limits_D (x^2+y^2)^{\frac{3}{2}}\mathrm{d}\sigma$，$D$ 是由 $y^2+x^2=1$ 所围成的区域。

10. 计算 $\iint\limits_D e^{-x^2-y^2}\mathrm{d}\sigma$，其中 D 是中心在原点、半径为 r 的圆。

11. 求由四个平面 $x=0$、$y=0$、$x=1$、$y=1$ 所围成的柱体被平面 $z=0$ 及 $2x+3y+z=6$ 截得的立体的体积。

12. 计算以 xOy 面上的圆周 $x^2+y^2=ax$ 围成的闭区域为底，而以曲面 $z=x^2+y^2$ 为顶的曲顶柱体的体积。

6.4 二重积分在工程力学中的应用

重积分与定积分尽管在形式上不同，应用重积分来分析和解决一些求总量的问题，其基本分析方法都是一样的。这就是：先把总体量“化整为零，近似代替”，求出局部量的近似值，然后“积零为整，通过极限”，求出总体量的精确值，本质上都是微分的无限积累。下面就按照这个方法来计算一些常见的物理量。

6.4.1 平面薄片的重心和形心

在建筑施工中，用吊车吊装各种构件时，为防止被吊装构件倾斜，甚至翻转，就必须考虑被吊装构件的重心。在钢筋混凝土构件的结构设计中，中心受压和偏心受压是两种不同的受力情况，结构设计有很大的区别，在设计中考虑物体的重心是很重要的。

设有一平面薄片，占有 xOy 坐标平面上的闭区域 D，在点 (x,y) 的面密度为 $\mu(x,y)$，假定 $\mu(x,y)$ 在 D 上连续。下面就来求平面薄片的重心。

把区域 D 分成许多小区域，任取小区域 $\Delta\sigma$（$\Delta\sigma$ 也表示该小区域的面积），由于 $\Delta\sigma$ 很小，$\Delta\sigma$ 上各点面密度可近似看作不变，等于其中的一点 (x,y) 的面密度，所以这一小区域 $\Delta\sigma$ 的质量为

$$\Delta M \approx \mu(x,y)\Delta\sigma$$

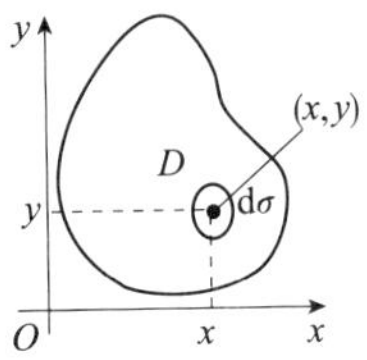

图 6-4-1

把区域 D 被无限细分时，使每一小区域都收缩为一点，就得到质量微元，如图 6-4-1 所示。

$$\mathrm{d}M = \mu(x,y)\mathrm{d}\sigma$$

它对 y 轴的力矩为 $\mathrm{d}M_y = x\mu(x,y)\mathrm{d}\sigma$，因此，整个薄片的质量对 y 轴的力矩为

$$M_y = \iint_D x\mu(x,y)\mathrm{d}\sigma$$

同理，整个薄片的质量对 x 轴的力矩为

$$M_x = \iint_D y\mu(x,y)\mathrm{d}\sigma$$

按二重积分的定义知整个薄片的质量为

$$M = \iint_D \mu(x,y)\mathrm{d}\sigma$$

因此，整个薄片的质量和它关于 x 轴、y 轴的静力矩分别为

$$M=\iint_D \mu(x,y)\mathrm{d}\sigma, M_x=\iint_D y\mu(x,y)\mathrm{d}\sigma, M_y=\iint_D x\mu(x,y)\mathrm{d}\sigma$$

得重心坐标为 $(\bar{x},\bar{y})$

$$\bar{x}=\frac{M_y}{M}=\frac{\iint_D x\mu(x,y)\mathrm{d}\sigma}{\iint_D \mu(x,y)\mathrm{d}\sigma}, \bar{y}=\frac{M_x}{M}=\frac{\iint_D y\mu(x,y)\mathrm{d}\sigma}{\iint_D \mu(x,y)\mathrm{d}\sigma}$$

注意：当物体是匀质时，即面密度 $\mu(x,y)$ 是常数时，重心和图形的几何中心形心是重合的。所以在上述式子中，分子、分母中常数 μ 可以从积分号内提出约去，即得计算形心坐标 $(\bar{x},\bar{y})$ 公式

$$\bar{x}=\frac{\iint_D x\mathrm{d}\sigma}{\iint_D \mathrm{d}\sigma}, \bar{y}=\frac{\iint_D y\mathrm{d}\sigma}{\iint_D \mathrm{d}\sigma}$$

例1 设平面薄片所占的区域 D 是由抛物线 $y=x^2$ 及直线 $y=4$ 所围成，平面薄片在点 (x,y) 处面密度为 $\mu=x+4$。求薄片的重心。

解 整个薄片对 y 轴的力矩为

$$\begin{aligned}M_y&=\iint_D x(x+4)\mathrm{d}\sigma\\&=\int_{-2}^{2}\left[\int_{x^2}^{4}x(x+4)\mathrm{d}y\right]\mathrm{d}x\\&=\int_{-2}^{2}\left[x(x+4)y\right]_{x^2}^{4}\mathrm{d}x\\&=\int_{-2}^{2}x(4+x)(4-x^2)\mathrm{d}x=\frac{128}{15}\end{aligned}$$

同理，整个薄片对 x 轴的力矩为

$$\begin{aligned}M_x&=\iint_D y(x+4)\mathrm{d}\sigma\\&=\int_{-2}^{2}\left[\int_{x^2}^{4}x(x+4)y\mathrm{d}y\right]\mathrm{d}x\\&=\int_{-2}^{2}\left[\frac{y^2}{2}(x+4)y\right]_{x^2}^{4}\mathrm{d}x=\frac{512}{5}\end{aligned}$$

薄片的重量为

$$\begin{aligned}M&=\iint_D (x+4)\mathrm{d}\sigma\\&=\int_{-2}^{2}\left[\int_{x^2}^{4}(x+4)\mathrm{d}y\right]\mathrm{d}x\\&=\int_{-2}^{2}\left[(x+4)y\right]_{x^2}^{4}\mathrm{d}x=\frac{128}{3}\end{aligned}$$

因此，所求薄片的重心的横坐标和纵坐标分别为

$$\bar{x} = \frac{M_y}{W} = \frac{1}{5}, \bar{y} = \frac{M_x}{W} = \frac{12}{5}$$

所求薄片的重心坐标为 $\left(\frac{1}{5}, \frac{12}{5}\right)$。

例 2 设匀质平面薄板由 $\begin{cases} x = a(t - \sin t) \\ y = a(1 - \cos t) \end{cases}$，$(0 \leqslant t \leqslant 2\pi)$ 与 x 轴围成,求重心坐标。

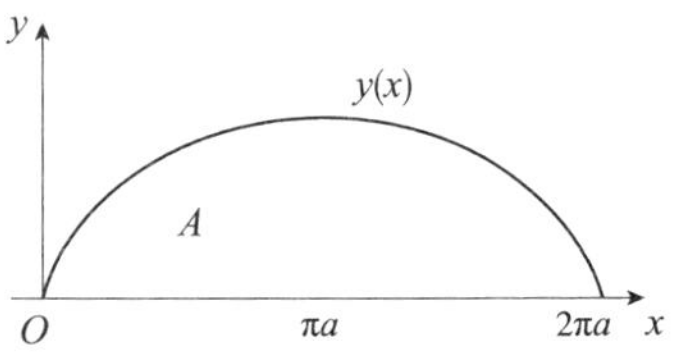

图 6-4-2

解 如图 6-4-2 所示,先求区域 A 的面积

因为 $0 \leqslant t \leqslant 2\pi$,所以 $0 \leqslant x \leqslant 2\pi a$,

$$A = \int_0^{2\pi a} y(x)\,dx = \int_0^{2\pi} a(1 - \cos t)\,d[a(t - \sin t)]$$

$$= \int_0^{2\pi} a^2 (1 - \cos t)^2 dt = 3\pi a^2$$

由于区域关于直线 $x = \pi a$ 对称,所以形心在 $x = \pi a$ 上,即 $x\pi = \pi a$,

$$\bar{y} = \frac{1}{A}\iint_D y\,dx\,dy = \frac{1}{A}\int_0^{2\pi a} dx \int_0^{y(x)} y\,dy$$

$$= \frac{1}{6\pi a^2}\int_0^{2\pi a} [y(x)]^2 dx$$

$$= \frac{a}{6\pi}\int_0^{2\pi} [1 - \cos t]^3 dt = \frac{5\pi}{6}$$

所求重心坐标为 $(\pi a, \frac{5}{6}\pi)$。

6.4.2 平面薄片的转动惯量

由物理学知识知道,如果质点 P 位于 xOy 坐标平面上点 (x,y) 处,且其质量为 m,则该质点关于 x 轴、y 轴的转动惯量分别为

$$I_x = my^2, I_y = mx^2$$

设有一平面薄片,它占有 xOy 平面上区域 D,薄片在点 (x,y) 处的面密度为 $\mu(x,y)$,函数 $\mu(x,y)$ 在 D 上连续,下面我们来计算该平面薄片关于 x 轴、y 轴的转动惯量。

在区域 D 上任取一个小区域 $d\sigma$（这小区域的面积也记作 $d\sigma$）,(x,y) 是这小区域上任意一点。由前面平面薄片质量的讨论可知,质量微元为

$$dM = \mu(x,y)\,d\sigma$$

于是该小薄片关于 x 轴、y 轴的转动惯量分别为

$$dI_x = y^2\mu(x,y)\,d\sigma, dI_y = x^2\mu(x,y)\,d\sigma$$

这样便得到薄片绕 x 轴、y 轴的转动惯量分别为

$$I_x = \iint_D y^2\mu(x,y)\,d\sigma, I_y = \iint_D x^2\mu(x,y)\,d\sigma$$

类似可得到薄片绕坐标原点 O 旋转的转动惯量 I_o 为

$$I_o = \iint_D (x^2 + y^2)\mu(x,y)\,\mathrm{d}\sigma$$

例 3 设一均匀的直角三角形薄板(面密度为常数 μ),两直角边长分别为 a、b,求该三角形对其中任一直角边的转动惯量。

解 按图 6-4-3 所示建立坐标系,对 y 轴的转动惯量为

$$I_y = \mu\iint_D x^2\mathrm{d}x\mathrm{d}y$$

$$= \mu\int_0^b \mathrm{d}y\int_0^{a(1-\frac{y}{b})} x^2\mathrm{d}x = \frac{1}{12}a^3b\mu$$

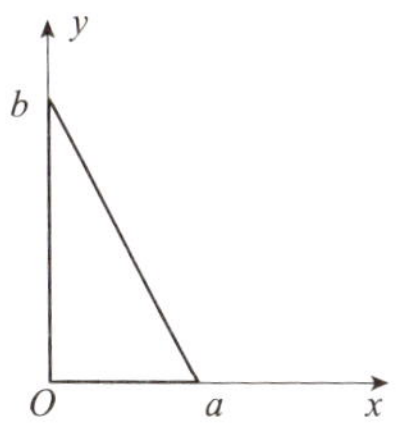

图 6-4-3

同理,对 x 轴的转动惯量为

$$I_x = \mu\iint_D y^2\mathrm{d}x\mathrm{d}y$$

$$= \mu\int_0^a \mathrm{d}x\int_0^{b(1-\frac{x}{a})} y^2\mathrm{d}y = \frac{1}{12}ab^3\mu$$

习题 6.4

1. 求由抛物线 $y = x^2$、直线 $y = 4$ 及 y 轴围成的平面薄板的质量。它在点 (x,y) 处面密度为 $\mu = xy$。
2. 求由抛物线 $y = x^2$、直线 $x = 1$ 及 x 轴围成的图形的形心。
3. 求半径为 r 的匀质圆盘关于圆心的转动惯量。

6.5 多元函数微积分问题的 MATLAB 求解

6.5.1 利用 MATLAB 求多元函数的偏导数

由于求二元函数 $z = f(x,y)$ 对某一个变量的偏导数时,就是将另一个变量看成常数,对一个变量求导数。故只需用命令函数 diff 即可。diff 函数的调用格式已在前面介绍过。

diff(f,x):以 x 为自变量,求 f 对 x 的一阶导数。

diff(f,x,n):以 x 为自变量,求 f 对 x 的 n 阶导数。

g = diff(f,x,n);x = x0;eval(g):求函数 $f = f(x)$ 在 $x = x_0$ 处的 n 阶导数。

例 1 求函数 $f(x,y) = x^3\sin 2y$ 在点 $\left(1,\frac{\pi}{4}\right)$ 处的偏导数。

解 输入:

```
>>syms x y;f = x^3 * sin(2 * y);g = diff(f,x);x = 1;y = pi/4;eval(g)
```
%求 $\left.\frac{\partial f}{\partial x}\right|_{(1,\frac{\pi}{4})}$

输出：

ans =

3

再输入：> >h = diff(f,y);x = 1;y = pi/4;eval(h)　　　　% 求 $\left.\frac{\partial f}{\partial y}\right|_{(1,\frac{\pi}{4})}$

输出：

ans =

1.2246e -016　　　　% 可看出结果为零

例 2　已知函数 $z = x^3y^2 - 3xy^3 - xy + 1$，求二阶偏导数。

解　输入命令和输出结果如表 6-5-1 所示。

表 6-5-1

输入命令	输出结果
> >syms x y;z = x^3 * y^2 - 3 * x * y^3 - x * y + 1;diff(z,x)　% 求 $\frac{\partial z}{\partial x}$	ans = 3 * x^2 * y^2 - 3 * y^3 - y
> >syms x y;z = x^3 * y^2 - 3 * x * y^3 - x * y + 1;diff(z,y)　% 求 $\frac{\partial z}{\partial y}$	ans = 2 * x^3 * y - 9 * x * y^2 - x
> >diff(diff(z,x),x)　% 求 $\frac{\partial^2 z}{\partial x^2}$	ans = 6 * x * y^2
> > diff(diff(z,x),y)　% 求 $\frac{\partial^2 z}{\partial x\partial y}$	6 * x^2 * y - 9 * y^2 - 1
> > diff(diff(z,y),x)　% 求 $\frac{\partial^2 z}{\partial y\partial x}$	ans = 6 * x^2 * y - 9 * y^2 - 1
> > diff(diff(z,y),y)　% 求 $\frac{\partial^2 z}{\partial y^2}$	ans = 2 * x^3 - 18 * x * y

6.5.2　二重积分

由于二重积分是通过转化为二次积分来进行计算的，所以仍采用 int 命令。

例 3　求二重积分 $\iint\limits_D\left(1 - \frac{x}{4} - \frac{y}{3}\right)d\sigma$，其中积分区域为 $D = \left\{(x,y) \mid -2 \leqslant x \leqslant 2,\ -1 \leqslant y \leqslant 1\right\}$。

解　$\iint\limits_D\left(1 - \frac{x}{4} - \frac{y}{3}\right)d\sigma = \int_{-2}^{2}dx\int_{-1}^{1}\left(1 - \frac{x}{4} - \frac{y}{3}\right)dy$，

输入：

> > syms x y;int(int(1 - x/4 - y/3,y, -1,1),x, -2,2)

输出：

ans =

8

例 4　求二重积分 $\int_{-1}^{2}\int_{y^2}^{y+2} xy\,dx\,dy$。

解　输入：

> > syms x y;int(int(x * y,x,y^2,y +2),y, -1,2)

输出:

```
ans =
    45/8
```

习题 6.5

利用 MATLAB 命令,完成下列题目:

1. 已知函数 $z = y^x + e^{xy}$,求 $\left.\frac{\partial z}{\partial y}\right|_{\substack{x=1\\y=2}}$。

2. 已知函数 $z = e^{x^2+y^2}$,求 $\frac{\partial z}{\partial x}$、$\frac{\partial z}{\partial y}$。

3. 已知 $z = x\sin(x+y)$,求 $\frac{\partial^2 z}{\partial x^2}$、$\frac{\partial^2 z}{\partial x \partial y}$。

4. 计算下列二重积分:

(1) $\int_1^2 \int_x^{2x} e^y \mathrm{d}y\mathrm{d}x$;

(2) $\iint\limits_D xy\mathrm{d}\sigma$,其中 D 由曲线 $y = \sqrt{x}$ 与直线 $y = \frac{x}{2}$ 所围成;

(3) $\iint\limits_D (2 - y^2)\mathrm{d}\sigma$,其中 D 由直线 $y = x + 1$, $y = -x + 1$ 和 $y = 3$ 所围成。

复习题六

1. (1)求 $z = x^2 + 3xy + y^2$ 在点(1,2)处的偏导数；

(2)求 $z = x^2\sin(2y)$ 在点(1,π)处的偏导数。

2. 设 $z = x^3y^2 - 3xy^3 - xy + 1$，求$\frac{\partial^2 z}{\partial x^2}$、$\frac{\partial^2 z}{\partial y^2}$、$\frac{\partial^2 z}{\partial x\partial y}$、$\frac{\partial^2 z}{\partial y\partial x}$。

3. (1)求 $r = \sqrt{x^2 + y^2 + z^2}$的偏导数；

(2)设 $z = e^u\sin v$，而 $u = xy, v = x + y$，求 $\frac{\partial z}{\partial x}$和$\frac{\partial z}{\partial y}$；

(3)设 $z = uv + \sin t$，而 $u = e^t, v = \cos t$，求全导数$\frac{dz}{dt}$。

4. (1)已知理想气体的状态方程 $pV = RT$(R 为常数)，求证：$\frac{\partial p}{\partial V}\cdot\frac{\partial V}{\partial T}\cdot\frac{\partial T}{\partial p} = -1$；

(2)设 $z = x^y (x > 0, x \neq 1)$，求证 $\frac{x}{y}\frac{\partial z}{\partial x} + \frac{1}{\ln x}\frac{\partial z}{\partial y} = 2z$。

5. 计算函数 $u = x + \sin\frac{y}{2} + e^{yz}$ 的全微分。

6. 求下列二重积分：

(1) $\iint\limits_D x\,d\sigma$，其中 D 是由抛物线 $y = x^2$ 及立方抛物线 $y = x^3$ 围成的区域；

(2) $\iint\limits_D x\,d\sigma$，其中 D 是由 x 轴及立方抛物线 $x^2 + y^2 = 4(y > 0)$ 围成的区域。

7. 要建造一体积为 2m^3 的有盖长方体水箱，问：长、宽、高分别为多少时用料最省？

8. 求表面积为 a^2 而体积为最大的长方体的体积。

9. 设薄片所占的闭区域 D 是介于两个圆 $r = a\cos\theta, r = b\cos\theta (0 < a < b)$ 之间的闭区域，求均匀薄片的重心。

10. 求半径为 a 的均匀半圆薄片对其直径的转动惯量 。

数学素质拓展——易拉罐的设计

我们只要稍加留意就会发现，销量很大的饮料(例如容量为355mL 的可口可乐、青岛啤酒等)的饮料罐(即易拉罐)的形状和尺寸几乎都是一样的。看来，这并非偶然，这应该是某种意义上的最优设计。设易拉罐是一个正圆柱体，什么是它的最优设计？即半径和高之比是多少？

1)模型假设与变量说明

(1)假设易拉罐为标准的正圆柱体。

(2)不考虑制作易拉罐的拉环以及接缝处的材料。

(3)假设计算易拉罐容积时壁厚可忽略不计。

(4)假设易拉罐高为 h(cm)，半径为 r(cm)，上、下底的厚度为 d_1(cm)，侧壁的厚度为 d_2(cm)，制作一个易拉罐所需材料的体积为 V_1(cm^3)，易拉罐的容积为 V_2(cm^3)。

易拉罐

2)模型的分析与建立

本题是求在材质相同，容积、壁厚一定的情况下，所耗材料最省，即求所耗材料的体积最小。

制作一个易拉罐所需材料(体积)可分为两部分：一是易拉罐上、下底的体积 $2\pi r^2 d_1$，二是易拉罐侧壁的体积 $2\pi rhd_2$。总体积为

$$V_1 = 2\pi r^2 d_1 + 2\pi rhd_2$$

易拉罐的容积为

$$V = \pi r^2 h$$

3)模型求解

解法一 由 $V=\pi r^2 h$ 得 $h=\frac{V}{\pi r^2}$，将之代入 V_1，得

$$V_1 = 2\pi r^2 d_1 + 2\pi r \frac{V}{\pi r^2} d_2 = 2\pi r^2 d_1 + 2\frac{V}{r} d_2$$

式中 d_1、d_2 是常数。这里 V_1 是 r 的函数。V_1 对 r 求导，得

$$V_1' = 4\pi r d_1 - 2\frac{V}{r^2} d_2$$

令 $V_1' = 4\pi r d_1 - 2\frac{V}{r^2}d_2 = 0$，解之得驻点 $r=\sqrt[3]{\frac{Vd_2}{2\pi d_1}}$，代入 $h=\frac{V}{\pi r^2}$，得 $h=2\sqrt[3]{\frac{Vd_1^2}{2\pi d_2^2}}$。

$$r : h = \frac{d_2}{2d_1}$$

这里 $V=335\text{mL}=0.335\text{L}$，经测量得 $d_1\approx 0.22\text{mm}$，$d_2\approx 0.11\text{mm}$，计算得 $h\approx 1.218\text{dm}=121.8\text{mm}$，$r\approx 0.305\text{dm}=30.5\text{mm}$。此时半径与高之比为 $r:h=1:4$。

经测量可口可乐易拉罐的相关数据得 $h\approx 123.1\text{mm}$，$r\approx 30\text{mm}$，比较吻合。

解法二 将此问题视为有约束的二元函数极值。即在约束

$$V = \pi r^2 h$$

下，求目标函数

$$V_1 = 2\pi r^2 d_1 + 2\pi r h d_2$$

的最小值。式中 d_1、d_2 是常数，r、h 是自变量。将 $d_1 \approx 0.22\text{mm}$，$d_2 \approx 0.11\text{mm}$ 代入，即求在约束 $V = \pi r^2 h$ 下

$$V_1 = 2\pi r^2 \times 0.22 + 2\pi r h \times 0.11$$

的最小值。式中 r、h 是自变量。

构造拉格朗日辅助函数：

$$f(h,r,\lambda) = 2\pi r^2 \times 0.22 + 2\pi r h \times 0.11 + \lambda(V - \pi r^2 h)$$

对 h、r、λ 分别求偏导，得

$$\begin{cases} \dfrac{\partial f}{\partial h} = 0.22\pi r - \lambda \pi r^2 \\ \dfrac{\partial f}{\partial r} = 0.88\pi r + 0.22\pi h - 2\pi r h \lambda \\ \dfrac{\partial f}{\partial \lambda} = V - \pi r^2 h \end{cases}$$

用 MATLAB 求解得，当易拉罐的半径与高之比约为 1∶4 时，材料最省。

拓展思考：

事实上，商家在设计易拉罐时，除考虑使用材料最省之外，还要考虑焊接、加工制作费以及包装、运输等各种因素。请通过查阅相关资料，了解还需要考虑哪些因素？它们对易拉罐的设计有何影响？

在市场竞争日益激烈的今天，企业除增加新产品的研发力度，提升产品的科技含量，增加企业核心竞争力外，还应学会“精打细算”，努力降低产品成本，增加利润，增强企业的经济实力，提升综合竞争力，从而在激烈的市场竞争中立于不败之地。一个小小的易拉罐的设计纵然如此，设计大型机械设备、耗材昂贵的设备更是如此。因此，同学们应牢固树立最优化的思想。

*第7章 级数及应用

学习目标

1. 掌握常数项级数的概念和性质;
2. 能够用判别法判别级数敛散性;
3. 会求幂级数的收敛区间;
4. 能够把函数展开成幂级数;
5. 掌握幂级数的应用;
6. 了解傅立叶级数。

重点:函数展开成幂级数。
难点:幂级数的应用。

中学时学过级数——等差数列与等比数列,它们都属于项数为有限的特殊情形。下面要学习的是项数为无限的级数,故称为无穷级数。

7.1 无穷级数的概念与性质

7.1.1 无穷级数的概念

设已给数列 $a_1,a_2,a_3,\cdots,a_n,\cdots$ 把数列中各项依次用加号连接起来的式子

$$a_1+a_2+a_3+\cdots+a_n+\cdots$$

称为无穷级数,简称级数。记作 $\sum\limits_{n=1}^{\infty}a_n$ 或 $\sum a_n$,即 $\sum\limits_{n=1}^{\infty}a_n=a_1+a_2+a_3+\cdots+a_n+\cdots$,数列的各项 $a_1,a_2,a_3,\cdots,a_n,\cdots$ 称为级数的项, a_n 称为级数的通项。

取级数最前的一项,两项,$\cdots$,n 项,$\cdots$相加,得一数列 $S_1=a_1$, $S_2=a_1+a_2$,$\cdots$, $S_n=a_1+a_2+a_3+\cdots+a_n$,$\cdots$ 这个数列的通项 $S_n=a_1+a_2+a_3+\cdots+a_n$ 称为级数 $\sum\limits_{n=1}^{\infty}a_n$ 的前 n 项的部分和,该数列称为级数的部分和数列。

如果级数的部分和数列收敛: $\lim\limits_{n\to\infty}S_n=S$,那么就称该级数收敛,极限值 S 称为级数的和。

例 1 证明级数 $\sum_{n=1}^{\infty}\frac{1}{n(n+1)}=\frac{1}{1\times 2}+\frac{1}{2\times 3}+\cdots+\frac{1}{n(n+1)}+\cdots$ 的和是 1。

证明
$$S_n=\frac{1}{1\times 2}+\frac{1}{2\times 3}+\cdots+\frac{1}{n(n+1)}$$
$$=(\frac{1}{1}-\frac{1}{2})+(\frac{1}{2}-\frac{1}{3})+\cdots+(\frac{1}{n}-\frac{1}{n+1})$$
$$=1-\frac{1}{n+1}$$
$$\lim_{n\to\infty}S_n=\lim_{n\to\infty}(1-\frac{1}{n+1})=1$$

所以 $\sum_{n=1}^{\infty}\frac{1}{n(n+1)}=\frac{1}{1\times 2}+\frac{1}{2\times 3}+\cdots+\frac{1}{n(n+1)}+\cdots$ 的和是 1。

7.1.2 级数的性质

(1)级数收敛的必要条件:收敛的级数 $\sum a_n$ 的通项 a_n 当 $n\to\infty$ 时趋于零,即 $\lim_{n\to\infty}a_n=0$。

注意:此条件只是级数收敛的必要条件,而不是充分条件。

例如,级数 $\sum\frac{1}{n}=\frac{1}{1}+\frac{1}{2}+\cdots+\frac{1}{n}+\cdots$ 虽然在 $n\to\infty$ 时,通项 $a_n=\frac{1}{n}\to 0$,级数却是发散的。此级数为调和级数,在此不加以证明。

(2)如果级数 $\sum a_n$ 收敛而它的和是 S,则每一项乘上常数 c 后所得到的级数 $\sum ca_n$,也是收敛的,而且它的和是 cS。如果 $\sum a_n$ 发散,则当 $c\neq 0$ 时,$\sum ca_n$ 也发散。

(3)两个收敛的级数可以逐项相加或相减。

(4)在任何收敛的级数中,不改变连在一起的有限项的次序而插入括号,所得的新级数仍收敛,其和不变。

注意:无限项的所谓和是一种极限,与有限项的和在本质上是有区别的。

(5)在一个级数的开头添入或去掉有限个项并不影响这个级数的收敛或发散。

习题 7.1

1. 写出下列级数的通项:

(1) $1+\frac{1}{3}+\frac{1}{5}+\frac{1}{7}+\cdots$;　　(2) $\frac{1}{2}-\frac{2}{3}+\frac{3}{4}-\frac{4}{5}+\frac{5}{6}-\cdots$;

(3) $\frac{a}{2}-\frac{a^2}{4}+\frac{a^3}{6}-\frac{a^4}{8}+\cdots$;　　(4) $1+\frac{1}{2}+3+\frac{1}{4}+5+\frac{1}{6}+\cdots$;

(5) $1+\frac{3}{5}+\frac{4}{10}+\frac{5}{17}+\cdots$； (6) $1+\frac{2}{2^2}+\frac{3\times 2}{3^3}+\frac{4\times 3\times 2}{4^4}+\cdots$。

2. 判定下列级数的收敛性：

(1) $\sum_{n=1}^{\infty}(\sqrt{n+2}-\sqrt{n+1})$；

(2) $\frac{1}{1\times 3}+\frac{1}{3\times 5}+\cdots+\frac{1}{(2n-1)(2n+1)}+\cdots$；

(3) $-\frac{6}{7}+\frac{6^2}{7^2}-\frac{6^3}{7^3}+\cdots+(-1)^n\frac{6^n}{7^n}+\cdots$；

(4) $\frac{1}{5}+\frac{1}{\sqrt{5}}+\frac{1}{\sqrt[3]{5}}+\frac{1}{\sqrt[4]{5}}+\cdots+\frac{1}{\sqrt[n]{5}}+\cdots$；

(5) $\frac{1}{6}+\frac{1}{12}+\frac{1}{18}+\frac{1}{24}+\cdots+\frac{1}{6n}+\cdots$； (6) $\sum_{n=1}^{\infty}\left(\frac{\ln^n 3}{3^n}+\frac{1}{4^n}\right)$。

7.2 正项级数的判别法

对于一个级数，我们一般会提出这样两个问题：它是不是收敛的？它的和是多少？显然第一个问题是更重要的，因为如果级数是发散的，则第二个问题就不存在了。下面我们就介绍如何确定级数的收敛和发散。首先来考虑正项级数（即每一项 $a_n\geqslant 0$ 的级数）的收敛问题。

1）判定正项级数敛散性的基本定理

定理 正项级数 $\sum_{n=1}^{\infty}a_n$ 收敛的充分与必要条件是部分和 S_n 有界。如果 S_n 无界，级数 $\sum_{n=1}^{\infty}a_n$ 发散于正无穷大。

例如，p 级数：$\sum\frac{1}{n^p}=1+\frac{1}{2^p}+\cdots+\frac{1}{n^p}+\cdots$，当 $p>1$ 时收敛，当 $p\leqslant 1$ 时发散。

正项级数的收敛准则：

准则一 设有两个正项级数 $\sum a_n$ 及 $\sum b_n$，而且 $a_n\leqslant b_n$（$n=1,2,\cdots$）。如果 $\sum b_n$ 收敛，那么 $\sum a_n$ 也收敛；如果 $\sum a_n$ 发散，那么 $\sum b_n$ 也发散。

例如，级数 $\sum\frac{1}{n^n}=1+\frac{1}{2^2}+\frac{1}{3^3}+\cdots+\frac{1}{n^n}+\cdots$ 是收敛的，因为当 $n>1$ 时，有 $\frac{1}{n^n}\leqslant\frac{1}{2^n}$，而等比级数 $\sum\frac{1}{2^n}$ 是收敛的。

准则二 设有两个正项级数 $\sum a_n$ 与 $\sum b_n$，如果 $\lim\limits_{n\to\infty}\frac{a_n}{b_n}=\lambda\neq 0$，那么这两个级数或者同时收敛，或者同时发散。

关于此准则的补充问题：

如果 $\lim\limits_{n\to\infty}\frac{a_n}{b_n}=0$，那么当 $\sum b_n$ 收敛时，$\sum a_n$ 也收敛；如果 $\lim\limits_{n\to\infty}\frac{a_n}{b_n}=\infty$，那么当 $\sum b_n$ 发散时，

$\sum a_n$ 也发散。

准则三　设有正项级数 $\sum a_n$。如果极限 $\lim\limits_{n\to\infty}\dfrac{a_{n+1}}{a_n}=\lambda$ 存在，那么当 $\lambda<1$ 时级数收敛，$\lambda>1$ 时级数发散。

2）一般常数项级数的收敛准则

当级数中的正数项与负数项均为无穷多时，就称级数为一般常数项级数。

（1）绝对收敛与条件收敛

设有一般常数项级数

$$a_1+a_2+a_3+\cdots+a_n+\cdots$$

取各项的绝对值所构成的级数

$$|a_1|+|a_2|+|a_3|+\cdots+|a_n|+\cdots$$

当级数中的正数项与负数项均为无穷多时，就称级数为一般常数项级数。

（2）绝对收敛与条件收敛

设有一般常数项级数

$$a_1+a_2+a_3+\cdots+a_n+\cdots$$

取各项的绝对值所构成的级数

$$|a_1|+|a_2|+|a_3|+\cdots+|a_n|+\cdots$$

称为对应于原级数的绝对值级数。

绝对收敛的准则：如果对应的绝对值级数收敛，则原级数也收敛。

注意：此时称 $a_1+a_2+a_3+\cdots+a_n+\cdots$ 为绝对收敛，如果级数 $|a_1|+|a_2|+|a_3|+\cdots+|a_n|+\cdots$ 发散而级数 $a_1+a_2+a_3+\cdots+a_n+\cdots$ 收敛，则称 $a_1+a_2+a_3+\cdots+a_n+\cdots$ 为条件收敛。

一个绝对收敛级数的正数项与负数项所组成的级数都是收敛的；一个条件收敛级数的正数项与负数项所组成的级数都是发散的。

例 1　证明：当 $\lambda>1$ 时，级数 $\sum\limits_{n=1}^{\infty}\dfrac{\sin nx}{n^2}$ 为一绝对收敛级数。

证明　因为 $\left|\dfrac{\sin nx}{n^2}\right|\leqslant\dfrac{1}{n^2}$ 而当 $\lambda>1$ 时 $\sum\limits_{n=1}^{\infty}\dfrac{1}{n^2}$ 收敛，故级数 $\sum\limits_{n=1}^{\infty}\left|\dfrac{\sin nx}{n^2}\right|$ 收敛，从而级数 $\sum\limits_{n=1}^{\infty}\dfrac{\sin nx}{n^2}$ 绝对收敛。

3）交错级数与它的收敛准则

交错级数就是任一相邻的两项都是符号相反的数，它是一般常数项级数的一种特殊级数。

交错级数可以写成 $\sum\limits_{n=1}^{\infty}(-1)^{n-1}a_n=a_1-a_2+a_3-\cdots+(-1)^{n-1}a_n$。

交错级数的收敛准则（莱布尼兹准则）：

如果 $a_1>a_2>a_3>\cdots>a_n>\cdots$，且 $\lim\limits_{n\to\infty}a_n=0$，则级数 $\sum\limits_{n=1}^{\infty}(-1)^{n-1}a_n$ 收敛。

例如，交错级数 $1-\dfrac{1}{2}+\dfrac{1}{3}-\dfrac{1}{4}+\cdots$ 是收敛的，因为它满足莱布尼兹准则的两个条件：

$1 > \frac{1}{2} > \frac{1}{3} > \cdots$，及 $\lim\limits_{n\to\infty}\frac{1}{n} = 0$。

习题 7.2

1. 用比较判别法或极限判别法判断下列级数的收敛性：

(1) $\sum\limits_{n=1}^{\infty}\frac{1}{na+2c}(a>0,c>0)$；　(2) $\sum\limits_{n=1}^{\infty}\frac{3+n}{3+n^2}$；

(3) $\sum\limits_{n=1}^{\infty}\frac{1}{(n+2)(n+4)}$；　(4) $\sum\limits_{n=1}^{\infty}\sin\frac{\pi}{2^n}$。

2. 用比值判别法判断下列级数的收敛性：

(1) $\sum\limits_{n=1}^{\infty}\frac{5^n}{n3^n}$；　(2) $\frac{1}{3}+\frac{2}{3^2}+\frac{4}{3^3}+\frac{6}{3^4}+\cdots$；

(3) $\sum\limits_{n=1}^{\infty}\frac{a^n}{n^k}(a>0)$；　(4) $\sum\limits_{n=1}^{\infty}n\left(\frac{2}{3}\right)^n$。

3. 用根值判别法判别下列级数的收敛性：

(1) $\sum\limits_{n=1}^{\infty}\left(\frac{n}{3n+1}\right)^n$；　(2) $\sum\limits_{n=1}^{\infty}\frac{1}{[\ln(n+2)]^n}$；

(3) $\sum\limits_{n=1}^{\infty}\left(\frac{n}{4n+1}\right)^{2n+1}$；　(4) $\sum\limits_{n=1}^{\infty}\frac{3^n}{1+e^n}$。

4. 判别下列级数的敛散性。若收敛，是条件收敛还是绝对收敛？

(1) $\sum\limits_{n=1}^{\infty}(-1)^{n+1}\frac{1}{\sqrt{n+1}}$；　(2) $\sum\limits_{n=1}^{\infty}(-1)^n\frac{n}{2^{n-1}}$；

(3) $\sum\limits_{n=1}^{\infty}\frac{\sin n\pi}{(n+2)^2}$；　(4) $\frac{1}{3}-\frac{2}{9}+\frac{1}{3^2}-\frac{2}{9^2}+\frac{1}{3^3}-\frac{2}{9^3}+\cdots$。

7.3 幂级数

在自然科学与工程技术中运用级数这一工具时，经常用到不是常数项的级数，而是函数项的级数。而常数项级数是研究函数项级数的基础。

7.3.1 函数项级数的概念

设有函数序列 $f_1(x),f_2(x),f_3(x),\cdots,f_n(x),\cdots$，其中每一个函数都在同一个区间 I 上有定义，则表达式 $\sum\limits_{n=1}^{\infty}f_n(x)=f_1(x)+f_2(x)+f_3(x)+\cdots+f_n(x)+\cdots$，称为定义在 I 上的函数项级数。

7.3.2 幂级数及其收敛性

下面就来介绍常见而应用广泛的一种具有如下形式的函数项级数：

$$c_0 + c_1x + c_2x^2 + c_3x^3 + \cdots + c_nx^n + \cdots = \sum_{n=0}^{\infty} c_nx^n$$

它们的各项都是正整数幂的幂函数。这种级数称为幂级数，式中 c_n（$n = 0,1,2,\cdots$）均为常数。显然，当上面级数中的变量 x 取定了某一个值 x_0 时，它就变为一个常数项级数。与常数项级数一样，把 $s_n(x) = c_0 + c_1x + c_2x^2 + \cdots + c_nx^n$ 称为幂级数的部分和。如果这部分和当 $n\to\infty$ 时对区间 I 中的每一点都收敛，则称级数在区间 I 收敛。此时 $s_n(x)$ 的极限是定义在区间 I 中的函数，称为级数的和函数，简称和，记作 $s(x)$。

$$s(x) = \sum_{n=0}^{\infty} c_nx^n$$

对于幂级数，我们关心的问题仍是它的收敛与发散的判定问题，下面就来介绍关于幂级数的收敛的判定准则。

准则 设有幂级数 $\sum_{n=0}^{\infty} c_nx^n$。如果极限 $\lim\limits_{n\to\infty}\left|\dfrac{c_n}{c_{n+1}}\right| = R$，则当 $|x| < R$ 时，幂级数收敛，而且绝对收敛；当 $|x| > R$ 时，幂级数发散，其中 R 可以是零，也可以是 $+\infty$。

由上面的准则可知：幂级数的收敛区间是关于原点对称的区间 $|x| < R$，在这个区间内级数收敛，在这个区间外级数发散。区间 $|x| < R$ 称为幂级数的收敛区间，简称敛区。正数 R 为幂级数的收敛半径。

讨论幂级数收敛的问题主要在于收敛半径的寻求。当 $|x| = R$ 时，级数的敛散性不能由准则来判定，需另行讨论。

例 1 求幂级数 $1 + \dfrac{x}{2\times 5} + \dfrac{x^2}{3\times 5^2} + \cdots + \dfrac{x^n}{(n+1)\times 5^n} + \cdots$ 的收敛区间。

解 该级数的收敛半径为：

$$R = \lim_{n\to\infty}\left|\frac{c_n}{c_{n+1}}\right| = \lim_{n\to\infty}\left|\frac{\dfrac{1}{(n+1)5^n}}{\dfrac{1}{(n+2)5^{n+1}}}\right| = \lim_{n\to\infty}\frac{(n+2)\times 5}{n+1} = 5$$

所以此幂级数的敛区是 $(-5,5)$。

在 $x = 5$ 与 $x = -5$ 时，级数分别为 $1 + \dfrac{1}{2} + \dfrac{1}{3} + \cdots$ 与 $1 - \dfrac{1}{2} + \dfrac{1}{3} - \dfrac{1}{4} + \cdots$，前者发散，后者收敛。故级数的收敛区间是 $[-5,5)$。

7.3.3 幂级数的性质

性质 1 设有两个幂级数 $\sum_{n=0}^{\infty} a_nx^n$ 与 $\sum_{n=0}^{\infty} b_nx^n$，如果

$$\sum_{n=0}^{\infty} a_n x^n = f_1(x), \ -R_1 < x < R_1$$

$$\sum_{n=0}^{\infty} b_n x^n = f_2(x) = f_2(x), \ -R_2 < x < R_2$$

则$\sum_{n=0}^{\infty}(a_n \pm b_n)x^n = f_1(x) \pm f_2(x), \ -R < x < R$　其中 $R = \min(R_1, R_2)$

性质 2　幂级数$\sum_{n=0}^{\infty} c_n x^n$ 的和 $s(x)$ 在敛区内是连续的。

性质 3　幂级数$\sum_{n=0}^{\infty} c_n x^n$ 的和 $s(x)$ 在敛区内的任一点均可导,且有逐项求导公式:

$$s'(x) = c_1 + 2c_2 x + 3c_3 x^2 + \cdots + nc_n x^{n-1} = \sum_{n=0}^{\infty} nc_n x^{n-1}$$

求导后的幂级数与原级数有相同的收敛半径。

性质 4　幂级数$\sum_{n=0}^{\infty} c_n x^n$ 的和 $s(x)$ 在敛区内可以积分,并且有逐项积分公式:

$$\int_0^x s(x)\mathrm{d}x = \int_0^x c_0 \mathrm{d}x + \int_0^x c_1 x \mathrm{d}x + \cdots + \int_0^x c_n x^n \mathrm{d}x + \cdots = \sum_{n=0}^{\infty} \frac{c_n}{n+1} x^{n+1}$$

积分后所得幂级数与原级数有相同的收敛半径。由以上这些性质可知:
幂级数在其敛区内就像普通的多项式一样,可以相加、相减,可以逐项求导、逐项积分。

习题 7.3

1. 求下列幂级数的收敛域:

(1) $\sum_{n=1}^{\infty} (-1)^{n-1} \frac{x^n}{n^2}$;　(2) $\sum_{n=1}^{\infty} \frac{x^n}{n \times 5^n}$;

(3) $\sum_{n=1}^{\infty} \frac{x^n}{1 \times 3 \times 5 \times (2n-1)}$;　(4) $\sum_{n=1}^{\infty} \frac{3^n}{n^2+1} x^n$;

(5) $\sum_{n=1}^{\infty} \frac{(x-1)^n}{n^2}$;　(6) $\sum_{n=1}^{\infty} \frac{(x-3)^n}{\sqrt{n}}$。

2. 求下列幂级数的收敛半径:

(1) $\sum_{n=1}^{\infty} \frac{(n+1)^n}{n!}$;　(2) $\sum_{n=1}^{\infty} \frac{x^{2n-1}}{3^n}$。

3. 求下列幂级数的和函数:

(1) $\sum_{n=1}^{\infty} nx^{n-1}$;　(2) $\sum_{n=1}^{\infty} \frac{x^n}{n(n+1)}$;

(3) $\sum_{n=1}^{\infty} \frac{x^{2n}}{2n}$。

7.4 函数的幂级数展开式

通过前面的内容可以看到，幂级数不仅形式简单，而且有一些与多项式类似的性质。并且还发现有一些可以表示成幂级数。为此产生了下面两个问题：

问题1 函数$f(x)$在什么条件下可以表示成幂级数，即

$f(x)=c_0+c_1(x-a)+c_2(x-a)^2+\cdots+c_n(x-a)^n+\cdots$。

问题2 如果$f(x)$能表示成如上形式的幂级数，则系数$c_n(n=0,1,2,3,\cdots)$怎样确定？

下面就来讨论这两个问题。

首先来讨论第二个问题。假定$f(x)$在$x=a$的邻域内能表示成$f(x)=c_0+c_1(x-a)+\cdots+c_n(x-a)^n+\cdots$这种形式的幂级数，其中$a$是事先给定某一常数，那么系数$c_n$与$f(x)$应有怎样的关系。

由于$f(x)$可以表示成幂级数，根据幂级数的性质，在$x=a$的邻域内$f(x)$任意阶可导，对其幂级数两端逐次求导。得：

$$f'(x)=c_1+2c_2(x-a)+3c_3(x-a)^2+\cdots,$$

$$f''(x)=2c_2+3!c_3(x-a)+\cdots,$$

$$\cdots$$

$$f^{(n)}(x)=n!c_n+(n+1)!c_{n+1}(x-a)+\cdots,$$

$$\cdots$$

在$f(x)$幂级数式及其各阶导数中，令$x=a$，分别得：

$$c_0=f(a),c_1=f'(a),c_2=\frac{1}{2!}f''(a),c_n=\frac{1}{n!}f^{(n)}(a),\cdots$$

把这些所求的系数代入$f(x)=c_0+c_1(x-a)+c_2(x-a)^2+\cdots+c_n(x-a)^n+\cdots$，得：

$$f(x)=f(a)+f'(a)(x-a)+\frac{f''(a)}{2!}(x-a)^2+\cdots+\frac{f^{(n)}(a)}{n!}(x-a)^n+\cdots$$

该式的右端的幂级数称为$f(x)$在$x+a$处的泰勒级数。

1）关于泰勒级数的问题

上式是在$f(x)$可以展成$f(x)=c_0+c_1(x-a)+c_2(x-a)^2+\cdots+c_n(x-a)^n+\cdots$的幂级数的假定下得出的。实际上，只要$f(x)$在$x=a$处任意阶可导，就可以写出函数的泰勒级数。

思考 函数写成泰勒级数后是否收敛？是否收敛于$f(x)$？

函数写成泰勒级数是否收敛将取决于$f(x)$与它的泰勒级数的部分和之差

$$r_n(x)=f(x)-\left[f(a)+f'(a)(x-a)+\frac{f''(a)}{2!}(x-a)^2+\cdots+\frac{f^{(n)}(a)}{n!}(x-a)^n\right]$$

是否随$n\to\infty$而趋向于零。如果在某一区间I中有$\lim\limits_{n\to\infty}r_n(x)=0$，则$f(x)$在$x=a$处的泰勒

级数将在区间 I 中收敛于 $f(x)$。此时,就把这个泰勒级数称为函数 $f(x)$ 在区间 I 中的泰勒展开式。

泰勒定理 设函数 $f(x)$ 在 $x=a$ 的邻域内 $n+1$ 阶可导,则对于位于此邻域内的任一 x,至少存在一点 c,c 在 a 与 x 之间,使得:

$$f(x)=f(a)+f'(a)(x-a)+\frac{f''(a)}{2!}(x-a)^2+\cdots+\frac{f^{(n)}(a)}{n!}(x-a)^n+r_n(x)$$

式中:$r_n(x)=\dfrac{f^{(n+1)}(c)}{(n+1)!}(x-a)^{n+1}$。

此公式也被称为泰勒公式。在泰勒公式中,取 $a=0$,此时泰勒公式变成:

$$f(x)=f(0)+f'(0)x+\frac{f''(0)}{2!}x^2+\cdots+\frac{f^{(n)}(0)}{n!}x^n+\frac{f^{(n+1)}(c)}{(n+1)!}x^{n+1}$$

式中:c 在 0 与 x 之间,此式子被称为麦克劳林公式。

函数 $f(x)$ 在 $x=0$ 的泰勒级数称为麦克劳林级数。当麦克劳林公式中的余项趋于零时,就称相应的泰勒展开式为麦克劳林展开式。即

$$f(x)=f(0)+f'(0)x+\frac{f''(0)}{2!}x^2+\cdots+\frac{f^{(n)}(0)}{n!}x^n+\cdots$$

2)几种初等函数的麦克劳林的展开式

(1) $e^x=1+x+\dfrac{x^2}{2!}+\cdots+\dfrac{x^n}{n!}+\cdots,\ -\infty<x<+\infty$;

(2) $\sin x=x-\dfrac{x^3}{3!}+\dfrac{x^5}{5!}-\cdots+(-1)^n\dfrac{x^{2n+1}}{(2n+1)!}+\cdots,\ -\infty<x<+\infty$;

$\cos x=1-\dfrac{x^2}{2!}+\dfrac{x^4}{4!}-\cdots+(-1)^n\dfrac{x^{2n}}{(2n)!}+\cdots,\ -\infty<x<+\infty$;

(3) $\ln(1+x)=x-\dfrac{x^2}{2!}+\dfrac{x^3}{3!}-\cdots+(-1)^n\dfrac{x^{n+1}}{(n+1)!}+\cdots,\ -1<x\leqslant 1$;

(4) $(1+x)^m=1+mx+\dfrac{m(m-1)}{2!}x^2+\cdots+\dfrac{m(m-1)\cdots(m-n+1)}{n!}x^n+\cdots,\ |x|<1$。

习题 7.4

1. 将下列函数展开成 x 的幂级数,并求其成立的区间:

(1) $f(x)=\ln(2+x)$;　　(2) $f(x)=3^x$;

(3) $f(x)=\cos^2 x$;　　(4) $f(x)=\dfrac{x}{x^2-2x-3}$。

2. 将函数 $\sqrt[3]{x}$ 展开成 $x+2$ 的幂级数。

3. 将函数 $\lg x$ 展开成 $x-3$ 的幂级数。

4. 将函数 $f(x)=\frac{1}{x}$ 展开成 $x-2$ 的幂级数。

5. 将函数 $f(x)=\ln(3x-x^2)$ 在 $x=1$ 处展开成幂级数。

7.5 幂级数的应用

7.5.1 函数值的近似计算

在函数的幂级数展开式中，取前面有限项，就可以得到函数的近似公式，这对于计算复杂函数的函数值是非常方便的，可以把函数近似表示为 x 的多项式，而多项式的计算只需用到四则运算，非常方便。

例如 当 $|x|$ 很小时，由正弦函数的幂级数展开式，可得到近似计算公式：

$$\sin x\approx x,\sin x\approx x-\frac{x^3}{3!},\sin x\approx x-\frac{x^3}{3!}+\frac{x^5}{5!}$$

级数的主要应用之一是利用它来进行数值计算，常用的有三角函数表、对数表等，都是利用级数计算出来的，如果将未知数 A 表示成级数

$$A=a_1+a_2+\cdots+a_n+\cdots \tag{7-5-1}$$

而取其部分和 $A_n=a_1+a_2+\cdots+a_n$ 作为 A 的近似值，此时所产生的误差，来源于两个方面：一是级数的余项

$$r_n=A-A_n=a_{n+1}+a_{n+2}+\cdots$$

称为截断误差；二是在计算时，由于四舍五入所产生的误差，称为舍入误差。

如果级数(7-5-1)是交错级数，并且满足莱布尼茨定理，则

$$|r_n|\leqslant|a_n|$$

如果所考虑的级数(7-5-1)不是交错级数，一般可通过适当放大余和中的各项，设法找出一个比原级数稍大且容易估计余项的新级数（如等比级数等），从而可采取新级数余项 r_n 的值，作为原级数的截断误差 r_n 的估计值。

例1 利用 $\sin x\approx x-\frac{x^3}{3!}$，求 $\sin 9°$ 的近似值，并估计误差。

解 利用所给近似公式

$$\sin 9°=\sin\frac{\pi}{20}\approx\frac{\pi}{20}-\frac{1}{3!}\left(\frac{\pi}{20}\right)^3$$

因为展开式是收敛的交错级数，且各项的绝对值单调减少，所以

$$|r_2|\leqslant\frac{1}{5!}\left(\frac{\pi}{20}\right)^5<\frac{1}{120}(0.2)^5<10^{-5},$$

因此，若取 $\frac{\pi}{20}\approx 0.517080,\left(\frac{\pi}{20}\right)^3\approx 0.003876$，

则 $\sin 9° \approx 0.157080 - 0.000646 \approx 0.156434$，其误差不超过 10^{-5}。

7.5.2 计算定积分

许多函数，如 e^{-x^2}、$\dfrac{\sin x}{x}$、$\dfrac{1}{\ln x}$ 等，其原函数不能用初等函数表示，但若被积函数在积分区间上能展开成幂级数，则可通过幂级数展开式的逐项积分，用积分后的级数近似计算所给定积分。

例2 计算 $\int_0^1 \dfrac{\sin x}{x}dx$ 的近似值，精确到 10^{-4}。

解 利用 $\sin x$ 的麦克劳林展开式，得

$$\sin x = x - \frac{x^3}{3!} + \frac{x^5}{5!} - \cdots + (-1)^n \frac{x^{2n+1}}{(2n+1)!} + \cdots, \ -\infty < x < +\infty$$

所以

$$\int_0^1 \frac{\sin x}{x}dx = 1 - \frac{1}{3 \times 3!} + \frac{1}{5 \times 5!} - \frac{1}{7 \times 7!} + \cdots$$

这是一个交错级数，因其第四项中 $\dfrac{1}{7 \times 7!} < \dfrac{1}{30000} < 10^{-4}$，故取前3项作为积分的近似值，得

$$\int_0^1 \frac{\sin x}{x}dx = 1 - \frac{1}{3 \times 3!} + \frac{1}{5 \times 5!} \approx 0.9461$$

习题 7.5

1. 利用函数的幂级数展开式求下列各数的近似值：

(1) $\sqrt[9]{522}$（误差不超过0.00001）； (2) $\cos 2°$（精确到0.0001）。

2. 利用被积函数的幂级数展开式求定积分 $\int_0^{0.5} \dfrac{1}{1+x^4}dx$ 的近似值（精确到0.0001）。

3. 利用被积函数的幂级数展开式求定积分 $\int_0^{0.1} \cos\sqrt{t}\,dt$ 的近似值（精确到0.0001）。

7.6 傅立叶级数

一个绷紧的弦（有一定的初张力）如果受到一个横向的扰动的话，会以某一频率振动起来，如吉他等拨弦乐器的发声原理就是这样的。在研究弦振动以及热传导这类物理问题时，发现最简单的弦振动方程可以表示为：

$$u(t) = A\sin(\omega t + \varphi) = a\cos\omega t + b\sin\omega t$$

问题是一个复杂的振动可以用正弦或余弦之和表示吗？或用正弦或余弦级数表示呢？

即在某些条件下，一个周期函数是否可以表示为如下的级数和：

$$\frac{a_0}{2}+\sum_{n=1}^{\infty}(a_n\cos nx+b_n\sin nx)$$

这就是这一节要介绍的 Fourier 级数。Fourier 级数理论在电工学、电子技术中，主要应用于研究非正弦周期电流电路中的电压、电流波的分解。下面就针对周期为 2π 的函数来讨论。

7.6.1 三角级数、正交函数系

形如

$$\frac{a_0}{2}+\sum_{n=1}^{\infty}(a_n\cos nx+b_n\sin nx)$$

的函数项级数称为三角级数，其中 $a_0,a_1,b_1,a_2,b_2,\cdots$ 都是常数。特别地，当 $a_n=0\ (n=1,2,\cdots)$ 时，级数只含有正弦项，称为正弦级数。当 $b_n=0\ (n=1,2,\cdots)$ 时，级数只含有常数和余弦项，称为余弦级数。三角级数也称为傅立叶级数

在三角级数 $1,\cos x,\sin x,\cos 2x,\sin 2x,\cdots,\cos nx,\sin nx,\cdots$ 称为三角函数系。其特点是：

定理 1 这些函数中任何不同的两个函数的乘积在区间 $[-\pi,\pi]$ 上的积分等于零，即

$$\int_{-\pi}^{\pi}\cos x\mathrm{d}x=\int_{-\pi}^{\pi}\sin x\mathrm{d}x=0$$

$$\int_{-\pi}^{\pi}\sin nx\cos mx\mathrm{d}x=0\qquad(m,n=1,2,\cdots)$$

$$\int_{-\pi}^{\pi}\sin nx\sin mx\mathrm{d}x=\int_{-\pi}^{\pi}\cos nx\cos mx\mathrm{d}x=0\qquad(m,n=1,2,\cdots,m\neq n)$$

以上等式可以通过计算定积分来验证（证明略）。

定理 2 在三角函数系中，两个相同函数的乘积在区间 $[-\pi,\pi]$ 上的积分不等于零，即

$$\int_{-\pi}^{\pi}1^2\mathrm{d}x=2\pi$$

$$\int_{-\pi}^{\pi}\sin^2 nx\mathrm{d}x=\pi$$

$$\int_{-\pi}^{\pi}\cos^2 nx\mathrm{d}x=\pi$$

7.6.2 以 2π 为周期的函数展开成傅立叶级数

下面就应用三角函数系的正交性，来讨论三角级数的和函数 $f(x)$ 与级数的系数 a_0、a_n、b_n 之间的关系。

定理 3 若在整个数轴上

$$f(x)=\frac{a_0}{2}+\sum_{n=1}^{\infty}(a_n\cos nx+b_n\sin nx)\tag{7-6-1}$$

且等式右边级数一致收敛，则有如下关系式：

$$a_0 = \frac{1}{\pi}\int_{-\pi}^{\pi} f(x)\,dx$$

$$a_n = \frac{1}{\pi}\int_{-\pi}^{\pi} f(x)\cos nx\,dx \quad n = 1,2,\cdots$$

$$b_n = \frac{1}{\pi}\int_{-\pi}^{\pi} f(x)\sin nx\,dx \quad n = 1,2,\cdots$$

一般地说,若$f(x)$是以2π为周期且在$[-\pi,\pi]$上可积的函数,则合并上面的公式得

$$a_n = \frac{1}{\pi}\int_{-\pi}^{\pi} f(x)\cos nx\,dx \quad n = 0,1,2,\cdots$$

$$b_n = \frac{1}{\pi}\int_{-\pi}^{\pi} f(x)\sin nx\,dx \quad n = 1,2,3,\cdots$$

计算出a_n和b_n,它们称为函数$f(x)$的傅立叶系数,以函数$f(x)$的傅立叶系数组成的三角级数称为函数$f(x)$的傅立叶级数。

一个定义在$(-\infty, +\infty)$上周期为2π的函数$f(x)$,如果它在一个周期上可积,则一定可以作出$f(x)$的傅立叶级数。然而,函数$f(x)$的傅立叶级数是否一定收敛呢?如果它收敛,是否一致收敛于$f(x)$?一般来说,这两个问题的答案都不是肯定的。那么,$f(x)$在怎样的条件下,其傅立叶级数不仅收敛,而且收敛于$f(x)$?也就是说$f(x)$满足什么条件可以展开成傅立叶级数?这是我们要面临的一个基本问题。

下面就介绍一下收敛定理(不加证明),它给出关于上述问题的一个重要结论。

定理4 (狄利克雷(Dirichlet)充分条件)设$f(x)$是周期为2π的周期函数,如果它满足:

(1)在一个周期内连续或只有有限个第一类间断点;

(2)在一个周期内至多只有有限个极值点。

则$f(x)$的傅立叶级数收敛,并且

当x是$f(x)$的连续点时,级数收敛于$f(x)$;

当x是$f(x)$的间断点时,级数收敛于

$$\frac{1}{2}[f(x-0)+f(x+0)]$$

收敛定理告诉我们:只要函数在$[-\pi,\pi]$上至多有有限个第一类间断点,并且不作无限次振动,函数的傅立叶级数在连续点处就收敛于该点的函数值,在间断点处收敛于该点左极限与右极限的算术平均值。可见,函数展开成傅立叶级数的条件比展开成幂级数的条件低得多。

例1 设$f(x)$是周期为2π的周期函数,它在$[-\pi,\pi]$上的表达式为

$$f(x) = \begin{cases} -1, & -\pi \leqslant x < 0 \\ 1, & 0 \leqslant x < \pi \end{cases}$$

将$f(x)$展开成傅立叶级数。

解 所给函数满足收敛定理的条件,它在点$x = k\pi(k = 0, \pm 1, \pm 2, \cdots)$处不连续,在其他点处处连续,从而由收敛定理知$f(x)$的傅立叶级数收敛,并且当$x = k\pi$时级数收敛于

$$\frac{-1+1}{2} = \frac{1+(-1)}{2} = 0$$

当 $x \neq k\pi$ 时级数收敛于 $f(x)$。

$$
\begin{aligned}
a_n &= \frac{1}{\pi}\int_{-\pi}^{\pi} f(x)\cos nx\,\mathrm{d}x \\
&= \frac{1}{\pi}\int_{-\pi}^{0}(-1)\cos nx\,\mathrm{d}x + \frac{1}{\pi}\int_{0}^{\pi}\cos nx\,\mathrm{d}x \\
&= 0 \qquad (n = 1,2,3,\cdots) \\
b_n &= \frac{1}{\pi}\int_{-\pi}^{\pi} f(x)\sin nx\,\mathrm{d}x \\
&= \frac{1}{\pi}\int_{-\pi}^{0}(-1)\sin nx\,\mathrm{d}x + \frac{1}{\pi}\int_{0}^{\pi}\sin nx\,\mathrm{d}x \\
&= \frac{1}{\pi}\left[\frac{\cos nx}{n}\right]_{-\pi}^{0} + \frac{1}{\pi}\left[-\frac{\cos nx}{n}\right]_{0}^{\pi} \\
&= \frac{2}{n\pi}[1-(-1)^n]
\end{aligned}
$$

$f(x)$ 的傅立叶级数展开式为

$$
f(x) = \frac{4}{\pi}\left[\sin x + \frac{1}{3}\sin 3x + \cdots + \frac{1}{2k-1}\sin(2k-1)x + \cdots\right]
$$

$$
(-\infty < x < +\infty; x \neq 0, \pm\pi, \pm 2\pi, \cdots)
$$

如果将函数 $f(x)$ 理解为矩形波的波形图(周期 $T = 2\pi$，幅值 $E = 1$，自变量 x 表示时间)，那么上面所得到的展开式表明:矩形波是由一系列不同频率的正弦波叠加而成的频率依次为基波频率的奇数倍。

例 2　设 $f(x)$ 是周期为 2π 的周期函数，它在 $[-\pi,\pi)$ 上的表达式为

$$
f(x) = \begin{cases} x, & -\pi \leqslant x < 0 \\ 0, & 0 \leqslant x < \pi \end{cases}
$$

将 $f(x)$ 展开成傅立叶级数。

解　所给函数满足收敛定理的条件，它在点 $x = (2k+1)\pi$ $(k = 0, \pm 1, \pm 2, \cdots)$ 处不连续。因此，$f(x)$ 的傅立叶级数在 $x = (2k+1)\pi$ 处收敛于

$$
\frac{f(\pi - 0) + f(-\pi + 0)}{2} = \frac{0-\pi}{2} = -\frac{\pi}{2}
$$

在连续点 $x(x \neq (2k+1)\pi)$ 处收敛于 $f(x)$。

$$
\begin{aligned}
a_n &= \frac{1}{\pi}\int_{-\pi}^{\pi} f(x)\cos nx\,\mathrm{d}x = \frac{1}{\pi}\int_{-\pi}^{0} x\cos nx\,\mathrm{d}x = \frac{1}{\pi}\left[\frac{x\sin nx}{n} + \frac{\cos nx}{n^2}\right]_{-\pi}^{0} \\
&= \frac{1}{n^2\pi}(1-\cos n\pi) = \begin{cases} \dfrac{2}{n^2\pi}, & n = 1,3,5,\cdots \\ 0, & n = 2,4,6,\cdots \end{cases} \\
a_0 &= \frac{1}{\pi}\int_{-\pi}^{\pi} f(x)\,\mathrm{d}x = \frac{1}{\pi}\int_{-\pi}^{0} x\,\mathrm{d}x = \frac{1}{\pi}\left[\frac{x^2}{2}\right]_{-\pi}^{0} = -\frac{\pi}{2} \\
b_n &= \frac{1}{\pi}\int_{-\pi}^{\pi} f(x)\sin nx\,\mathrm{d}x = \frac{1}{\pi}\int_{-\pi}^{0} x\sin nx\,\mathrm{d}x = \frac{1}{\pi}\left[-\frac{x\cos nx}{n} + \frac{\sin nx}{n^2}\right]_{-\pi}^{0}
\end{aligned}
$$

$$= \frac{1}{\pi}\left[-\frac{x\cos nx}{n}+\frac{\sin nx}{n^2}\right]_{-\pi}^{0} = \frac{(-1)^{n-1}}{n}$$

$f(x)$ 的傅立叶级数展开式为

$$f(x) = -\frac{\pi}{4}+\left(\frac{2}{\pi}\cos x+\sin x\right)-\frac{1}{2}\sin 2x+\left(\frac{2}{3^2\pi}\cos 3x+\frac{1}{3}\sin 3x\right)$$

$$-\frac{1}{4}\sin 4x+\left(\frac{2}{5^2\pi}\cos 5x+\frac{1}{5}\sin 5x\right)-\cdots$$

$$(-\infty < x < +\infty; x \neq \pm\pi, \pm 3\pi, \cdots)$$

应该注意,如果函数$f(x)$在区间$[-\pi,\pi]$上有定义,并且满足收敛定理的条件,那么$f(x)$也可以展开成傅立叶级数。事实上,我们可以在$[-\pi,\pi)$或$(-\pi,\pi]$外补充函数$f(x)$的定义,使它拓广成周期为2π的周期函数$F(x)$。按这种方式拓广函数的定义域的过程,称为周期延拓。再将$F(x)$展开成傅立叶级数。最后限制x在$(-\pi,\pi)$内,此时$F(x)=f(x)$,这样便得到$f(x)$的傅立叶级数展开式。根据收敛定理,该级数在区间端点$x=\pm\pi$处收敛于2。

例3 将函数

$$f(x) = \begin{cases} -x, & -\pi \leqslant x < 0 \\ x, & 0 \leqslant x < \pi \end{cases}$$

展开成傅立叶级数。

解 所给函数在区间$[-\pi,\pi]$上满足收敛定理条件,并且拓广为周期函数时它在每一点x处都连续,因此拓广的周期函数的傅立叶级数在$[-\pi,\pi]$上收敛于$f(x)$。

计算傅立叶系数如下:

$$a_n = \frac{1}{\pi}\int_{-\pi}^{\pi} f(x)\cos nx\,dx = \frac{1}{\pi}\int_{-\pi}^{0} -x\cos nx\,dx + \frac{1}{\pi}\int_{0}^{\pi} x\cos nx\,dx$$

$$= -\frac{1}{\pi}\left[\frac{x\sin nx}{n}+\frac{\cos nx}{n^2}\right]_{-\pi}^{0} + \frac{1}{\pi}\left[\frac{x\sin nx}{n}+\frac{\cos nx}{n^2}\right]_{0}^{\pi}$$

$$= \frac{2}{n^2\pi}(\cos n\pi - 1)$$

$$a_0 = \frac{1}{\pi}\int_{-\pi}^{\pi} f(x)\,dx = \frac{1}{\pi}\int_{-\pi}^{0}(-x)\,dx + \frac{1}{\pi}\int_{0}^{\pi} x\,dx$$

$$= \frac{1}{\pi}\left[-\frac{x^2}{2}\right]_{-\pi}^{0} + \frac{1}{\pi}\left[\frac{x^2}{2}\right]_{0}^{\pi} = \pi$$

$$b_n = \frac{1}{\pi}\int_{-\pi}^{\pi} f(x)\sin nx\,dx$$

$$= \frac{1}{\pi}\int_{-\pi}^{0}(-x)\sin nx\,dx + \frac{1}{\pi}\int_{0}^{\pi} x\sin nx\,dx$$

$$= -\frac{1}{\pi}\left[-\frac{x\cos nx}{n}+\frac{\sin nx}{n^2}\right]_{-\pi}^{0} + \frac{1}{\pi}\left[-\frac{x\cos nx}{n}+\frac{\sin nx}{n^2}\right]_{0}^{\pi}$$

$$= 0 \quad (n = 1,2,3,\cdots)$$

将求得的系数代入式(7-6-1),得到$f(x)$的傅立叶级数展开式为

$$f(x)=\frac{\pi}{2}-\frac{4}{\pi}\left(\cos x+\frac{1}{3^2}\cos 3x+\frac{1}{5^2}\cos 5x+\cdots\right)\quad(-\pi\leqslant x\leqslant\pi)$$

7.6.3 正弦级数和余弦级数

1）奇函数和偶函数的傅立叶级数

一般说来，一个函数的傅立叶级数既含有正弦项，又含有余弦项。但是，也有一些函数的傅立叶级数只含有正弦项或者只含有常数项和余弦项，这是什么原因呢？实际上，这些情况是与 $f(x)$ 的奇偶性有密切关系的。下面介绍一个定理。

定理5 设 $f(x)$ 是周期为 2π 的函数，在一个周期上可积，则

（1）当 $f(x)$ 为奇函数时，它的傅立叶系数为

$$a_n=0\qquad(n=0,1,2,\cdots)$$

$$b_n=\frac{2}{\pi}\int_0^{\pi}f(x)\sin nx\mathrm{d}x\qquad(n=1,2,3,\cdots)$$

（2）当 $f(x)$ 为偶函数时，它的傅立叶系数为

$$a_n=\frac{2}{\pi}\int_0^{\pi}f(x)\cos nx\mathrm{d}x\qquad(n=0,1,2,\cdots)$$

$$b_n=0\qquad(n=1,2,3,\cdots)$$

这个定理的正确性在几何上是很明显的，我们现在对第一部分加以证明。

证明 设 $f(x)$ 为奇函数，即 $f(-x)=-f(x)$。按傅立叶系数公式有

$$\begin{aligned}a_n&=\frac{1}{\pi}\int_{-\pi}^{\pi}f(x)\cos nx\mathrm{d}x\\&=\frac{1}{\pi}\int_{-\pi}^{0}f(x)\cos nx\mathrm{d}x+\frac{1}{\pi}\int_0^{\pi}f(x)\cos nx\mathrm{d}x\end{aligned}$$

利用定积分换元法，在左边的第一个积分式中以 $-x$ 代替 x，然后对调积分的上下限同时更换它的符号，得

$$\begin{aligned}a_n&=\frac{1}{\pi}\int_{\pi}^{0}f(-x)\cos(-nx)(-\mathrm{d}x)+\frac{1}{\pi}\int_0^{\pi}f(x)\cos nx\mathrm{d}x\\&=-\frac{1}{\pi}\int_0^{\pi}f(x)\cos nx\mathrm{d}x+\frac{1}{\pi}\int_0^{\pi}f(x)\cos nx\mathrm{d}x\\&=0\qquad(n=0,1,2,\cdots)\end{aligned}$$

同理

$$\begin{aligned}b_n&=\frac{1}{\pi}\int_{-\pi}^{\pi}f(x)\sin nx\mathrm{d}x\\&=\frac{1}{\pi}\int_{-\pi}^{0}f(x)\sin nx\mathrm{d}x+\frac{1}{\pi}\int_0^{\pi}f(x)\sin nx\mathrm{d}x\\&=\frac{1}{\pi}\int_{\pi}^{0}f(-x)\sin(-nx)(-\mathrm{d}x)+\frac{1}{\pi}\int_0^{\pi}f(x)\sin nx\mathrm{d}x\\&=\frac{1}{\pi}\int_0^{\pi}f(x)\sin nx\mathrm{d}x+\frac{1}{\pi}\int_0^{\pi}f(x)\sin nx\mathrm{d}x\end{aligned}$$

$$= \frac{2}{\pi}\int_0^{\pi} f(x)\sin nx\mathrm{d}x \qquad (n = 1,2,3,\cdots)$$

这个定理说明:如果 $f(x)$ 为奇函数,那么它的傅立叶级数是只含有正弦的正弦级数

$$\sum_{n=1}^{\infty} b_n \sin nx$$

如果 $f(x)$ 为偶函数,那么它的傅立叶级数是只含有常数项和余弦的余弦级数

$$\frac{a_0}{2} + \sum_{n=1}^{\infty} a_n \cos nx$$

例 4 设 $f(x)$ 是周期为 2π 的周期函数,它在 $[-\pi,\pi]$ 上的表达式为 $f(x) = x$。将 $f(x)$ 展开成傅立叶级数。

解 首先所给函数满足收敛定理的条件,它在点

$$x = (2k+1)\pi \qquad (k = 0, \pm 1, \pm 2, \cdots)$$

处不连续,因此 $f(x)$ 的傅立叶级数在点 $x = (2k+1)\pi$ 处收敛于

$$\frac{f(\pi - 0) + f(-\pi + 0)}{2} = \frac{\pi + (-\pi)}{2} = 0$$

在连续点 $x(x \neq (2k+1)\pi)$ 处收敛于 $f(x)$。

其次,若不计 $x = (2k+1)\pi\ (k = 0, \pm 1, \pm 2, \cdots)$,则 $f(x)$ 是周期为 2π 的奇函数。显然,此 $f(x)$ 满足式(7-6-1)。按定理 5 有 $a_n = 0(n = 0,1,2,\cdots)$,而

$$b_n = \frac{2}{\pi}\int_0^{\pi} f(x)\sin nx\mathrm{d}x = \frac{2}{\pi}\int_0^{\pi} x\sin nx\mathrm{d}x$$

$$= \frac{2}{\pi}\left[-\frac{x\cos nx}{n} + \frac{\sin nx}{n^2}\right]_0^{\pi}$$

$$= -\frac{2}{n}\cos n\pi = \frac{2}{n}(-1)^{n+1}$$

将求得的 b_n 代入正弦级数,得 $f(x)$ 的傅立叶级数展开式为

$$f(x) = 2\left(\sin x - \frac{1}{2}\sin 2x + \frac{1}{3}\sin 2x - \cdots + \frac{(-1)^{n+1}}{n}\sin nx + \cdots\right)$$

$$(-\infty < x < +\infty; x \neq \pm\pi, \pm 3\pi, \cdots)$$

例 5 将 $u(t) = E\left|\sin\frac{t}{2}\right|$ 展开成傅立叶级数,式中 E 是正的常数。

解 所给函数满足收敛定理的条件,它在整个数轴上连续,因此 $u(t)$ 的傅立叶级数收敛于 $u(t)$。因为 $u(t)$ 是周期为 2π 的偶函数,所以 $b_n = 0$,而

$$a_n = \frac{2}{\pi}\int_0^{\pi} u(t)\cos nt\mathrm{d}t$$

$$= \frac{2}{\pi}\int_0^{\pi} E\sin\frac{2}{t}\cos nt\mathrm{d}t$$

$$= \frac{E}{\pi}\left[-\frac{\cos(n+\frac{1}{2})t}{n+\frac{1}{2}} + \frac{\cos(n-\frac{1}{2})t}{n-\frac{1}{2}}\right]_0^{\pi}$$

$$= -\frac{4E}{(4n^2-1)\pi} \qquad (n=0,1,2,\cdots)$$

将求得的 a_0 代入余弦级数，得 $u(t)$ 的傅立叶级数展开式为

$$u(t) = \frac{4E}{\pi}\left(\frac{1}{2} - \frac{1}{3}\cos t - \frac{1}{15}\cos 2t - \frac{1}{35}\cos 3t - \cdots - \frac{1}{4n^2-1}\cos nt - \cdots\right) \ (-\infty < x < +\infty)。$$

2）函数展开成正弦级数或余弦级数

在实际应用（如研究某种波动问题，热的传导、扩散问题）中，有时还需要把定义在区间 $[0,\pi]$ 上的函数 $f(x)$ 展开成正弦级数或余弦级数。

根据前面讨论的结果，这类展开问题可以按如下的方法解决：设函数 $f(x)$ 定义在区间 $[0,\pi]$ 上并且满足收敛定理的条件，在开区间 $(-\pi,0)$ 内补充函数 $f(x)$ 的定义，得到定义在 $(-\pi,\pi]$ 上的函数 $F(x)$，使它在 $(-\pi,\pi]$ 上成为奇函数（若 $f(0)\neq 0$，规定 $F(0)=0$）或偶函数。按这种方式拓广函数定义域的过程称为奇延拓（偶延拓）。然后将奇延拓（偶延拓）后的函数展开成傅立叶级数必定是正弦级数（余弦级数）。再限制 x 在 $[0,\pi]$ 上，此时 $F(x)\equiv f(x)$，这样便得到 $f(x)$ 的正弦级数（余弦级数）展开式。

例 6 将函数 $f(x)=x+1\ (0\leqslant x\leqslant\pi)$ 分别展开成正弦级数和余弦级数。

解 先求正弦级数。为此对函数 $f(x)$ 进行奇延拓有

$$b_n = \frac{2}{\pi}\int_0^{\pi} f(x)\sin nx\mathrm{d}x = \frac{2}{\pi}\int_0^{\pi}(x+1)\sin nx\mathrm{d}x$$

$$= \frac{2}{\pi}\left[-\frac{x\cos nx}{n} + \frac{\sin nx}{n^2} - \frac{\cos nc}{n}\right]_0^{\pi}$$

$$= \begin{cases} \dfrac{2}{\pi}\cdot\dfrac{\pi+2}{n}, n=1,3,5,\cdots \\ -\dfrac{2}{n}, n=2,4,6,\cdots \end{cases}$$

将求得的 b_n 代入正弦级数，得

$$x+1 = \frac{2}{\pi}\left[(\pi+2)\sin x - \frac{\pi}{2}\sin 2x + \frac{1}{3}(\pi+2)\sin 3x - \frac{\pi}{4}\sin 4x + \cdots\right] \ (0<x<\pi)$$

在端点 $x=0$ 及 $y=x$ 处，级数的和显然为零，它不代表原来函数 $f(x)$ 的值。

再求余弦级数。为此对函数 $f(x)$ 进行偶延拓，有

$$a_n = \frac{2}{\pi}\int_0^{\pi}(x+1)\cos nx\mathrm{d}x$$

$$= \frac{2}{\pi}\left[\frac{x\sin nx}{n} + \frac{\cos nx}{n^2} + \frac{\sin nx}{n}\right]_0^{\pi}$$

$$= \begin{cases} 0, n=2,4,6,\cdots \\ -\dfrac{4}{n^2\pi}, n=1,3,5,\cdots \end{cases}$$

$$a_0 = \frac{2}{\pi}\int_0^{\pi}(x+1)\mathrm{d}x = \frac{2}{\pi}\left[\frac{x^2}{2}+x\right]_0^{\pi} = \pi+2$$

将求得的 a_n 代入余弦级数,得

$$x+1=\frac{2}{\pi}+1-\frac{4}{\pi}\left(\cos x+\frac{1}{3^2}\cos 3x+\frac{1}{5^2}\cos 5x+\cdots\right)\ (0\leqslant x\leqslant \pi)$$

7.6.4 以 2*l* 为周期的函数的傅立叶级数

设函数 $f(x)$ 是以 $2l$ 为周期的周期函数,并在区间 $[-l,l]$ 上可积。作变量代换 $x=\frac{l}{\pi}t$,则函数 $F(t)=f\left(\frac{l}{\pi}t\right)$ 是以 2π 为周期的周期函数。由于 $x=\frac{l}{\pi}t$ 是线性函数,所以 $F(t)$ 在区间 $[-\pi,\pi]$ 上也可积。

函数 $F(t)$ 的傅立叶系数为

$$a_n=\frac{1}{\pi}\int_{-\pi}^{\pi}F(t)\cos nt\mathrm{d}t\quad (n=0,1,2,\cdots)$$

$$b_n=\frac{1}{\pi}\int_{-\pi}^{\pi}F(t)\sin nt\mathrm{d}t\quad (n=1,2,\cdots)$$

$$F(t)=\frac{a_0}{2}+\sum_{n=1}^{\infty}(a_n\cos nt+b_n\sin nt)$$

还原为自变量 x,注意到 $F(t)=f\left(\frac{l}{\pi}t\right)=f(x)$,$t=\frac{\pi}{l}x$,就有

$$f(x)=F(t)=\frac{a_0}{2}+\sum_{n=1}^{\infty}\left(a_n\cos\frac{n\pi x}{l}+b_n\sin\frac{n\pi x}{l}\right)$$

其中 $$a_n=\frac{1}{\pi}\int_{-\pi}^{\pi}F(t)\cos nt\mathrm{d}t=\frac{1}{l}\int_{-l}^{l}f(x)\cos\frac{n\pi x}{l}\mathrm{d}x\quad (n=0,1,2,\cdots)$$

$$b_n=\frac{1}{\pi}\int_{-\pi}^{\pi}F(t)\sin nt\mathrm{d}t=\frac{1}{l}\int_{-l}^{l}f(x)\sin\frac{n\pi x}{l}\mathrm{d}x\quad (n=1,2,\cdots)$$

这里 $$a_n=\frac{1}{\pi}\int_{-\pi}^{\pi}F(t)\cos nt\mathrm{d}t=\frac{1}{l}\int_{-l}^{l}f(x)\cos\frac{n\pi x}{l}\mathrm{d}x\quad (n=0,1,2,\cdots)$$

$$b_n=\frac{1}{\pi}\int_{-\pi}^{\pi}F(t)\sin nt\mathrm{d}t=\frac{1}{l}\int_{-l}^{l}f(x)\sin\frac{n\pi x}{l}\mathrm{d}x\quad (n=1,2,\cdots)$$

就是以 $2l$ 为周期的周期函数 $f(x)$ 的傅立叶系数。而

$$f(x)=\frac{a_0}{2}+\sum_{n=1}^{\infty}\left(a_n\cos\frac{n\pi x}{l}+b_n\sin\frac{n\pi x}{l}\right)$$

就是以 $2l$ 为周期的周期函数 $f(x)$ 的傅立叶级数。

当函数 $f(x)$ 在区间 $[-l,l]$ 上按段光滑时,$f(x)$ 可展开为傅立叶级数。同样可由收敛定理知道

$$\frac{f(x+0)+f(x-0)}{2}=\frac{a_0}{2}+\sum_{n=1}^{\infty}\left(a_n\cos\frac{n\pi x}{l}+b_n\sin\frac{n\pi x}{l}\right)$$

1)偶函数和奇函数的傅立叶级数

区间 $[-l,l]$ 上偶函数和奇函数的傅立叶级数：

设 $f(x)$ 是以 $2l$ 为周期的偶函数，或是定义在 $[-l,l]$ 上的偶函数，则

$$a_n = \frac{1}{l}\int_{-l}^{l} f(x)\cos\frac{n\pi x}{l}\mathrm{d}x = \frac{2}{l}\int_{0}^{l} f(x)\cos\frac{n\pi x}{l}\mathrm{d}x \quad (n = 0,1,2,\cdots)$$

$$b_n = \frac{1}{l}\int_{-l}^{l} f(x)\sin\frac{n\pi x}{l}\mathrm{d}x = 0 \qquad n = 1,2,\cdots$$

于是

$$f(x) = \frac{a_0}{2} + \sum_{n=1}^{\infty} a_n\cos\frac{n\pi x}{l}$$

式中：$a_n = \frac{2}{l}\int_{0}^{l} f(x)\cos\frac{n\pi x}{l}\mathrm{d}x$，$\frac{a_0}{2} + \sum_{n=1}^{\infty} a_n\cos\frac{n\pi x}{l}$ 为余弦级数。

同理，若 $f(x)$ 是以 $2l$ 为周期的奇函数，或是定义在 $[-l,l]$ 上的奇函数，则

$$a_n = \frac{1}{l}\int_{-l}^{l} f(x)\cos\frac{n\pi x}{l}\mathrm{d}x = 0 \quad (n = 0,1,2,\cdots)$$

$$b_n = \frac{2}{l}\int_{0}^{l} f(x)\sin\frac{n\pi x}{l}\mathrm{d}x \qquad (n = 1,2,\cdots)$$

于是

$$f(x) = \sum_{n=1}^{\infty} b_n\sin\frac{n\pi x}{l}$$

式中：$b_n = \frac{2}{l}\int_{0}^{l} f(x)\sin\frac{n\pi x}{l}\mathrm{d}x$，$\sum_{n=1}^{\infty} b_n\sin\frac{n\pi x}{l}$ 为正弦级数。

若 $l = \pi$，则偶函数 $f(x)$ 所展开成的余弦级数为

$$f(x) = \frac{a_0}{2} + \sum_{n=1}^{\infty} a_n\cos nx$$

式中：$a_n = \frac{2}{\pi}\int_{0}^{\pi} f(x)\cos nx\mathrm{d}x\ (n = 0,1,2,\cdots)$；

当 $l = \pi$ 且 $f(x)$ 为奇函数时，则它所展开成的正弦级数为

$$f(x) = \sum_{n=1}^{\infty} b_n\sin nx$$

式中：$b_n = \frac{2}{\pi}\int_{0}^{\pi} f(x)\sin nx\mathrm{d}x\ (n = 1,2,\cdots)$。

2)奇展开和偶展开

在实际应用中，有时需把定义在 $[0,\pi]$（或一般地 $[0,l]$）上函数展开成余弦或正弦级数。为此，先把定义在 $[0,\pi]$ 上的函数作偶式延拓或作奇式延拓到 $[-\pi,\pi]$ 上，然后求延拓后函数的傅立叶级数，即得 $\frac{a_0}{2} + \sum_{n=1}^{\infty} a_n\cos nx$ 或 $\sum_{n=1}^{\infty} b_n\sin nx$。但显然可见，对于定义在 $[0,\pi]$ 上的函数，将它展开成余弦级数或正弦级数时，可以不必作延拓而直接由

$$a_n = \frac{2}{\pi}\int_0^{\pi} f(x)\cos nx\,\mathrm{d}x$$

或

$$b_n = \frac{2}{\pi}\int_0^{\pi} f(x)\sin nx\,\mathrm{d}x$$

计算出它的傅立叶系数。

例 7 设$f(x)$以 2 为周期,且在$[-1,1)$上的表达式为

$$f(x) = \begin{cases} 0, & -1 \leqslant x < -\frac{1}{2} \\ 1, & -\frac{1}{2} \leqslant x < \frac{1}{2} \\ 0, & \frac{1}{2} \leqslant x < 1 \end{cases}$$

将其展开成傅立叶级数。

解 显然函数$f(x)$是偶函数,所以

$$b_n = 0$$

$$a_n = 2\int_0^1 f(x)\cos n\pi x\,\mathrm{d}x$$

$$= \frac{2}{n\pi}\sin n\pi x\Big|_0^{\frac{1}{2}} = \frac{2}{n\pi}\sin\frac{n\pi}{2}$$

$$= \begin{cases} \frac{2(-1)^k}{n\pi}, & n = 1,3,5,\cdots,k = \frac{n-1}{2} \\ 0, & n = 2,4,6,\cdots \end{cases}$$

$$a_0 = 2\int_0^1 f(x)\,\mathrm{d}x = 1$$

所求傅立叶级数为

$$a_n = \frac{1}{2} + \frac{2}{\pi}\left(\cos\pi x - \frac{1}{3}\cos 3\pi x + \frac{1}{5}\cos 5\pi x - \cdots\right)$$

当$x = k - \frac{1}{2}(k = 0, \pm 1, \pm 2,\cdots)$时,级数收敛于$\frac{1}{2}$。

习题 7.6

1. 把函数$f(x) = \begin{cases} 0, & -\pi < x < 0 \\ 1, & 0 \leqslant x \leqslant \pi \end{cases}$展开为傅立叶级数。

2. 将函数$f(x) = 3x^2 + 1, x \in [-\pi,\pi)$展开为傅立叶级数。

3. 将函数$f(x) = 2\sin\frac{x}{3}(-\pi \leqslant x \leqslant \pi)$展开成傅立叶级数。

4. 将函数 $f(x) = 2x^2(0 \leq x \leq \pi)$ 分别展开成正弦级数和余弦级数。

7.7 级数问题的 MATLAB 求解

7.7.1 级数求和

MATLAB7.1 提供了 symsum 函数来实现级数的求和,其命令调用格式为:

symsum(s,x,a,b)表示计算符号表达式 s 当 x 从 a 到 b 的级数和。

例 1 求级数 $\sum_{n=0}^{10} \frac{1}{2^n}$、$\sum_{n=0}^{\infty} \frac{1}{2^n}$。

解 输入:

```
>> syms n;s=(1/2)^n;m1=symsum(s,n,0,10),m2=symsum(s,n,0,inf)
```

输出:

```
m1 =
    2047/1024
m2 =
    2
```

例 2 利用 symsum 求下列级数:

(1) $\sum_{k=0}^{n-1} k^2$;　　(2) $\sum_{k=1}^{\infty} \frac{1}{k^2}$;　　(3) $\sum_{k=0}^{\infty} \frac{x^k}{k!}$。

解 (1)输入:

```
>> syms n k;s=k^2;r1=symsum(s,k,0,n-1)
```

输出:

```
r1 =
    1/3*n^3-1/2*n^2+1/6*n
```

(2)输入:

```
>> syms  k;s=1/k^2;r2=symsum(s,k,1,inf)
```

输出:

```
r2 =
    1/6*pi^2
```

(3)输入:

```
>> syms  x  k;s=x^k/sym('K!');r3=symsum(s,k,0,inf)
```

输出:

```
r3 =
    exp(x)
```

7.7.2 函数的幂级数(泰勒级数)展开

MATLAB7.1 提供了 taylor 函数来实现函数的幂级数展开,其命令调用格式为:

taylor(f,n,x):将函数 f 展开成 x 的最高次幂为 n-1 次的麦克劳林级数的近似值;

taylor(f,n,x,a):将函数 f 展开成 x-a 的最高次幂为 n-1 次的麦克劳林级数的近似值,若 a 不给出,系统内定为在 0 点展开。

例 3 对函数 e^x 进行各种泰勒展开。

解 输入:

```
>>syms  x ;f=exp(x);taylor(f)      %对函数在0点展开,并取阶数为5(系统内定)
```

输出:

```
ans =
    1+x+1/2*x^2+1/6*x^3+1/24*x^4+1/120*x^5
```

输入:

```
>> taylor(f,7)      %对函数在0点展开,并取阶数为7
```

输出:

```
ans =
    1+x+1/2*x^2+1/6*x^3+1/24*x^4+1/120*x^5+1/720*x^6
```

输入:

```
>> taylor(f,3,2)      %对函数在2点展开,并取阶数为3
```

输出:

```
ans =
    exp(2)+exp(2)*(-2+x)+1/2*exp(2)*(-2+x)^2
```

例 4 将函数 $f(x)=\dfrac{2}{x^2}$ 展开成 $(x-1)$ 的最高次幂为 5 的幂级数的近似式。

解 输入:

```
>> syms  x ;f=2/x^2;taylor(f,6,x,1)
```

输出:

```
ans =
    6-4*x+6*(x-1)^2-8*(x-1)^3+10*(x-1)^4-12*(x-1)^5
```

习题 7.7

1. 利用 MATLAB 求级数 $\sum_{n=0}^{8}\frac{1}{3^n}$、$\sum_{n=0}^{\infty}\frac{1}{3^n}$。

2. 利用 MATLAB 求下列和式:

(1) $\sum_{n=0}^{\infty}\frac{x^{2n+1}}{(2n+1)}$；

(2) $1+2x+3x^2+4x^3+\cdots$。

3. 求 $\tan x$ 在 $x=0$ 处的 5 阶泰勒级数。

4. 求 $\ln x$ 在 $x=2$ 处的 4 阶泰勒级数。

复习题七

1. 求级数 $\sum_{n=1}^{\infty}\frac{1}{\sqrt{n(n+1)}(\sqrt{n}+\sqrt{n+1})}$ 的和。

2. 求级数 $\frac{1}{3}+\frac{3}{3^2}+\frac{5}{3^3}+\cdots+\frac{2n-1}{3^n}+\cdots$ 的和。

3. 判断下列级数的敛散性:

(1) $\sum_{n=1}^{\infty}(\sqrt[n]{a}-1),(a\geqslant 1)$；　　(2) $\sum_{n=1}^{\infty}\frac{2^n\cdot n!}{n^n}$;

(3) $\sum_{n=1}^{\infty}n\cdot\tan\frac{\pi}{2^{n+1}}$;　　(4) $\sum_{n=1}^{\infty}\frac{(n!)^2}{2n^2}$。

4. 判别下列级数的敛散性。若收敛,是条件收敛还是绝对收敛?

(1) $\sum_{n=1}^{\infty}\frac{(-1)^{n-1}}{\ln(1+n)}$;　　(2) $\sum_{n=1}^{\infty}(-1)^{n+1}\frac{2^{n^2}}{n!}$。

5. 求下列幂级数的收敛区间:

(1) $\sum_{n=1}^{\infty}n!\cdot\left(\frac{x}{n}\right)^n$;　　(2) $\sum_{n=1}^{\infty}\frac{n}{2^n}x^{2n}$。

6. 将函数 $f(x)=\frac{1}{x^2+3x+2}$ 展开成 $x+4$ 的幂级数。

7. 将函数 $f(x)=\ln(1+x+x^2+x^3)$ 展开成 x 的幂级数。

8. 求级数 $\sum_{n=1}^{\infty}(n+1)(x-1)^n$ 收敛域及和函数。

9. 利用函数的幂级数展开式求 $\sqrt{e}$ 的近似值(精确到 0.001)。

10. 利用函数的幂级数展开式求定积分 $\int_0^{0.5}\frac{\arctan x}{x}dx$ 的近似值(精确到 0.0001)。

数学素质拓展——Fibonacci 数列与黄金分割

1202 年，意大利数学家斐波那契出版了他的《算盘全书》。他在书中提出了一个关于兔子繁殖的问题：如果一对兔子每月能生一对小兔（一雄一雌），而每对小兔在出生后的第三个月里，又能开始生一对小兔，假定在不发生死亡的情况下，由一对出生的小兔开始，50 个月后会有多少对兔子？在第一个月时，只有一对小兔子，过了一个月，那对兔子成熟了，在第三个月时便生下一对小兔子，这时有两对兔子。再过多一个月，成熟的兔子再生一对小兔子，而另一对小兔子长大，有三对小兔子。如此推算下去，便发现如下规律：

时间（月）	初生兔子（对）	成熟兔子（对）	兔子总数（对）
1	1	0	1
2	0	1	1
3	1	1	2
4	1	2	3
5	2	3	5
6	3	5	8
7	5	8	13
8	8	13	21
9	13	21	34
10	21	34	55

由此可知，从第一个月开始以后每个月的兔子总数是：

$$1,1,2,3,5,8,13,21,34,55,89,144,233\cdots$$

若把上述数列继续写下去，得到的数列便称为斐波那契数列。数列中每个数便是前两个数之和，而数列的最初两个数都是 1。

若设 $F_0=1$, $F_1=1$, $F_2=2$, $F_3=3$, $F_4=5$, $F_5=8$, $F_6=13$, $\cdots$，则：当 $n>1$ 时，$F_{n+2}=F_{n+1}+F_n$，而 $F_0=F_1=1$。下面是一个古怪的式子：

$$F_n=\frac{1}{\sqrt{5}}\left[\left(\frac{1+\sqrt{5}}{2}\right)^{n+1}-\left(\frac{1-\sqrt{5}}{2}\right)^{n+1}\right]$$

F_n 看似是无理数，但当 $n\geqslant 0$ 时，F_n 都是整数。利用斐波那契数列来做出一个新的数列，方法是把数列中相邻的数字相除，以组成新的数列如下：

$$\frac{1}{1},\frac{1}{2},\frac{2}{3},\frac{3}{5},\frac{5}{8},\frac{8}{13},\frac{13}{21},\frac{21}{34},\cdots,\frac{F_n}{F_{n+1}},\cdots$$

当 n 无限大时，数列的极限是：

$$\frac{\sqrt{5}-1}{2}$$

这个数值称为黄金分割比，它正好是方程式 $x^2+x-1=0$ 的一个根。

第8章 常微分方程及应用

学习目标

1. 理解常微分方程、解、通解、初始条件、特解的概念；
2. 掌握可分离变量微分方程的概念和解法；
3. 掌握一阶线性微分方程的概念和解法；
4. 掌握常系数线性微分方程的概念和解法；
5. 掌握微分方程的应用方法，能建立一些简单的微分方程模型。

重点：一阶线性微分方程的解法。二阶常系数齐次线性微分方程与二阶常系数非齐次线性微分方程的解法。

难点：二阶常系数非齐次线性微分方程的解法。

利用数学方法解决工程技术问题或分析自然现象和社会现象，一般需要先寻找变量之间的函数关系，利用函数关系对客观事物的规律性进行研究，然后按实际的要求对所得的结果进行分析和探讨。但是，在许多实际问题中，往往不能直接找出所需要的函数关系，而根据问题所提供的条件，能找出表示未知函数的导数及未知函数的函数方程。这种包含未知函数的导数的方程称为微分方程，若未知函数只依赖于一个自变量，这样的微分方程称为常微分方程。建立微分方程以后。对它进行研究，找出未知函数来，称为解微分方程。本章主要介绍常微分方程的一些基本概念和常用的微分方程的解法，最后举几个微分方程在物理领域中的应用例子。

8.1 常微分方程的基本概念

下面通过两个具体例子来阐明微分方程的基本概念。

【案例1】 电学中经常会用到含有电容与电阻的电路。如图8-1-1所示，图中有一电阻、电容串联连接着一直流电源，已知电阻为 R，电容为 C，电动势为 E，这里 R、C、E 都是常量。当开关 K 合上后的一段时间内，电路中有电流 i 通过，电容器上的电压 U_C 逐渐升高。下面就分析电路中 U_C 随时间 t 的变化规律。

解 根据基尔霍夫电压定律，得

$$Ri + U_C = E \tag{8-1-1}$$

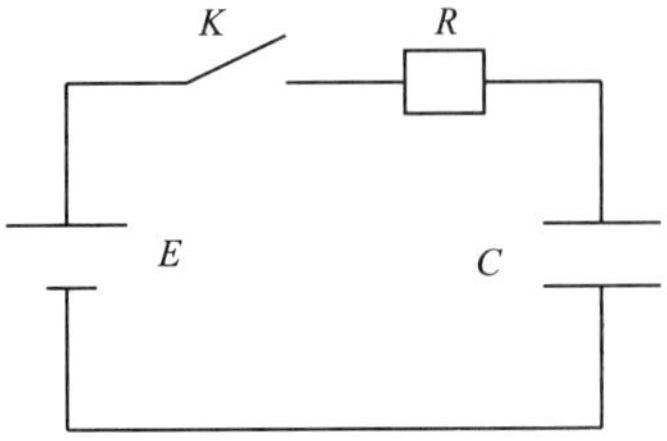

图 8-1-1

因电流 i 是电容器上电量 q 对时间 t 的变化率，而 $q=CU_C$，所以

$$i=\frac{\mathrm{d}q}{\mathrm{d}t}=C\frac{\mathrm{d}U_C}{\mathrm{d}t}$$

代入式(8-1-1)，得

$$RC\frac{\mathrm{d}U_C}{\mathrm{d}t}+U_C=E \tag{8-1-2}$$

此式并不是直接给出 U_C 和 t 之间的函数关系，而只是给出了未知函数的导数与未知函数之间的关系式。这就是未知函数 U_C 应满足的微分方程，

由式(8-1-2)，得

$$\frac{\mathrm{d}U_C}{E-U_C}=\frac{\mathrm{d}t}{RC}$$

两边积分，得

$$\int\frac{\mathrm{d}U_C}{E-U_C}=\int\frac{\mathrm{d}t}{RC}$$

即

$$-\ln(E-U_C)=\frac{1}{RC}t+C_1$$

其中 C_1 是任意常数。

化简得

$$U_C=E-\mathrm{e}^{-\frac{t}{RC}-C_1} \tag{8-1-3}$$

设开关刚合上的瞬时 $t=0$，这时电容器上的电压 U_C 为零，因此未知函数 U_C 还应满足

$$U_C\big|_{t=0}=0$$

所以

$$C_1=-\ln E$$

所以电路中 U_C 随时间 t 的变化规律

$$U_C=E\left(1-\mathrm{e}^{-\frac{t}{RC}}\right) \tag{8-1-4}$$

【案例2】 设有一个弹簧，它的一端固定，另一端系有质量为 m 的物体(图8-1-2)。如果使物体具有一个初始速度 $v_0\neq0$，那么物体便离开平衡位置，并在平衡位置附近作上下振动。在此过程中，物体离开平衡位置的距离 x 随时间 t 变化。要确定物体的振动规律，就是要求出函数 $x=x(t)$。

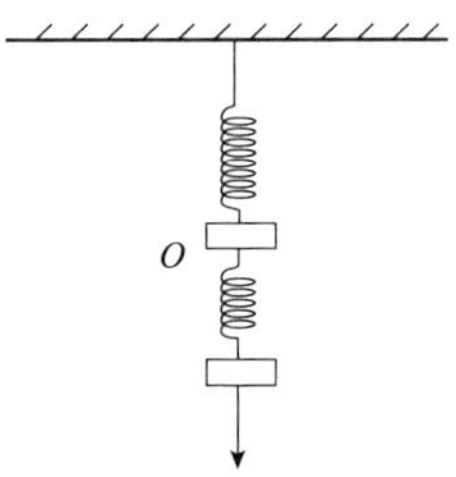

图 8-1-2

根据胡克定律知道，弹簧的弹性恢复力与弹簧变形成正比：

$$f=-kx$$

其中 $k>0$（称为弹性系数），负号表示弹性恢复力与物体位移方向相反。在不考虑介质阻力的情况下，由牛顿第二定律可得

$$m\frac{\mathrm{d}^2x}{\mathrm{d}t^2}=-kx \tag{8-1-5}$$

这就是未知函数 $x = x(t)$ 应满足的关系式。

上述两个例子中的方程(8-1-2)和方程(8-1-5)都含有未知函数的导数,它们都是本章研究的对象——微分方程,一般地说:

定义1 凡表示未知函数、未知函数的导数(或微分)与自变量之间的关系的方程都称为微分方程。未知函数是一元函数的微分方程称为常微分方程,未知函数是多元函数的微分方程称为偏微分方程,在微分方程中所含未知函数导数的最高阶数称为微分方程的阶。由于本章只讨论常微分方程,常微分方程以下简称为微分方程或方程。

案例1中 $RC\frac{dU_C}{dt}+U_C=E$ 是一阶常微分方程。

一阶微分方程的一般形式为 $F(x,y,y')=0$ 或 $y'=f(x,y)$。

案例2中 $m\frac{d^2x}{dt^2}+kx=0$ 是二阶常微分方程。也称为无阻尼自由振动的微分方程。

n 阶微分方程的一般形式为 $F(x,y,y',\cdots,y^{(n)})=0$,其中:$x$ 是自变量,y 是未知函数,$y',\cdots,y^{(n)}$ 是未知函数的导数,一阶微分方程中一定含有 y',n 阶微分方程中一定含有 $y^{(n)}$。

定义2 如果函数 $y=f(x)$ 及其导数代入微分方程后能使方程成为恒等式,则函数 $y=f(x)$ 就称为微分方程的解。

例如,式(8-1-3)和式(8-1-4)都是微分方程的解。

由微分方程求出微分方程的解的过程称为解微分方程。如果微分方程解中含有任意常数,且相互独立的任意常数的个数与方程的阶数相同,这样的解称为微分方程的通解。

例如,式(8-1-3)是微分方程(8-1-1)的通解。

通解中任意常数取某一特定值时的解,称为微分方程的特解。

例如,式(8-1-4)是微分方程(8-1-1)的特解。确定微分方程通解中的任意常数的附加条件称为微分方程的初始条件。

求微分方程满足初始条件的解的问题,称为初值问题。一阶微分方程的初值问题一般可表示为

$$\begin{cases}F(x,y,y')=0\\ y(x_0)=y_0\end{cases}\quad 或 \quad \begin{cases}y'=f(x,y)\\ y(x_0)=y_0\end{cases}$$

二阶微分方程的初值问题一般可表示为

$$\begin{cases}F(x,y,y',y'')=0\\ y(x_0)=y_0\\ y'(x_0)=y_1\end{cases}$$

其中 x_0、y_0、y_1 是已知值。

例如 $U_C=E-e^{-\frac{t}{RC}}$ 是微分方程 $RC\frac{dU_C}{dt}+U_C=E$ 满足初始条件 $U_C|_{t=0}=0$ 的特解。

例1 验证函数 $y=C_1\cos kx+C_2\sin kx$ 是微分方程 $\frac{d^2y}{dx^2}+k^2y=0$ 的解。

解 因为 $y=C_1\sin kx+C_2\cos kx$

所以

$$\frac{dy}{dx} = -kC_1\sin kx + kC_2\cos kx$$

$$\frac{d^2y}{dx^2} = -k^2C_1\cos kx - k^2C_2\sin kx$$

$$= -k^2(C_1\cos kx + C_2\sin kx)$$

将 $\frac{d^2y}{dx^2}$ 及 y 的表达式代入所给方程,得

$$-k^2(C_1\cos kx + C_2\sin kx) + k^2(C_1\cos kx + C_2\sin kx) \equiv 0$$

这表明函数 $y = C_1\cos kx + C_2\sin kx$ 满足方程 $\frac{d^2y}{dx^2} + k^2y = 0$,因此所给函数是方程的解。

例 2 已知函数 $y = C_1\cos kx + C_2\sin kx(k \neq 0)$ 是微分方程 $\frac{d^2y}{dx^2} + k^2y = 0$ 的通解,求满足初始条件 $y|_{x=0} = 100, y'|_{x=0} = 0$ 的特解。

解 由条件 $y|_{x=0} = 100$ 及 $y = C_1\cos kx + C_2\sin kx(k \neq 0)$,得

$$C_1 = 100$$

再由条件 $y'|_{x=0} = 0$ 及 $y = C_1\cos kx + C_2\sin kx(k \neq 0)$,得

$$C_2 = 0$$

把 C_1、C_2的值代入 $y = C_1\cos kx + C_2\sin kx(k \neq 0)$ 中,得

$$y = 100\cos kx \quad (k \neq 0)$$

微分方程是研究自然科学和社会科学中的事物、物体的运动、演化和变化规律的最为基本的数学理论和方法。物理、化学、生物、工程、航空航天、医学、经济和金融领域中的许多原理和规律都可以描述成适当的微分方程，如牛顿的运动定律、机械能守恒定律，能量守恒定律、人口发展规律、生态种群竞争、疾病传染、遗传基因变异、股票的涨幅趋势、利率的浮动、市场均衡价格的变化等，对这些规律的描述、认识和分析就归结为对相应的微分方程描述的数学模型的研究。因此，微分方程的理论和方法广泛应用于自然科学、社会科学的各个领域。下一节我们就研究常见的一种微分方程可分离变量的微分方程的解法。

习题 8.1

1. 下列等式中哪几个是微分方程?

(1) $y'' - y' - 2y = 0$;　　(2) $y' - 2x = 0$;

(3) $dy = (2y - x)dx$;　　(4) $\sin y - 2xy = 0$ 。

2. 说出下列微分方程的阶数:

(1) $y'' - 2y = 0$;　　(2) $y''' - y' + 2y = \sin x$;

(3) $\frac{d^4y}{dx^4} - \frac{dy}{dx} - x = 0$;　　(4) $y\frac{dy}{dx} = -2\left(x\frac{dy}{dx} - y\right)$ 。

3. 判断下列函数是不是微分方程 $y'' - y' - 2y = 0$ 的解:

(1) $y = e^{-x}$;　(2) $y = e^x$;　(3) $y = 2e^{-x}$;　(4) $y = 2e^x$ 。

4. 验证函数 $y = \sin x + C_1 x + C_2$ 是微分方程 $y'' = -\sin x$ 的解。

8.2 可分离变量的微分方程

在第一节的案例 1 中,我们遇到一阶微分方程

$$RC\frac{\mathrm{d}U_C}{\mathrm{d}t} + U_C = E$$

把方程化为左端只包含变量 U_C 及其微分,右端只包含变量 t 及其微分

$$\frac{\mathrm{d}U_C}{E - U_C} = \frac{\mathrm{d}t}{RC}$$

再把上式两边积分就得到这个方程的通解

$$U_C = E - \mathrm{e}^{-\frac{t}{RC} - c_1}$$

定义 如果一个微分方程能化成

$$g(y)\mathrm{d}y = f(x)\mathrm{d}x$$

的形式,那么原方程就叫为可分离变量的微分方程。

对于可分离变量的微分方程,如果能够设法把两个变量分离开,使方程的一端只包含其中一个变量及其微分,而另一端只包含另一个变量及其微分,使方程化为

$$g(y)\mathrm{d}y = f(x)\mathrm{d}x$$

的形式,那么便可两边积分

$$\int g(y)\mathrm{d}y = \int f(x)\mathrm{d}x$$

就得到这个方程的通解,这种求解方法叫做分离变量法。

例 1 求微分方程 $\frac{\mathrm{d}y}{\mathrm{d}x} = 3x^2 y$ 的通解

解 分离变量

$$\frac{\mathrm{d}y}{y} = 3x^2\mathrm{d}x$$

两边积分

$$\int\frac{\mathrm{d}y}{y} = \int 3x^2\mathrm{d}x$$

得

$$\ln|y| = x^3 + C_1$$

即

$$y = \pm \mathrm{e}^{x^3 + C_1} = \pm \mathrm{e}^{C_1}\mathrm{e}^{x^3}$$

令 $\pm \mathrm{e}^{C_1} = C$,就得到这个方程的通解

$$y = C\mathrm{e}^{x^3}$$

其中 C 是任意常数。

在本例中,常数 C 可以等于零吗？为什么？

若在解答过程中,将 $\ln|y|$ 写成 $\ln y$,将 C_1 写成 $\ln C$,可直接由 $\ln y = x^3 + \ln C$ 得 $y = Ce^{x^3}$。因此,对类似题目的解法可以省略绝对值符号。

例 2 求微分方程 $y' = \dfrac{1+y}{1-x}$ 满足 $y|_{x=0} = 1$ 的特解。

解 分离变量

$$\frac{dy}{1+y} = \frac{dx}{1-y}$$

两边积分

$$\int \frac{dy}{1+y} = \int \frac{dx}{1-x}$$

得

$$\ln(1+y) = -\ln(1-x) + \ln C$$

亦即

$$\ln(1+y)(1-x) = \ln C$$

去对数得

$$(1+y)(1-x) = C$$

得方程的通解为

$$y = \frac{C}{1-x} - 1$$

由 $y|_{x=0} = 1$,可得 $C = 2$

所以特解为

$$y = \frac{2}{1-x} - 1$$

例 3 求微分方程 $\dfrac{dy}{dx} + Py = 0$（P 为常数）的通解。

解 分离变量

$$\frac{dy}{y} = -P dx$$

两边积分

$$\int \frac{dy}{y} = -\int P dx$$

即

$$\ln y = -Px + \ln c$$

去对数得

$$y = Ce^{-Px}$$

此即为所求的通解。

分离变量法求解微分方程关键的一步是分离变量。但并不是所有的一阶微分方程都可以用积分法求解,只有一些特殊形式的一阶微分方程可以用积分法求解,并且解法也各不相同。因此,学习时要认清各种微分方程的特点及它们的解法。

例4 设质量为 m 降落伞从跳伞塔下落后,所受空气阻力与速度成正比,若降落伞离开跳伞塔时速度为零,求降落伞下落速度 v 与时间 t 的函数关系。

解 降落伞在空中下落时,受到重力 mg 与阻力 kv 为(k 为比例系数)的共同作用。

根据牛顿第二定律,有

$$m\frac{\mathrm{d}v}{\mathrm{d}t}=mg-kv$$

分离变量,两边积分,得

$$\int\frac{\mathrm{d}v}{mg-kv}=\int\frac{\mathrm{d}t}{m}$$

得

$$-\frac{1}{k}\ln(mg-kV)=\frac{t}{m}+C$$

按题意,初始条件为 $v|_{t=0}=0$,得

$$-\frac{1}{k}\ln mg=C$$

因此,降落伞下落速度 v 与时间 t 的函数关系

$$V=\frac{mg}{k}\left(1-\mathrm{e}^{-\frac{k}{m}t}\right)$$

从特解的函数关系式可以看出,在下落阶段,降落伞是加速运动,但随着时间推移,而逐渐接近于匀速运动。

例5 有高为1m的半球形容器,水从它的底部小孔流出,小孔横截面面积为 $1\mathrm{cm}^2$。开始时容器内盛满了水,求水从小孔流出过程中容器里水面高度 h 随时间 t 变化的规律。

解 由水力学知道,水从孔口流出的流量 Q 可用下列公式计算:

$$Q=\frac{\mathrm{d}V}{\mathrm{d}t}=0.62S\sqrt{2gh}$$

其中0.62为流量系数,S 为孔口横截面面积,g 为重力加速度,孔口横截面面积 $S=1\mathrm{cm}^2$,故

$$\mathrm{d}V=0.62\sqrt{2gh}\mathrm{d}t$$

另一方面,设在微小时间间隔 $[t,t+\mathrm{d}t]$ 内,水面高度由 h 降至 $h+\mathrm{d}h$ ($\mathrm{d}h<0$),则又可得到

$$\mathrm{d}V=-\pi r^2\mathrm{d}h$$

其中 r 是时刻 t 的水面半径,右端置负号是由于 $\mathrm{d}h<0$ 而 $\mathrm{d}V>0$ 的缘故。又因为

$$r=\sqrt{100^2-(100-h)^2}=\sqrt{200h-h^2}$$

所以

$$\mathrm{d}V=-\pi(200h-h^2)\mathrm{d}h$$

通过比较得到

$$0.62\sqrt{2gh}\mathrm{d}t=-\pi(200h-h^2)\mathrm{d}h$$

这就是未知函数 $h=h(t)$ 应满足的微分方程。

此外,开始时容器内的水是满的,所以未知函数 $h=h(t)$ 还应满足下列初始条件:

$$h|_{t=0}=100$$

将方程 $0.62\sqrt{2gh}dt=-\pi(200h-h^2)dh$ 分离变量后得

$$dt=-\frac{\pi}{0.62\sqrt{2g}}\left(200h^{\frac{1}{2}}-h^{\frac{3}{2}}\right)dh$$

两端积分得

$$t=-\frac{\pi}{0.62\sqrt{2g}}\int\left(200h^{\frac{1}{2}}-h^{\frac{3}{2}}\right)dh$$

即

$$t=-\frac{\pi}{0.62\sqrt{2g}}\left(\frac{400}{3}h^{\frac{3}{2}}-\frac{2}{5}h^{\frac{5}{2}}\right)+C$$

其中 C 是任意常数。

由初始条件 $h|_{t=0}=100$，得

$$C=\frac{\pi}{0.62\sqrt{2g}}\left(\frac{400000}{3}-\frac{200000}{5}\right)=\frac{\pi}{0.62\sqrt{2g}}\times\frac{14}{15}\times10^5$$

因此 $$t=\frac{\pi}{0.62\sqrt{2g}}\left(7\times10^5-10^3h^{\frac{3}{2}}+3h^{\frac{5}{2}}\right)$$

上式表达了水从小孔流出的过程中容器内水面高度 h 与时间 t 之间的函数关系。

本例建立微分方程是通过对微小量的分析得到微分方程。这也是建立微分方程的一种常用思路。

习题 8.2

1. 下列方程中哪些是可分离变量的微分方程？

(1) $y'=3xy$；　(2) $3x\sin x-2x-y'=0$；

(3) $(x^2+y^2)dx-xydy$；　(4) $y'=1+x+y^2+xy^2$；

(5) $y'=10^{x-y}$；　(6) $y'=\frac{x}{y}+\frac{y}{x}$。

2. 求下列可分离变量微分方程的通解：

(1) $ydy=xdx$；　(2) $y'=y\ln y$；

(3) $\frac{dy}{dx}=e^{x-y}$；　(4) $\tan y dx-\cot x dy=0$；

(5) $xy'-y\ln y=0$；　(6) $\frac{dy}{dx}=\frac{2+y}{3-x}$；

(7) $\sqrt{1-x^2}dy+\sqrt{1-y^2}dx=0$。

3. 求下列微分方程的满足初始条件的特解：

(1) $\frac{dy}{dx}=4x\sqrt{y}$，$y|_{x=1}=1$；

(2) $y' = e^{2x-y}$, $y|_{x=0} = 0$;

(3) $\sin y \cos x dy = \cos y \sin x dx$;

(4) $\dfrac{dy}{dx} = \dfrac{x(1+y^2)}{y(1+x^2)}$, $y|_{x=0} = 0$。

4. 求一曲线,使其上每一点的切线斜率为该点横坐标的两倍,且通过点(3,4)。

5. 设在RC的串联电路中, $R = 25\ \Omega$, $C = 5 \times 10^{-3}$ F, $E = 50$ V。当开关合上的瞬时 $t=0$,电容器上的电量等于零,求电容器上的电量 q 和电路中的电流 i 随时间 t 的变化规律。

8.3 一阶线性微分方程

第一节案例中我们遇到了微分方程

$$RC\frac{dU_C}{dt} + U_C = E, m\frac{d^2x}{dt^2} = -kx$$

微分方程中关于未知函数及其导数都是一次的。这样的微分方程被称为线性微分方程。

在理论上对控制系统进行分析时,为了研究方便,人为地进行假设和简化,使得到的描述系统的微分方程为线性微分方程。而非线性系统总是采用线性化的处理方法將其转化为线性系统进行分析和研究。因此,线性微分方程在理论研究中有着重要作用。

一般地,形如

$$y' + P(x)y = Q(x) \tag{8-3-1}$$

未知函数 y 及其导数 y' 是一次的微分方程叫做一阶线性微分方程。

当 $Q(x) \equiv 0$ 时,对于未知函数 y 及其导数 y' 来讲,方程

$$y' + P(x)y = 0 \tag{8-3-2}$$

为齐次的,所以称方程(8-3-2)为与方程(8-3-1)对应的一阶线性齐次方程。

当 $Q(x) \neq 0$ 时,称方程 $y' + P(x)y = Q(x)$ 为一阶线性非齐次方程。

当 $P(x)$、$Q(x)$ 都是常数时,这样的方程可以用分离变量法来求解。但是,在一般情形,即 $P(x)$ 及 $Q(x)$ 是 x 的函数(不都是常数)时,就不能单纯地靠分离变量法来求解。

下面我们讨论一般情形下的一阶线性非齐次方程

$$y' + P(x)y = Q(x)$$

的解。

先讨论齐次方程(8-3-2)的解。

方程 $y' + P(x)y = 0$ 是可分离变量的方程,分离变量后得

$$\frac{dy}{y} = -P(x)dx$$

两边积分，得

$$\ln y = -\int P(x)\mathrm{d}x + \ln c$$

去对数，得齐次方程(8-3-2)的通解。

$$y = Ce^{-\int P(x)\mathrm{d}x} \tag{8-3-3}$$

下面再来讨论一阶线性非齐次方程(8-3-1)的通解求法。

方程(8-3-1)改写成

$$\frac{\mathrm{d}y}{y} = \frac{Q(x)}{y}\mathrm{d}x - P(x)\mathrm{d}x$$

两边积分，得

$$\ln y = \int \frac{Q(x)}{y}\mathrm{d}x - \int P(x)\mathrm{d}x$$

上式右端第一个积分中含有未知函数 y，因此这个积分还不能计算。但是由于知道 y 是 x 的函数，因此 $\frac{Q}{y}$ 也是 x 的函数，从而这个积分 $\int \frac{Q(x)}{y}\mathrm{d}x$ 也是 x 的函数，设为 $u(x)$。这样，上式就可以写成

$$\ln y = u(x) - \int P(x)\mathrm{d}x$$

去对数，得

$$y = e^{u(x)}e^{-\int P(x)\mathrm{d}x}$$

令 $e^{u(x)} = C(x)$，上式可化为

$$y = C(x)e^{-\int P(x)\mathrm{d}x} \tag{8-3-4}$$

这里 $C(x)$ 的表达式还不知道，因此非齐次方程(8-3-1)的解还没有求出来，但是已经知道解的形式如(8-3-4)所示。把(8-3-4)与对应的齐次线性微分方程(8-3-3)的通解相比较，从而可以看出，在对应的齐次方程(8-3-3)的通解中，将任意常数 C 换为 x 的函数 $C(x)$，便可得非齐次方程(8-3-1)的解的形式(8-3-4)。知道了非齐次方程(8-3-1)的解的形式后，定出这待定的函数 $C(x)$，便可求出方程(8-3-1)的解，这种把齐次方程的通解中的常数变易为待定函数的方法叫做常数变易法，下面就来定出这个函数 $C(x)$。

设方程(8-3-1)的解为

$$y = C(x)e^{-\int P(x)\mathrm{d}x}$$

两边对 x 求导数，得

$$y' = C'(x)e^{-\int P(x)\mathrm{d}x} - P(x)C(x)e^{-\int P(x)\mathrm{d}x}$$

把以上两式代入方程(8-3-1)并化简，得

$$C'(x)e^{-\int P(x)\mathrm{d}x} = Q(x)$$

于是

$$C'(x) = Q(x)e^{\int P(x)\mathrm{d}x}$$

积分得

$$C(x) = \int Q(x) e^{\int P(x)dx} dx + C$$

所以非齐次方程(8-3-1)的通解为

$$y = e^{-\int P(x)dx}\left(\int Q(x) e^{\int P(x)dx} dx + C\right)$$

或

$$y = Ce^{-\int P(x)dx} + e^{-\int P(x)dx}\int Q(x) e^{\int P(x)dx} dx \tag{8-3-5}$$

在求解一阶非齐线性微分方程时,可以代入上式进行计算。但这个式子形式比较复杂,所以可以按照常数变易法的步骤求解。

在式(8-3-5)中,等号右端的第一项恰好就是对应的齐次线性方程的通解,而右端的第二项则是非齐次线性方程本身的一个特解。因此有如下的重要结论:

一阶非齐次线性方程的通解等于它对应的齐次线性方程的通解与自己的一个特解之和。

下面举例说明用常数变易法求方程的通解。

例1 求方程 $y' + 2xy = xe^{-x^2}$ 的通解。

解 这是一阶非齐次线性方程,它所对应的一阶齐次线性方程为

$$y' + 2xy = 0$$

从上式得

$$\frac{dy}{y} = -2xdx$$

两边积分,得

$$\ln y = -x^2 + \ln c$$

于是方程 $y' + 2xy = 0$ 的通解为

$$y = Ce^{-x^2}$$

式中 C 为任意常数。

把上式中的任意常数 C 换成为 x 的函数 $C(x)$,从而设原方程的通解为 $y = C(x)e^{-x^2}$。因此

$$y' = C'(x)e^{-x^2} - 2xC(x)e^{-x^2}$$

代入原方程化简后得

$$C'(y) = x$$

于是

$$C(x) = \frac{1}{2}x^2 + C$$

所求方程的通解为:

$$y = \left(\frac{1}{2}x^2 + C\right)e^{-x^2}$$

其中 C 为任意常数。

例 2 求方程 $\frac{dy}{dx}=\frac{y}{2x-y^2}$ 的通解。

解 原方程化为

$$\frac{dx}{dy}-\frac{2}{y}x=-y$$

这是关于 x 的一阶非齐次线性方程，它所对应的齐次线性方程为

$$\frac{dx}{dy}-\frac{2}{y}x=0$$

通解为

$$x=Cy^2$$

设原方程的通解为 $x=C(y)y^2$ 。因此

$$x'=C'(y)y^2+2C(x)y$$

代入原方程化简后得

$$C'(y)=-\frac{1}{y}$$

于是

$$C(y)=-\ln y+C$$

从而得所求方程的通解为：

$$x=(-\ln y+C)y^2$$

其中 C 为任意常数。

例 3 已知曲线经过点 $\left(2,\frac{4}{3}\right)$，并且曲线上任何一点的切线斜率与该点到原点连线的斜率之和等于切点处的横坐标，求此曲线方程。

解 设曲线上任一点为 $M(x,y)$，那么曲线在点 M 处的斜率为 y'，点 M 与原点 O 的连线的斜率为 $\frac{y}{x}$。

由题意有

$$y'+\frac{y}{x}=x$$

所以一阶线性方程通解为

$$y=e^{-\int\frac{1}{x}dx}\left[\int xe^{\int\frac{1}{x}dx}dx+C\right]$$

即

$$y=\frac{1}{x}\left(\frac{x^3}{3}+C\right)$$

又因为曲线过点 $\left(2,\frac{4}{3}\right)$，故有初始条件 $y\big|_{x=2}=\frac{4}{3}$，所以

$$\frac{4}{3}=\frac{1}{2}\left(\frac{2^3}{3}+C\right)$$

所以 $C=0$，故所求曲线方程为 $y=\frac{x^2}{3}$。

例 4 设有一闭合电路(图 8-3-1)。电源电动势为 $E = E_m\sin\omega t$。其中 E_m 和 ω、电阻 R 及自感 L 都是常量,求电路中的电流 $i(t)$。

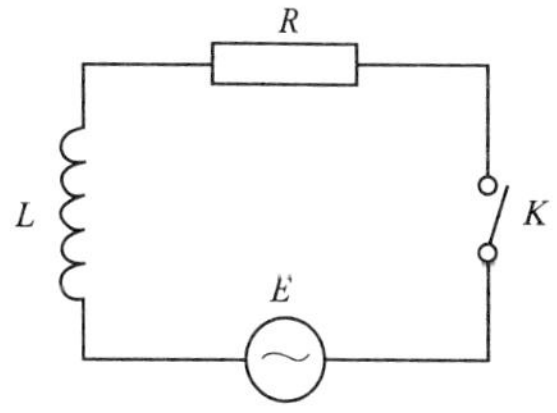

图 8-3-1

解 由基尔霍夫电压定律得

$$E - L\frac{\mathrm{d}i}{\mathrm{d}t} - iR = 0$$

把 $E = E_m\sin\omega t$ 代入上式,得

$$E_m\sin\omega t - L\frac{\mathrm{d}i}{\mathrm{d}t} - iR = 0$$

即

$$\frac{\mathrm{d}i}{\mathrm{d}t} + \frac{R}{L}i = \frac{E_m}{L}\sin\omega t$$

这是一个一阶非齐次线性方程,这方程的通解为:

$$i(t) = Ce^{-\int\frac{R}{L}\mathrm{d}t} + e^{-\int\frac{R}{L}\mathrm{d}t}\int\frac{E_m}{L}\sin\omega t e^{\int\frac{R}{L}\mathrm{d}t}\mathrm{d}t$$

$$= Ce^{-\frac{R}{L}t} + \frac{E_m}{R^2 + L^2\omega^2}(R\sin\omega t - L\omega\cos\omega t)$$

其中 C 为任意常数。

又因为 $i(0) = 0$,所以

$$0 = C + \frac{LE_m\omega}{R^2 + L^2\omega^2}$$

得

$$C = -\frac{LE_m\omega}{R^2 + L^2\omega^2}$$

因此,所求函数为

$$i(t) = \frac{E_mL\omega}{R^2 + \omega^2L^2}e^{-\frac{R}{L}t} + \frac{E_m}{R^2 + \omega^2L^2}(R\sin\omega t - L\omega\cos\omega t)$$

令

$$\cos\theta = \frac{R}{\sqrt{R^2 + \omega^2L^2}}, \sin\theta = \frac{LR}{\sqrt{R^2 + \omega^2L^2}}$$

上式可以写成

$$i(t) = \frac{E_mL\omega}{R^2 + \omega^2L^2}e^{-\frac{R}{L}t} + \frac{E_m}{\sqrt{R^2 + \omega^2L^2}}\sin(\omega t - \theta)$$

当 t 增大时,上式等号右端第一项逐渐衰减而趋于零,这部分电流很快消失。因此,达到稳定阶段后,电路中的电流由上式右端第二项所表示,这部分电流称为稳态电流,反映稳态电流的函数是一个正弦函数,周期与电源电动势相同。

应用微分方程解决实际问题的步骤是:

(1)分析问题,设出所求未知函数,确定初始条件;

(2)建立微分方程;

(3)确定方程类型,求其通解;

(4)代入初始条件求特解。

习题 8.3

1. 求下列微分方程的通解:

(1) $\frac{dy}{dx}+2xy=4x$;

(2) $y'-\frac{1}{x-2}y=2(x-2)^2$;

(3) $\frac{d\rho}{d\theta}+3\rho=2$;

(4) $\frac{di}{dt}-6i=10\sin 2t$;

(5) $xy'-2y=2x^4$;

(6) $x(y'-y)=e^x$;

(7) $y'+y\tan x=\sec x$;

(8) $xy'+(x+1)y=3x^2e^{-x}$。

2. 求下列微分方程满足所给初始条件的特解:

(1) $\frac{dx}{dt}-x\tan t=\frac{1}{\cos t},x|_{t=0}=0$;

(2) $y'+\frac{1}{x}y=\frac{\sin x}{x},y|_{x=\pi}=-1$。

3. 求曲线,使其切线在纵轴上的截距等于切点的横坐标。

4. 求过原点且在点 (x,y) 处的切线斜率等于 $3x+y$ 的曲线方程。

8.4 二阶常系数线性微分方程

第一节案例 2 中我们遇到无阻尼自由振动的微分方程

$$m\frac{d^2x}{dt^2}+kx=0$$

这个方程中出现的关于未知函数的最高阶导数是二阶,关于未知函数及其导数是一次,且未知函数及其导数的系数都是常数。这种微分方程称为二阶常系数线性微分方程。

二阶常系数线性微分方程的一般形式是

$$y''+py'+qy=f(x)$$

式中 y 是未知函数,y''、y' 是未知函数的导数,p、q 是常数,$f(x)$ 是已知函数。

当 $f(x)\equiv 0$ 时,方程称为二阶常系数齐次线性微分方程,否则,称为二阶常系数线非齐线性微分方程。

在电工学中对电路的过程分析,和在力学中的振动问题中,对控制系统进行性能分析时都经常会遇到二阶常系数线性微分方程。

下面就来讨论齐次的与非齐次的二阶常系数线性微分方程的解法。

8.4.1 二阶常系数齐次线性微分方程

首先讨论二阶常系数齐次线性微分方程

$$y''+py'+qy=0 \tag{8-4-1}$$

的通解的结构。

根据二阶常系数齐次线性微分方程 $y''+py'+qy=0$ 的特点,可以引出下列性质:

如果 y_1 、y_2 是方程(8-4-1)的两个解,那么

$$y=C_1y_1+C_2y_2$$

也是方程(8-4-1)的解,其中 C_1、C_2 是任意常数。

证明 因为 y_1 、y_1 是方程(8-4-1)的解,所以

$$y_1''+py_1'+qy_1=0, y_2''+py_2'+qy_2=0$$

从而

$$C_1y_1''+pC_1y_1'+qC_1y_1=0$$

和

$$C_2y_2''+pC_2y_2'+qC_2y_2=0$$

C_1、C_2 是任意常数。

所以

$$(C_1y_1+C_2y_2)''+p(C_1y_1+C_2y_2)'+q(C_1y_1+C_2y_2)=0$$

这表示 $C_1y_1+C_2y_2$ 是方程(8-4-1)的解。

例如 $y_1=\sin x$ 、$y_2=2\sin x$ 是方程 $y''+y=0$ 的两个解,则 $C_1y_1+C_2y_2=(C_1+2C_2)\sin x$ 也是方程 $y''+y=0$ 的解,但是,它并不是方程 $y''+y=0$ 的通解。

那么在什么条件下,$y=C_1y_1+C_2y_2$ 是方程 $y''+y=0$ 的通解呢?当两个任意常数 C_1、C_2 不可以合并成一个任意常数,即两个解的比 $\dfrac{y_1}{y_2}$ 不是一个常数,$y=C_1y_1+C_2y_2$ 是方程的通解。就是说:

如果 y_1、y_2 是方程(8-4-1)的两个解,且它们的比不是常数,那么 $y=C_1y_1+C_2y_2$ 即是方程(8-4-1)的通解,其中 C_1、C_2 是任意常数。

由此,求方程(8-4-1)的通解的问题,归结为求方程(8-4-1)的两个比值不是常数的特解。

因为,由 $y=e^{rx}$ 可推得 $y'=re^{rx}$ 、$y''=r^2e^{rx}$,根据二阶常系数齐次线性方程的特点,函数 $y=e^{rx}$ 有可能满足方程(8-4-1)。下面考虑常数 r 满足什么条件时 $y=e^{rx}$ 是方程(8-4-1)的两个特解。

下面来讨论方程(8-4-1)的特解。

把 $y=e^{rx}$ 、$y'=re^{rx}$ 、$y''=re^{rx}$ 代入方程(8-4-1),得

$$e^{rx}(r^2+pr+q)=0$$

因此。如果选择 r 是二次代数方程

$$r^2+pr+q=0 \tag{8-4-2}$$

的根。函数 $y=e^{rx}$ 就能满足方程(8-4-1),即 $y=e^{rx}$ 是方程(8-4-1)的一个特解,代数方

程(8-4-2)称为方程(8-4-1)的特征方程。特征方程的根称为特征根。

下面根据特征方程的根的三种可能情形,分别讨论方程(8-4-1)的通解。

(1)当 r_1 、r_2 是两个不相等的实根:

因为 $y_1 = e^{r_1 x}$ 、$y_2 = e^{r_2 x}$ 是方程(8-4-1)的两个解,且 $\frac{e^{r_1 x}}{e^{r_2 x}} = e^{(r_1 - r_2)x} \neq$ 常数,

所以方程(8-4-1)的通解为

$$y = C_1 e^{r_1 x} + C_2 e^{r_2 x}$$

(2)当 $r_1 = \alpha + \beta i$ 、$r_2 = \alpha - \beta i$ 是一对共轭复根:

因为 $y_1 = e^{(\alpha+\beta i)x}$ 、$y_2 = e^{(\alpha+\beta i)x}$ 是方程(8-4-1)的两个解,所以

$$y_1 = e^{(\alpha+\beta i)x} = e^{\alpha x}(\cos\beta + i\sin\beta)$$

$$y_2 = e^{(\alpha-\beta i)x} = e^{\alpha x}(\cos\beta - i\sin\beta)$$

是方程(8-4-1)的两个解。

从而

$$\frac{y_1 + y_2}{2} = e^{\alpha x}\cos\beta$$

$$\frac{y_1 - y_2}{2} = e^{\alpha x}\sin\beta$$

也是方程(8-4-1)的两个解。

因为 $\frac{e^{\alpha x}\sin\beta x}{e^{\alpha x}\cos\beta x} = \tan\beta x \neq$ 常数,所以方程(8-4-1)的通解为

$$y = C_1 e^{\alpha x}\cos\beta + C_2 e^{\alpha x}\sin\beta$$

即

$$y = e^{\alpha x}(C_1\cos\beta x + C_2\sin\beta x)$$

(3)当 r_1 、r_2 是两个相等的实根:

此时,用上面的方法只得到方程(8-4-1)的一个解 $y_1 = e^{r_1 x}$ 。还要找出另一个与 y_1 的比不是常数的解才能作出通解。

设 y_2 是与 y_1 的比不是常数的解,故可令 $\frac{y_2}{y_1} = u(x)$ 那么 $y_2 = u(x)y_1 = u(x)e^{r_1 x}$ 。(这里 $u(x)$ 暂定)

为观察 $u(x)$ 应该满足什么条件才能使 $y_2 = u(x)e^{r_1 x}$ 满足方程(8-4-1),把 $y_2 = u(x)e^{r_1 x}$、y'、y'' 代入方程(8-4-1)并整理后得

$$e^{r_1 x}u'' + e^{r_1 x}u'(2r_1 + p) + e^{r_1 x}(r_1^2 + pr_1 + q) = 0$$

r_1 是特征方程的根,所以 $\qquad {r_1}^2 + pr_1 + q = 0$

因为 $r_1 = -\frac{p}{2}$,所以 $\qquad 2r_1 + p = 0$

又因为 $e^{r_1 x} \neq 0$, 因此 $\qquad u''(x) = 0$

根据上述要求: $u(x)$ 不等于常数且 $u''(x) = 0$,取 $u(x) = x$,得要找的另一个解为

$$y_2 = xe^{r_1 x}$$

从而方程(8-4-1)的通解为

$$y = e^{r_1 x}(C_1 + C_2 x)$$

归纳以上讨论,求解常系数线性齐次微分方程的基本思路:转化为求特征方程(代数方程)之根。所得结果见表8-4-1。

表8-4-1

特征方程 $r^2 + pr + q = 0$ 的两根 r_1、r_2	齐次线性微分方程 $y'' + py' + qy = 0$ 的通解
两个不相等的实根 r_1、r_2	$y = C_1 e^{r_1 x} + C_2 e^{r_2 x}$
一对共轭复根 r_1、$r_2 = \alpha \pm \beta i$	$y = e^{\alpha x}(C_1 \cos\beta x + C_2 \sin\beta x)$
两个相等的实根 r_1、r_2	$y = e^{r_1 x}(C_1 + C_2 x)$

以上结论可推广到高阶常系数线性微分方程。

例1 求方程 $y'' + y' - 6y = 0$ 的通解。

解 方程 $y'' + y' - 6y = 0$ 的特征方程为

$$r^2 + r - 6 = 0$$

特征根为

$$r_1 = 2,\ r_2 = 3$$

故所求方程的通解为 $y = C_1 e^{2x} + C_2 e^{-3x}$。

例2 求方程 $y'' + 4y' + 4y = 0$ 的通解。

解 方程 $y'' - 4y' + 4y = 0$ 的特征方程为

$$r^2 - 4r + 4 = 0$$

其特征根为

$$r_1 = r_2 = 2$$

故所求方程的通解为

$$y = (C_1 + C_2 x)e^{2x}$$

例3 求方程 $y'' - 6y' + 13y = 0$ 满足条件 $y(0) = 1$,$y'(0) = 3$ 的特解。

解 特征方程为

$$r^2 - 6r + 13 = 0$$

其特征根为

$$r_1 = 3 + 2i, r_2 = 3 - 2i$$

故方程的通解为

$$y = e^{3x}(C_1 \cos 2x + C_2 \sin 2x)$$

由 $y(0) = 1$、$y'(0) = 3$ 得

$$\begin{cases} 1 = C_1 \\ 3 = 3C_1 + 2C_2 \end{cases}$$

故 $$C_1 = 1, C_2 = 0$$

所求方程满足条件 $y(0) = 1$、$y'(0) = 3$ 的特解为

$$y = e^{3x}\cos 2x$$

8.4.2 二阶常系数非齐次线性微分方程

下面就来讨论非齐次的二阶常系数线性微分方程的解法。

在第三节中看到，一阶非齐次线性微分方程的通解由两部分相加所构成：一部分是对应的齐次线性微分方程的通解，另一部分是非齐次线性微分方程本身的一个特解。事实上，不仅一阶非齐次线性方程具有这样的通解结构，二阶及二阶以上的非齐次线性微分方程也具有同样的通解结构。现在就二阶常系数线性微分方程来证明这一关于非齐次线性微分方程通解结构的结论。

设 y^* 是非齐次线性微分方程

$$y''+py'+qy=f(x) \tag{8-4-3}$$

的一个特解，Y 是对应的齐次线性微分方程(8-4-1)的通解，则 $y=Y+y^*$ 是方程(8-4-3)的通解。

证明 因 y^* 是(8-4-3)的一个特解，Y 是对应的齐次线性微分方程的通解，故有

$$y^{*\prime\prime}+py^{*\prime}+qy^*=f(x)$$

$$Y''+pY'+qY=0$$

把 $y=Y+y^*$ 代入方程(8-4-3)左边，得

$$\begin{aligned}&(Y+y^*)''+p(Y+y^*)'+q(Y+y^*)\\&=Y''+y^{*\prime\prime}+pY'+py^{*\prime}+qY'+qy^{*\prime}\\&=(Y''+pY'+qY)+(y^{*\prime\prime}+py^{*\prime}+qy^*)\\&=0+f(x)=f(x)\end{aligned}$$

故 $y=Y+y^*$ 是非齐次线性微分方程(8-4-3)的解。因为 Y 是对应的齐次线性微分方程的通解，所以它含有两个任意常数，因此，$y=Y+y^*$ 也含有两个任意常数，从而 $y=Y+y^*$ 是非齐次线性微分方程(8-4-3)的通解。

根据上述结论，如果我们求得了对应的齐次线性微分方程(8-4-1)的通解 Y，又求得了非齐次线性微分方程(8-4-3)的一个特解 y^*，那么非齐次线性微分方程(8-4-3)的通解就是 $y=Y+y^*$。

因为求二阶常系数齐次线性微分方程的通解问题前面已经解决，下面介绍非齐次线性微分方程(8-4-3)中的 $f(x)$ 取三种常见形式时如何求二阶常系数非齐次线性微分方程的一个特解的方法。

(1) 如果非齐次线性方程

$$y''+py'+qy=f(x)$$

右端的 $f(x)$ 是多项式，则方程(8-4-3)的一个特解 y^* 的形式可如下来设定：

①当 $q\neq 0$ 时，设 y^* 是与 $f(x)$ 同次的多项式；

②当 $q=0$ 但 $p=0$ 时，设 y^* 是比 $f(x)$ 高一次的多项式，该多项式的常数项可取作零。

二阶常系数非齐次线性微分方程一个特解 y^* 设定按照上面规律后，用待定系数法定出 y^* 中的系数，从而得出 y^*。

例 4 求方程 $y''+y=x^2+1$ 的通解。

解 特征方程为

$$r^2+1=0$$

其特征根为

$$r_1=-i,r_2=i$$

故对应的齐次线性方程通解为

$$y=C_1\cos x+C_2\sin x$$

这里 $q=1\neq 0$，设原方程的一个特解为

$$y^*=a_2x^2+a_1x+a_0$$

代入原方程化简得

$$a_2x^2+a_1x+(2a_2+a_0)=x^2+1$$

所以 $$a_2=1,\quad a_1=0,\quad 2a_2+a_0=1$$

得 $$a_2=1,\quad a_1=0,\quad a_0=-1$$

因此

$$y^*=x^2-1$$

故所求方程的解为

$$y=Y+y^*=C_1\cos x+C_2\sin x+x^2-1$$

例 5 求方程 $y''+3y'=2$ 的通解。

解 特征方程为

$$r^2+3r=0$$

其特征根为

$$r_1=0,r_2=-3$$

故对应的齐次线性方程通解为

$$y=C_1+C_2e^{-3x}$$

这里 $q=0$、$p=3$。故设原方程的一个特解为

$$y^*=ax$$

代入原方程化简得

$$3a=2$$

所以得

$$a=\frac{2}{3}$$

因此

$$y^*=\frac{2x}{3}$$

故所求方程的解为

$$y=Y+y^*=C_1+C_2e^{-3x}+\frac{2x}{3}$$

(2)如果非齐次线性方程

$$y''+py'+qy=f(x)$$

右端的 $f(x)=ae^{\lambda x}$，其中 a,λ 是常数，则方程(8-4-3)的一个特解 y^* 的形式可如下

来设定：

①当 λ 不是特征方程的根时，设 $y^* = be^{\lambda x}$ ；

②当 λ 是特征方程的单根时，设 $y^* = bxe^{\lambda x}$ ；

③当 λ 是特征方程的重根时，设 $y^* = bx^2e^{\lambda x}$ 。

二阶常系数非齐次线性微分方程的一个特解 y^* 按照上面规律设定后，用待定系数法定出 y^* 中的系数，从而得出 y^* 。

例 6 求方程 $y'' - 4y' + 4y = e^{2x}$ 的通解。

解 特征方程 $r^2 - 4r + 4 = 0$ 的根为

$$r_1 = r_2 = 2 ,$$

故对应的齐次方程的通解为

$$Y = (C_1 + C_2x)e^{2x}$$

由于 $\lambda = 2$ 为重根，设原方程的一个特解为

$$y^* = Ax^2e^{\lambda x}$$

把 $y^* = Ax^2e^{\lambda x}$ 代入方程化简可得

$$A = \frac{1}{2}$$

所以

$$y^* = \frac{1}{2}x^2e^{2x}$$

从而所求方程的通解为

$$Y = (C_1 + C_2x)e^{2x} + \frac{1}{2}x^2e^{\lambda x}$$

(3) 如果非齐次线性方程

$$y'' + py' + qy = f(x)$$

右端的 $f(x) = a\cos\omega x + b\sin\omega x$ ，其中 a,b,ω 是常数。则方程(8-4-3)的一个特解 y^* 的形式可如下来确定：

①当 $\pm\omega i$ 不是特征方程的根时，设 $y^* = a\cos\omega x + b\sin\omega x$ ；

②当 $\pm\omega i$ 是特征方程的根时，设 $y^* = x(a\cos\omega x + b\sin\omega x)$ 。

二阶常系数非齐次线性微分方程一个特解 y^* 按照上面规律设定后，用待定系数法定出 y^* 中的系数，从而得出 y^* 。

例 7 求方程 $y'' + 2y' - 3y = 4\sin x$ 的特解。

解 此方程对应的齐次方程的特征方程为

$$r^2 + 2r - 3 = 0$$

所以，特征根为 $r_1 = -3$, $r_2 = 1$ 。

由于 $\omega = 1$ ，所以 $\pm\omega i = \pm i$ 不是特征根。

所以设原方程的特解为

$$y^* = A\cos x + B\sin x \qquad (A、B \text{ 是待定系数})$$

因为

$$y^{*\prime} = -A\sin x + B\cos x$$

$$y^{*\prime\prime} = -A\cos x - B\sin x$$

代入原方程,得

$$(-4A+2B)\cos x+(-2A-4B)\sin x=4\sin x$$

比较两边同类项系数,得

$$\begin{cases}-4A+2B=0\\-2A-4B=4\end{cases}$$

所以 $A=-\frac{2}{5}$, $B=-\frac{4}{5}$ 。

因此,原方程的特解为

$$y^*=-\frac{2}{5}\cos x-\frac{4}{5}\sin x$$

例 8 求方程 $y''+4y=\cos 2x$ 的通解。

解 特征方程 $r^2+4=0$ 的根为 $r=\pm 2i$,故对应的齐次方程的通解为

$$Y=C_1\cos 2x+C_2\sin 2x$$

由于 $r=\pm 2i$ 是特征方程的根,设 $y^*=x(A\cos 2x+B\sin 2x)$ 为原方程的一个特解,把 $y^*=x(A\cos 2x+B\sin 2x)$ 代入原方程化简得

$$-4A\sin 2x+4B\cos 2x=\cos 2x$$

于是 $-4A=0$, $4B=1$ 故得

$$A=0,B=\frac{1}{4}$$

从而所求方程的通解为

$$y=Y+y^*=C_1\cos 2x+C_2\sin 2x+\frac{1}{4}x\sin 2x。$$

例 9 下面来求第一节案例 2 中的微分方程 $m\frac{\mathrm{d}^2x}{\mathrm{d}t^2}=-kx$ 的解。

解 物体的位置 x 随时间 t 变化关系除满足 $m\frac{\mathrm{d}^2x}{\mathrm{d}t^2}=-kx$ ($k>0$)外,还满足 $x|_{t=0}=v_0$, $\left.\frac{\mathrm{d}x}{\mathrm{d}t}\right|_{t=0}=0$ 。

由 $m\frac{\mathrm{d}^2x}{\mathrm{d}t^2}=-kx$ 得

$$\frac{\mathrm{d}^2x}{\mathrm{d}t^2}+\frac{k}{m}x=0$$

这是二阶常系数线性齐次方程,特征方程为

$$r^2+\frac{k}{m}=0$$

特征根为

$$r_{1,2}=\pm\sqrt{\frac{k}{m}}i$$

所以 $\frac{\mathrm{d}^2x}{\mathrm{d}t^2}+\frac{k}{m}x=0$ 的通解为

$$x = C_1\cos\sqrt{\frac{k}{m}}t + C_2\sin\sqrt{\frac{k}{m}}t$$

将 $x|_{t=0} = v_0$，$\left.\frac{dx}{dt}\right|_{t=0} = 0$，代入上式，得

$$C_1 = v_0, \quad C_2 = 0$$

所以物体的位置 x 随时间 t 变化关系

$$x = v_0\cos\sqrt{\frac{k}{m}}t$$

习题 8.4

1. 求方程 $y'' - 2y' - 3y = 0$ 的通解。
2. 求方程 $y'' + 4y' + 4y = 0$ 的通解。
3. 求方程 $y'' - 4y' + 13y = 0$ 的通解。
4. 求方程 $y'' - 2y' - 3y = 2x^2 - 1$ 的通解。
5. 求方程 $y'' - 2y' - 3y = e^{-x}$ 的通解。
6. 求方程 $y'' + 9y = 8\sin x$ 的通解。
7. 有阻尼的自由振动微分方程为

$$\frac{d^2x}{dt^2} + 2\mu\frac{dx}{dt} + k^2x = 0$$

分别讨论(1) $\mu < k$；(2) $\mu > k$；(3) $\mu = k$ 三种条件下的解。

8.5 利用 MATLAB 求解微分方程

8.5.1 多项式

1）多项式的表示

在 MATLAB 中，用向量表示多项式，向量的元素为多项式系数按阶数的降序排列。例如，对下面的多项式 $p(x) = a_nx^n + a_{n-1}x^{n-1} + \cdots + a_1x + a_0$。其多项式表示为

$$p = [a_n, a_{n-1}, \cdots, a_1, a_0]$$

例 1 求多项式 $x^3 + x + 1$ 的表示。

解 输入：> > p = [1,0,1,1]

输出：p =

1 0 1 1

2）多项式求值

函数 polyval 和 polyvalm 可以用来计算多项式在给定变量时的值。其语法调用格式为

polyval(p,x)　　　　　　　　　　　　　% 得出变量 x 对应多项式值

例 2　求多项式 $p(x) = 2x^4 - x^2 + 3x + 1$ 在 $x = 2$ 处的值。

解　输入：>>p=[2,0,-1,3,1];polyval(p,2)

输出：ans =

35

3）多项式求根

在二阶齐次线性微分方程中，会遇到特征根的求解问题，求特征根问题就是多项式求根问题。多项式 $p(x)$ 的根即是使 $p(x) = 0$ 的根 x。在 MATLAB 中多项式求根格式命令为：

roots(p)　　　　　　　　　　　　　% 求多项式 P 的根

例 3　求例 2 多项式 $p(x)$ 的根。

解　输入：>>p=[2,0,-1,3,1];roots(p)

输出：ans =

0.7473 +0.9002i

0.7473 -0.9002i

-1.1869

-0.3077

即特征方程有四个根，两个共轭复根，两个实根。

例 4　求微分方程 $y'' + 3y' - 4 = 0$ 的特征根。

解　输入：>>p=[1,3,-4];roots(p)

输出：ans =

-4

1

特征根为 $\lambda_1 = -4, \lambda_2 = 1$。

例 5　在自动控制系统性能分析中，闭路传递函数 $\varphi(s) = \dfrac{s+4}{s^5 + 10s^4 + 20s^3 + 30s^2 + 40s + 50}$，求闭路传递函数的特征根（在自动控制原理与系统中，闭路传递函数的特征根指分母多项式的根）。

解　输入：>>p=[1,10,20,30,40,50];roots(p)

输出：ans =

-7.8752

-1.3891 +0.9693i

-1.3891 -0.9693i

0.3267 +1.4512i

0.3267 -1.4512i

即特征根为两对共轭复根和一个实根。

4）多项式的算术运算

（1）多项式的乘法与除法

多项式的乘法和除法运算分别使用函数 conv 和 deconv 来实现。其命令调用格式为：

p = conv(p1,p2)　　　　　　% 计算多项式 p1 和 p2 的乘积

[q,r] = deconv(p1,p2)　　　% 计算多项式 p1 与 p2 的商

说明：除法不一定会除尽，多项式 p1 被 p2 除的商为多项式 q，而余子式为 r。

例 6　设 $p_1(x) = x+2$，$p_2(x) = x+3$，$p_3(x) = x^2-2x-15$，求 $p_1(x)p_2(x)$、$\frac{p_3(x)}{p_2(x)}$。

解　输入：> >p1 = [1,2];p2 = [1,3];p3 = [1, -2, -15];conv(p1,p2)

输出：ans =

　　1　5　6

即 $p_1(x)p_2(x) = x^2+5x+6$。

输入：> >[q,r] = deconv(p3,p2)

输出：q =

　　1　-5

r =

　　0　0　0

即 $\frac{p_3(x)}{p_2(x)} = x-5$。

例 7　已知多项式 $f(x) = x^2+x+1$，$g(x) = x-1$，求 $f(x)g(x)$、$\frac{f(x)}{g(x)}$。

解　输入：> >f = [1,1,1];g = [1, -1];conv(f,g)

输出：ans =

　　1　0　0　-1

所以 $f(x)g(x) = x^3-1$。

输入：> >[q,r] = deconv(f,g)

输出：q =

　　1　2

r =

　　0　0　3

所以 $\frac{f(x)}{g(x)} = x+2+\frac{3}{x-1}$。

(2)部分分式展开

将由分母多项式和分子多项式构成的表达式进行部分分式展开，当分母没有重根时：

$$\frac{B(s)}{A(s)} = \frac{r_1}{s-p_1}+\frac{r_2}{s-p_2}+\cdots+\frac{r_n}{s-p_n}+k(s)$$

当分母有 m 阶重根 p_m 时，则表达式如下：

$$\frac{B(s)}{A(s)} = \frac{r_1}{s-p_1}+\frac{r_2}{s-p_2}+\cdots+\frac{r_m}{s-p_m}+\frac{r_{m+1}}{(s-p_m)^2}+\cdots+\frac{r_{2m-1}}{(s-p_m)^m}+\cdots+\frac{r_n}{s-p_n}+k(s)$$

MATLAB 中用 residue 函数可以实现多项式的部分分式展开，部分分式展开经常在控制系统的计算传递函数中应用，residue 函数的语法格式如下：

[r,p,k] = residue(B,A)　　%将分母多项式 A 和分子多项式 B 进行部分分式展开

说明:B 和 A 分别是分子和分母多项式系数行向量;r(1),r(2),…,r(n)对应前式中的 $r_1, r_2, \cdots, r_n$;p(1),p(2),…,p(n)对应前式中的 $p_1, p_2, \cdots, p_n$;k 为 $k(s)$ 的多项式。如果 $A(s)$ 有 m 阶重根 p_m,则 $p_m = p_{m+1} = \cdots = p_{2m-1}$。

例 8　已知 $G_1 = \dfrac{10}{s^4 - 6s^3 + 11s^2 - 6s}$, $G_2 = \dfrac{10}{(s+1)^2(s+3)}$,将 G_1 和 G_2 进行部分分式展开。

解　输入:> >a1 = [1, -6,11, -6,0];b1 = 10;[r1,p1,k1] = residue(b1,a1)　%将 G_1 部分分式展开

输出:r1 =

```
        1.6667
       -5.0000
        5.0000
       -1.6667
    p1 =
        3.0000
        2.0000
        1.0000
        0
    k1 =
        []                %k1 是个零向量
```

所以 $G_1(s) = \dfrac{10}{s^4 - 6s^3 + 11s^2 - 6s} = \dfrac{1.6667}{s-3} - \dfrac{5}{s-2} + \dfrac{5}{s-1} - \dfrac{1.667}{s}$。

输入:> >a2 = conv(conv([1,1],[1,1]),[1,3])　　%求分母 G_2 的多项式

输出:a2 =

1　　5　　7　　3　　　% $(s+1)^2(s+3) = s^3 + 5s^2 + 7s + 3$

输入:> >b2 = 10;[r2,p1,k2] = residue(b2,a2)　%将 G_2 部分分式展开

输出:r2 =

```
        2.5000
       -2.5000
        5.0000
    p1 =
       -3.0000
       -1.0000
       -1.0000
    k2 = [ ]
```

所以 $G_2(s) = \dfrac{10}{(s+1)^2(s+3)} = \dfrac{2.5}{s+3} - \dfrac{2.5}{s+1} + \dfrac{5}{(s+1)^2}$。

8.5.2 微分方程求解

MATLAB7.1 中提供 dsolve 函数来求解微分方程，dsolve 函数的调用格式为：

dsolve（'F'，'x'）：表示自变量为 x，求微分方程 F 的通解；

dsolve（'F'，'cond1'，'cond2'，…，'x'）：表示自变量为 x，求微分方程 F 满足初始条件 cond1，cond2，…下的特解。

在 MATLAB 中，Dy 表示的是 $\frac{dy}{dx}$，Dny 表示的是 $\frac{d^n y}{dx^n}$。

例 9 求微分方程 $xy' + 2y - e^x = 0$ 在初始条件 $y|_{x=1} = 2e$ 下的特解。

解 输入：

```
>>dsolve('x*Dy+2*y-exp(x)=0','y(1)=2*exp(1)','x')
```

输出：

```
ans =
        (exp(x)*x-exp(x)+2*exp(1))/x^2
```

即满足初始条件的特解为：$y = \frac{xe^x - e^x + 2e}{x^2}$。

例 10 求微分方程 $y'' + 2y' + e^x = 0$ 的通解及满足初始条件 $y'(1) = 2$，$y(1) = 0$ 的特解。

解 输入：

```
>>dsolve('D2y+2*Dy+exp(x)=0','x')
```

输出：

```
ans =
-1/3*exp(x)-1/2*exp(-2*x)*C1+C2
```

%通解为 $y = -\frac{1}{3}e^x - \frac{1}{2}C_1 e^{-2x} + C_2$

再输入：

```
>>dsolve('D2y+2*Dy+exp(x)=0','Dy(1)=2','y(1)=0','x')
```

输出：

```
ans =
-1/3*exp(x)-1/6*exp(-2*x)*(exp(1)+6)/exp(-2)+1/2*exp(1)+1
```

即满足初始条件的特解为：$y = -\frac{1}{3}e^x - \frac{1}{6}e^{-2x}(e^3 + 6e^2) + \frac{1}{2}e + 1$。

例 11 设某控制系统的微分方程为

$$\frac{d^2y(t)}{dt^2} + 5\frac{dy(t)}{dt} + 6y(t) = x(t)$$

若 $x(t) = 1(t)$，初始条件 $y'(0) = 0$，$y(0) = 0$，试求 $y(t)$。

解 输入：

```
>>dsolve('D2y+5*Dy+6*y=1','Dy(0)=0','y(0)=0','t')
```

输出：

```
ans =
```

1/3 * exp(-3 * t) -1/2 * exp(-2 * t) +1/6 %特解为 $y=\frac{1}{3}e^{-3t}-\frac{1}{2}e^{-2t}+\frac{1}{6}(t\geq 0)$

习题 8.5

1. 已知多项式 $f(x)=3x^5+2x^4-10x^3+7x$，求 $f(8)$，并写出操作命令。

2. 求下列多项式的根：

(1) $p(x)=x^3-2x^2+x+1$；　　(2) $p(x)=4x^4-4x^2+1$。

3. 求微分方程 $2\frac{d^2y}{dx^2}-3\frac{dy}{dx}+1=0$ 的特征根。

4. 已知多项式 $f(x)=x^3+2x^2-x+1$，$g(x)=x+1$，求 $f(x)g(x)$、$\frac{f(x)}{g(x)}$。

5. 将下列多项式分解成部分分式：

(1) $\frac{f(x)}{g(x)}=\frac{x^4+2x^2+x+1}{x^3-x^2-x+1}$；　　(2) $\frac{f(x)}{g(x)}=\frac{x^3+5x^2+2x+1}{x^2-x-2}$。

6. 利用 MATLAB 求解下列常微分方程：

(1) $\frac{d^2x}{dt^2}+6\frac{dx}{dt}+8x=1$，其中 $x(0)=1$，$\left.\frac{dx}{dt}\right|_{t=0}=0$；

(2) $\frac{dx}{dt}+10x=2$，其中 $x(0)=0$；

(3) $\frac{d^2x}{dt^2}+4\frac{dx}{dt}+3x=e^{-t}$，其中 $x(0)=\left.\frac{dx}{dt}\right|_{t=0}=1$；

(4) $(x^2+1)y'-(y^2+1)=0$。

复习题八

1. 求下列微分方程的通解：

(1) $y\mathrm{d}y = x\mathrm{d}x$；

(2) $\frac{\mathrm{d}y}{\mathrm{d}x} = \mathrm{e}^{x-y}$；

(3) $y' - \frac{1}{x-2}y = 2(x-2)^2$；

(4) $y'' + y' - 2y = 0$；

(5) $y'' + y = 2x^2 - 3$；

(6) $y'' + 4y = 3\sin 2x$。

2. 求下列微分方程满足所给初始条件的特解：

(1) $\frac{\mathrm{d}y}{\mathrm{d}x} + \frac{2y}{x} = \frac{x-1}{x^2}, y(1) = 0$；

(2) $4y'' + 4y' + y = 0, y(0) = 2, y'(0) = 0$。

3. 一电动机启动后，每分钟温度升高 10℃。设室温保持在 10℃，电动机温度高于室温后，将不断散发热量，且符合冷却定律。求电动机温度 θ 和时间 t 的函数关系。

4. 设有跨度为 l 的悬臂梁，受均布载荷作用，载荷密度为 q，取坐标系如图 8-1 所示。由材料力学知道，梁的挠度曲线 $y = f(x)$ 满足微分方程 $f(0) = 0, f'(0) = 0$ 及附加条件：

$$\frac{\mathrm{d}^2y}{\mathrm{d}x^2} = \frac{q}{2\mathrm{EJ}}(l-x)^2$$

求梁的挠度曲线方程（注：E、J 为常数）。

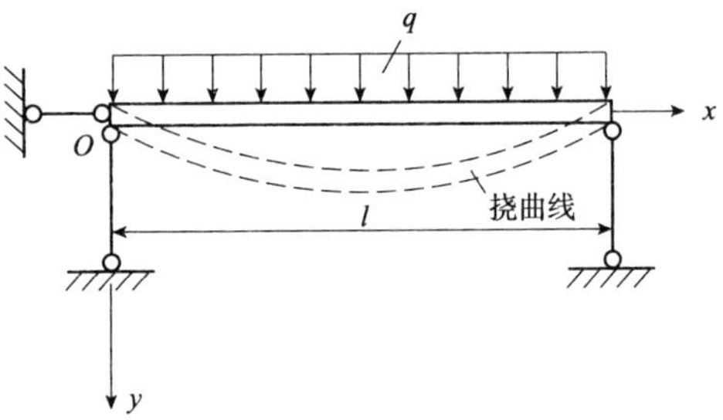

图 8-1

数学素质拓展——微分方程解决实际问题的方法

在生活中,我们常发现这样的一种现象:一棵小树刚栽下去时长得比较慢,渐渐地,小树长得越来越快,但长到一定的高度后,其生长速度就趋于稳定,然后会慢慢降下来。小树的整个生长过程呈现慢—快—慢的节律。

这一现象很具有普遍性,生物的生长、种群的数量、渔业、牧业、林业等领域最大持续产量、汽车的保有量都有类似的规律。

现在我们可以借助树的生长规律来建立这种描述现象的数学模型。

如果假设树的生长速度与它目前的高度成正比,则显然不符合两头尤其是后期的生长情形,因为树不可能越长越快;但如果假设树的生长速度正比于最大高度与目前高度的差,则又明显不符合中间一段的生长过程。折中一下,我们假定它的生长速度既与目前的高度,又与最大高度与目前高度之差成正比。

设树生长的最大高度为 H(m),在 t 年时的高度为 $h(t)$,则有

$$h'(t) = kh(t)[H - h(t)]$$

式中 $k > 0$ 是比例常数。它是可分离变量的一阶常系数微分方程。称为“逻辑斯谛”方程。

下面来求解“逻辑斯谛”方程。

分离变量得

$$\frac{\mathrm{d}h}{h(H-h)} = k\mathrm{d}t$$

两边积分,则

$$\int \frac{\mathrm{d}h}{h(H-h)} = \int k\mathrm{d}t$$

得

$$\frac{1}{H}[\ln h - \ln(H-h)] = kt + C_1$$

即

$$\frac{h}{H-h} = \mathrm{e}^{kHt + C_1 H} = C_2\mathrm{e}^{kHt}$$

故所求通解为

$$h(t) = \frac{C_2 H\mathrm{e}^{kHt}}{1 + C_2\mathrm{e}^{kHt}} = \frac{H}{1 + C\mathrm{e}^{-kHt}}$$

式中的 $C\left(C = \frac{1}{C_2} = \mathrm{e}^{-C_1 H} > 0\right)$ 是正常数。

函数 $h(t)$ 的图像称为“逻辑斯谛”曲线。由于它的形状呈“S”形,一般也称为 S 曲线。这基本符合树的生长情形。而且还可以算得

$$\lim_{t \to +\infty} h(t) = H$$

这说明树的生长有一个限制,因此也称为限制性增长模式。

下面举一个“逻辑斯谛”方程应用的例子。

1837 年,荷兰生物学家 Verhulst 提出一个人口数学模型

$$\frac{\mathrm{d}y}{\mathrm{d}t} = y(k - by), \quad y(0) = y_0$$

式中 k、b 的称为生命系数。该模型称为人口阻滞增长模型。

微分方程 $\frac{dy}{dt} = y(k - by)$ 的解为

$$y = \frac{ky_0 e^{bt}}{k + by_0(e^{bt} - 1)}$$

生态学家估计 k 的自然值是0.029。利用20世纪60年代世界人口年平均增长率为2%以及1965年人口总数33.4亿这两个数据，计算得 $b = 2$，应用它预测世界人口数，估计得：

(1)到2000年时世界人口总数为59.6亿。

(2)世界人口总数将趋于极限107.6亿。

联合国人口基金会1999年初公布的统计数字向人们展示了全球人口增长的历程：1804年世界人口只有10亿，1927年增长到20亿，1960年达到30亿，1975年达到40亿，1987年上升到50亿，1999年10月12日，世界人口达到60亿。

前一个数字很接近2000年时的实际人口数。

逻辑斯谛方程是一种在许多领域有着广泛应用的数学模型，除了生物种群的繁殖外，还应用到信息的传播、新技术的推广、传染病的扩散以及某些商品的销售等方面。

第9章 积分变换

学习目标

1. 理解傅立叶变换和拉普拉斯变换及其逆变换的概念和基本性质；
2. 掌握某些常用函数的傅氏变换和拉普拉斯变换以及它们的逆变换的求法；
3. 知道傅立叶变换的物理意义——频谱，掌握用拉氏变换求解微分方程初值问题的方法。

重点：傅立叶变换和拉普拉斯变换的基本法则。
难点：运用傅立叶变换的性质进行傅立叶变换及拉普拉斯变换的应用。

在自然科学和工程技术中为了把较复杂的运算转化为较简单的运算，人们常常采用所谓变换的方法来达到目的。在初等数学中，数量的乘积和商的运算可以通过对数变换化为较简单的加法和减法运算。

而积分变换能够将分析运算（如微分、积分）转化为代数运算，正是积分变换这一特性，使得它在微分方程和其他方程的求解中成为重要方法之一。

在许多科学技术领域中，例如，电工学、力学、现代光学、现代声学、无线电技术和信号处理等方面，积分变换作为一种研究工具发挥着重要作用。傅立叶变换和拉普拉斯变换是最重要的积分变换。

9.1 傅立叶变换

9.1.1 傅立叶积分

借助傅立叶级数展开，使得人们能够完全了解一个信号的频率特性，从而认清了一个信号的本质，这种对信号的分析手段也称为频谱分析（或谐波分析）。但是，傅立叶级数要求被展开的函数是周期函数，而在实际工程问题中，大量遇到的是非周期函数，那么对一个非周期函数是否也能进行频谱分析呢？实际上，一个非周期函数可以看成某个周期函数其周期趋向于无穷大转化而来。那如何将非周期函数 $f(t)$ 展开为傅立叶级数呢？

对于一般的非周期函数 $f(t)$，定义一个相应的周期函数 $f_T(t)$，使它在一个周期

$\left[-\frac{T}{2},\frac{T}{2}\right]$ 上与周期函数 $f(t)$ 完全相同，其余区间上按周期 T 延拓出去，即

$$f_T(t)=\begin{cases}f(t), & t\in\left[-\frac{T}{2},\frac{T}{2}\right]\\ f_T(t+T), & t\notin\left[-\frac{T}{2},\frac{T}{2}\right]\end{cases}$$

显然，其周期 T 取得越长，周期函数 $f_T(t)$ 越接近非周期函数 $f(t)$，设想让周期 T 趋于正无穷大时，所定义的周期函数 $f_T(t)$ 就完全等于非周期函数 $f(t)$，即 $f(t)=\lim\limits_{T\to+\infty}f_T(t)$。

将非周期函数 $f(t)$ 可看作是由周期函数 $f_T(t)$ 当 $T\to+\infty$ 时转化来的，则有

$$f(t)=\lim_{T\to+\infty}f_T(t)=\lim_{T\to+\infty}\sum_{n=-\infty}^{+\infty}\left[\frac{1}{T}\int_{-T/2}^{T/2}f_T(\tau)e^{-jn\omega_0\tau}d\tau\right]e^{jn\omega_0 t}$$

$$=\lim_{T\to+\infty}\sum_{n=-\infty}^{+\infty}\left[\frac{\omega_0}{2\pi}\int_{-T/2}^{T/2}f_T(\tau)e^{-jn\omega_0\tau}d\tau\right]e^{jn\omega_0 t}$$

当 T 趋于无穷大时，频率间隔 $\omega_0=\frac{2\pi}{T}$ 变成无穷小的频率微分 $d\omega$，离散频率 $n\omega_0$ 变成连续变化的频率 ω_n，记 $\omega_0=\Delta\omega$，$n\omega_0=\omega_n$，得

$$f(t)=\frac{1}{2\pi}\lim_{\Delta\omega\to 0}\sum_{n=-\infty}^{+\infty}\left[\int_{-T/2}^{T/2}f_T(\tau)e^{-j\omega_n\tau}d\tau\cdot e^{jn\omega_n t}\right]\Delta\omega$$

这是一个和式的极限，在一定条件下，上式可写为

$$f(t)=\frac{1}{2\pi}\int_{-\infty}^{+\infty}\left[\int_{-\infty}^{+\infty}f(\tau)e^{-j\omega\tau}d\tau\right]e^{j\omega t}d\omega$$

由此得到下面的定理。

定理 （傅立叶积分定理）如果 $f(t)$ 在 $(-\infty,+\infty)$ 上的任一有限区间满足狄利克雷条件，且在 $(-\infty,+\infty)$ 上绝对可积（即 $\int_{-\infty}^{+\infty}|f(t)|dt<+\infty$），则在 $f(t)$ 的连续点处有

$$f(t)=\frac{1}{2\pi}\int_{-\infty}^{+\infty}\left[\int_{-\infty}^{+\infty}f(\tau)e^{-j\omega\tau}d\tau\right]e^{j\omega t}d\omega$$

在 $f(t)$ 的间断点处，$f(t)=\frac{1}{2\pi}\int_{-\infty}^{+\infty}\left[\int_{-\infty}^{+\infty}f(\tau)e^{-j\omega\tau}d\tau\right]e^{j\omega t}d\omega$ 的左端应为

$$\frac{1}{2}[f_T(t_0+0)+f_T(t_0-0)]$$

称 $f(t)=\frac{1}{2\pi}\int_{-\infty}^{+\infty}\left[\int_{-\infty}^{+\infty}f(\tau)e^{-j\omega\tau}d\tau\right]e^{j\omega t}d\omega$ 为傅立叶积分公式，简称傅氏积分。

9.1.2 傅立叶变换的概念

在 $f(t)=\frac{1}{2\pi}\int_{-\infty}^{+\infty}\left[\int_{-\infty}^{+\infty}f(\tau)e^{-j\omega\tau}d\tau\right]e^{j\omega t}d\omega$ 中，令

$$F(\omega)=\int_{-\infty}^{+\infty}f(t)\mathrm{e}^{-j\omega t}\mathrm{d}t$$

则有

$$f(t)=\frac{1}{2\pi}\int_{-\infty}^{+\infty}F(\omega)\mathrm{e}^{j\omega t}\mathrm{d}\omega$$

可以看出，$F(\omega)=\int_{-\infty}^{+\infty}f(t)\mathrm{e}^{-j\omega t}\mathrm{d}t$ 与 $f(t)=\frac{1}{2\pi}\int_{-\infty}^{+\infty}F(\omega)\mathrm{e}^{j\omega t}\mathrm{d}\omega$ 定义了一个变换对，即对于任一已知函数 $f(t)$，通过指定的积分运算，可以得到一个与之对应的函数 $F(\omega)$；而由 $F(\omega)$ 通过类似的积分运算，可以回复到 $f(t)$。由于它们是从傅立叶级数得来的，因此给出如下定义。

定义 称 $\int_{-\infty}^{+\infty}f(t)\mathrm{e}^{-j\omega t}\mathrm{d}t$ 是 $f(t)$ 的傅立叶变换，并把它记为 $F(\omega)$ 或 $\mathcal{F}[f(t)]$。即

$$F(\omega)=\mathcal{F}[f(t)]=\int_{-\infty}^{+\infty}f(t)\mathrm{e}^{-j\omega t}\mathrm{d}t$$

式中函数 $F(\omega)$ 及 $\mathcal{F}[f(t)]$ 称为 $f(t)$ 的像函数；称 $f(t)=\frac{1}{2\pi}\int_{-\infty}^{+\infty}F(\omega)\mathrm{e}^{j\omega t}\mathrm{d}\omega$ 为傅立叶逆变换，其中函数 $f(t)$ 称为 $F(\omega)$ 像原函数，记为 $f(t)=\mathcal{F}^{-1}[F(\omega)]$。

这样，$f(t)$ 与 $F(\omega)$ 构成一个傅氏变换对，与傅立叶级数一样，傅氏变换有明确的物理意义。在频谱分析中，傅氏变换 $F(\omega)$ 又称 $f(t)$ 的频谱函数，而它的模 $|F(\omega)|$ 称为 $f(t)$ 的振幅谱，称 $\arg F(\omega)$ 为 $f(t)$ 的相位谱。由于傅氏变换这种特殊的物理意义，因而在工程实际中得到广泛的应用。

例 1 求单个矩形脉冲函数

$$f(t)=\begin{cases}1, & |t|\leqslant 1\\ 0, & |t|>1\end{cases}$$

的傅立叶变换和傅立叶积分。

解

$$\begin{aligned}F(\omega)&=\int_{-\infty}^{+\infty}f(t)\mathrm{e}^{-j\omega t}\mathrm{d}t=\int_{-1}^{1}\mathrm{e}^{-j\omega t}\mathrm{d}t=\left.\frac{\mathrm{e}^{-j\omega t}}{-j\omega}\right|_{-1}^{1}\\&=-\frac{1}{j\omega}\left(\mathrm{e}^{-j\omega}-\mathrm{e}^{j\omega}\right)=\frac{2\sin\omega}{\omega}\\f(t)&=\frac{1}{2\pi}\int_{-\infty}^{+\infty}F(\omega)\mathrm{e}^{j\omega t}\mathrm{d}\omega=\frac{1}{2\pi}\int_{-\infty}^{+\infty}\frac{2\sin\omega}{\omega}\mathrm{e}^{j\omega t}\mathrm{d}\omega\\&=\frac{1}{2\pi}\int_{-\infty}^{+\infty}\frac{2\sin\omega}{\omega}\cos\omega t\mathrm{d}\omega+\frac{j}{2\pi}\int_{-\infty}^{+\infty}\frac{2\sin\omega}{\omega}\sin\omega t\mathrm{d}\omega\\&=\frac{2}{\pi}\int_{0}^{+\infty}\frac{\sin\omega\cos\omega t}{\omega}\mathrm{d}\omega\end{aligned}$$

由傅氏积分定理可知

$$\int_{0}^{+\infty}\frac{\sin\omega\cos\omega t}{\omega}\mathrm{d}\omega=\begin{cases}\pi/2, & |t|<1\\ \pi/4, & |t|=1\\ 0, & |t|>1\end{cases}$$

上式中当 $t=0$ 可得重要积分公式

$$\int_0^{+\infty}\frac{\sin x}{x}\mathrm{d}x=\frac{\pi}{2}$$

例 2 求指数衰减函数

$$f(t)=\begin{cases}0, & t<0\\ \mathrm{e}^{-\beta t}, & t\geqslant 0\end{cases}\qquad(\beta>0)$$

的频谱函数、振幅谱、相位谱。

解 由傅氏变换物理意义可知：

$f(t)$ 的频谱函数

$$\begin{aligned}F(\omega)&=\mathcal{F}[f(t)]=\int_{-\infty}^{+\infty}f(t)\mathrm{e}^{-j\omega t}\mathrm{d}t\\&=\int_0^{+\infty}\mathrm{e}^{-(\beta+j\omega)t}\mathrm{d}t\\&=\frac{1}{\beta+j\omega}=\frac{\beta-j\omega}{\beta^2+\omega^2}\end{aligned}$$

$f(t)$ 的振幅谱

$$|F(\omega)|=\frac{1}{\sqrt{\beta^2+\omega^2}}$$

$f(t)$ 的相位谱

$$\arg F(\omega)=-\arg(\omega/\beta)$$

函数图像如图 9-1-1 所示。

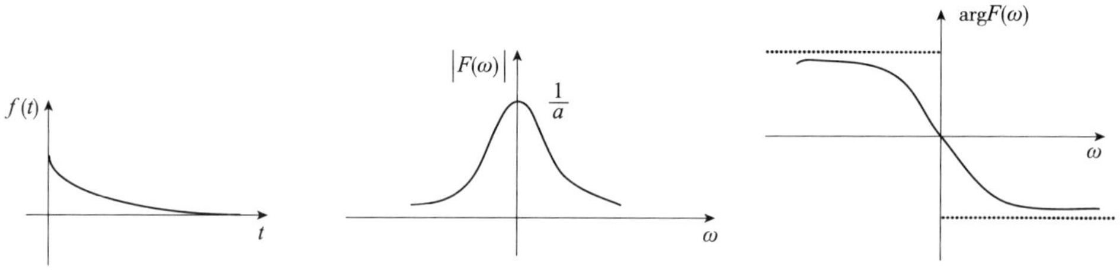

图 9-1-1

9.1.3 单位脉冲函数（δ 函数）及其傅立叶变换

在物理和工程技术中，有许多物理现象具有脉冲性质，常常会碰到单位脉冲函数。如在电学中，要研究线性电路受具有脉冲性质的电势作用后产生的电流；在力学中，要研究机械系统受冲击力作用后的运动情况等。此类问题都会涉及单位脉冲函数。

下面就来进行分析：在电流为零的电路中，某一瞬时（设为 $t=0$）进入一单位电量的脉冲，此时电路上的电流为 $i(t)$。

设 $q(t)$ 表示上述电路中的电荷函数，则

$$q(t)=\begin{cases}0, & t\neq 0\\ 1, & t=0\end{cases}$$

$$i(t)=\frac{\mathrm{d}q(t)}{\mathrm{d}t}=\lim_{\Delta t\to 0}\frac{q(t+\Delta t)-q(t)}{\Delta t}$$

当 $t\neq 0$ 时，$q(t)=0$，由于 $q(t)$ 是不连续的，从而在普通导数意义下，$q(t)$ 在这一点是不能求导数的，如果形式地计算这个导数，则得

$$i(0)=\lim_{\Delta t\to 0}\frac{q(0+\Delta t)-q(0)}{\Delta t}=\lim_{\Delta t\to 0}\left(-\frac{1}{\Delta t}\right)=\infty$$

这表明在通常意义下的函数类中找不到一个函数能够表示这样的电流强度。

为了确定这样的电流强度，我们需要引入一个新的函数，即所谓的单位脉冲函数，又称为狄拉克函数或 δ 函数：

$$\delta(t)=\begin{cases}0, & t\neq 0\\ \infty, & t=0\end{cases}$$

有了这种函数，对于许多集中于一点或一瞬时的量，例如点电荷、点热源，集中于一点的质量及脉冲技术中的非常窄的脉冲等，就能够像处理连续分布的量那样，以统一的方式加以解决。

对于函数 $\delta_\varepsilon(t)=\begin{cases}0, & t<0\\ 1/\varepsilon, & 0\leqslant t\leqslant\varepsilon\\ \infty, & t>0\end{cases}$，定义 $\delta(t)=\lim\limits_{\varepsilon\to 0}\delta_\varepsilon(t)=\begin{cases}0, & t\neq 0\\ \infty, & t=0\end{cases}$。此时有

$\int_{-\infty}^{+\infty}\delta(t)\mathrm{d}t=\lim\limits_{\varepsilon\to 0}\int_{-\infty}^{+\infty}\delta_\varepsilon(t)\mathrm{d}t=\lim\limits_{\varepsilon\to 0}\int_0^\varepsilon\frac{1}{\varepsilon}\mathrm{d}t=1$。

在图形上，人们常常用一个从原点出发长度等于1的有向线段表示 δ 函数，这个线段的长度表示 δ 函数的积分值，称为 δ 函数的冲击强度。

1) δ 函数的性质

(1)设 $f(t)$ 是定义在 $(-\infty,+\infty)$ 上的有界函数，且在 $t=0$ 处连续，则

$$\int_{-\infty}^{+\infty}\delta(t)f(t)\mathrm{d}t=f(0)$$

一般地，若 $f(t)$ 在 $t=t_0$ 点连续，则

$$\int_{-\infty}^{+\infty}\delta(t-t_0)f(t)\mathrm{d}t=f(t_0)$$

(2) δ 函数为偶函数，即 $\delta(t)=\delta(-t)$。

2) δ 函数的傅氏变换

根据 δ 函数的定义及性质，可以容易得出 δ 函数的傅氏变换为

$$F(\omega)=\mathcal{F}[\delta(t)]=\int_{-\infty}^{+\infty}\delta(t)\mathrm{e}^{-j\omega t}\mathrm{d}t=\mathrm{e}^{-j\omega t}\big|_{t=0}=1$$

显然，$\delta(t)$ 与常数1构成了一傅氏变换对，按逆变换公式有

$$\delta(t)=\mathcal{F}^{-1}[F(\omega)]=\frac{1}{2\pi}\int_{-\infty}^{+\infty}\mathrm{e}^{j\omega t}\mathrm{d}\omega$$

由上式可得

$$\int_{-\infty}^{+\infty}\mathrm{e}^{j\omega t}\mathrm{d}\omega=2\pi\delta(t)$$

这是一个关于 δ 函数的重要公式。

例 3 求函数 $f(t)=e^{j\omega_0 t}$ 的傅氏变换。

解

$$F(\omega)=\mathcal{F}[f(t)]=\int_{-\infty}^{+\infty}e^{j\omega_0 t}e^{-j\omega t}dt$$
$$=\int_{-\infty}^{+\infty}e^{j(\omega_0-\omega)t}dt=2\pi\delta(\omega_0-\omega)$$
$$=2\pi\delta(\omega-\omega_0)$$

例 4 求正弦函数 $f(t)=\sin\omega_0 t$ 的傅氏变换。

解

$$F(\omega)=\mathcal{F}[f(t)]=\int_{-\infty}^{+\infty}e^{-j\omega t}\sin\omega_0 t dt$$
$$=\int_{-\infty}^{+\infty}\frac{1}{2j}(e^{j\omega_0 t}-e^{-j\omega_0 t})e^{-j\omega t}dt$$
$$=\frac{1}{2j}\int_{-\infty}^{+\infty}(e^{j(\omega-\omega_0)t}-e^{-j(\omega+\omega_0)t})dt$$
$$=j\pi[\delta(\omega+\omega_0)-\delta(\omega-\omega_0)]$$

例 5 试证单位阶跃函数 $u(t)=\begin{cases}0,t<0\\1,t>0\end{cases}$ 的傅氏变换为 $\frac{1}{j\omega}+\pi\delta(\omega)$。

证明 设 $F(\omega)=\frac{1}{j\omega}+\pi\delta(\omega)$，$u(t)=\mathcal{F}^{-1}[F(\omega)]$，则

$$u(t)=\frac{1}{2\pi}\int_{-\infty}^{+\infty}\left(\frac{1}{j\omega}+\pi\delta(\omega)\right)e^{j\omega t}d\omega=\frac{1}{2}\int_{-\infty}^{+\infty}\delta(\omega)e^{j\omega t}d\omega+\frac{1}{2\pi}\int_{-\infty}^{+\infty}\frac{1}{j\omega}e^{j\omega t}d\omega$$
$$=\frac{1}{2}+\frac{1}{\pi}\int_0^{+\infty}\frac{\sin\omega t}{\omega}d\omega$$

由例 1 可知 $\int_0^{+\infty}\frac{\sin x}{x}dx=\frac{\pi}{2}$，所以有 $u(t)=\begin{cases}0,t<0\\1,t>0\end{cases}$。

9.1.4 傅立叶变换与逆变换的性质

傅立叶变换有一些简单的性质，这些性质在微分方程和线性系统的分析中有很重要的应用。为了叙述方便起见，假定在这些性质中，凡是需要求傅氏变换的函数都满足傅氏积分定理中的条件，证明略。

1）线性性质

设 $F(\omega)=\mathcal{F}[f(t)]$，$G(\omega)=\mathcal{F}[g(t)]$，则

$$\mathcal{F}[\alpha f(t)+\beta g(t)]=\alpha F(\omega)+\beta G(\omega)$$
$$\mathcal{F}^{-1}[\alpha F(\omega)+\beta G(\omega)]=\alpha f(t)+\beta g(t)$$

式中 α、β 为任意给定的常数。

2）平移性质

设 $F(\omega)=F[f(t)]$，t_0、ω_0 为实常数，则

$$\mathcal{F}[f(t-t_0)]=e^{-j\omega t_0}F(\omega)$$

$$\mathcal{F}^{-1}[F(\omega-\omega_0)]=e^{j\omega_0 t}f(t)$$

这个性质表明平移后的傅立叶变换是未作平移的傅立叶变换乘 $e^{-j\omega_0 t}$。

3)相似性质

设 $F(\omega)=\mathcal{F}[f(t)]$，$a$ 为非零实常数,则

$$\mathcal{F}[f(at)]=\frac{1}{|a|}F(\frac{\omega}{a})$$

证

$$\mathcal{F}[f(at)]=\int_{-\infty}^{+\infty}f(at)e^{-j\omega t}dt\xlongequal{s=at}\begin{cases}\frac{1}{a}\int_{-\infty}^{+\infty}f(s)e^{-j\omega\frac{s}{a}}ds, & a>0\\ \frac{1}{a}\int_{+\infty}^{-\infty}f(s)e^{-j\omega\frac{s}{a}}ds, & a<0\end{cases}$$

$$=\begin{cases}\frac{1}{a}\int_{-\infty}^{+\infty}f(s)e^{-j\omega\frac{s}{a}}ds, & a>0\\ \frac{1}{a}\int_{+\infty}^{-\infty}f(s)e^{-j\omega\frac{s}{a}}ds, & a<0\end{cases}$$

$$=\frac{1}{|a|}\int_{-\infty}^{+\infty}f(s)e^{-j\frac{\omega}{a}s}ds=\frac{1}{|a|}F(\frac{\omega}{a})$$

4)微分性质

若 $\mathcal{F}[f(t)]=F(\omega)$，且 $\lim\limits_{|t|\to+\infty}f(t)=0$，则

$$\mathcal{F}[f'(t)]=j\omega F(\omega)$$

一般地,若 $\lim\limits_{|t|\to+\infty}f^{(k)}(t)=0(k=0,1,2,\cdots,n-1)$，则

$$\mathcal{F}[f^{(n)}(t)]=(j\omega)^nF(\omega)$$

同样还能得到像函数的导数公式为

$$F'(\omega)=-j\mathcal{F}[tf(t)]$$

一般地,有

$$f^{(n)}(\omega)=(-j)^n\mathcal{F}[t^nf(t)]$$

当 $f(t)$ 的傅氏变换已知时,上式可用来求 $t^nf(t)$ 的傅氏变换。

5)积分性质

设 $\mathcal{F}[f(t)]=F(\omega)$，且 $\lim\limits_{t\to\infty}\int_{-\infty}^{t}f(t)dt=0$，则有

$$\mathcal{F}[\int_{-\infty}^{t}f(t)dt]=\frac{1}{j\omega}F(\omega)$$

例6 求积分 $\int_0^{+\infty}\frac{\sin^2\omega}{\omega^2}d\omega$ 的值。

解 因为函数

$$f(t)=\begin{cases}1, & |t|\leqslant 1\\ 0, & |t|>1\end{cases}$$

所对应的像函数为 $F(\omega)=\frac{2\sin\omega}{\omega}$，则

$$\frac{1}{2\pi}\int_{-\infty}^{+\infty}\left(\frac{2\sin\omega}{\omega}\right)^2 d\omega = \int_{-1}^{1} 1^2 dt = 2$$

由于被积函数是偶函数,故

$$\int_{0}^{+\infty}\frac{\sin^2\omega}{\omega^2}d\omega = \frac{\pi}{2}$$

实际上,只要记住下面五个傅立叶变换对,则所有的傅立叶变换都无须用公式直接计算而可由傅立叶变换的性质导出。

$$\delta(t)\leftrightarrow 1$$

$$u(t)\leftrightarrow \frac{1}{j\omega} + \pi\delta(\omega)$$

$$u(t)e^{-\beta t}\leftrightarrow \frac{1}{\beta + j\omega}$$

$$e^{j\omega_0 t}\leftrightarrow 2\pi\delta(\omega - \omega_0)$$

$$e^{-\beta t^2}\leftrightarrow \sqrt{\frac{\pi}{\beta}}e^{-\frac{\omega^2}{4\beta}}。$$

例 7 利用傅氏变换的性质求 $\delta(t - t_0)$ 、$e^{j\omega_0 t}$ 、$tu(t)$ 的傅氏变换。

解 因为 $\delta(t)\leftrightarrow 1$,由位移性质得

$$\delta(t - t_0)\leftrightarrow e^{-j\omega_0 t}$$

由 $1\leftrightarrow 2\pi\delta(\omega)$,得

$$e^{j\omega_0 t}\leftrightarrow 2\pi\delta(\omega - \omega_0)$$

由 $u(t)\leftrightarrow \dfrac{1}{j\omega} + \pi\delta(\omega)$,得

$$tu(t)\leftrightarrow j\frac{d}{d\omega}\left[\frac{1}{j\omega} + \pi\delta(\omega)\right] = -\frac{j}{j\omega^2} + j\pi\delta'(\omega)$$

则 $tu(t)\leftrightarrow -\dfrac{1}{\omega^2} + j\pi\delta'(\omega)$ 。

习题 9.1

1. 求下列函数的傅氏变换:

(1) $f(t) = \begin{cases} e^t, & t \leqslant 0 \\ 0, & t > 0 \end{cases}$;

(2) $f(t) = \begin{cases} e^{-t}\sin 2t, & t \geqslant 0 \\ 0, & t < 0 \end{cases}$;

(3) $\mathrm{sgn}t = \begin{cases} -1, & t < 0 \\ 1, & t > 0 \end{cases}$;

(4) $f(t) = \sin(5t + \frac{\pi}{3})$;

(5) $f(t) = e^{-\alpha|t|}(-\infty < t < \infty)$;

(6) $f(t) = \sin^3 t$;

(7) $f(t) = Ee^{-(\frac{t}{2})^2}\quad(-\infty < t < \infty)$;

(8) $u(t) = \frac{1}{2} + \frac{1}{2}\mathrm{sgn}(t)$。

2. 已知 $F(\omega)=\pi[\delta(\omega+\omega_0)+\delta(\omega-\omega_0)]$ 为函数 $f(t)$ 的傅氏变换，求 $f(t)$。

3. 求下列函数的傅氏变换：

(1) $f(t)=\sin\omega_0 t\cdot u(t)$；　　(2) $f(t)=e^{j\omega_0 t}tu(t)$。

9.2 拉普拉斯变换

9.2.1 拉普拉斯变换的概念

在对线性系统进行研究和分析时，要求出线性微分方程满足初始条件的解，当然可以用常规方法求出线性微分方程满足初始条件的解，但方法比较复杂。

拉普拉斯变换是一种积分变换，能把微积分运算转化为代数运算，因而使常系数线性微分方程变换为代数方程，于是在寻求常系数线性微分方程（组）的特解时，无需按常规先求通解，然后再求特解，只要借助于变换表即可求出特解，从而使计算简化。

拉普拉斯变换还具有特殊的物理意义，引入拉普拉斯变换，可采用传递函数代替微分方程来描述系统的特性。这就为采用直观和简便的图解方法来确定控制系统的整个特性、分析控制系统的运动过程，以及综合控制系统的校正装置提供了可能性。

下面就拉普拉斯变换的一些概念、基本性质及几个常用的拉普拉斯变换作一简略介绍。

定义　设函数 $f(t)$ 的定义域为 $[0,+\infty)$，若积分

$$\int_0^{+\infty} f(t)e^{-st}dt$$

对于 s 在某一范围内的值存在，则此积分就确定了一个参数为 s 的函数，记为 $F(s)$，即

$$F(s)=\int_0^{+\infty} f(t)e^{-st}dt$$

函数 $F(s)$ 称为 $f(t)$ 的拉普拉斯（Laplace）变换（简称为拉氏变换，或称为 $f(t)$ 的像函数），$F(s)=\int_0^{+\infty} f(t)e^{-st}dt$ 称为函数 $f(t)$ 的拉普拉斯变换式，用记号 $L[f(t)]$ 表示，即

$$F(s)=L[f(t)]$$

若 $F(s)$ 是 $f(t)$ 的拉普拉斯变换，则 $f(t)$ 称为 $F(s)$ 的拉普拉斯逆变换（或称为 $f(t)$ 的象原函数），记为 $L^{-1}[F(s)]$，即

$$f(t)=L^{-1}[F(s)]$$

拉普拉斯变换中的参数 s，一般不限于是实数，可以为复数，不过在本书中，为简单起见，本节只把 s 当作正的实数来讨论，但这并不影响对拉普拉斯变换的性质的研究，对于解决实际问题也已经足够了。

说明：(1) 在物理、力学和工程上的问题，都是在某一时刻起进行分析讨论，也就是以开始瞬间进行分析讨论。因此，在拉普拉斯变换定义中，只要求函数 $f(t)$ 当 $t\geq 0$ 时有定义，并假定在 $t<0$ 时，$f(t)=0$。

(2) 拉普拉斯变换是将给定的函数 $f(t)$ 经过广义积分变换成新的一个函数 $F(s)$，一般来说，在实际中遇到的函数，它的拉普拉斯变换总是存在的。

下面介绍如何利用定义求拉普拉斯变换。

例 1 求函数 $f(t)=t$ 当 $t\geqslant 0$ 的拉普拉斯变换。

解 $L[t]=\int_0^{+\infty} te^{-st}dt=-\frac{1}{s}\int_0^{+\infty} tde^{-st}=-\left[\frac{te^{-st}}{s}\right]_0^{+\infty}+\frac{1}{s}\int_0^{+\infty} e^{-st}dt$

根据洛必达法则，有

$$\lim_{t\to+\infty}\left(-\frac{te^{-st}}{s}\right)=-\lim_{t\to+\infty}\frac{t}{se^{st}}=--\lim_{t\to+\infty}\frac{1}{s^2e^{st}}$$

当 $s>0$ 时，上述极限收敛于0，所以有

$$\lim_{t\to+\infty}\left(-\frac{te^{-st}}{s}\right)=0$$

因此

$$L[t]=\frac{1}{s}\int_0^{+\infty} e^{-st}dt=-\left[\frac{1}{s^2}e^{-st}\right]_0^{+\infty}=\frac{1}{s^2}\quad(s>0)$$

同理可得，当 a 为常数，则 $L[at]=\frac{a}{s^2}(s>0)$。

例 2 求指数函数 $f(t)=e^{at}$（$t\geqslant 0$，a 是常数）的拉普拉斯变换。

解

$$L[e^{at}]=\int_0^{+\infty} e^{at}e^{-st}dt=\int_0^{+\infty} e^{(a-s)t}dt$$

这个积分在 $s>a$ 时收敛，所以

$$L[e^{at}]=\int_0^{+\infty} e^{(a-s)t}dt=\left[\frac{e^{(a-s)t}}{a-s}\right]_0^{+\infty}=\frac{1}{s-a}\quad(s>a)$$

所以

$$L[e^{at}]=\frac{1}{s-a}\quad(s>a)$$

例 3 求单位阶跃函数 $f(t)=\begin{cases}0, & t<0\\ 1, & t\geqslant 0\end{cases}$ 的拉普拉斯变换。

解 $$L[f(t)]=\int_0^{+\infty} e^{-st}dt=\left[\frac{te^{-st}}{-s}\right]_0^{+\infty}=\frac{1}{s}$$

例 4 求正弦函数 $f(t)=\sin t$ 的拉普拉斯变换。

解 $$L[\sin t]=\int_0^{+\infty}\sin te^{-st}dt=\left[-\frac{e^{-st}(s\sin t+\cos t)}{s^2+1}\right]_0^{+\infty}=\frac{1}{s^2+1}$$

同理可得，

$$L[\cos t]=\frac{s}{s^2+1}\quad(s>0)$$

例 5 求狄拉克(Dirac)函数的拉普拉斯变换。

解 $$L[\delta(t)]=\int_0^{+\infty}\delta(t)e^{-st}dt=\int_0^{+\infty}\lim_{\tau\to 0}\delta_\tau(t)e^{-st}dt=\lim_{\tau\to 0}\int_0^{\tau}\frac{1}{\tau}e^{-st}dt$$

$$=\lim_{\tau\to 0}\frac{\int_0^{\tau}e^{-st}dt}{\tau}=\lim_{\tau\to 0}e^{-st}=1$$

所以有 $L[\delta(t)] = 1$。

为了求得较为复杂的函数的拉普拉斯变换，下面介绍拉普拉斯变换的几个基本性质。

9.2.2 拉普拉斯变换的基本性质

1）线性性质

对于函数 $f(t)$ 和 $g(t)$，任意常数 α 和 β，若 $L[f(t)]$ 和 $L[g(t)]$ 存在，则有关系式

$$L[\alpha f(t) + \beta g(t)] = \alpha L[f(t)] + \beta L[g(t)]$$

利用拉普拉斯变换的定义，容易直接验证这个关系式。根据这个性质，可以推出一系列函数的拉普拉斯变换。

例 6 求函数 $f(t) = \frac{1}{a}(1 - e^{-at})$ 的拉普拉斯变换。

解 由线性性质可得

$$\begin{aligned} L\left[\frac{1}{a}(1 - e^{-at})\right] &= \frac{1}{a}L[1 - e^{-at}] \\ &= \frac{1}{a}L[1] - L[e^{-at}] \\ &= \frac{1}{a}\left(\frac{1}{s} - \frac{1}{s+a}\right) = \frac{1}{s(s+a)} \end{aligned}$$

2）平移性质

若 $L[f(t)] = F(s)$，则

$$L[e^{at}f(t)] = F(s-a)$$

这个性质表明，像原函数乘以 e^{at} 等于其像函数作位移 a，因此这个性质称为平移性质（证明从略，留给读者做练习）。

例 7 求 $L[te^{at}]$ 及 $L[e^{-at}\sin t]$。

解 因为 $L[t] = \frac{1}{s^2}$，$L[\sin t] = \frac{1}{s^2+1}$，由平移性质可得

$$L[te^{at}] = \frac{1}{(s-a)^2}$$

$$L[e^{-at}\sin t] = \frac{1}{(s+a)^2+1}$$

同样还可以得到

$$L[e^{-at}\cos t] = \frac{s+a}{(s+a)^2+1}$$

3）延滞性质

若 $L[f(t)] = F(s)$，则

$$L[f(t-a)] = e^{-at}F(s) \quad (a > 0)$$

证 因为当 $t < 0$ 时，$f(t) = 0$，所以当 $t < a$ 时，$f(t-a) = 0$，因此，

$$L[f(t-a)] = \int_0^{+\infty} f(t-a)e^{-st}dt$$

$$= \int_0^a f(t-a)e^{-st}dt + \int_a^{+\infty} f(t-a)e^{-st}dt$$

$$= \int_a^{+\infty} f(t-a)e^{-st}dt$$

令 $t-a=\tau$，则

$$L[f(t-a)] = \int_0^{+\infty} f(\tau)e^{-s(\tau+a)}d\tau$$

$$= e^{-as}\int_0^{+\infty} f(\tau)e^{-s\tau}d\tau$$

$$= e^{-at}F(s)$$

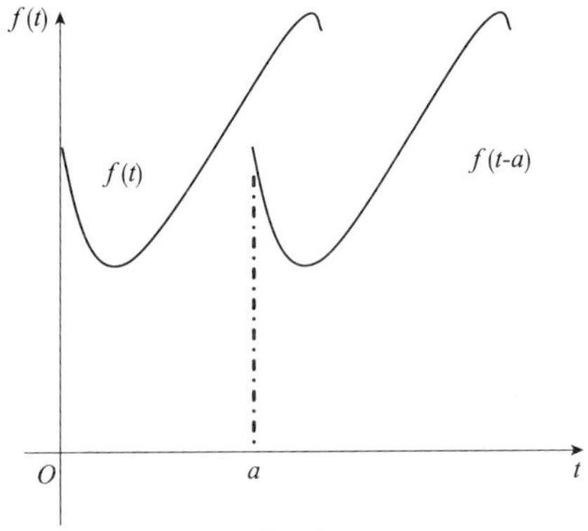

图 9-2-1

这个性质表明，函数 $f(t-a)$ 表示函数 $f(t)$ 在时间上滞后 a 个单位（图 9-2-1），因此这个性质称为延滞性质。延滞性质也表示为

$$L[u(t-a)f(t-a)] = e^{-at}F(s)$$

4）微分性质

若 $L[f(t)] = F(s)$，则

$$L[f'(t)] = sF(s) - f(0)$$

特别当 $f(0)=0$ 时，有 $L[f'(t)] = sF(s)$。

证 $$L[f'(t)] = \int_0^{+\infty} f'(t)e^{-st}dt$$

$$= f(t)e^{-st}\Big|_0^{+\infty} + s\int_0^{+\infty} f(t)e^{-st}dt \quad (s>0)$$

$$= sF(s) - f(0)$$

此性质可推广到 n 阶导数，

$$L[f^{(n)}(t)] = s^nF(s) - [s^{n-1}f(0) + s^{n-2}f'(0) + \cdots + f^{(n-1)}(0)]$$

特别当初始值 $f(0)=f'(0)=\cdots=f^{(n-1)}(0)=0$ 就有更简单结果

$$L[f^{(n)}(t)] = s^nF(s)\ (n\text{ 为自然数})$$

说明：对原函数的微分运算，通过拉普拉斯变换便化为用 s 乘它的像函数的乘运算，利用拉普拉斯变换的微分性质可以把 $f(t)$ 的常系数微分方程转化为 $F(s)$ 的代数方程，因此它在解微分方程中起着重要的作用，拉普拉斯变换有一系列性质，在这里只介绍了几个简单而基本的普拉斯变换的性质。

例 8 求函数 $f(t)=\cos kt$ 的拉普拉斯变换（n 为自然数）。

解 因为 $f'(t) = -k\sin kt$，$f''(t) = -k^2\cos kt$，

所以 $f'(0)=0, f(0)=1$。

因为 $L[f''(t)] = s^2F(s) - [sf(0) + f'(0)]$，

所以 $-k^2L[\cos kt] = s^2L[\cos kt] - s$。

移项化简，得 $$L[\cos kt] = \frac{s}{s^2+k^2}$$

同理可得 $$L[\sin kt] = \frac{k}{s^2+k^2}$$

例 9 求函数 $f(t)=t^n$ 的拉普拉斯变换(n 为自然数)。

解 因为 $f'(t)=nt^{n-1}, f''(t)=n(n-1)\cdots f^{(n)}(t)=n!$

所以
$$f(0)=f'(0)=\cdots=f^{(n-1)}(0)=0$$

因为
$$L[f^{(n)}(t)]=s^nF(s)$$

又
$$L[n!]=\frac{n!}{s^n}$$

所以 $L[f(t)]=L[t^n]=\dfrac{n!}{s\cdot s^n}=\dfrac{n!}{s^{n+1}}$。

5)积分性质

若 $L[f(t)]=F(s)(s\neq 0)$,并且 $f(t)$ 连续,则
$$L[\int_0^t f(t)\mathrm{d}t]=\frac{F(s)}{s}$$

证 设 $\varphi(t)=\int_0^t f(t)\mathrm{d}t$,显然 $\varphi(0)=0,\varphi'(t)=f(t)$。

所以
$$L[\varphi'(t)]=sL[\varphi(t)]-\varphi(0)=sL[\varphi(t)]$$
因为
$$L[\varphi'(t)]=L[f(t)]=F(s)$$
所以
$$F(s)=sL[\varphi(t)]=sL[\int_0^t f(t)\mathrm{d}t]$$
即
$$L[\int_0^t f(t)\mathrm{d}t]=\frac{F(s)}{s}$$

积分性质表明:一个函数积分后再取拉普拉斯变换,等于这个函数的像函数除以参数 s。

为方便应用起见,现将求解常系数线性微分方程的初值问题时经常遇到的拉普拉斯变换列成表 9-2-1。

常用函数的拉普拉斯变换 表 9-2-1

序号	原函数 $f(t)$	像函数 $F(s)$	序号	原函数 $f(t)$	像函数 $F(s)$
1	$\delta(t)$	1	11	$\sin(\omega t+\varphi)$	$\frac{s\sin\varphi+\omega\cos\varphi}{s^2+\omega^2}$
2	$u(t)$	$\frac{1}{s}$	12	$\cos(\omega t+\varphi)$	$\frac{s\cos\varphi-\omega\sin\varphi}{s^2+\omega^2}$
3	t	$\frac{1}{s^2}$	13	$t\sin\omega t$	$\frac{2\omega s}{(s^2+\omega^2)^2}$
4	$t^n\quad(n=1,2,\cdots)$	$\frac{n!}{s^{n+1}}$	14	$t\cos\omega t$	$\frac{s^2-\omega^2}{(s^2+\omega^2)^2}$
5	e^{at}	$\frac{1}{s-a}$	15	$e^{-at}\sin\omega t$	$\frac{\omega}{(s+a)^2+\omega^2}$
6	$1-e^{at}$	$\frac{a}{s(s+a)}$	16	$e^{-at}\cos\omega t$	$\frac{s+a}{(s+a)^2+\omega^2}$
7	te^{at}	$\frac{1}{(s-a)^2}$	17	$\frac{1}{\omega^2}(1-\cos\omega t)$	$\frac{1}{s(s^2+\omega^2)}$
8	$t^ne^{at}\quad(n=1,2,\cdots)$	$\frac{n!}{(s-a)^{n+1}}$	18	$e^{at}-e^{bt}$	$\frac{a-b}{(s-a)(s-b)}$
9	$\sin\omega t$	$\frac{\omega}{s^2+\omega^2}$	19	$2\sqrt{\frac{t}{\pi}}$	$\frac{1}{s\sqrt{s}}$
10	$\cos\omega t$	$\frac{s}{s^2+\omega^2}$	20	$\frac{1}{\sqrt{\pi t}}$	$\frac{1}{\sqrt{s}}$

9.2.3 拉普拉斯逆变换

在运用拉普拉斯变换求解常系数线性方程时，常会碰到如何根据已知象函数 $F(s)$ 去求它的原函数 $f(t)$ 问题，也就是要讨论拉普拉斯逆变换问题。拉普拉斯变换和拉普拉斯逆变换是一一对应的，对于常用的象函数，可以通过查阅本书的拉普拉斯变换表求得结果，对一些象函数不能直接利用拉普拉斯变换表求得逆变换时，要结合使用拉普拉斯逆变换性质，为此，把常用的拉普拉斯变换的几个主要性质用逆变换形式列出。

(1)线性性质：$L^{-1}[aF(s)+bG(s)]=af(t)+bg(t)$ （a、b 为常数）。

(2)平移性质：$L^{-1}[F(s-a)]=e^{at}L^{-1}[F(s)]=e^{at}f(t)$。

(3)延滞性质：$L^{-1}[e^{-as}F(s)]=f(t-a)u(t-a)$。

在运用拉普拉斯变换表由象函数去求它的原函数时，时常要用到把真分式 $\dfrac{P(x)}{Q(x)}$ 分解为简单分式之和的形式。下面我们先简单介绍一下到把真分式分解为简单分式之和方法：

(1)若 $Q(x)$ 有一对 k 重实根 a，则分解时必含有以下的分式：

$$\frac{A_1}{x-a}+\frac{A_2}{(x-a)^2}+\cdots+\frac{A_k}{(x-a)^k}$$

其中 $A_1,A_2,\cdots,A_k$ 都是待定系数。

(2)若 $Q(x)$ 有一对 k 重共轭复根 α 和 β，其中 $(x-\alpha)(x-\beta)=x^2+px+q$

则分解时必含有以下的分式：

$$\frac{B_1x+C_1}{x^2+px+q}+\frac{B_2x+C_2}{(x^2+px+q)^2}+\cdots+\frac{B_kx+C_k}{(x^2+px+q)^k}$$

例 10 分解 $\dfrac{2x+2}{(x-1)(x^2+1)^2}$ 为简单分式之和。

解 设
$$\frac{2x+2}{(x-1)(x^2+1)^2}=\frac{A}{x-1}+\frac{B_1x+C_1}{x^2+1}+\frac{B_2x+C_2}{(x^2+1)^2}$$

右边通分后，再比较两端分子的同次幂系数得一线性方程组；

$$\begin{cases} A+B_1=0 \\ C_1-B_1=0 \\ 2A+B_2+B_1-C_1=0 \\ -B_2-B_1+C_1+C_2=2 \\ A-C_2-C_1=2 \end{cases}$$

解方程组，得

$$A=1,B_1=-1,B_2=-2,C_1=-1,C_2=0$$

所以

$$\frac{2x+2}{(x-1)(x^2+1)^2}=\frac{1}{x-1}-\frac{x+1}{x^2+1}-\frac{2x}{(x^2+1)^2}$$

例 11 求下列函数的拉普拉斯逆变换：

(1) $F(s)=\dfrac{1}{s+3}$；　(2) $F(s)=\dfrac{2s-5}{s^2}$；

(3) $F(s)=\dfrac{s+3}{s^2+3s+2}$；　(4) $F(s)=\dfrac{s^2-5s+5}{(s-1)(s-2)^2}$。

解　(1)由常用函数的拉普拉斯变换表，得

$$f(t)=L^{-1}\left[\frac{1}{s+3}\right]=e^{-3t}$$

(2)由性质1及常用函数的拉普拉斯变换表，得

$$f(t)=L^{-1}\left[\frac{2s-5}{s^2}\right]=2L^{-1}\left[\frac{1}{s}\right]-5L^{-1}\left[\frac{1}{s^2}\right]=2u(t)-5t$$

(3)首先用部分分式展开法，将所给的象函数展开

$$F(s)=\frac{s+3}{s^2+3s+2}=\frac{2}{s+1}-\frac{1}{s+2}$$

于是由拉普拉斯变换表立即查得

$$f(t)=L^{-1}\left[\frac{s+3}{s^2+3s+2}\right]=L^{-1}\left[\frac{2}{s+1}\right]-L^{-1}\left[\frac{1}{s+2}\right]=2e^{-t}-e^{-2t}$$

(4)首先用部分分式展开法，将 $F(s)$ 展开为简单分式之和

$$\frac{s^2-5s+5}{(s-1)(s-2)^2}=\frac{A}{s-1}+\frac{B}{s-2}+\frac{C}{(s-2)^2}$$

右边通分后，再比较两端分子的同次幂系数得一线性方程组

$$\begin{cases}A+B=1\\-4A-3B+C=-5\\4A+2B-C=5\end{cases}$$

解方程组，得

$$A=1,B=0,C=-1$$

所以

$$F(s)=\frac{1}{s-1}-\frac{1}{(s+2)^2}$$

于是由拉普拉斯变换表立即查得

$$f(t)=L^{-1}[F(s)]=L^{-1}\left[\frac{1}{s-1}\right]-L^{-1}\left[\frac{1}{(s-2)^2}\right]=e^{t}-te^{2t}$$

9.2.4 拉普拉斯变换的应用举例

下面举例说明拉普拉斯变换在解常系数线性微分方程(组)中的应用。

例12　求微分方程 $y''+4y'-12y=0$ 满足初始条件 $y(0)=1,y'(0)=0$ 的解。

解　对方程两边取拉普拉斯变换，因为 $L[0]=0$，所以

$$L[y''+4y'-12y]=0$$

由拉普拉斯变换的线性性质，得

$$L[y'']+4L[y']-12L[y]=0$$

再由拉普拉斯变换的微分性质得

$$s^2L[y]-sy(0)-y'(0)+4[sL[y']-y(0)]-12L[y]=0$$

设 $L[y]=Y(s)$ 并将初始条件代入，得

$$(s^2+4s-12)Y(s)-s-4=0$$

即
$$Y(s)=\frac{s+4}{s^2+4s-12}$$

下面通过拉普拉斯逆变换求 $y(t)$。

先将 $F(s)$ 分解为部分分式之和

$$Y(s)=\frac{s+4}{s^2+4s-12}=\frac{1/4}{s+6}+\frac{3/4}{s-2}$$

于是

$$y(t)=L^{-1}[Y(s)]=L^{-1}\left[\frac{1/4}{s+6}\right]+L^{-1}\left[\frac{3/4}{s-2}\right]$$

$$=\frac{1}{4}e^{-6t}+\frac{3}{4}e^{2t}$$

即所求微分方程的解是 $y(t)=\frac{1}{4}e^{-6t}+\frac{3}{4}e^{2t}$

说明：从上例可以看出，用拉普拉斯变换解常系数线性微分方程的步骤如下：

(1)对方程两边取拉普拉斯变换，设 $L[y]=Y(s)$，得出关于 $Y(s)$ 的代数方程；

(2)解此方程，求出 $Y(s)$；

(3)对 $Y(s)$ 作拉普拉斯逆变换，即可求出微分方程的解。

例 13 求微分方程组 $\begin{cases}x''-2y'-x=0\\x'-y=0\end{cases}$ 满足初始条件 $x(0)=0$、$x'(0)=1$、$y(0)=1$ 的解。

解 对方程组两边取拉普拉斯变换，得

$$\begin{cases}s^2L[x]-sx(0)-x'(0)-2(sL[y]-y(0))-L[x]=0\\sL[x]-x(0)-L[y]=0\end{cases}$$

设 $L[x]=X(s)=X$，设 $L[y]=Y(s)=Y$ 并将初始条件 $x(0)=0$、$x'(0)=1$、$y(0)=1$ 代入，得

$$\begin{cases}(s^2-1)X-2sY+1=0\\sX-Y=0\end{cases}$$

解此方程，得

$$\begin{cases}X=\dfrac{1}{s^2+1}\\[2ex]Y=\dfrac{s}{s^2+1}\end{cases}$$

作拉普拉斯逆变换，得微分方程组的解

$$\begin{cases}x(t)=\sin t\\y(t)=\cos t\end{cases}$$

从上述各例可以看到，应用拉普拉斯变换求解常系数线性微分方程(组)的初始问题是

比较简单的。但遗憾的是,它对方程中强迫项的要求比较高,因此,并非任何常系数线性微分方程(组)都能用拉普拉斯变换求解,这一点要注意。

例 14 弹簧振动的微分方程为 $mx'' = A\delta(t) - kx$,且 $x(0) = 0$、$x'(0) - 0$,求弹簧振动的运动规律。

解 设 $L[x(T)] = X(S)$、$x'(0) = 0$,对 $mx'' = A\delta(t) - kx$ 两边取拉普拉斯变换,并将初始条件 $x(0) = 0$、$x'(0) = 1$ 代入,得

$$X(s) = \frac{A}{ms^2 + k}$$

作拉普拉斯逆变换,得

$$x(t) = \frac{A}{\sqrt{km}}\sin\sqrt{\frac{k}{m}}t$$

可见,振动物体按正弦规律运动,振幅为 $\frac{A}{\sqrt{km}}$ 角频率为 $\sqrt{\frac{k}{m}}$。

例 15 RC 电路的电磁振荡方程为

$$RC\frac{\mathrm{d}u_C}{\mathrm{d}t} + u_C(t) = 100\sin 5t$$

求电磁振荡的规律。

解 设 $L[u_C(t)] = U_C(s)$,对上式两边取拉普拉斯变换,并将初始条件和已知条件代入,化简得

$$U_C(s) = \frac{2500}{(s+5)(s^2+25)}$$

作拉普拉斯逆变换,得

$$u_C(t) = 50(\mathrm{e}^{-5t} - \cos 5t + \sin 5t)$$

拉普拉斯(Laplace)变换由于它的像原函数的条件比傅立叶变换的条件要弱,因此在某些问题上,它比傅立叶变换的适用面要广。拉普拉斯(Laplace)变换在电学、光学、力学等工程技术与科学领域中有着广泛的应用。

习题 9.2

1. 求下列各函数的拉普拉斯变换:

(1) $f(t) = 6t$; (2) $f(t) = \mathrm{e}^{-2t}$;

(3) $f(t) = 3\cos 2t - 5\sin 2t$; (4) $f(t) = \begin{cases} -1, & 0 \leqslant t < 4 \\ 1, & t \geqslant 4 \end{cases}$;

(5) $f(t) = t^2 + 3t - 4$; (6) $f(t) = 1 + te^t$;

(7) $f(t) = 8\sin^2 3t^t$; (8) $f(t) = t\sin 3t$。

2. 求下列函数的拉普拉斯逆变换:

(1) $F(s) = \frac{2}{s-2}$; (2) $F(s) = \frac{1}{(s-1)^3}$;

(3) $F(s)=\dfrac{2s-3}{s^2}$;　　(4) $F(s)=\dfrac{4s-3}{s^2+4}$;

(5) $F(s)=\dfrac{s}{(s+3)(s+5)}$;　　(6) $F(s)=\dfrac{1}{s^2(s+1)}$;

(7) $F(s)=\dfrac{4s-2}{(s^2+1)^2}$;　　(8) $F(s)=\dfrac{s^2+3}{(s^2+2s+5)(s+2)}$。

3. 用拉普拉斯变换解下列常系数线性微分方程(组)：

(1) $y'+2y=0, y'(0)=3, y(0)=3$;

(2) $y''-3y'+2y=4, y(0)=0, y'(0)=1$;

(3) $\begin{cases}x''+2y=0\\ y'+x+y=0\end{cases}$;　$x(0)=0, x'(0)=1, y(0)=1$;

(4) $\begin{cases}x''+y'+3x=\cos 2t\\ y''-4x'+3y=\sin 2t\end{cases}$;　$x(0)=\dfrac{1}{5}, x'(0)=0, y(0)=0, y'(0)=\dfrac{6}{5}$。

4. 在如图 9-2-2 所示的 RL 电路中，电阻 $R=10(\Omega)$，电感 $L=2(\mathrm{H})$，电源电动势 $E=50\sin 5t(\mathrm{V})$，当开关 K 合上后，电路中有电流通过。求电流强度 $i(t)$ 的变化规律。

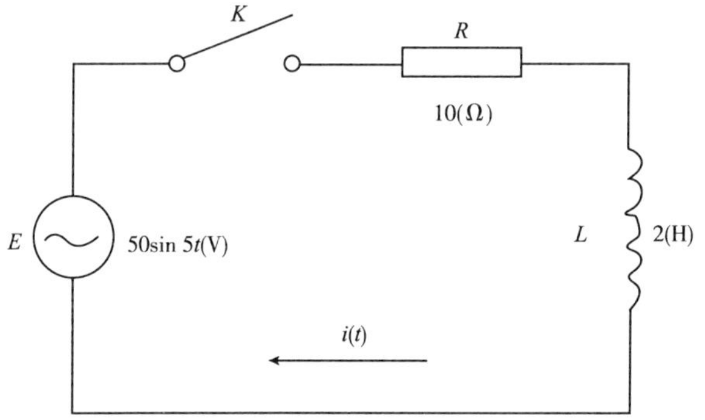

图 9-2-2

9.3 积分变换问题的 MATLAB 求解

积分变换在工程技术和应用数学中都有着广泛的应用，Symbolic Math Toolbox 提供了专门的函数，可以提高运算效率，下面分别介绍 Fourier 变换和 Laplace 变换。

9.3.1 Fourier 变换的 MATLAB 求解

命令调用格式：

fourier(f)：按默认自变量 x 对表达式 f 进行 Fourier 变换；

fourier(f,v,u)：利用 Fourier 变换将 v 的函数变换成 u 的函数；

ifourier(F)：按默认自变量 w 对表达式 F 进行 Fourier 逆变换；

ifourier(F,u,v):利用 Fourier 逆变换将 u 的函数变换成 v 的函数。

例 1 求函数$f(x)=e^{-x^2}$的 Fourier 变换,并对结果进行 Fourier 逆变换。

解 输入:

```
>>syms x;f=exp(-x^2);
>>F=fourier(f)
```

输出:

```
F =
    exp(-1/4*w^2)*pi^(1/2)
```

输入:

```
>>f=ifourier(F)
```

输出:

```
f =
    exp(-x^2)
```

例 2 求函数$f(x)=\sin x\cos x$的 Fourier 变换,并对结果进行 Fourier 逆变换。

解 输入:

```
>>syms x;f=sin(x)*cos(x);F=fourier(f)
```

输出:

```
F =
    1/2*i*pi*(-dirac(w-2)+dirac(w+2))
```

输入:

```
>>f=ifourier(F)
```

输出:

```
f =
    1/2*sin(2*x)
```

说明:输出结果中 dirac 即为单位脉冲函数(δ 函数)。

9.3.2 Laplace 变换的 MATLAB 求解

MATLAB 提供了 laplace 和 ilaplace 函数实现 Laplace 变换和反变换,其命令调用格式如下:

laplace(f):求函数表达式 f 的 Laplace 变换,采用默认的 t 为时域变量;

laplace(f,v,u):求函数表达式 f 的 Laplace 变换,指定时域变量 v 和复域变量 u;

ilaplace(F):求函数表达式 F 的 Laplace 逆变换,采用默认的 t 为时域变量;

ilaplace(F,u,v):求函数表达式 F 的 Laplace 逆变换,指定时域变量 v 和复域变量 u。

例 3 求函数$f(t)=te^t\sin t$的 Laplace 变换。

解 输入

```
>>syms t;f=t*exp(t)*sin(t);laplace(f)
```

输出:

```
ans =
```

2/((s-1)^2+1)^2*(s-1)

例 4 求 $F(s)=\frac{3s-4}{s^2+3}$ 的 Laplace 逆变换。

解 输入：

```
>>syms s;f=(3*s-4)/(s^2+3);ilaplace(f)
```

输出：

```
ans =
3*cos(3^(1/2)*t)-4/3*3^(1/2)*sin(3^(1/2)*t)
```

例 5 求函数 $f(x)=x^2e^{2x}\cos(x+\pi)$ 的 Laplace 变换，并对结果进行 Laplace 逆变换，看是否变换回原函数。

解 输入：

```
>>syms x y;f=x^2*exp(2*x)*cos(x+pi);F=laplace(f,x,y)
```

输出：

```
F =
  -2*(y^3-6*y^2+9*y-2)/(y^2-4*y+5)^3
```

输入：

```
>>f=ilaplace(F,y,x)
```

输出：

```
f =
  -x^2*exp(2*x)*cos(x)
```

说明：因为 $\cos(x+\pi)=-\cos x$，所以利用 Laplace 逆变换可以变换回原函数。

习题 9.3

1. 使用 fourier 和 ifourier 函数对符号表达式 $\sin x$ 进行积分变换。
2. 求函数 $f(x)=e^{at}(t\geqslant 0,a$ 为常数$)$ 的 Laplace 变换。
3. 求 $F(s)=\frac{2s-5}{s^2}$ 的 Laplace 逆变换。

复习题九

1. 求下列函数的傅立叶变换：

(1) $f(t)=1$； (2) $f(t)=\cos\omega_0 t$；

(3) $u(t-t_0)$； (4) $f(t)=u(t)\sin\omega_0 t$；

(5) $f(t)=e^{j\omega_0 t}tu(t)$。

2. 设 $F(\omega)=\mathscr{F}[f(t)]$，证明：$f(\pm\omega)=\dfrac{1}{2\pi}\displaystyle\int_{-\infty}^{+\infty}F(\mp t)e^{-j\omega t}dt$。

3. 求下列各函数的拉普拉斯变换：

(1) $u(2t-1)$； (2) $f(t)=\begin{cases}E,0\leqslant t<t_0\\0,t\geqslant t_0\end{cases}$；

(3) $f(t)=t^2\cos 2t$； (4) $f(t)=\dfrac{e^{-\pi t}}{\sqrt{\pi t}}$。

4. 求下列各函数的拉普拉斯逆变换：

(1) $F(s)=\dfrac{1}{s(s-1)^2}$；

(2) $F(s)=\dfrac{3s+9}{s^2+2s+10}$；

(3) $F(s)=\dfrac{s^2}{(s^2+1)^2}$；

(4) $F(s)=\dfrac{s^2}{(s-1)^4}$。

5. 用拉普拉斯变换解下列微分方程(组)：

(1) $y''+2y'+2y=e^{-x}$，$y(0)=y'(0)=0$；

(2) $y'''+8y=32t^3-16t$；

(3) $\begin{cases}x''+y'+3x=\cos 2t\\y''-4x'+3y=\sin 2t\end{cases}$，$x(0)=\dfrac{1}{5},x'(0)=0,y(0)=0,y'(0)=\dfrac{6}{5}$。

数学素质拓展——努力就有回报

1807 年 12 月 12 日，在法国科学院举行的一次会议上傅立叶（Fourier）宣读了他的一篇关于热传导的论文，宣称：在有限区间上由任意图形定义的函数都可以表示为单纯的正、余弦函数之和。

经当时号称 3L 的拉格朗日、拉普拉斯和勒让德审阅后，认为其推导极不严密，被《论文汇编》拒收。

4 年后，Fourier 将修改后论文《关于热传导问题的研究》提交法国科学院。还是由 3L 组成的评审小组审阅，介于当时注重应用效果的社会背景，认为其内容新颖、实用。从而于 1812 获得法国科学院颁发的大奖。但仍以其不严密性被《论文汇编》拒收。

又经过 10 年努力，Fourier 于 1822 年终于出版了专著——《热的解析理论》。这部经典著作将欧拉、伯努利等人在一些特殊条件下使用的三角级数方法发展成内容丰富的一般理论，特别是在工程应用方面显示出巨大的作用。

1830 年 5 月 16 日，Fourier 在巴黎去世。Fourier 的一生告诉我们：坚持不懈努力就一定会有收获。

第10章 概率

学习目标

1. 理解随机事件、样本空间、概率、条件概率及独立性的基本概念；
2. 掌握事件的关系和运算；
3. 能熟练应用概率的加法公式和乘法公式；
4. 了解加法公式和乘法公式的综合运用：全概公式和贝叶斯公式；
5. 会解简单的古典概型问题；
6. 理解随机变量的概念，掌握离散型随机变量及其分布列、连续型随机变量及其概率密度函数；
7. 了解分布函数的概念，理解连续型随机变量密度函数与分布函数的关系，掌握两种典型分布：二项分布和正态分布；
8. 理解期望、方差的概念，熟练掌握它们的性质，会计算常见分布的期望和方差并运用期望和方差知识解决一些简单的实际问题；
9. 会用 MATLAB 统计命令求解有关概率问题。

重点：概率的加法公式和乘法公式，随机事件的独立性；随机变量的概率分布、概率密度；二项分布和正态分布的概率计算、期望与方差的性质。

难点：古典概型的概率计算；全概公式和贝叶斯公式；连续型随机变量概率密度的意义；分布函数的意义；二项分布和正态分布的概率计算；期望与方差的应用。

概率论是研究随机现象的一门学科，它起源于17世纪，在最近几十年中，以概率论为理论基础的数理统计学也获得了很大发展。概率论在自动控制、产品的质量控制、农业试验、医疗卫生、公用事业等各个方面都得到了广泛应用。本章将介绍概率论的一些基本理论和方法。

10.1 随机事件及其运算

【案例】 历史上有名的“分赌金”问题。

17世纪中叶，法国数学家巴斯卡写信给当时号称数坛“怪杰”的费尔马，信中提到赌徒德梅尔向他提出的一个“分赌金”问题。

有一天，德梅尔和赌友保罗赌钱，他们事先每人拿出 6 枚金币作赌金，用扔硬币作赌博手段，一局中若掷出正面，则德梅尔胜，否则保罗胜。约定谁先胜三局谁就能得到所有的 12 枚金币。已知他们在每局中取胜的可能性是相同的。比赛开始后，保罗胜了一局，德梅尔胜了两局。这时一件意外的事中断了他们的赌博。后来他们也不再想继续这场还没有结局的赌博，于是一起商量这 12 枚金币应如何分才公平合理。保罗对德梅尔说："你胜了两局，我只胜了一局，因此你的金币应是我的两倍。你得总数的 2/3，即 8 枚金币，我得总数的 1/3，即 4 枚金币。"

"这不公平！"精通赌博的德梅尔对此提出异议："我只要再胜一局就能得到全部金币，而你要得到全部金币还须再胜两局。即使你接下来胜一局，我们两人也是平分秋色，何况就这次我还有一半的机会获胜呢！所以我应得全部赌金的 3/4，即 9 枚金币，而你只能得 1/4，即 3 枚金币。"

到底谁的分法对呢？当时可使两位数学家费了不少脑筋。历史上古典概率正是由研究诸如此类的赌博游戏中的问题引起的。下面先介绍概率中的一些基本概念。

10.1.1 几个基本概念

1）随机试验

为了叙述方便，我们把对一定条件下某种现象的观察或实验都称为试验。下面让我们来看几个试验的例子。

试验 1：抛掷一枚硬币，观察出现正面或反面的次数；

试验 2：抛掷一个骰子，统计 1 ~ 6 点数出现的情况；

试验 3：记录某电话总机在 1 小时内接到呼唤的次数 k；

试验 4：在一些灯泡中，任取一只，测试它的寿命；

试验 5：某一天你买了浙江体育彩票 6 + 1 型一张，思考你中特等奖的机会。

上述五个试验大都具有以下特点：

（1）试验可以在相同的情形下重复进行；

（2）试验的所有可能结果是明确可知道的，并且不止一个；

（3）每次试验总是恰好出现这些可能结果中的一个，但在一次试验之前却不能肯定这次试验会出现哪一个结果。

则称这样的试验为随机试验，为方便起见，也简称为试验。

2）随机事件

在随机试验中，可能发生也可能不发生的试验结果称为随机事件，简称为事件。习惯上用大写字母 A、B、C 等表示事件。例如，抛掷一颗骰子，可能出现 1 点、2 点、3 点、4 点、5 点、6 点，也可能掷出偶数点等试验结果，这些都是随机事件。但其中出现 1 点、2 点、3 点、4 点、5 点、6 点的试验结果是不能再分解的，对于这样的随机事件，可以给出下面新的定义。

3）基本事件

在随机试验中，不能分解的最简单的结果称为基本事件。通常用 $\omega_1, \omega_2, \cdots$ 表示。例如，在试验 1 中的基本事件有："正面向上"、"反面向上"两个，试验 2 中的基本事件有 6 个：1 点、2 点、3 点、4 点、5 点、6 点。

4)样本空间和样本点

所有基本事件组成的集合称为样本空间,通常用字母 Ω 表示。例如,试验 1 的样本空间为 $\Omega=\{正面,反面\}$,试验 2 的样本空间为 $\Omega=\{1,2,3,4,5,6\}$。构成样本空间的基本事件也称为样本点,因而任一事件实际上都是样本点的集合。于是,从集合论观点看,凡随机事件都是样本空间的子集。

5)必然事件和不可能事件

在试验 2 中如果我们说“掷出点数小于 7”,则在每次试验中该结果一定发生,但是如果说“掷出点数为 8 点”,就成为一个不可能发生的结果。对于这两种结果我们有下面的定义。

在随机试验中必然会发生的事件称为必然事件,常用 Ω 表示。在试验中肯定不会发生的事件称为不可能事件,常用 $\varnothing$ 表示。必然事件和不可能事件都是确定性的,但为了讨论方便,不妨将它们视为随机事件的特例。

例 1 写出试验 3、试验 4 的样本空间。

解 试验 3 的样本空间 $\Omega_3=\{k\mid k=0,1,2,\cdots\}$,试验 4 的样本空间 $\Omega_4=\{t\mid t\geqslant 0\}$。

一个样本空间 Ω 中,可以有很多的随机事件。概率论的任务之一,是研究随机事件的规律,通过对较简单事件规律的研究去掌握更复杂事件的规律。为此,需要研究事件之间的关系和事件之间的一些运算。

10.1.2 事件之间的关系和运算

1)子事件(事件包含)

如果事件 A 发生必然导致事件 B 发生,则称 B 包含 A,或称 A 是 B 的子事件,并记作 $A\subset B$ 或 $B\supset A$,如图 10-1-1a)所示。例如,在抛掷骰子试验中,若记 $A=\{1,3,5\}$,$B=\{1,2,3,4,5\}$,显然 $A\subset B$,即事件 B 包含事件 A。实际上,若事件“出现奇数点”发生,则事件“出现的点数不超过 5”必然发生。

因为不可能事件 $\varnothing$ 不含有任何 ω,所以对任一事件 A,我们约定 $\varnothing\subset A$。

2)相等事件

如果有 $A\subset B$,$B\supset A$ 同时成立,则称事件 A 与 B 相等,记作 $A=B$,如图 10-1-1b)所示。

3)和事件(并)

事件 A 与 B 中至少有一个发生,这样的一个事件称作事件 A 与 B 的和(或并)并记作 $A\cup B$ 或者 $A+B$,如图 10-1-1c)所示。

4)积事件(交)

事件 A 与 B 同时发生,这样的一个事件称作事件 A 与 B 的交(或积),记作 $A\cap B$ 或 AB,如图 10-1-1d)所示。

5)差事件

事件 A 发生而 B 不发生,这样的一个事件称作事件 A 与 B 的差,记作 $A-B$,如图10-1-1e)、图 10-1-1f)所示。

6)互斥事件(互不相容)

若事件 A 与 B 不能同时发生,也就是说 AB 是一个不可能事件,即 $AB=\varnothing$,则称事件 A 与 B

互不相容或互斥，如图 10-1-1g)所示。例如，下一次象棋，如果记事件 A 表示“输”，B 表示“赢”，则事件 A、B 不能同时发生，即事件 A、B 为互不相容事件。

7)对立事件(互逆)

若 A 是一个事件，令 $\bar{A}=\Omega-A$，称 $\bar{A}$ 是 A 的对立事件或逆事件，如图 10-1-1h)所示。

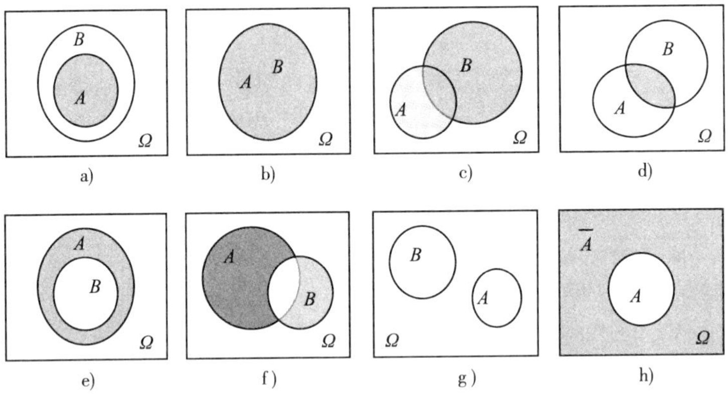

图 10-1-1　事件之间的关系

思考：下一次象棋，如果记事件 A 表示“输”，B 表示“赢”，事件 A、B 是对立事件吗？如果不是，A 的对立事件又是什么？

结论：凡对立事件，必定是互斥事件；反之，互斥事件不一定是对立事件。

例 2　设 A、B、C 分别表示：订都市快报、订杭州日报、订钱江晚报事件，用事件间的关系表示下列事件：

(1)“订都市快报、订杭州日报、不订钱江晚报”事件；

(2)“至少订其中两种报纸”事件；

(3)“只订其中两种报纸”事件；

(4)“最多订其中一种报纸”事件；

(5)“只订其中一种报纸”事件；

(6)“只订都市快报”事件；

(7)“至少订其中一种报纸”事件。

解　(1)“A 与 B 发生，C 不发生”，可以表示成 $AB\bar{C}$，或 $AB-C$，或 $AB-ABC$。

(2)“A、B、C 中至少有两个发生”，可以表示成 $AB\cup AC\cup BC$，或 $\bar{A}BC+A\bar{B}C+AB\bar{C}+ABC$。

(3)“A、B、C 中恰好发生二个”，可以表示成 $AB\bar{C}+A\bar{B}C+\bar{A}BC$。

(4)“A、B、C 中有不多于一个事件发生”，可以表示成 $\bar{A}\bar{B}\bar{C}+\bar{A}\bar{B}C+\bar{A}B\bar{C}+A\bar{B}\bar{C}$。

(5)“A、B、C 恰好发生一个”，可以表示成 $A\bar{B}\bar{C}+\bar{A}B\bar{C}+\bar{A}\bar{B}C$。

(6)“A 发生而 B 与 C 都不发生”，可以表示成 $A\bar{B}\bar{C}$，或 $A-B-C$，或 $A-(B\cup C)$。

(7)“A、B、C 中至少发生一个”，可以表示成 $A+B+C$，或 $A\bar{B}\bar{C}+\bar{A}B\bar{C}+\bar{A}\bar{B}C+AB\bar{C}+A\bar{B}C+\bar{A}BC+ABC$。

借助直观图,读者可自行验证德摩根(De Morgan)对偶定理等式成立:

(1)$\overline{A+B}=\overline{A}\,\overline{B}$;　　(2)$\overline{AB}=\overline{A}+\overline{B}$。

例3 如图10-1-2,用 A_i 表示事件"点 i 闭合"($i=1,2,3,4$),B 表示事件"L 和 R 两点间通路",试用 A_i 表示 B。

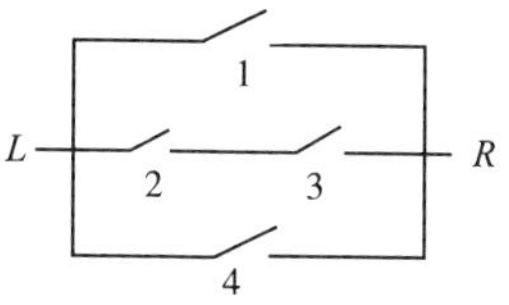

图 10-1-2

解 $B=$ {"点1闭合"或"点2和3同时闭合"或"点4闭合"}

$=A_1\cup(A_2\cap A_3)\cup A_4$

$=(A_1\cup A_2\cup A_4)\cap(A_1\cup A_3\cup A_4)$

习题 10.1

1. 试写出下列随机试验的样本空间:

(1)从甲、乙、丙、丁4位学生中推选2位,参加数学竞赛,其中一位参加省级竞赛,另一位参加全国竞赛;

(2)10件产品中有2件次品,每次从中抽取一件,抽取后不放回直到将两件次品全部取出为止,记录抽取的次数;

(3)同时抛掷两枚骰子,观察点数之和小于5的情形。

2. A、B、C 分别表示三个事件,试用 A、B、C 的运算关系表示下列事件:

(1)A、B、C 都发生;

(2)A、B、C 都不发生;

(3)A 发生而 B、C 都不发生;

(4)A、B、C 中至少有一个发生;

(5)A、B、C 中恰有一个发生;

(6)A、B、C 中恰好两个发生。

3. 在某高职院校学生中任选一名学生,令事件 A 表示选出的是男生,事件 B 表示选出的是二年级学生,事件 C 表示选出的是运动员,试用文字叙述下列事件:

(1)$A+B$;　　(2)$A+B+C$;

(3)ABC;　　(4)$A-B$。

4. 已知 A、B 是两个事件,并设 $C=$"事件 A、B 都发生",$D=$"事件 A、B 不都发生",$E=$"事件 A、B 都不发生",则其中哪两个是互斥事件?哪两个是对立事件?

10.2 概率的定义

当你正在思念朋友,恰好有一位朋友就给你来了电话;或者你买的彩票中了头等奖;又或者一辆在高速路上行驶的汽车中的驾驶员,遭飞来横祸不幸失去生命……每当这时,你会不会这样想:"那么,这件事发生的概率有多大?"下面就让我们来讨论概率的定义及计算。

【案例1】 在英语中某些字母出现的频率远远高于另外一些字母。在进行了更深入的研究之后，人们还发现，各个字母被使用的频率相当稳定。下面就是英文字母使用频率的一份统计表（表 10-2-1）。其他各种文字也都有着类似的规律。

英文字母使用频率统计　　表 10-2-1

字母	W	E	R	T	Y	U	I	O	P
频率	0.012	0.105	0.054	0.072	0.012	0.023	0.055	0.065	0.018
字母	A	S	D	F	G	H	J	K	L
频率	0.063	0.052	0.035	0.023	0.011	0.047	0.001	0.003	0.029
字母	Z	X	C	V	B	N	M	Q	空格
频率	0.001	0.002	0.023	0.008	0.0105	0.059	0.021	0.001	0.2

字母使用频率的研究，对于打字机、计算机键盘的设计（在方便的地方安排使用频率较高的字母键）、印刷铅字的铸造（使用频率高的应铸得多些）、信息的编码（常用字母用较短的码）、密码的破译等方面都起到了十分重要的作用。历史上曾有不少人做过掷硬币和掷骰子的试验，结果随着试验次数的增加，硬币出现正面或反面的频率越来越稳定在 1/2；骰子出现1 ~ 6 点的频率越来越稳定在 1/6。

经过长期的实践人们发现，虽然个别随机事件在某次试验或观察中可以出现也可以不出现，但在大量试验中它却呈现出明显的规律性——频率稳定性。概率的统计定义就是基于频率的稳定值而来的。

10.2.1　概率的统计定义

定义 1　在相同条件下所做的大量重复试验中，如果事件 A 发生的频率总是在一个确定的常数 p 附近摆动，并且逐渐稳定于 p，则称 p 为随机事件 A 的概率，记作 $P(A)$，即

$$P(A)=p$$

概率的统计定义给出了概率概念的直观、朴素的描述，同时也给出了估算概率的近似方法。概率的这个定义有着重要的应用。

在实际问题中，常常直接采用频率值来作为概率的近似值，例如，出生率、升学率、犯罪率等。

用概率的统计定义来求概率，要做大量的试验，并且所得结果只能是近似值。事实上，对于某些类型的概率问题，是可以通过研究它的内在规律性来确定它的概率的。

10.2.2　概率的古典定义

【案例 2】　中国福利彩票“双色球”是一种联合发行的“乐透型”福利彩票，采用计算机网络系统发行销售，定期电视开奖。其开奖规则为：单注“双色球”每注 2 元，每注投注号码由 6 个不同的红色球号码和 1 个蓝色球号码组成。红色球号码从 01 ~ 33 中选择；蓝色球号码从

01～16中选择。一等奖:7 个号码相符(6 个不同红色球号码和 1 个蓝色球号码)(红色球号码顺序不限)。单注奖金按注均分,单注最高限额封顶 500 万元。问买一注这种彩票抽到一等奖的概率是多少?

分析 通过科学摇奖机的运作,33 个红色球中每一个被抽到的机会是相同的,都是 1/33,每一个蓝色球被抽到的机会也是相同的,都是 1/16。因此,此随机试验满足下列两个条件:

(1)样本空间中只有有限个基本事件(样本点);

(2)每次试验中,各个基本事件出现的可能性是相同的。

称这种试验为有限等可能随机试验或古典概型。

定义 2 在古典概型中,如果已知试验的样本空间 Ω 有 n 个基本事件组成,而事件 A 包含的基本事件数为 m,则 A 发生的概率为

$$P(A)=\frac{m}{n} \tag{10-2-1}$$

以上定义称为概率的古典定义。

古典概型中许多概率的计算相当困难而富有技巧,计算的要点是给定样本点,并计算它的总数,而后再计算 A 中所含的基本事件数。在这些计算中,经常要用到一些排列与组合公式。下面先介绍排列与组合公式。

10.2.3 排列数与组合数公式

1)加法原理和乘法原理

【问题 1】 如图 10-2-1 所示,从甲地到乙地,旱路有 3 条,水路有 2 条,问从甲地到乙地共有多少种不同的走法?

从图中很容易找到答案:从甲地到乙地共有 5 种不同的走法。

【问题 2】 如图 10-2-2 所示,由 A 村到 B 村的路有 3 条,由 B 村到 C 村的路有 2 条,问从 A 村经过 B 到 C 村的路共有多少种不同的走法?

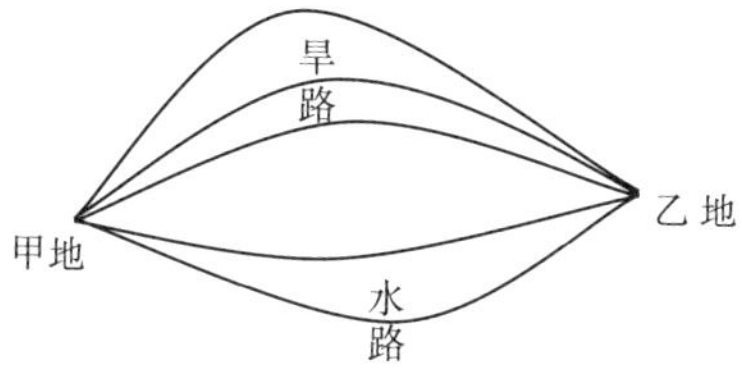

图 10-2-1

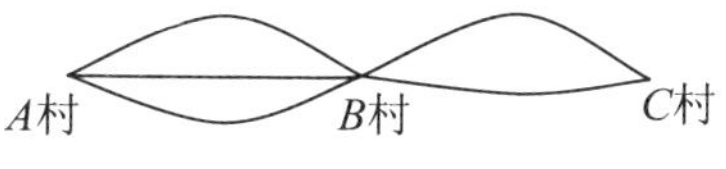

图 10-2-2

从图中不难看出此题的答案是:共有 6 种不同的走法。

问题 1 和问题 2 的共同之处在于:它们都是在研究做一件事情(或工作)完成它共有多少种不同的方法?这两个问题的不同点是完成工作的方式不同。

问题 1 中的每条旱路或水路都可以从甲地直接到乙地,其中旱路和水路只不过是完成从甲地到乙地这件工作的两类不同的办法。

问题 2 中的从 A 村到 B 村的 3 条路和从 B 村到 C 村的 2 条路的任意一条路都不能把从 A 村经过 B 村到达 C 村这件工作做完,只能完成这件工作的一部分。问题 2 中的工作是分两个

步骤完成的：第一步从 A 村到达 B 村，第二步从 B 村到达 C 村。

由此不难总结出：完成一件工作有以下两种不同的方式：

第一种方式：用不同类的办法去完成一件工作，每类办法中的任意一种方法都可以从头至尾把这件工作做完。此时完成工作的方法总数等于每类办法中的方法总数之和。如问题 1 中共有的方法总数 $5=3+2$。

第二种方式：分成几个步骤去完成一件工作，每个步骤中的任意一种方法只能完成这件工作的一部分，这几个步骤都完成了，这件工作才能做完。此时完成工作的方法总数等于每一步中的方法总数相乘。如问题 2 中共有的方法总数 $6=3\times 2$。由此得到加法原理和乘法原理。

加法原理：做一件事，完成它有 n 类办法，其中第一类办法中有 m_1 种方法，第二类办法中有 m_2 种方法……，第 n 类办法中有 m_n 种方法，那么完成这件事共有 $N=m_1+m_2+\cdots+m_n$种不同的方法。

乘法原理：做一件事，完成它需要分成 n 个步骤，其中第一个步骤有 m_1 种方法，第二个步骤有 m_2 种方法……，第 n 个步骤有 m_n 种方法，那么完成这件事共有 $N=m_1\cdot m_2\cdot\cdots\cdot m_n$种不同的方法。

例 1　甲、乙、丙、丁四个人，每两个人通一封信，问共通多少封信？

解　由于每一封信都必须有发信人和收信人，因此确定一封信可分两个步骤完成：

第一步确定发信人：从 4 个人中任选一人有 4 种选法；第二步确定收信人：从剩下的 3 个人中任选一人有 3 种选法。由乘法原理得：共有 $4\times 3=12$ 种。

答：共通 12 封信。

例 2　甲、乙、丙、丁四个人两两通一次电话，共通多少次电话？

解　互通电话的双方为：甲乙、甲丙、甲丁、乙丙、乙丁、丙丁。共通 6 次电话。

对于互通电话这件事，甲打给乙和乙打给甲实际效果是一样的，因此甲乙和乙甲是完成这件事的同一种方法。

以上两个例子的共同之处是：如果我们把人这个具体对象抽象为元素，那么这两个问题都可以归结为：从 n 个不同元素中任取 $m(m\leqslant n)$ 个不同元素，问有多少种不同的取法？

这两个例子的不同之处在于：因所完成工作的性质不同，对于所取出的元素，在例 1 中是有顺序要求的，甲乙（表示甲写给乙的信）和乙甲（表示乙写给甲的信）是完成工作的两个不同方法。在例 2 中取出的元素则无顺序要求，甲乙和乙甲是完成工作的同一种方法，我们把以例 1 为代表的一类问题称为排列问题，把以例 2 为代表的一类问题称为组合问题。

2）排列、组合定义及公式

定义 3　从 n 个不同元素中，任取 $m(m\leqslant n)$ 个不同元素，按照一定的顺序排成的一列，叫作从 n 个不同元素中任取 m 个元素的一个排列。

例 1 中，甲乙、乙甲是两个不同的排列。

定义 4　从 n 个不同元素中，任取 $m(m\leqslant n)$ 个不同元素的所有排列数叫做从 n 个不同元素中任取 m 个元素的排列数，记作 A_n^m。

由乘法原理可得出：

$$A_n^m=n(n-1)(n-2)\cdots(n-m+1) \tag{10-2-2}$$

特别当 $m=n$ 时,称为从 n 个不同元素的全排列,显然全排列

$$A_n^n=n(n-1)(n-2)\cdots 3\cdot 2\cdot 1 \tag{10-2-3}$$

为了方便,引入阶乘记号:$1\times 2\times 3\times\cdots\times n=n!$。则 $A_n^m=\dfrac{n!}{(n-m)!}$, $A_n^n=n!$。

由定义 4 知,在例 1 中,共有的信件数可表示为 $A_4^2=4\times 3=12$。

说明:对于定义 3 中“按照一定的顺序排成一列”这句话可理解为占据 m 个位置,因为此类问题中取出的 m 个元素并非都是排队,比如例 1 中的收信人和发信人。

例 3 某段铁路上有 12 个车站,共需准备多少种普通客车票?

分析 每张票上都有起点和终点的两个车站,这两个车站是从 12 个车站中任意取出的,如果把起点站、终点站当作两个不同的位置,本题就是从 12 个元素中任取两个不同元素的排列数。

解 $A_{12}^2=12\times 11=132$

故需准备 132 种客车票。

例 4 12 个人排成三排,每排 4 人,问:

(1)有多少种不同的排法?

(2)甲只能站在中间一排,乙只能站在最后一排,有多少种不同的排法?

解 (1)排列问题绝不只是排成一队,凡是由 n 个不同元素中的 m 个元素去占据 m 个不同的位置都是排列问题,且排列数都是 A_n^m。题目中要把 12 个人分成三排,每排 4 人,实际上仍为 12 个不同的位置。所以本题共有 $A_{12}^{12}=12!$ 种排法。

(2)分三步完成:第一步由甲去占位:有 A_4^1种占法;第二步由乙去占位,有 A_4^1种占法;第三步由其余人占位,有 A_{10}^{10}种占法。所以共有 $A_4^1\cdot A_4^1\cdot A_{10}^{10}=16\cdot 10!$ 种不同的排法。

说明:当题目中出现特殊元素或特殊位置时,一般把特殊元素或特殊位置先解决好。

定义 5 从 n 个不同元素中,任取 $m(m\leqslant n)$ 个不同元素合成一组,叫做从 n 个不同元素中任取 m 个元素的一个组合。

在例 2 中甲乙和乙甲是同一个组合。

定义 6 从 n 个不同元素中,任取 $m(m\leqslant n)$ 个不同元素的所有组合的个数叫作从 n 个不同元素中任取 m 个元素的组合数,记作 C_n^m。

$$C_n^m=\frac{A_n^m}{m!}=\frac{n(n-1)(n-2)\cdots(n-m+1)}{m(m-1)\cdots 3\cdot 2\cdot 1} \tag{10-2-4}$$

规定:$C_n^0=C_n^n=1$。

由定义 6 知,例 2 是一个组合问题,共有的方法总数可用组合数公式表示为 $C_4^2=\dfrac{4\times 3}{2\times 1}=6$。

例 5 100 件产品中有 3 件次品,任意抽出 5 件进行检验。问:

(1)抽出的 5 件都是正品的抽法有多少种?

(2)抽出的 5 件恰有 2 件是次品的抽法有多少种?

(3)抽出的 5 件中最多有 2 件是次品的抽法有多少种?

解 (1)此类问题属于不含某元素的组合问题,解决此类问题只需在除去某元素后余下的元

素中取出所需数量的元素即可。由于正品共有 97 个，所以抽出的 5 件都是正品的抽法有

$$C_{97}^{5}=\frac{97\times96\times95\times94\times93}{5\times4\times3\times2\times1}=64446024 \text{ 种}$$

（2）分两步完成：第一步从 3 件次品中抽 2 件，有 C_3^2 种抽法；第二步从 97 件正品种抽 3 件，有 C_{97}^3 种抽法。由乘法原理得，共有

$$C_3^2\cdot C_{97}^3=442320 \text{ 种}$$

（3）分为三类：第一类抽出的 5 件产品中恰有 2 件次品，有 $C_3^2\cdot C_{97}^3$ 种抽法；

第二类抽出的 5 件产品中恰有 1 件次品，有 $C_3^1\cdot C_{97}^4$ 种抽法；

第三类抽出的 5 件产品中没有次品，有 C_{97}^5 种抽法。

由加法原理得，共有 $C_3^2\cdot C_{97}^3+C_3^1\cdot C_{97}^4+C_{97}^5=75282864$ 种抽法。

10.2.4 古典概型举例

例 6 利用概率的古典定义计算案例 2 中买一注彩票抽到一等奖的概率。

解 设 A =“买一注彩票抽到一等奖”，根据排列组合知识，样本空间中含有 $C_{33}^6\cdot C_{16}^1=1107568$ 个基本事件，一等奖只有一组号码，所以 $P(A)=\frac{1}{1107568}$。

例 7 利用概率知识解决在 10.1 节案例 1 中分赌金问题。

解 显然，为确保能分出胜负，最多需要再赛两局。为简单计，用“+”号表示德梅尔胜，用“−”表示保罗胜，于是这两局所有可能的结果为：

$$(+,+),(+,-),(-,+),(-,-)$$

其中使德梅尔获胜（即至少有一个“+”的情形）有 3 种，而使保罗获胜（即至少有两个“−”的情形）有 1 种，故德梅尔胜的概率为 3/4，保罗胜的概率为 1/4。这样，德梅尔应得全部赌注的 3/4，而保罗则应得 1/4。这就告诉我们，德梅尔的分法是对的。计算机上的模拟试验也证实了这一点。

例 8 已知在 20 件产品中有一等品 16 件，二等品 2 件，三等品 2 件。从中任取一件，每件产品被取出的可能性相等。问取出一等品的概率是多少？取出二等品的概率是多少？

解 取出每一件产品都是一个基本事件，其总数是 20。设 A =“取出一等品”，B =“取出二等品”，则 A 包含 16 个基本事件，B 包含 2 个基本事件，所以

$$P(A)=\frac{16}{20}=\frac{4}{5},\quad P(B)=\frac{2}{20}=\frac{1}{10}$$

例 9 某种产品共 30 件，内含正品 23 件，次品 7 件，从中任取 5 件。试求被取的 5 件中恰有 2 件是次品的概率。

解 设 A =“取的 5 件中恰有 2 件是次品”。则

$$P(A)=\frac{C_7^2C_{23}^3}{C_{30}^5}=0.2610$$

例 10 设有 n 个球，每个都能以同样的概率 $1/N$ 落到 N 个格子（$N>n$）的每一个格子中，试求：

(1)某指定的 n 个格子中各有一个球的概率；

(2)任何 n 个格子中各有一个球的概率。

解 这是一个古典概型问题，由于每个球可落入 N 个格子中的任一个，所以 n 个球在 N 个格子中的分布相当于从 N 个元素中选取 n 个进行有重复的排列，故共有 N^n 种可能分布。

在第一个问题中，基本事件数相当于 n 个球在那指定的 n 个格子中全排列，总数为 $n!$，因而所求概率为 $P_1=\frac{n!}{N^n}$。

在第二个问题中，n 个格子可以任意，即可以从 N 个格子中任意选出 n 个，这种选法共有 C_N^n 种，对于每种选定的 n 个格子，基本事件数正如第一个问题一样为 $n!$，故所求概率为 $P_2=\frac{C_N^n n!}{N^n}$。

概率论历史上有一个颇为有名的问题：要求参加某次集会的 n 个人中没有两个人生日相同的概率。若把 n 个人看作上面问题中的 n 个球，而把一年的365天作为格子，则 $N=365$，这时 P_2 就给出所求的概率。例如当 $n=40$ 时，$P_2=0.109$，这个概率是意外的小。

10.2.5 概率的性质

每一个随机事件 A 都有一个概率 $P(A)$ 与之对应，它具有下述性质：

(1) $0\leqslant P(A)\leqslant 1$；(2) $P(\Omega)=1$；(3) $P(\varnothing)=0$；(4) $P(A)=1-P(\bar{A})$。

习题 10.2

1. 从4种蔬菜品种中选出3种，分别种植在不同土质的3块土地上，有多少种种植方法？

2. 用0、1、2、3、4、5、6这七个数字可组成多少个比300000大的无重复数字的六位偶数？

3. 有13个队参加篮球赛，比赛时先分成两组，第一个组7个队，第二个组6个队。各组都进行单循环赛，然后由各组前两名共4个队进行单循环赛决定冠亚军，共需比赛多少场？

4. 9种产品中有3种是名牌，要从这9种产品中选5种参加博览会，若名牌产品都要参加，共有多少中不同的选法？

5. 同时掷3枚均匀的硬币，求恰好有两枚正面向上的概率。

6. 在5件产品中，有3件一等品和2件二等品，从中任取2件，那么以0.7为概率的事件是(　)。

A. 都不是一等品　　　　B. 恰有1件一等品

C. 至少有1件一等品　　D. 至多有1件一等品

7. 一批产品由90件正品和10件次品组成，从中任取一件，问取得正品的概率是多少？

8. 今有男女学生各4位，令其排成一横队。试求下列事件的概率：

(1)4位女学生始终保持紧邻；　　(2)男女学生分别保持紧邻；

(3)男女学生恰好间隔开。

9. 从数字1、2、3、4、5、6中任取4个，数字允许重复。试求下列事件的概率：

(1)4个数字全不相同；　　(2)4个数字中不含1和5；

(3)4个数字中5恰好出现2次；　　(4)4个数字中5至少出现1次。

10. 有10个电阻，其电阻值分别为1Ω,2Ω,…,10Ω，从中取出三个，要求取出的三个电阻，一个小于5Ω，一个等于5Ω，另一个大于5Ω，问取一次就能达到要求的概率是多少？

10.3 概率的基本公式及应用

10.3.1 加法公式及应用

【案例1】 学生李冰和王展的投篮命中率分别为0.8和0.9，两人同时命中率为0.75，问在一次投篮中至少有一个人投中的概率是多少？

分析 设A表示李冰投中，B表示王展投中，则AB表示两人同时投中，$A+B$表示至少有一个人投中。于是问题转化为已知：$P(A)=0.8$，$P(B)=0.9$，$P(AB)=0.75$，求$P(A+B)$。实际上，$P(A+B)$就是图10-1-3中阴影部分的面积，它等于A的面积$P(A)$加B的面积$P(B)$减去重复计算了一次的AB的面积$P(AB)$，即

$$P(A+B)=P(A)+P(B)-P(AB)=0.8+0.9-0.75=0.95$$

加法公式：如果有两个随机事件A、B，则

$$P(A+B)=P(A)+P(B)-P(AB) \tag{10-3-1}$$

特别地，当A、B互不相容时，有

$$P(A+B)=P(A)+P(B) \tag{10-3-2}$$

例1 求上案例中，学生李冰和王展都没有投中的概率。

解 如前所设，则$\overline{A}\overline{B}$或$\overline{A+B}$表示两人都没有投中（德摩根对偶定理$\overline{A}\overline{B}=\overline{A+B}$），那么

$$P(\overline{A}\overline{B})=P(\overline{A+B})=1-P(A+B)=1-[P(A)+P(B)-P(AB)]=1-0.95=0.05$$

推广 对于任意三个事件A、B、C，有

$$P(A+B+C)=P(A)+P(B)+P(C)-P(AB)-P(AC)-P(BC)+P(ABC) \tag{10-3-3}$$

例2 某学生给母亲、哥哥、妹妹各写了一封信。信写好后，取来三个信封，分别写上收信人地址及姓名，匆忙中，在每个信封中随意地装入一封信就寄出了。母亲、哥哥、妹妹收到信后，全都啼笑皆非，因为每人收到的都是寄给他人的信。现在我们来计算，此事发生的概率有多大？

解 设事件A表示“无一人收到给自己的信”，$A_i(i=1,2,3)$表示“第i个人收到给自己的信”这一事件，则$\overline{A}=A_1+A_2+A_3$，所以

$$\begin{aligned}P(A)&=1-P(\overline{A})=1-P(A_1+A_2+A_3)\\&=1-[P(A_1)+P(A_2)+P(A_3)-P(A_1A_2)-P(A_1A_3)-P(A_2A_3)+P(A_1A_2A_3)]\\&=1-\left(\frac{2!}{3!}+\frac{2!}{3!}+\frac{2!}{3!}-\frac{1}{3!}-\frac{1}{3!}-\frac{1}{3!}+\frac{1}{3!}\right)=\frac{1}{3}\end{aligned}$$

10.3.2 条件概率和乘法公式

【案例2】 2012年艺术设计班有学生40人，其中有共青团员15人，全班分成四个小组，第一小组有学生10人，其中共青团员4人。(1)如果要在班内任选一人当学生代表，问这个代表恰好在第一小组内的概率为多少？(2)如果要在班级任选一个共青团员当团员代表，问这个代表恰好在第一小组内的概率是多少？

分析 大多数人一定会立即算出：(1)学生代表恰好产生在第一小组内的概率是 $10/40=1/4$；(2)团员代表恰好在第一小组内的概率是 $4/15$。

这两个概率值不相同是容易理解的，因为在第二个问题里，任选的一个学生必须是团员，这就比第一个问题多了一个附加的条件，如果我们记

$A=\{$在班内任选一个学生，该学生属于第一小组$\}$

$B=\{$在班内任选一个学生，该学生是共青团员$\}$

可以看到，在第一个问题里求得的是 $P(A)$，而在第二个问题里，是在"已知事件 B 发生"的附加条件下，求 A 发生的概率，这个概率称作是在 B 发生的条件下，A 发生的条件概率，并且记作 $P(A|B)$。

于是有 $P(A|B)=\dfrac{4}{15}=\dfrac{4/40}{15/40}=\dfrac{P(AB)}{P(B)}$。

定义1 设 A、B 是两个事件，且 $P(B)>0$，则称

$$P(A|B)=\frac{P(AB)}{P(B)} \qquad (10\text{-}3\text{-}4)$$

为在事件 B 发生的条件下事件 A 的概率。

由式(10-3-4)变形可得

$$P(AB)=P(A|B)P(B)=P(B|A)P(A) \qquad (10\text{-}3\text{-}5)$$

并称上式为概率的乘法公式。

例3 设100件产品中有5件是不合格的，用"不返回抽取"和"返回抽取"两种方法抽取2件，求2件都是合格品的概率。

解 设 $A=$"第一次抽取是合格品"，$B=$"第二次抽取是合格品"，则

(1)"不返回抽取"时：$P(A)=\dfrac{95}{100}$，$P(B|A)=\dfrac{94}{99}$

由乘法公式得 $P(AB)=\dfrac{95}{100}\times\dfrac{94}{99}=0.9020$

(2)"返回抽取"时：$P(A)=\dfrac{95}{100}$，$P(B|A)=\dfrac{95}{100}$

由乘法公式得 $P(AB)=\dfrac{95}{100}\times\dfrac{95}{100}=0.9025$

式(10-3-5)还可推广到三个事件的情形：

$$P(ABC)=P(A)P(B|A)P(C|AB) \qquad (10\text{-}3\text{-}6)$$

一般地，n 个事件 $A_1,A_2,\cdots,A_n$，有下列公式：

$$P(A_1A_2\cdots A_n)=P(A_1)P(A_2|A_1)\cdots P(A_n|A_1A_2\cdots A_{n-1}) \tag{10-3-7}$$

10.3.3 事件的独立性与伯努利概型

1)事件的独立性

由上面知，在事件 B 发生的条件下事件 A 的条件概率一般不等于 A 的无条件概率，即 $P(A|B)$ 通常不等于 $P(A)$。但也会碰到 $P(A|B)$ 等于 $P(A)$ 的特殊情形。例如，抛掷两枚均匀硬币，设 B 表示事件“第一枚出现正面”，A 表示“第二枚出现正面”，则 $P(A)=1/2$，若已知 B 已发生，A 的条件概率 $P(A|B)$ 仍然是1/2。这就是说，B 的出现与否并不影响 A 的条件概率，即 $P(A|B)=P(A)$，此时我们说 A 独立于 B。

定义 2 对任意两个事件 A、B，若 $P(A)>0$，有

$$P(B|A)=P(B) \tag{10-3-8}$$

成立，则称事件 B 对事件 A 是独立的。

类似地，若 $P(B)>0$，有

$$P(A|B)=P(A) \tag{10-3-9}$$

成立，则称事件 A 对事件 B 是独立的。

易知，式(10-3-6)、式(10-3-7)是可以相互推出的。因而把满足式(10-3-6)或式(10-3-7)的事件 A 与 B 称为相互独立事件，简称为 A 与 B 独立。

由概率乘法公式容易验证，当 A、B 相互独立时，有以下结论：

(1) $P(AB)=P(A)P(B)$；

(2)事件 $\bar{A}$ 与 B、事件 A 与 $\bar{B}$、事件 $\bar{A}$ 与 $\bar{B}$ 也相互独立；

(3)推广：当 $A_1,A_2,\cdots,A_n$ 独立时，$P(A_1A_2\cdots A_n)=P(A_1)P(A_2)\cdots P(A_n)$。

例 4 甲、乙、丙三个人在不同位置同时向某一目标射击一次，假设他们每人的命中率分别是0.6、0.7、0.8。试计算下列事件的概率：

(1)恰好有一人击中目标；

(2)至少有一人击中目标；

(3)恰好有两人击中目标。

解 设 A、B、C 分别为甲、乙、丙击中目标的事件，则 A、B、C 相互独立，且有 $P(A)=0.6$，$P(B)=0.7$，$P(C)=0.8$；

又设 A_i =“恰好有 i 人击中目标”($i=0,1,2,3$)，根据题意 A_0、A_1、A_2、A_3 构成一个完备事件组，且

(1) $P(A_1)=P(A\bar{B}\bar{C})+P(\bar{A}B\bar{C})+P(\bar{A}\bar{B}C)$

$$=P(A)P(\bar{B})P(\bar{C})+P(\bar{A})P(B)P(\bar{C})+P(\bar{A})P(\bar{B})P(C)$$
$$=0.6\times0.3\times0.2+0.4\times0.7\times0.2+0.4\times0.3\times0.8=0.188$$

(2) $P(A_0)=P(\bar{A}\bar{B}\bar{C})=P(\bar{A})P(\bar{B})P(\bar{C})=0.4\times0.3\times0.2=0.024$

$P(A_1+A_2+A_3)=P(\bar{A_0})=1-P(A_0)=0.976$

(3)先计算 $P(A_3)$:

$P(A_3)=P(ABC)=P(A)P(B)P(C)=0.6\times0.7\times0.8=0.336$

于是

$P(A_2)=1-P(A_0)-P(A_1)-P(A_3)=1-0.024-0.188-0.336=0.452$

例5 常言道:"三个臭皮匠,顶一个诸葛亮。"这是对人多办法多,人多智慧高的一种赞誉,它可以从概率的计算得到证实。现有三个臭皮匠,单独解决某问题的概率分别为:0.45、0.55、0.60,试求问题被解决的概率。

解 设 A_i 表示"第 i 个臭皮匠独立解决某问题"$(i=1,2,3)$,B 表示"问题被解决"。则

$$B=A_1+A_2+A_3$$

$$P(B)=P(A_1)+P(A_2)+P(A_3)=1-P(\overline{A_1+A_2+A_3})$$
$$=1-P(\overline{A_1A_2A_3})=1-P(\overline{A_1})P(\overline{A_2})P(\overline{A_3})=1-0.55\times0.45\times0.4=0.9$$

结论:聪明的诸葛亮也不过如此。

2)伯努利概型

【案例3】 一次抛掷 n 枚相同的硬币,求"恰好出现 k 个正面"这一事件的概率 $P_n(k)$。

分析 "一次抛掷 n 枚相同的硬币"的随机试验,可以用另一种等价的方式来进行:每次抛掷一枚硬币,共抛掷 n 次。容易理解,这 n 次抛掷的结果是相互独立的,因而如果把相同条件下抛掷一枚硬币看作是一次试验,就意味着这 n 次试验是相互独立的。

定义3 如果一次试验只有两个可能的结果 A 及 $\overline{A}$,并且 $P(A)=p$,$P(\overline{A})=1-p=q$(其中 $0<p<1$),把这样的试验独立地重复做 n 次,称作 n 重伯努利试验,有时简称为伯努利试验或伯努利概型。

对 n 重伯努利概型,事件 A 出现 k 次的概率是:

$$P_n(k)=C_n^kp^k(1-p)^{n-k}(k=0,1,2,\cdots,n) \quad (10\text{-}3\text{-}10)$$

回到本案例提出的问题,如果硬币是均匀的,则 $p=1/2$,于是"抛掷 n 枚相同的硬币,恰好出现 k 个正面"这一事件的概率为 $P_n(k)=C_n^k\left(\frac{1}{2}\right)^k\left(1-\frac{1}{2}\right)^{n-k}=C_n^k\left(\frac{1}{2}\right)^n$。

例6 本院的乒乓球队与路桥分院乒乓球队举行对抗赛。院队的实力较路桥队强,当一个院队运动员与一个路桥队运动员比赛时,院队运动员获胜的概率为0.6。现在学院、路桥分院双方商量对抗赛的方式,提了三种方案:

(1)双方各出3人;(2)双方各出5人;(3)双方各出7人。

三种方案中均以比赛中得胜人数多的一方为胜利。问:对路桥学院来说,哪一种方案有利?

解 设路桥分院得胜人数为 X,则在上述三种方案中,路桥队胜利的概率分别为:

(1)$P(X=2)+P(X=3)=\sum_{k=2}^{3}C_3^k(0.4)^k(0.6)^{3-k}\approx0.352$

(2)$P(X=3)+P(X=4)+P(X=5)=\sum_{k=3}^{5}C_5^k(0.4)^k(0.6)^{5-k}\approx0.317$

(3)$P(X=4)+P(X=5)+P(X=6)+P(X=7)=\sum_{k=4}^{7}C_7^k(0.4)^k(0.6)^{7-k}\approx0.290$

由此可知第一种方案对路桥队最为有利。这在直觉上是容易理解的,因为参加比赛的人数越少,路桥队侥幸获胜的可能性也就越大。如果双方只出一个人比赛,则路桥队胜利的

概率就是 0.4，这是很明显的事情。

例 7 某批商品中有 20% 是次品，进行重复抽样检查，共取五件样品，计算：

(1) 这五件样品中，恰好有三件次品的概率；

(2) 这五件样品中，至多有三件次品的概率。

解 设 A_i 表示"样品中恰有 i 件次品"$(i=1,2,3)$，现有 $n=5, p=0.2$。按式(10-3-7)得

(1) $P(A_3)=P_5(3)=C_5^3(0.2)^3\cdot(1-0.2)^2=0.0512$；

(2) $P_5(k\leqslant3)=1-P_5(4)-P_5(5)=1-C4_5^3(0.2)^4\cdot0.8-C_5^5(0.2)^5=0.9933$。

伯努利概型是概率论中研究得最多的一种数学模型，尽管它比较简单，却也概括了许多实际问题，因而很有实用价值。值得一提的是，由伯努利概型可以解决一类随机游动的问题，这是一类富有启发性和广泛应用性的问题。

10.3.4 全概率公式和逆概率公式

【案例 4】 有 3 个箱子，分别编号为 1、2、3。1 号箱子装有 1 个红球 4 个白球，2 号箱装有 2 个红球 3 个白球，3 号箱子装有 3 个红球。某人从任一箱中任意摸出一球，求取得红球的概率。

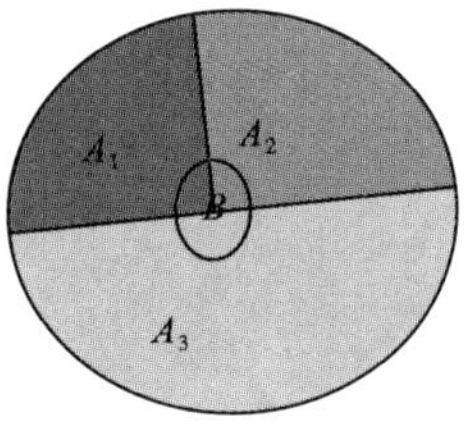

图 10-3-1

解 记 $A_i=\{$球取自 i 号箱$\}(i=1,2,3)$，$B=\{$取得红球$\}$。则 B 发生当且仅当 A_1、A_2、A_3 之一发生，即 $B=A_1B+A_2B+A_3B$，且 A_1B、A_2B、A_3B 互不相容(图 10-3-1)。

$$\begin{aligned}P(B)&=P(A_1B)+P(A_2B)+P(A_3B)\\&=P(A_1)P(B|A_1)+P(A_2)P(B|A_2)+P(A_3)P(B|A_3)\\&=\frac{1}{3}\times\frac{1}{5}+\frac{1}{3}\times\frac{2}{5}+\frac{1}{3}\times1=\frac{8}{15}\end{aligned}$$

将此例中所用的方法推广到一般的情形，就得到在概率计算中常用的全概率公式。

定义 4 设 $A_1,A_2,\cdots,A_n$ 是一列互不相容的事件，$P(A_i)>0(i=1,2,\cdots,n)$ 且有 $\sum\limits_{i=1}^{n}A_i=\Omega$，则对任一事件 B，有

$$P(B)=\sum_{i=1}^{n}P(A_i)P(B|A_i) \qquad (10\text{-}3\text{-}11)$$

式(10-3-9)通常称作全概率公式，它是概率论中最基本的公式之一。

例 8 学院小商场进的灯泡中，甲厂的产品占 70%，乙厂的产品占 30%，甲厂产品的合格率是 95%，乙厂产品的合格率是 80%，现在从学院小商场买一只灯泡，问买到合格品的概率是多少？

解 设事件 A、$\overline{A}$ 分别表示甲乙两厂的产品，B 表示产品为合格品，则

$P(A)=70\%$，$P(\overline{A})=30\%$，$P(B|A)=95\%$，$P(B|\overline{A})=80\%$。

于是，$P(B)=P(B\Omega)=P(B(A+\overline{A}))=P(BA+B\overline{A})$

$$\begin{aligned}&=P(BA)+P(B\overline{A})=P(A)P(B|A)+P(\overline{A})P(B|\overline{A})\\&=0.7\times0.95+0.3\times0.8=0.905\end{aligned}$$

例 9 用 3 个机床加工同一种零件,零件由各机床加工的概率分别为 0.5、0.3、0.2,各机床加工的零件为合格品的概率分别等于 0.94、0.9、0.95,求任取一件产品的合格率。

解 设事件 A_1、A_2、A_3 分别表示"零件由第一、二、三个机床加工",事件 B 表示"产品为合格品",则根据题意有:

$P(A_1)=0.5, P(A_2)=0.3, P(A_3)=0.2, P(B|A_1)=0.94, P(B|A_2)=0.9, P(B|A_3)=0.95$,由全概率公式,任取一件产品的合格率 $P(B)$ 为:

$$P(B)=\sum_{i=1}^{3}P(A_i)P(B|A_i)=0.5\times0.94+0.3\times0.9+0.2\times0.95=0.93$$

【案例 5】 在例 9 中,若从成品中抽取出一件产品为合格品,问它是由第一台机床加工的可能性有多大?

分析 这个问题实际上是要求在事件 B 发生条件下事件 A_1 发生的概率,即 $P(A_1|B)$。

因为 $P(A_1|B)=\dfrac{P(A_1B)}{P(B)}$,由上例知 $P(B)=\sum_{i=1}^{3}P(A_i)P(B|A_i)=0.93$,

而 $$P(A_1B)=P(A_1)P(B|A_1)=0.5\times0.94=0.47$$

所以 $$P(A_1|B)=\frac{P(A_1B)}{P(B)}=\frac{P(A_1)P(B|A_1)}{\sum_{i=1}^{3}P(A_i)P(B|A_i)}=\frac{0.47}{0.93}\approx0.5054$$

在上面的计算中,事实上已经建立了一个极为有用的公式,通常称其为逆概率公式或者贝叶斯公式。

定义 5 设 $A_1, A_2, \cdots, A_n$ 是一列互不相容的事件,$P(A_i)>0(i=1,2,\cdots,n)$ 且有 $\sum_{i=1}^{n}A_i=\Omega$,则在任一事件 B 发生的条件下事件 A_i 发生的概率为

$$P(A_i|B)=\frac{P(A_iB)}{P(B)}=\frac{P(A_i)P(B|A_i)}{\sum_{i=1}^{n}P(A_i)P(B|A_i)} \tag{10-3-12}$$

式(10-3-10)称为逆概率公式或者贝叶斯公式。

例 10 假定某工厂甲、乙、丙 3 个车间生产同一种螺钉,产量依次占全厂的 45%、35%、20%。如果各车间的次品率依次为 4%、2%、5%。现在从待出厂产品中检查出 1 个次品,试判断它是由甲车间生产的概率。

解 设事件 A_1、A_2、A_3 分别表示"产品由甲、乙、丙车间生产的"。事件 B 表示"产品为次品",则根据题意有:

$P(A_1)=0.45, P(A_2)=0.35, P(A_3)=0.2, P(B|A_1)=0.04, P(B|A_2)=0.02, P(B|A_3)=0.05$,由式(10-3-12),有

$$P(A_1|B)=\frac{P(A_1)P(B|A_1)}{\sum_{i=1}^{3}P(A_i)P(B|A_i)}=\frac{0.45\times0.04}{0.45\times0.04+0.35\times0.02+0.2\times0.05}=0.514$$

习题 10.3

1. 一批产品中,一、二、三等品率分别为 0.8、0.16、0.04,若规定一、二等品为合格品,求

产品的合格率。

2. 甲、乙两人同时接受破译同一密码的任务，已知甲破译成功的概率为0.6，乙破译成功的概率为0.7，甲、乙两人都破译成功的概率为0.42，问密码被破译的概率。

3. 由长期统计资料得知，某一地区在4月份下雨（记作事件A）的概率为4/15，刮风（用B表示）的概率为7/15，既刮风又下雨的概率为1/10，求$P(A|B)$、$P(B|A)$、$P(A+B)$。

4. 设某种动物由出生算起活到30岁以上的概率为0.8，活到35岁以上的概率为0.4。如果现在有一个30岁的这种动物，问它能活到35岁以上的概率是多少？

5. 一批产品的次品率为4%，正品中一等品占75%。现从这批产品中任取一件，试求恰好取得一等品的概率。

6. 假设最后的10张彩票中，有3张是中奖彩票，7张是不中奖彩票，甲先乙后各买一张，分别计算他们中奖的概率。

7. 在空战中，甲机先向乙机开火，击落飞机的概率是0.2；若乙机未被击落，就进行还击，击落甲机的概率是0.3；若甲机未被击落，则再进攻乙机，击落乙机的概率是0.4。在这几个回合中，求：

(1) 甲机被击落的概率；

(2) 乙机被击落的概率。

8. 甲、乙、丙三人同时对飞机进行射击，三人击中的概率分别为0.4、0.5、0.7，飞机被一人击中而击落的概率为0.2，被两人击中而击落的概率为0.6，若三人都击中，飞机必定被击落，求飞机被击落的概率。

9. 甲、乙两人各自向同一目标射击，已知甲命中目标的概率为0.7，乙命中目标的概率为0.8，求：

(1) 甲、乙两人同时命中目标的概率；

(2) 恰有一人命中目标的概率；

(3) 目标被命中的概率。

10. 某批商品中有20%是次品，进行重复抽样检查，共取五件样品，计算：

(1) 这五件样品中，恰好有三件次品的概率；

(2) 这五件样品中，至多有三件次品的概率。

11. 一条自动生产线上产品的一级品概率为0.6。检查10件产品，求至少有两件一级品的概率。

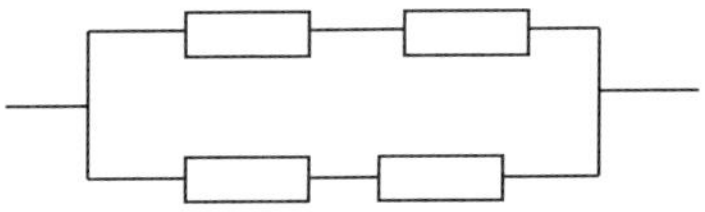

图10-3-2 四元件电路

12. 设有4个相同的元件安置在电路中（如图10-3-2）每个元件发生故障的概率为p，假定各元件发生故障是相互独立的。求线路通畅的概率。

13. 用3个机床加工同一种零件，零件由各机床加工的概率分别为0.5、0.3、0.2，各机床加工的零件为合格品的概率分别为0.94、0.9、0.95，求全部产品中的合格率。

14. 有两个口袋，甲袋中盛有2个白球，1个黑球，乙袋中盛有1个白球，2个黑球。由甲袋任取一个球放入乙袋，再从乙袋中取出一个球，求取到白球的概率。

15. 上题中若发现从乙袋中取出的是白球，通过计算，问从甲袋中取出放入乙袋的球，黑、白哪种颜色可能性大？

16. 已知一般情况下5%的男人和0.25%的女人是色盲者，现随机地挑选一人，此人恰为色盲患者，问此人是男人的概率。（假设男女人口各占一半）

10.4 离散型随机变量及其分布

10.4.1 随机变量

【案例1】 设有10件产品，其中7件正品，3件次品，从中任取2件。如果用ξ表示从中所取得的次品数，则ξ是一个变量，取值为0、1、2。ξ取不同的值表示试验中可能发生的不同结果，并且以一定的概率取值。如$\{\xi=1\}$表示事件"出现1件次品"，且$P(\xi=1)=\frac{C_3^1C_7^1}{C_{10}^2}=\frac{7}{15}$。

【案例2】 抛掷一枚均匀硬币，观察其结果有"正面"、"反面"两种。引进一个变量ξ，把出现正面、反面两种结果用数量表示出来，当出现正面时，令$\xi=1$；当出现反面时，令$\xi=0$。即

$$\xi=\begin{cases}1,\text{出现正面}\\0,\text{出现反面}\end{cases}$$

则ξ也按一定的概率取值，如$\{\xi=1\}$表示事件"出现正面"，且$P(\xi=1)=\frac{1}{2}$。

【案例3】 测量一批电视机的使用寿命。若用X表示电视机的使用寿命，则$0\leqslant X<+\infty$。

在上面的案例中，变量取什么值，在每次试验之前是不能确定的，但变量取这些值有一个确定的概率，称这种变量为随机变量。随机变量通常用希腊字母ξ、η、ζ或大写英文字母X、Y、Z表示。随机变量按其取值情况可分为离散型和连续型两类，如案例1和案例2中ξ的取值可以一一列出，称为离散型随机变量；案例3中X的取值不能一一列出，称为连续型随机变量。

由上面的案例可知，有了随机变量，至少使随机事件的表达在形式上简洁得多了。对每一个试验结果，"自然地"对应着一个实数，这与数学中的"函数"概念本质上是一回事。

10.4.2 离散型随机变量及其分布

1）离散型随机变量的分布列

【案例4】 在掷骰子的试验中，如果把出现的点数1,2,…,6直接用来表示与之对应的随机事件，用字母X代表随机事件，那么"$X=1$"就表示事件"出现的点数是1"，…，"$X=6$"就表示事件"出现的点数是6"。X是一个离散型随机变量，X的可能取值范围为1,2,…,6。

在试验之前，并不能断定会取哪一个值，但是 $X=1,\cdots,X=6$ 这些事件发生的概率的分布情况可以列成表 10-4-1。

掷一个骰子出现点数的分布列　　表 10-4-1

X	1	2	3	4	5	6
P	1/6	1/6	1/6	1/6	1/6	1/6

定义 1　若离散型随机变量 X 的所有可能取值为 $x_1,x_2,\cdots,x_k,\cdots$，且 X 取各个值 x_k 对应的概率为 p_k，则称表达式

$$P(X=x_k)=p_k(k=1,2,\cdots) \tag{10-4-1}$$

或表格

X	x_1	x_2	$\cdots$	x_k	$\cdots$
p_k	p_1	p_2	$\cdots$	p_k	$\cdots$

为离散型随机变量 X 的概率分布或分布列。

由概率的性质可知，任一离散型随机变量的分布列都有下述两个性质：

(1) $p_k\geqslant 0$；　(2) $\sum\limits_k p_k=1$。

例 1　设有 10 件产品，其中 7 件正品，3 件次品，从中任取 2 件，求所取到的次品数 ξ 的分布列。

解　ξ 的可能取值为 0、1、2。

$$P(\xi=0)=\frac{C_3^0C_7^2}{C_{10}^2}=\frac{7}{15},P(\xi=1)=\frac{C_3^1C_7^1}{C_{10}^2}=\frac{7}{15},P(\xi=2)=\frac{C_3^2C_7^0}{C_{10}^2}=\frac{1}{15}$$

因此 ξ 的分布列为

ξ	0	1	2
p_k	$\frac{7}{15}$	$\frac{7}{15}$	$\frac{1}{15}$

例 2　在掷骰子案例中，求：(1)点数不小于 3 的概率；(2)点数不超过 3 的概率；(3)点数不小于 4 又不超过 5 的概率。

解　由案例已知 X 的分布列为 $p_k=P(X=k)=1/6(k=1,2,3,4,5,6)$，

(1) $P(X\geqslant 3)=P(X=3)+P(X=4)+P(X=5)+P(X=6)=\frac{1}{6}+\frac{1}{6}+\frac{1}{6}+\frac{1}{6}=\frac{2}{3}$；

(2) $P(X\leqslant 3)=P(X=3)+P(X=2)+P(X=1)=\frac{1}{6}+\frac{1}{6}+\frac{1}{6}=\frac{1}{2}$；

(3) $P(4\leqslant X\leqslant 5)=P(X=4)+P(X=5)=\frac{1}{6}+\frac{1}{6}=\frac{1}{3}$。

2) 几种重要的离散型随机变量的分布

(1) 两点分布

定义 2　只有两个可能取值的随机变量所服从的分布，称为两点分布。特别是只取 0 和 1 两个值得随机变量所服从的分布，称为 0－1 分布。其分布列为：

X	0	1
P	p	$1-p$

例 3 一批产品的废品率为 5%,从中任意抽取一个进行检验,用随机变量 ξ 来描述废品出现的情况,写出 ξ 的分布列。

解 这个试验中,用 ξ 表示废品的个数,显然 ξ 的取值只有 0 和 1 两个,所以分布列为:

ξ	0	1
p_k	0.95	0.05

(2)二项分布

定义 3 在 n 次独立重复试验中,如果事件 A 在每次试验中发生的概率为 p,记 $q=1-p$,则事件 A 发生的次数 ξ 是一个随机变量。其分布列为

$$P(\xi=k)=C_n^k p^k q^{n-k}\ (k=0,1,2,\cdots,n) \qquad (10\text{-}4\text{-}2)$$

我们称这样的分布列称为 ξ 服从参数为 n 和 p 的二项分布,记作 $\xi \sim B(n,p)$。

例 4 某人定点投篮的命中率是 0.6,在 10 次投篮中,求:

(1)恰有 4 次命中的概率;

(2)最多命中 8 次的概率。

解 设 ξ 表示 10 次投篮命中的次数,每次投篮只有两种结果,“中”,“不中”,所以 $\xi \sim B(10,0.6)$。

(1)依题意,恰有 4 次命中的概率为

$$P(\xi=4)=C_{10}^4 0.6^4\ (1-0.6)^6 \approx 0.1115$$

(2)最多命中 8 次的概率为

$$\begin{aligned}P(0\leqslant\xi\leqslant8)&=1-P(\xi>8)=1-P(\xi=9)-P(\xi=10)\\&=1-C_{10}^9 0.6^9\times0.4-C_{10}^{10}0.6^{10}\approx0.9536\end{aligned}$$

可以证明,当 n 很大而 p 很小时(一般要求 $n\geqslant30, p\leqslant0.1$),二项分布的概率计算可以用以下的近似计算公式来计算:

$$P(\xi=k)=C_n^k p^k q^{n-k}\approx\frac{(np)^k}{k!}e^{-np}=\frac{\lambda^k}{k!}e^{-\lambda} \quad (k=0,1,2,\cdots)$$

上式证明从略,其中 $\lambda=np$,这个公式称为泊松公式。如果随机变量的分布列具有上述形式,则称 ξ 服从泊松分布。有关泊松分布的应用本书不作详细讨论,有兴趣的读者可参考相关书籍。

习题 10.4

1. 设随机变量 X 的分布列为

X	0	1	2	3	4	5	6
P	0.1	0.15	0.2	0.3	0.12	0.1	0.03

试求 $P(X\leqslant4)$、$P(2\leqslant X\leqslant5)$、$P(X\neq3)$ 的值。

2. 五张卡片上分别写有1、2、3、4、5，随机地取出3张，设随机变量ξ表示取出的三张卡片上的最大号码，求ξ的分布列。

3. 某篮球运动员投中篮圈的概率是0.9，求两次独立投篮投中次数X的概率分布。

4. 每门炮发射一发炮弹击中目标的概率都是0.6，现有5门炮相互独立地向目标各发射一发炮弹，求：(1)击中目标的弹数的分布列；(2)至少击中两弹的概率。

10.5 连续型随机变量及其分布

离散型随机变量只能取有限个或可列个值，这当然有很大的局限性。在许多随机现象中出现的一些变量，如“测量杭州市气温”，“语音室终端机的使用寿命”，“我院每个新生的身高、体重”等，它们的取值是可以充满某个区间或区域的(也就不会只取有限个或可列个的值)，不能一一列举出来。

10.5.1 连续型随机变量的概念

定义1 设X是随机变量，若存在非负函数$f(x)$，使得对于任意实数a、$b(a\leqslant b)$，都有

$$P(a<X\leqslant b)=\int_a^b f(x)\mathrm{d}x$$

则称X为连续型随机变量，称$f(x)$是X的概率密度函数，简称概率密度或密度。

与离散型随机变量的分布列相似，任一连续型随机变量的概率密度都有下述两个性质：

(1)$f(x)\geqslant 0$；(非负性)

(2)$\int_{-\infty}^{+\infty}f(x)\mathrm{d}x=1$。(归一性)

且显然有：

(1)连续型随机变量在某一固定点处的概率为零，即$P(X=a)=0$；

(2)$P(a\leqslant X\leqslant b)=P(a<X\leqslant b)=P(a\leqslant X<b)=P(a<X<b)=\int_a^b f(x)\mathrm{d}x$。

例1 设X为连续型随机变量，其概率密度为

$$f(x)=\begin{cases}kx^2, & -1\leqslant x\leqslant 1\\ 0, & 其他\end{cases}$$

(1)确定常数k；(2)求概率$P\left(-\frac{1}{2}<X\leqslant\frac{1}{2}\right)$、$P\left(X>\frac{1}{2}\right)$。

解 (1)由概率密度的性质知，必须有

$1=\int_{-\infty}^{+\infty}f(x)\mathrm{d}x=\int_{-1}^{1}kx^2\mathrm{d}x=\frac{2}{3}k$，得$k=\frac{3}{2}$。

(2)$P\left(-\frac{1}{2}<X\leqslant\frac{1}{2}\right)=\int_{-\frac{1}{2}}^{\frac{1}{2}}\frac{3x^2}{2}\mathrm{d}x=\frac{1}{8}$，

$$P\left(X > \frac{1}{2}\right) = \int_{\frac{1}{2}}^{+\infty} f(x)\,\mathrm{d}x = \int_{\frac{1}{2}}^{1} f(x)\,\mathrm{d}x + \int_{1}^{+\infty} f(x)\,\mathrm{d}x = \int_{\frac{1}{2}}^{1} \frac{3x^2}{2}\mathrm{d}x = \frac{7}{16}。$$

10.5.2 几种常见的连续型随机变量的分布

1）均匀分布

定义 2 如果随机变量 ξ 的密度函数为

$$f(x) = \begin{cases} \frac{1}{b-a}, & a \leqslant x \leqslant b \\ 0, & 其他 \end{cases}$$

则称随机变量 ξ 在 $[a,b]$ 上服从均匀分布，记作 $\xi \sim U[a,b]$。

例 2 设乘客等待汽车的时间（单位：min）在[0,8]上服从均匀分布，试求：

（1）ξ 的分布密度；（2）乘客等车时间不超过 3min 的概率。

解 （1）区间[0,8]的长度为 $8-0=8$，故 ξ 的分布密度为

$$f(x) = \begin{cases} \frac{1}{8}, & 0 \leqslant x \leqslant 8 \\ 0, & 其他 \end{cases}$$

（2）等车时间不超过 3min 的概率：

$$P(0 \leqslant \xi \leqslant 3) = \int_0^3 f(x)\,\mathrm{d}x = \int_0^3 \frac{1}{8}\mathrm{d}x = 0.375$$

均匀分布是连续随机变量中最简单的一种分布，也是常用的重要连续型分布之一。均匀分布随机变量的概率意义是：它在取值区间 $[a,b]$ 上的任何一个子区间取值的概率，与该子区间的长度成正比，而与子区间在 $[a,b]$ 中的位置无关。

2）正态分布

在许多实际问题中，当一个随机变量受到大量微小的、相互独立的随机因素影响时，其分布都具有“中间大、两头小”的特点，如各种测量的误差、人体的生理特征、产品的尺寸、农作物的收获量、考试成绩等，这就是在实际问题中有着广泛应用的正态分布。

定义 3 如果随机变量 X 的概率密度函数为 $f(x) = \frac{1}{\sqrt{2\pi}\sigma}\mathrm{e}^{-\frac{(x-\mu)^2}{2\sigma^2}}(-\infty < x < +\infty)$，其中 μ、σ 为常数，$\sigma > 0$，则称 X 服从参数为 μ、σ^2 的正态分布，记作 $X \sim N(\mu, \sigma^2)$。

当 $\mu = 0, \sigma = 1$ 时，称 X 服从标准正态分布，记为 $X \sim N(0,1)$，其概率密度函数记作 $\varphi(x)$，即 $\varphi(x) = \frac{1}{\sqrt{2\pi}}\mathrm{e}^{-\frac{x^2}{2}}$。我们把函数 $P(X \leqslant x) = \int_{-\infty}^{x}\varphi(t)\,\mathrm{d}t = \frac{1}{\sqrt{2\pi}}\int_{-\infty}^{x}\mathrm{e}^{-\frac{t^2}{2}}\mathrm{d}t$ 称为标准正态分布的分布函数，记作 $\Phi(x)$。即

$$\Phi(x) = P(X \leqslant x) = \int_{-\infty}^{x}\frac{1}{\sqrt{2\pi}}\mathrm{e}^{-\frac{t^2}{2}}\mathrm{d}t$$

标准正态分布的密度函数、分布函数的关系如图10-5-1所示。

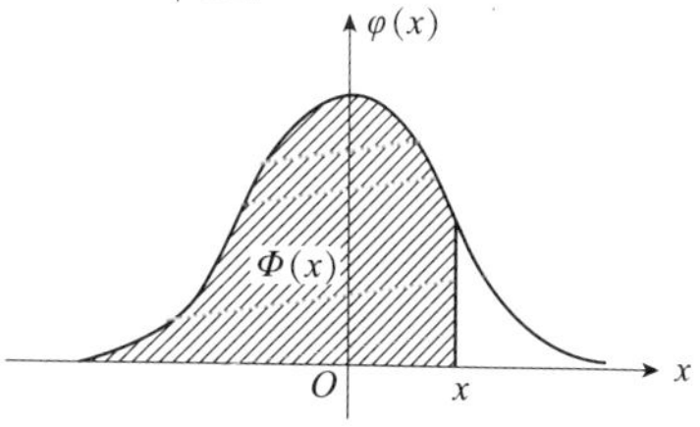

图 10-5-1

由标准正态分布的对称性，显然有：

(1) $\Phi(0)=0.5$；(2) $\Phi(-x)=1-\Phi(x)$。

为方便计算，书末附有标准正态分布的数值表（见附录一）。可以从表中查出服从标准正态分布 $N(0,1)$ 的随机变量取小于指定值的概率。

例 3 设 $X\sim N(0,1)$，查表求：

(1) $P(X\leqslant 0.8)$；(2) $P(X>-0.4)$；(3) $P(|X-1|\leqslant 2)$。

解 查标准正态分布数值表，得：

(1) $P(X\leqslant 0.8)=\Phi(0.8)=0.7881$

(2) $P(X>-0.4)=1-P(X\leqslant -0.4)=1-\Phi(-0.4)$
$=1-[1-\Phi(0.4)]=\Phi(0.4)=0.6554$

(3) $P(|X-1|\leqslant 2)=P(-2\leqslant X-1\leqslant 2)=P(-1\leqslant X\leqslant 3)=\Phi(3)-\Phi(-1)$
$=\Phi(3)-[1-\Phi(1)]=\Phi(3)+\Phi(1)-1=0.9887+0.8413-1$
$=0.83$

非标准正态分布的概率计算可通过如下定理转换为查标准正态分布数值表的计算。

定理 1 若随机变量 $X\sim N(\mu,\sigma^2)$，则随机变量 $Y=\dfrac{X-\mu}{\sigma}\sim N(0,1)$。

例 4 设 $\xi\sim N(10,2^2)$，求以下概率：

(1) $P(10<\xi\leqslant 13)$；(2) $P(\xi\geqslant 13)$；(3) $P(|\xi-10|<2)$。

解 (1) $P(10<\xi\leqslant 13)=\Phi\left(\dfrac{13-10}{2}\right)-\Phi\left(\dfrac{10-10}{2}\right)$

$$=\Phi(1.5)-\Phi(0)=0.9332-0.5=0.4332$$

(2) $P(\xi\geqslant 13)=1-P(\xi<13)=1-\Phi\left(\dfrac{13-10}{2}\right)=1-0.9332=0.0668$

(3) $P(|\xi-10|<2)=P\left(\left|\dfrac{\xi-10}{2}\right|<1\right)=\Phi(1)-\Phi(-1)=2\Phi(1)-1$

$$=2\times 0.8413-1=0.6826$$

例 5 设 $X\sim N(\mu,\sigma^2)$，求 $P(|X-\mu|<3\sigma)$。

解 $P(|X-\mu|<3\sigma)=P(\mu-3\sigma<X<\mu+3\sigma)=\Phi\left(\dfrac{\mu+3\sigma-\mu}{\sigma}\right)-\Phi\left(\dfrac{\mu-3\sigma-\mu}{\sigma}\right)$

$$=\Phi(3)-\Phi(-3)=2\Phi(3)-1=2\times 0.9987-1=0.9974$$

这说明随机变量 X 的绝对值超过 3σ 的概率只有 0.0026，即 $P(|X|\geqslant 3\sigma)=0.0026$，为小概率事件。因此，正态分布随机变量 ξ 的取值落在 $(\mu-3\sigma,\mu+3\sigma)$ 以外的事件，在实际问题中常常认为它是不会发生的，即不可能事件。这就是所谓正态分布的"3σ 原则"或"三倍均方差原理"。它在实际工作中有着许多重要的应用。

例 6 路桥学院学生进行测量实训，由经验知测量的误差 $X\sim N(7.5,100)$（单位：m），问要进行多少次独立测量，才能使至少有一次误差的绝对值不超过 10m 的概率大于 0.9？

解 设每次测量误差的绝对值不超过 10m 的概率为 p，则

$$p=P(|X|\leqslant 10)=\Phi\left(\frac{10-7.5}{10}\right)-\Phi\left(\frac{-10-7.5}{10}\right)=\Phi(0.25)-\Phi(-1.75)$$

$$=\Phi(0.25)-[1-\Phi(1.75)]=\Phi(0.25)+\Phi(1.75)-1=0.5586$$

设事件 A 表示进行 n 次独立测量,则事件 A 发生的次数服从 $B(n,0.5586)$。由 n 重伯努利概型计算公式,至少有一次误差的绝对值不超过 10m 的概率为:

$$P_n(k\geqslant1)=1-P_n(k<1)=1-P_n(k=0)=1-C_n^0p^0(1-p)^{n-0}$$
$$=1-(1-p)^n=1-(1-0.5586)^n$$

根据题意,应有 $P(A)=1-(1-0.5586)^n>0.9$。解之,得 $n>3$,故至少要进行4 次独立测量才能满足要求。

习题 10.5

1. 设随机变量 ξ 具有密度函数为:

$$f(x)=\begin{cases}A(1-x), & 0<x<1\\ 0, & 其他\end{cases}$$

求:(1)常数 A;(2)$P\left(-3\leqslant\xi\leqslant\frac{3}{4}\right)$;(3)$P\left(\xi>\frac{1}{2}\right)$。

2. 设随机变量 X 具有概率密度

$f(x)=ce^{-|x|}(-\infty<x<+\infty)$

求:(1)c;(2)$P(0<X<1)$。

3. 已知某公共汽车到达某站的时间服从 10 点到 10:30 之间的均匀分布,某乘客 10 点钟到达这个汽车站,求他至少等 10 分钟的概率。

4. 设 $\xi\sim N(0,1)$,求以下概率:

(1)$P(\xi<0.6)$;(2)$P(\xi\geqslant0.9)$;(3)$P(|\xi|<1.6)$。

5. 设 ξ 服从 $N(5,4^2)$,求 $P(\xi<10)$,$P(2<\xi\leqslant10)$。

6. 设一批零件的长度 X(cm)服从 $N(20,0.2^2)$,现从这批零件中任取一件,

(1)求 $P(|X-20|\leqslant0.3)$;(2)求 ε,使得 $P(|X-20|\leqslant\varepsilon)=0.95$。

7. 某工程队完成某项工程所需要的时间(单位:元)服从参数 $\mu=100,\sigma=5$ 的正态分布。按合同规定:若在 100 天内完成,得奖 10000 元;若在 100 到 105 天内完成,得奖 1000 元;若超过 100 天,则罚款 5000 元。求该工程队被罚款 5000 元的概率。

8. 公共汽车门的高度一般是按男子的碰头机会在 1% 以下来设计的,男子的身高服从正态分布,平均身高是 170cm,标准差(即均方差)是 6cm,问车门高度至少应设计成多少?

10.6 随机变量的数字特征

前面我们讨论了随机变量及其分布,如果知道随机变量 X 的概率分布,则 X 的全部概率特征也就知道了,然而,在实际问题中,概率分布一般是比较难求的,且在一些实际应用中,人们并不需要知道随机变量的一切概率性质,而只需要知道随机变量的一些数字特征即可。这些数字特征虽然不能完整描述随机变量,但可以描述随机变量在某些方面的重要特征。

比较常用的数字特征有两个:一个是描述随机变量的“均值”——数学期望;另一个是描述随机变量取值“分散程度”的量——方差。

10.6.1 数学期望

1)离散型随机变量的数学期望

【案例1】 甲、乙二个学生在实习基地加工同一种零件,日产量相同,两人在一天中出现的废品数为ξ和η,其分布列见表10-6-1、表10-6-2。比较这两个学生的技术状况。

学生甲一天生产中出现的废品数分布列　　表10-6-1

ξ	0	1	2	3	4
P	0.4	0.3	0.2	0.1	0

学生乙一天生产中出现的废品数分布列　　表10-6-2

η	0	1	2	3	4
P	0.5	0.1	0.2	0.1	0.1

分析 这个问题不能立即得到准确的估计。假设两人各加工了n个零件,则他们日产平均废品数为:

甲:$\dfrac{0\times0.4\times n+1\times0.3\times n+2\times0.2\times n+3\times0.1\times n+4\times0\times n}{n}$

$=0\times0.4+1\times0.3+2\times0.2+3\times0.1+4\times0=1$

乙:$\dfrac{0\times0.5\times n+1\times0.1\times n+2\times0.2\times n+3\times0.1\times n+4\times0.1\times n}{n}$

$=0\times0.5+1\times0.1+2\times0.2+3\times0.1+4\times0.1=1.2$

因此可以看出,甲同学比乙同学的技术好些。

从案例1可以看出,甲、乙两位学生日产平均废品数等于他们一天中可能出现的废品数,乘以对应的概率,然后再相加得到。这个结果对计算一般离散型随机变量取值的平均值也适用。

定义1 设离散型随机变量X的分布列为$P(X=x_k)=p_k,(k=1,2,\cdots)$,若级数$\sum\limits_k x_kp_k$绝对收敛,则称和式$\sum\limits_k x_kp_k$为随机变量$X$的数学期望,简称期望或均值,记作$E(X)$。

例1 已知10件产品中有8件是一等品,2件是二等品。每次从中任意抽出1件,抽后不放回。试求抽到一等品为止时的平均抽取次数。

解 设抽到一等品为止时的抽取次数为随机变量ξ,则ξ的可能取值为1、2、3。因为

$$P(\xi=1)=\frac{8}{10}=\frac{4}{5},P(\xi=2)=\frac{2\times8}{A_9^2}=\frac{16}{10\times9}=\frac{8}{45},P(\xi=3)=\frac{A_2^2\cdot A_8^1}{A_{10}^3}=\frac{2\times8}{10\times9\times8}=\frac{1}{45},$$

则抽到一等品为止时的平均抽取次数即为ξ的数学期望$E(\xi)$。所以

$$E(\xi)=1\times\frac{4}{5}+2\times\frac{8}{45}+3\times\frac{1}{45}=\frac{11}{9}$$

2)连续型随机变量的数学期望

对于连续型随机变量 X,概率密度为 $f(x)$,注意到 $f(x)\mathrm{d}x$ 的作用与离散型随机变量中的 p_k 类似,于是有以下定义:

定义 2 设连续型随机变量 X 的概率密度为 $f(x)$,若积分 $\int_{-\infty}^{+\infty}|x|f(x)\mathrm{d}x$ 收敛,则称 $E(X)=\int_{-\infty}^{+\infty}xf(x)\mathrm{d}x$ 为连续型随机变量 X 的数学期望。

例 2 计算在区间 $[a,b]$ 上服从均匀分布的随机变量 ξ 的数学期望。

解 由题意知 ξ 的密度函数 $f(x)=\begin{cases}\dfrac{1}{b-a}, & a\leqslant x\leqslant b\\ 0, & 其他\end{cases}$

于是
$$E(\xi)=\int_{-\infty}^{+\infty}xf(x)\mathrm{d}x=\int_a^b\frac{x}{b-a}\mathrm{d}x=\frac{a+b}{2}$$

即在某一区间上服从均匀分布的随机变量的期望等于该区间的中点。

例 3 某种无线电元件的使用寿命 ξ 是一随机变量,其概率密度为
$$f(x)=\begin{cases}\lambda\mathrm{e}^{-\lambda x}, & x>0\\ 0, & x\leqslant 0\end{cases}$$

其中 $\lambda>0$,求这种元件的平均使用寿命。

解
$$E(\xi)=\int_{-\infty}^{+\infty}xf(x)\mathrm{d}x=\int_0^{+\infty}\lambda x\mathrm{e}^{-\lambda x}\mathrm{d}x=-\int_0^{+\infty}x\mathrm{e}^{-\lambda x}\mathrm{d}(-\lambda x)=-\int_0^{+\infty}x\mathrm{d}(\mathrm{e}^{-\lambda x})$$
$$=-\left[x\mathrm{e}^{-\lambda x}\right]_0^{+\infty}+\int_0^{+\infty}\mathrm{e}^{-\lambda x}\mathrm{d}x=\frac{1}{\lambda}$$

3)数学期望的性质

下面给出数学期望的性质,证明从略。

性质 1 设 c 为任意常数,则 $E(c)=c$。

性质 2 设 c 为任意常数,则 $E(cX)=cE(X)$。

性质 3 设 c、d 为任意常数,则 $E(cX+d)=cE(X)+d$。

性质 4 设 X、Y 为任意随机变量,则 $E(X\pm Y)=E(X)\pm E(Y)$。

性质 5 设 X、Y 是两个相互独立的随机变量,则 $E(XY)=E(X)\cdot E(Y)$。

性质 6 设 ξ 是离散型随机变量,ξ 的分布列为 $P(\xi=x_k)=p_k,(k=1,2,\cdots)$,则 $\eta=g(\xi)$ 的数学期望为
$$E(\eta)=\sum_{k=1}^{\infty}g(x_k)p_k \tag{10-6-1}$$

设 X 是连续型随机变量,X 的密度函数为 $f(x)$,则 $Y=g(X)$ 的数学期望为
$$E(Y)=\int_{-\infty}^{+\infty}g(x)f(x)\mathrm{d}x \tag{10-6-2}$$

例 4 设随机变量 ξ 的分布列为:

ξ	-2	0	2
P	0.4	0.3	0.3

求：(1)$E(\xi)$；(2)$E(\xi^2)$；(3)$E(3\xi^2+5)$。

解 (1)$E(\xi)=-2\times0.4+0\times0.3+2\times0.3=-0.2$；

(2)$E(\xi^2)=(-2)^2\times0.4+0^2\times0.3+2^2\times0.3=2.8$；

(3)$E(3\xi^2+5)=3E(\xi^2)+5=3\times2.8+5=13.4$。

10.6.2 方差

【案例2】 甲、乙两射手各打了6发子弹，每发子弹击中的环数分别为：

甲	10	7	9	8	10	6
乙	8	7	10	9	8	8

问哪一个射手的技术较好？

分析 比较二人平均射中环数：甲为$E(X)=(10+7+9+8+10+6)/6=50/6$，乙为$E(Y)=(8+7+10+9+8+8)/6=50/6$，二者相等。显然仅仅了解均值是不够的，还要了解每一次射中环数与平均环数之间的偏离程度，才能比较出二人的技术稳定程度。为此，我们引入方差的定义。

1)方差概念

定义3 若随机变量X的期望$E(X)$存在，则称$E[X-E(X)]^2$为X的方差，记作$D(X)$。

方差$D(X)$表达了随机变量X的取值与其均值之间的平均偏离程度。有时也用$\sqrt{D(X)}$来刻画X取值的分散程度。$\sqrt{D(X)}$称为X的标准差。

在实际计算中，方差还可用公式

$$D(X)=E(X^2)-[E(X)]^2 \tag{10-6-3}$$

来计算。

说明：

(1)设ξ是离散型随机变量，ξ的分布列为$P(\xi=x_k)=p_k$，$(k=1,2,\cdots)$，则方差

$$D(\xi)=\sum_{k=1}^{\infty}[x_k-E(\xi)]^2\cdot p_k \tag{10-6-4}$$

(2)设X是连续型随机变量，X的密度函数为$f(x)$，则方差

$$D(X)=\int_{-\infty}^{+\infty}[x-E(X)]^2f(x)\mathrm{d}x \tag{10-6-5}$$

解 因为$E(X)=E(Y)=\dfrac{50}{6}$，所以由$D(X)=E(X^2)-[E(X)]^2$有：

$$D(X)=\frac{10^2+7^2+9^2+8^2+10^2+6^2}{6}-8.3^2\approx2.78$$

$$D(Y)=\frac{8^2+7^2+10^2+9^2+8^2+8^2}{6}-8.3^2\approx1.44$$

由此可以看出，乙比甲技术稳定，故乙技术较好。

例5 用两种方法测量某零件的长度（单位：mm）。由于是大量反复的测量，其频率记录可视为经验概率。两种测量方法得到零件长度的分布列见表10-6-3，试判断哪一种测量方法

较好。

两种测量方法零件长度的分布列　　表 10-6-3

长度	48	49	50	51	52
方法 1 的概率	0.1	0.1	0.6	0.1	0.1
方法 2 的概率	0.2	0.2	0.2	0.2	0.2

解　设用方法 1 与方法 2 所测得结果分别记作 ξ 与 η，容易算得

$$E(\xi)=E(\eta)=50$$

$$D(\xi)=(48-50)^2\times0.1+(49-50)^2\times0.1+(50-50)^2\times0.6+(51-50)^2\times0.1+(52-50)^2\times0.1=1$$

$$D(\eta)=(48-50)^2\times0.2+(49-50)^2\times0.2+(50-50)^2\times0.2+(51-50)^2\times0.2+(52-50)^2\times0.2=2$$

由于 $D(\xi)<D(\eta)$，所以方法 1 优于方法 2。

例 6　计算在区间 $[a,b]$ 上服从均匀分布的随机变量 ξ 的方差。

解　由于在 10.6.1 例 2 中已经算出 $E(\xi)=\dfrac{a+b}{2}$，而

$$E(\xi^2)=\int_{-\infty}^{+\infty}x^2f(x)\mathrm{d}x=\int_a^b\frac{x^2}{b-a}\mathrm{d}x=\frac{a^2+ab+b^2}{3}$$，利用式(10-6-1)，则有

$$D(\xi)=E(\xi^2)-[E(\xi)]^2=\frac{1}{3}(a^2+ab+b^2)-\frac{1}{4}(a+b)^2=\frac{1}{12}(b-a)^2$$

2) 常用分布的数学期望和方差

常用的二项分布和正态分布的数学期望与方差见表 10-6-4。

二项分布和正态分布的数学期望与方差　　表 10-6-4

类型	名称	分布列或密度函数	表示	数学期望	方差
离散型	二项分布	$P_n(X=k)=C_n^kp^kq^{n-k}$ $(k=0,1,2,\cdots,n;q=1-p)$，p、q 为参数	$X\sim B(n,p)$	np	npq
连续型	正态分布	$f(x)=\dfrac{1}{\sqrt{2\pi}\sigma}e^{-\frac{(x-\mu)^2}{2\sigma^2}}$ $(-\infty<x<+\infty)$，$\sigma>0$，μ、σ 为参数	$X\sim N(\mu,\sigma^2)$	μ	σ^2
	标准正态分布	$\varphi(x)=\dfrac{1}{\sqrt{2\pi}}e^{-\frac{x^2}{2}}$	$X\sim N(0,1)$	0	1

说明：可以证明，对于 $X\sim B(n,p)$，当 n 充分大时，近似于 $X\sim N(\mu,\sigma^2)$。这个结论不仅有理论意义，而且在实际问题中可以简化计算。

例 7　若有 10000 人参加某保险公司的人寿保险，每人每年付 100 元的保险费。而在 1 年内，1 个人死亡的概率是 0.006。死亡时，其家属可以获赔偿费 10000 元。试计算

(1) 保险公司赔本的概率；(2) 保险公司在 1 年内毛利润不少于 30 万元的概率。

解　假设 10000 人中 1 年内有 X 个人死亡，则 $X\sim B(10000,0.006)$

$$E(X)=np=60,\ D(X)=npq=np(1-p)=59.64$$

(1) 因为保险公司一年内总共可获保费 100 万元，而每人死亡时，其家属可以获赔偿费

1 万元，所以一年内最多死亡 100 人才能保证保险公司不亏本。故所求为 $P(X>100)$。因为 n 较大，p 又较小，所以近似有 $X\sim N(60,59.64)$，于是

$$P(X>100)=1-P(X\leqslant 100)=1-P\left(\frac{X-60}{\sqrt{59.64}}\leqslant\frac{100-60}{\sqrt{59.64}}\right)=1-\Phi(5.18)\approx 0$$

可见，保险公司基本不会亏本。

(2) 获利 30 万元，即公司赔偿 70 万元，则死亡人数达到 70 人，故所求为

$$P(0<X\leqslant 70)=P\left(\frac{0-60}{\sqrt{59.64}}<\frac{X-60}{\sqrt{59.64}}<\frac{70-60}{\sqrt{59.64}}\right)=P\left(-7.769<\frac{X-60}{\sqrt{59.64}}\leqslant 1.295\right)$$

$$=\Phi(1.30)-\Phi(-7.769)=0.9032$$

即获利 30 万元的概率是 90.32%。

3) 方差性质

性质 1　设 c 为任意常数，则 $D(c)=0$。

性质 2　设 c 为任意常数，则 $D(cX)=c^2D(X)$。

性质 3　设 c、d 为任意常数，则 $D(cX+d)=c^2D(X)$。

性质 4　设 X、Y 为相互独立的随机变量，则 $D(X\pm Y)=D(X)\pm D(Y)$。

例 8　已知 $\xi\sim N(3,2^2)$，求：(1) $D(-3\xi)$；(2) $D(2\xi+4)$。

解　由题意知，$D(\xi)=4$，由方差性质得

(1) $D(-3\xi)=9D(\xi)=(-3)^2\times 4=36$；

(2) $D(2\xi+4)=2^2D(\xi)=4\times 4=16$。

习题 10.6

1. 一批产品中有一、二、三等、等外品及废品 5 种，相应的概率分别为 0.7，0.1，0.1，0.06 及 0.04，若其产值分别为 6 元、5.4 元、5 元、4 元及 0 元，求产品产值的均值。

2. 已知随机变量 ξ 的概率密度为 $f(x)=\begin{cases}\dfrac{3}{4}(1-x^2), & |x|<1\\ 0, & 其他\end{cases}$，

试求 $E(\xi)$ 和 $D(\xi)$。

3. 设随机变量 ξ 和 η 相互独立，分布列分别为

ξ	-1	2	3
P	$\frac{1}{3}$	$\frac{5}{12}$	$\frac{1}{4}$

η	1	2
P	$\frac{2}{3}$	$\frac{1}{3}$

求 $E(3\xi-3\eta-1)$ 与 $D(-6\xi+3\eta-4)$。

4. 已知：$\xi \sim N(2,1.5^2)$，求：

(1)$D(2\xi)$；　　　　(2)$D(2\xi+5)$。

5. 有1000件产品，其中900件是正品，其余是次品。现从中每次任取1件，有放回地取5件，试求这5件所含次品数ξ的分布列。

6. 某个卖水果的个体户，在不下雨的日子每天可赚100元，在雨天则要损失10元，该地区每年下雨的日子约有130天，求该个体户每天获利的数学期望（一年按365天计）。

7. 某工厂生产的产品中，一等品占1/2，二等品占1/3，次品占1/6。如果生产一件次品，工厂损失1元，而生产一件一等品获利2元，生产一件二等品获利1元。假设生产了大量这样的产品，问每件产品工厂可以期望得到多少利润？

10.7 概率问题的MATLAB求解

统计模型工具箱涉及大量的统计知识和统计命令，用户可以在Help菜单下的MATLAB Help界面的左下栏进行搜索，在该栏中可以看到"Statistics　Tools box"，即统计模型工具箱，如图10-7-1所示。

图10-7-1　统计工具箱

点击统计工具箱就进入了统计方法的知识点和各种统计命令。下面就来介绍常用的一些统计命令。

10.7.1　几种常用的概率分布及其概率的求解

1)离散型随机变量的概率

命令调用格式：

binopdf(k,n,p)表示计算二项分布$B(n,p)$中随机变量$\xi=k$的概率；

binocdf(k,n,p)表示计算二项分布中随机变量$\xi \leqslant k$的概率。

例1　已知随机变量ξ服从二项分布$B(20,0.2)$，求$P(\xi=5)$。

解 输入：> >binopdf(5,20,0.2)

输出：ans =

0.1746

例 2 假设某车间有 10 台车床，每台车床停车的概率为 0.1，问恰好有 4 台车床停车的概率是多少？至少有 4 台同时停车的概率是多少？

解 设停车的数目为随机变量 ξ，则 ξ 服从二项分布 $B(10,0.1)$，恰好有 4 台车床停车的概率为 $P(\xi=4)$，而至少有 4 台同时停车的概率为 $P(\xi\geqslant4)=1-P(\xi\leqslant3)$。

输入：> >binopdf(4,10,0.1)

输出：ans =

0.0112

输入：> >1 - binocdf(3,10,0.1)

输出：ans =

0.0128

即恰好有 4 台车床停车的概率是 0.0112，至少有 4 台同时停车的概率是 0.0128。

2）连续型随机变量的概率

命令调用格式：

unifcdf(k,a,b)表示计算均匀分布 $U[a,b]$ 中随机变量 $\xi\leqslant k$ 的概率；

normcdf(k,μ,σ)表示计算正态分布 $N(\mu,\sigma^2)$ 中随机变量 $\xi\leqslant k$ 的概率。

例 3 已知随机变量 ξ 服从均匀分布 $U[0,5]$，求 $P(\xi\leqslant3)$。

解 输入：> >unifcdf(3,0,5)

输出：ans =

0.6000

例 4 已知随机变量 ξ 服从正态分布 $N(80,36)$，求 $P(69<\xi\leqslant90)$。

解 输入：> >normcdf(90,80,6) - normcdf(69,80,6)

输出：ans =

0.9188

10.7.2 随机变量的数字特征——数学期望与方差

1）离散型随机变量的数学期望与方差

在 MATLAB 中，对于一般的离散型随机变量，可以利用 sum 函数求其数学期望与方差。设随机变量 ξ 的分布列为：

ξ	x_1	x_2	…	x_k	…
P	p_1	p_2	…	p_k	…

则求离散型随机变量数学期望的命令调用格式为：

EX = sum(X.*P)：其中 X = $[x_1,x_2,\cdots,x_k,\cdots]$，P = $[p_1,p_2,\cdots,p_k,\cdots]$，$\xi$ 的期望用 EX 表示。求离散型随机变量方差的命令调用格式为：

DX = sum(X. ^2. * P) - (EX)^2:其中 X = [$x_1,x_2,\cdots,x_k,\cdots$],P = [$p_1,p_2,\cdots,p_k,\cdots$],$\xi$ 的方差用 DX 表示。

对于二项分布的数学期望与方差可以调用下列函数命令进行计算:

[E,D] = binostat(n,p)表示计算二项分布 $B(n,p)$ 的数学期望与方差,其中输出结果 E 为期望,D 为方差。

例5 设随机变量 ξ 的分布列为:

ξ	1	2	3	-1	4
P	0.1	0.2	0.3	0.2	0.2

求 ξ 的数学期望与方差。

解 输入:> >X = [1 2 3 -1 4];P = [0.1 0.2 0.3 0.2 0.2];EX = sum(X. * P)

输出:EX =

2

例6 已知随机变量 ξ 服从二项分布 $B(25,0.4)$,求 ξ 的数学期望与方差。

解 输入:> >[E,D] = binostat(25,0.4)

输出:E =

10

D =

6

2)连续型随机变量的数学期望与方差

在 MATLAB 中,对一般的连续型随机变量求数学期望和方差,其命令调用格式为:

EX = int(x * f,x, -inf, +inf)表示计算随机变量 ξ 的数学期望,其中 f 为随机变量 ξ 的密度函数 $f(x)$;

DX = int(x^2 * f,x, -inf, +inf) - (EX)^2 表示计算随机变量 ξ 的方差。

对于均匀分布、正态分布的数学期望与方差也可以调用下列函数命令进行计算:

[E,D] = unifstat(a,b)表示计算均匀分布 $U[a,b]$ 的数学期望与方差;

[E,D] = normstat(μ,σ)表示计算正态分布 $N(\mu,\sigma^2)$ 的数学期望与方差。

例7 设随机变量 ξ 的密度函数 $f(x)=\begin{cases}2(1-x), & 0\leqslant x\leqslant 1\\ 0, & \text{其他}\end{cases}$,求 ξ 的数学期望与方差。

解 输入:> >symsxf;f = 2 * (1 - x);EX = int(x * f,x,0,1)

输出:EX =

1/3

输入:> >DX = int(x^2 * f,x,0,1) - (EX)^2

输出:DX =

1/18

例8 已知随机变量 ξ 服从均匀分布 $U[0,20]$,求 ξ 的数学期望与方差。

解 输入:> >[E,D] = unifstat(0,20)

输出：E =

10

D =

33.3333

例 9 已知随机变量 ξ 服从正态分布 $N(50,64)$，求 ξ 数学期望与方差。

解 输入：>> [E,D] = normstat(50,8)

输出：E =

50

D =

64

习题 10.7

利用 MATLAB 求解下列各题：

1. 某工厂有 20 台机器在运作，每台机器发生故障的概率为 0.1，问恰好有 3 台机器发生故障的概率是多少？

2. 一条自动生产线上产品的一级品概率为 0.6，检查 10 件产品，求至少有三件一级品的概率。

3. 已知随机变量 ξ 服从正态分布 $N(5,25)$，求 $P(10<\xi\leq 15)$。

4. 设随机变量 ξ 的分布列为：

ξ	0	1	2
P	$\frac{7}{15}$	$\frac{7}{15}$	$\frac{1}{15}$

求 ξ 的数学期望与方差。

5. 举行射击比赛，每人 4 发子弹，规定：全部不中得 0 分，中一弹得 15 分，中两弹得 30 分，中三弹得 55 分，四弹全中得 100 分。某人每次的命中率为 0.5，问他期望可得多少分？得分的方差是多少？

6. 设随机变量 ξ 的密度函数 $f(x)=\begin{cases}12x^2, & |x|\leq\frac{1}{2}\\ 0, & \text{其他}\end{cases}$，求 ξ 的数学期望与方差。

7. 已知随机变量 ξ 服从均匀分布 $U[-1,2]$，求 ξ 的数学期望与方差。

8. 已知随机变量 ξ 服从正态分布 $N(3,16)$，求 ξ 数学期望与方差。

复习题十

1. 单项选择题

(1)设A表示"甲种商品畅销,乙种商品滞销",则其对立事件$\overline{A}$表示(　　)。

A. 甲种商品滞销,乙种商品畅销　　B. 甲种商品畅销,乙种商品畅销

C. 甲种商品滞销,乙种商品滞销　　D. 甲种商品滞销,或乙种商品畅销

(2)设每次试验成功的概率为$p(0<p<1)$,重复进行n次试验取得$r(1\leqslant r\leqslant n)$次成功的概率为(　　)。

A. $C_{n-1}^{r-1}p^r(1-p)^{n-r}$　　B. $C_n^r p^r(1-p)^{n-r}$

C. $C_{n-1}^{r-1}p^{r-1}(1-p)^{n-r+1}$　　D. $p^r(1-p)^{n-r}$

(3)有10张奖券中含3张中奖的奖券,每人只能购买1张,则前3个购买者都中奖的概率为(　　)。

A. $C_{10}^3\times 0.7^2\times 0.3$　　B. 0.3

C. $\dfrac{7}{40}$　　D. $\dfrac{1}{120}$

(4)一批零件10个,其中有8个合格品,2个次品,每次任取一个零件装配机器,若第2次取到的是合格品的概率为P_2,第3次取到的合格品的概率为P_3,则(　　)。

A. $P_2>P_3$　　B. $P_2=P_3$

C. $P_2<P_3$　　D. P_2与P_3的大小不能确定

(5)设$B\subset A$,则下面正确的等式是________。

A. $P(\overline{AB})=1-P(A)$　　B. $P(\overline{B}-\overline{A})=P(\overline{B})-P(\overline{A})$

C. $P(B|A)=P(B)$　　D. $P(A|\overline{B})=P(A)$

2. 填空题

(1)已知$P(A)=0.3,P(B)=0.5,P(A+B)=0.8$,那么$P(A-B)=$________。

(2)袋中装有编号为1、2、3、4、5、6、7的7张卡片,今从袋中任取3张卡片,则所取出的3张卡片中无4的概率为________。

(3)设随机事件A,B互不相容,且$P(A)=0.3,P(\overline{B})=0.6$,则$P(B|A)=$________。

(4)一批电子元件共有100个,次品率为0.05,连续两次不放回地从中任取两个,则第二次才取到正品的概率为________。

3. 已知A,B是样本空间Ω中的两个事件,且$\Omega=\left\{x|1<X<9\right\}$,$A=\left\{x|4\leqslant X<6\right\}$,$B=\left\{x|3<X\leqslant 7\right\}$,试求:(1)$AB$;(2)$A+B$;(3)$B-A$;(4)$\overline{A}$。

4. 一批产品由95件正品和5件次品组成,连续从中抽取两件,第一次取出后不再放回,问:(1)第一次抽得正品且第二次抽得次品的概率是多大;(2)抽得一件为正品,一件为次品的概率是多少?

5. 有一批产品是由甲、乙、丙三厂同时生产的。其中甲厂产品占50%,乙厂产品占

30%，丙厂产品占20%，甲厂产品中正品率为95%，乙厂产品正品率为90%，丙厂产品正品率为85%，如果从这批产品中随机抽取一件，试计算该产品是正品的概率。

6. 面对试卷上的10道4选1的选择题，某考生心存侥幸，试图用抽签的方法答题。试求下列事件的概率：

(1)恰好有2题回答正确；　　(2)至少有2题回答正确；

(3)无一题回答正确；　　(4)全部回答正确。

7. 许多体育比赛采用五战三胜制，甲方在每一场比赛中胜乙方的概率是0.6(没有和局)，求甲方最后取胜的概率。

8. 设随机变量ξ的分布密度为$p(x)=\begin{cases}2x, 0\leqslant x\leqslant 1\\ 0, 其他\end{cases}$，求$P(X\leqslant\frac{1}{2})$与$P(\frac{1}{4}<X\leqslant 2)$。

9. 连续型随机变量ξ概率密度函数是$f(x)=\begin{cases}cx, & 0\leqslant x\leqslant 1\\ 0, & x<0 或 x>1\end{cases}$，求常数$c$。

10. 设ξ服从$N(0,1)$，试求：

(1)$P(\xi\leqslant 1.5)$；　　(2)$P(\xi>2)$；　　(3)$P(\xi\leqslant -1.8)$；

(4)$P(-1<\xi\leqslant 3)$；　　(5)$P(|\xi|\leqslant 2)$。

11. 设某批鸡蛋每只的重量X(g)服从$N(50,5^2)$分布，

(1)从该批鸡蛋中任取一只，求其重量不足45g的概率；

(2)从该批鸡蛋中任取5只，求至少有2只鸡蛋其重量不足45g的概率。

12. 某射手每次射击打中目标的概率都是0.8，现连续向一目标射击，直到第一次击中为止。求“射击次数”ξ的期望。

13. 已知随机变量ξ的分布列为：

ξ	0	1	2	3	4	5
P	1/12	1/6	1/3	1/12	2/9	1/9

求(1)$E(\xi)$；(2)$D(\xi)$。

数学素质拓展——死亡线上生还的故事

相传古代有个王国，由于崇尚迷信，世代沿袭着一条奇特的法规：凡是死囚，在临刑前都要抽一次“生死签”，即在两张小纸片上分别写着“生”和“死”的字样，由执法官监督，让犯人当众抽签。如果抽到写有“死”字的签，则立即处刑；如果抽到写有“生”字的签，则被认为这是神的旨意，应予当场赦免。

有一次，国王决定处死一名敢于“犯上”的大臣，为了不让这名囚臣得到半点获赦的机会，他与几名心腹密谋暗议，想出了一条狠毒的计策：暗中嘱咐执法官，把“生死签”的两张签都写成“死”字。这样，不管犯人抽得的是哪张签，终难免一死。

在国王一伙看来，这个“离经叛道”的臣子的“死”是必然事件，因为他们让这位臣子抽的生死签实际是“两死抽一”。然而，聪明的囚臣正是巧妙地利用了这一点，使自己死里逃生。

当执法官宣布抽签的办法后，只见囚臣以极快的速度抽出一张签，并迅速塞进嘴里。等到执法官反应过来，嚼烂的纸早已吞下。执法官赶忙追问：“你抽到‘死’字签还是‘生’字签？”囚臣故作叹息说：“我听从天意的安排，如果上天认为我有罪，那么这个咎由自取的苦果我已吞下，只要查看剩下的签是什么字就清楚了。”

剩下的签当然写着“死”字，这意味着囚臣已抽到“生”字签。国王和执法官有苦难言，由于怕触犯众怒，只好当众赦免了囚臣。

本来，这位囚臣抽到“生”还是“死”是一个随机事件。抽到每一种的可能性各占一半，也就是各有 1/2 的概率。但由于国王一伙“机关算尽”，通过偷换试验条件，想把这种概率只有 1/2 的“抽到死签”的随机事件，变为概率为 1 的必然事件，终于搬起石头砸了自己的脚，反使囚臣得以死里逃生。

第11章 数理统计基础及应用

学习目标

1. 理解总体、样本、统计量、样本均值、样本方差等概念；
2. 了解 U 分布、t 分布和 χ^2 分布的概念，了解分位数的概念并会查表计算；
3. 理解参数的点估计、区间估计的概念；
4. 了解估计量的无偏性、有效性的概念，并会验证估计量的无偏性；
5. 理解并会求单个正态总体的均值和方差的置信区间；
6. 掌握并会应用频数直方图法和一元线性回归分析法；
7. 理解假设检验的基本思想，掌握单个正态总体均值的各种检验方法，并能把假设检验方法应用到工程质量检验中。

重点：总体、样本及统计量的概念；总体均值的区间估计及应用；单个正态总体均值的假设检验及在工程质量检验中的应用。

难点：常用统计量的分布；估计的有效性；假设检验的基本思想；假设检验在工程质量检验中的应用。

数理统计是在概率论的基础上研究如何以有效的方式收集、整理和分析受到随机性的数据资料，以便对所考察的问题作出合理估计和推断。在开始学习数理统计知识前，需要理解几个重要的概念。

11.1 数理统计基本概念

【案例1】 曼帝糖果公司口味检验

曼帝糖果公司是一家糖果和巧克力主要供应商，超长效口香糖球是他们的标志性产品，这种产品具有五彩缤纷的颜色，可以满足各种口味。

曼帝糖果公司打算大做电视广告，吸引更多的消费者，广告包括这样一部分内容：宣传口香糖球的口味持续时间。问题是该如何得到相关数据？

公司决定进行口味检验，已经招聘了一批试吃者帮忙完成检验。结果曼帝糖果公司口味检验发生了重大失误——试吃者把所有的糖球都吃光了。这不仅伤害了试吃者的牙齿，而且没有糖球可卖了——试吃者嚼过的糖球是不能拿来卖的。

曼帝糖果之所以碰到问题,是因为他们的试吃检验出现了"试吃每一粒糖球"这个环节,这个环节费时、费钱、伤牙齿,并且剩不下糖球卖给消费者。那么,曼帝糖果该做些什么改变呢?

让我们先从总体和样本的差别讲起。

11.1.1 总体和样本

曼帝糖果对现有的每一粒糖球进行口味检验,若用统计术语表述就是在用总体进行检验。实际上并不需要尝遍所有糖球也能搞清楚糖球口味持续时间——也就是可以不检验总体,而检验样本。

在数理统计中,某类研究对象的全体称为总体,组成总体的每一个基本单位称为个体,从总体中随机抽取出来的个体称为样品,若干个样品组成的集合称为样本,样本中包含的样品个数称为样本容量,通常用 n 表示,对选取的样本进行观测得到的一组观测值称为样本值。在工程质量检验中,由于质量检验方法通常具有破坏性,采用全数考察的方法往往不可取。因此,除特殊项目外,在工程质量检验中通常采用抽样检验的方法。

例如,在沥青混合料拌和工地上经常需要确定沥青质量是否合格。现有某公司运来一批沥青共 100 桶,工作人员从每一桶沥青中随机抽取两个试样,共抽查了 200 个试样做实验。则 100 桶沥青构成研究对象总体,被抽走的 200 个试样就是一个样本,样本容量就是 200,而组成样本的每一个个体就是样品。

在实际中,人们关心的往往不是研究对象的全部情况,而是它的某一个或几个指标。对于沥青质量进行抽检,就要对稳定度 ξ 和流值 η(用以表示沥青混合料在高温条件下的强度和变形)这两个指标进行检验。对于电视机显像管,人们关心的是它的使用寿命 T。稳定度 ξ、流值 η 和使用寿命 T 等都是数量,作为个体来说都呈现随机性,因此 ξ、η 和使用寿命 T 均可看成随机变量。为了方便起见,可以把总体看作所研究对象的若干数量特征的全体,而直接用一个随机变量 X 表示。

在总体 X 中随机抽取 n 个个体,就是对 X 进行 n 次试验。由于抽样有随机性,所以样本 $X_1,X_2,\cdots,X_n$ 是 n 个随机变量。当一次抽样实现后,它们就变成了 n 个具体的样本数值 x_1,$x_2,\cdots,x_n$。由于抽样后得到的资料都是具体的、确定的值,如从某班大学生中抽取 10 人测量身高,得到 10 个数,它们是样本取到的值而不是样本。人们只能观察到随机变量取的值而见不到随机变量。统计就是从手中已有的资料——样本值,来推断总体的情况——总体分布 $F(x)$ 的性质,样本是联系两者的桥梁。那么如何利用样本得出关于总体的结论呢?

建立一个好样本的关键是尽量选择符合总体的样本,如果样本具有代表性,则表示样本具有与总体十分相似的特性,进而意味着可以通过样本预测出总体具有哪种特性。

在总体 X 中抽取样本时,为了使样本更具有代表性并且使计算尽量简化,从而提出下列两条要求:首先,样本必须能代表总体,即每个 X_i 与 X 有相同的分布;其次,每次抽取是独立的,即 X 之间皆相互独立。满足以上条件的抽样方法称为简单随机抽样,由简单随机抽样得到的样本称为简单随机样本。抽奖就是一种简单无重复随机抽样。今后凡提到抽样及样本均指简单随机抽样及简单随机样本（或简称为样本）。

11.1.2 统计量

在数理统计中，往往并不是直接利用抽取的样本进行估计、推断，而是根据需要对样本进行加工处理，针对不同的问题构造出某些样本的函数。例如，随机抽取 10 个灯泡进行寿命测试，得到 10 个不同的样本数值，由此计算出这 10 个灯泡寿命的平均值，从而对总体灯泡寿命进行估计。此处灯泡寿命的平均值就是由样本经过计算得到的。对于样本的函数有下面的定义：

定义 1 设 $X_1,X_2,\cdots,X_n$ 是来自总体 X 的一个样本，随机变量 $X_1,X_2,\cdots,X_n$ 的函数 $f(X_1,X_2,\cdots,X_n)$ 称为样本函数。不包含任何未知参数且连续的样本函数 $f(X_1,X_2,\cdots,X_n)$ 称为统计量。

例如，设 X_1、X_2、X_3 是从正态总体 $N(\mu,\sigma^2)$ 中抽取的一个样本，其中 μ 为已知参数，σ 为未知参数，则 $X_1+X_2+3\mu X_3$、$X_1^2+3\mu X_2X_3$ 是统计量；$X_1+\sigma X_2+X_3^2$、$X_1X_2X_3+\sigma$ 不是统计量。

由于统计量是随机变量的函数，因而它是随机变量。如果 $x_1,x_2,\cdots,x_n$ 是 $X_1,X_2,\cdots,X_n$ 的一组观测值，则 $f(x_1,x_2,\cdots,x_n)$ 是统计量 $f(X_1,X_2,\cdots,X_n)$ 的一组观测值。因此，为了方便，$f(x_1,x_2,\cdots,x_n)$ 既可表示为统计量，也可表示为统计量的观测值而不加以严格区别。

常用统计量分为两类：一类表示数据的集中位置，例如，算术平均值、中位数等；另一类表示数据的离散程度，主要有极差、标准差、变异系数等。

【案例 2】 欢迎来到健身俱乐部

令某健身俱乐部深感自豪的是：他们有一项服务——能为每一位客户提供完美无缺的健身课程。客户无论是要学游泳、练武术，还是要打造形体，他们总有合适的课程供选择。

健身俱乐部的员工注意到，当客户与同龄人在同一个班上练习时，表现最为开心，而开心客户更常做回头客。看来，健身俱乐部要取得成功，秘诀在于算出每个班的典型年龄，其中一个办法就是计算平均数。平均数是每个班级的代表年龄，利用这个年龄，健身俱乐部可以帮助客户选择合适的班级。

该俱乐部力量集训班现有学员年龄分别是：19，20，20，20，21。

计算大量数据的平均数的一个最简单的方法是：将所有数字加起来，然后除以数字个数。在统计学中，这样算出来的值叫做算术平均值，也叫作均值。

1）算术平均值

算术平均值是一组数据的平均数，也称均值。它反映了全体数据分布的集中趋势。总体的算术平均值常用 μ 表示，样本的算术平均值则用 $\bar{x}$ 表示。如果 n 个样本数据为 $x_1,x_2,\cdots,x_n$，那么，样本的算术平均值为：

$$\bar{x}=\frac{1}{n}(x_1+x_2+\cdots+x_n)=\frac{1}{n}\sum_{i=1}^{n}x_i \tag{11-1-1}$$

由公式（11-1-1）可以求得，该俱乐部力量集训班现有学员年龄为

$$\bar{x}=\frac{19+20+20+20+21}{5}=20$$

【案例3】 再说健身俱乐部

米特·克莱夫先生,年近花甲,想加入一个由中年人组成的健身俱乐部学习中国功夫。他来到一个健身俱乐部,对服务员说:"我想找一个周二晚上的班,要安静宜人。要能遇到同龄人。你能帮我安排吗?"服务员满怀信心地说:"没问题。"只见她递给米特·克莱夫先生一本宣传册,宣传册标明周二有三个班有空缺。第一班的年龄均值是17,第二个班的年龄均值是25,第三个班的年龄均值是38。于是,这位米特·克莱夫先生去了年龄均值为38岁的班。他盼望的是一个程度一般的班级,可以在这里进行一些不太剧烈的练习,并且遇到一些年龄相仿的朋友。遗憾的是,不久,米特·克莱夫先生就结束了功夫班的学习。米特·克莱夫先生曾经盼望着加入的功夫班实际上主要由20岁左右的学员组成。但为什么会出现这种情况呢?经查功夫班学员年龄情况见表11-1-1。

功夫班学员年龄表　　　　表11-1-1

年龄(岁)	19	20	21	90	91	93
频数	1	5	3	1	1	1

由表中数据可以看出,班里大部分学员的年龄都在20岁左右,只有三位的年龄远远超过20岁,即出现了异常值。异常值使得功夫班的平均年龄明显偏高。因此,当数据中出现异常值时,往往使均值的代表性变差了,此时就需要用其他方式表示典型值,这里不妨取中间值。中间值是另一种平均数,也称为中位数。

2)中位数

据统计,浙江省2000年人口年龄中位数为33.3岁,到2010年为36.6岁。人口老龄化问题逐渐显现出来。那么中位数是如何计算的呢?

在一组数据 $x_1, x_2, \cdots, x_n$ 中,按其大小次序排列,位于中间位置的数称为中位数,或中值,用 $\tilde{x}$ 表示。n 为奇数时,正中间的数只有一个;n 为偶数时,正中间的数有两个,取这两个数的平均值作为中位数,即

$$\tilde{x} = \begin{cases} x_{\frac{n+1}{2}}, & n \text{ 为奇数} \\ \dfrac{1}{2}\left(x_{\frac{n}{2}} + x_{\frac{n}{2}+1}\right), & n \text{ 为偶数} \end{cases} \tag{11-1-2}$$

中位数是一个位置平均数,它不受极端数值的影响,可以从另一个侧面反映总体数值分布的集中趋势而代表现象的一般水平。

由表11-1-1知,功夫班学员年龄按大小排列后,居中间位置年龄是20.5,所以年龄中位数为20.5。

【案例4】 招聘篮球队员

某全明星篮球队需要急聘一名新队员。

教练整整一星期都在测试用球员,发现有三名球员可以考虑。问题是,他该选择哪位球员?表11-1-2、表11-1-3、表11-1-4分别是三位球员甲、乙和丙的得分情况。

甲球员得分表　　　　表11-1-2

每场比赛的得分	7	8	9	10	11	12	13
频数	1	1	2	2	2	1	1

乙球员得分表　　表 11-1-3

每场比赛的得分	7	9	10	11	13
频数	1	2	4	2	1

丙球员得分表　　表 11-1-4

每场比赛的得分	3	6	7	10	11	13	30
频数	2	1	2	3	1	1	1

通过计算发现每位球员的得分均值、中位数都是 10 分,但只要注意一下所有得分就会发现,这几位球员是以不同的方式获得这些成绩的。球员们在稳定发挥方面存在差异,平均数无法量度这一差异。这就需要对数据的离散趋势进行讨论。

3)极差

在生产中,只反映产品的平均水平经常是不够的,如混凝土强度太高或太低都不好,即使平均水平符合要求,波动太大时,产品质量也不能令人满意。因此,需要了解数据波动范围的大小。在一组数据中最大值和最小值之差,称为极差(也称为全距),记作 R。

$$R = x_{\max} - x_{\min} \tag{11-1-3}$$

案例 4 中,甲队员得分极差为 6,乙队员得分极差也为 6,丙队员得分极差为 27。从极差来分析,丙队员发挥不稳定。然而甲、乙队员极差均为 6,从表中可以看出,两个队员的得分情况还是不同。因此,极差虽然计算十分简便,但没有充分利用全部数据的信息,且很容易受到异常值的影响,并且仅适用于样本容量较小($n<10$)的情况。为了摆脱异常值的影响,更精确地量度变异性,一个较好的指标就是标准偏差。

4)标准偏差

标准偏差有时也称标准离差、标准差或均方差,它是衡量样本数据波动性(离散程度)的指标。在质量检验中,总体的标准偏差一般不易求得。样本的标准偏差 S 可按式(11-1-4)计算:

$$S = \sqrt{\frac{(x_1 - \bar{x})^2 + (x_2 - \bar{x})^2 + \cdots + (x_n - \bar{x})^2}{n-1}} = \sqrt{\frac{1}{n-1}\sum_{i=1}^{n}(x_i - \bar{x})^2} \tag{11-1-4}$$

或

$$S = \sqrt{\frac{\sum_{i=1}^{n} x_i^{\ 2} - n\bar{x}^2}{n-1}} \tag{11-1-5}$$

标准偏差较大,说明总体数据分布较离散;标准偏差越小,说明数据的分布越集中。

由公式(11-1-5)得,甲队员得分的标准差为

$$S_{甲} = \sqrt{\frac{7^2 + 8^2 + 2(9^2) + 2(10^2) + 2(11^2) + 12^2 + 13^2 - 10(10^2)}{9}} = 1.82$$

乙队员得分标准差为

$$S_{乙} = \sqrt{\frac{7^2 + 2(9^2) + 4(10^2) + 2(11^2) + 13^2 - 10(10^2)}{9}} = 1.56$$

丙队员得分标准差为

$$S_{丙} = \sqrt{\frac{2(3^2) + 6^2 + 2(7^2) + 3(10^2) + 11^2 + 13^2 + 30^2 - 11(10^2)}{10}} = 7.11$$

由于乙队员的标准差最小，故发挥最稳定。因此，教练选乙队员较好。

事实上标准差的用途不止于此。

例如，有两位能力不同的篮球队员：球员1的投篮命中率为70%，其标准差为20%；球员2的投篮命中率为40%，标准差为10%。在某一次训练中，球员1投篮命中率是75%，球员2投篮命中率为55%。

每一位球员的得分情况都高于自己的均值，但相比球员本人的历史记录，哪一位发挥得更好呢？我们可以采用变异系数指标来进行评判。

5）变异系数

标准偏差虽然可反映样本数据的绝对波动状况，但当测量较大的量值时，标准偏差往往较大；测量较小的量值时，标准偏差往往较小。因此，当样本数据采自不同总体时，用相对波动的大小，即变异系数更能反映样本数据的波动性。变异系数用 C_v 表示，是标准偏差 S 与算术平均值的比值，即

$$C_v = \frac{S}{\bar{x}} \times 100\% \tag{11-1-6}$$

变异系数小，说明数据相对波动小，数据较集中。

上面例子中，球员1的变异系数为 $\frac{20}{75} \times 100\% = 26.67\%$；球员2的变异系数为 $\frac{10}{55} \times 100\% = 18.18\%$。因为球员2的变异系数小于球员1，所以从球员本人的历史记录看来，球员2表现更好。下面列举说明这些常用统计量在工程中的应用。

例1 某路段水泥混凝土路面板厚度检测，共采集了10个监测点，检测数据分别是：28.1cm、27.8cm、28.1cm、27.6cm、27.7cm、28.4cm、28.2cm、28.3cm、27.7cm、27.9cm。试求路面板厚度的算术平均值、中位数、极差和标准差。

解 路面板厚度的平均值为：

$$\bar{x} = \frac{1}{10}(28.1 + 27.8 + 28.1 + 27.6 + 27.7 + 28.4 + 28.2 + 28.3 + 27.7 + 27.9)$$

$$= 27.98\text{cm}$$

检测值按大小排列为：27.6、27.7、27.7、27.8、27.9、28.1、28.1、28.2、28.3、28.4，由式（11-1-2）得中位数为：

$$\tilde{x} = \frac{1}{2}(x_5 + x_6) = \frac{27.9 + 28.1}{2} = 28.0\text{cm}$$

由式（11-1-3）得极差为：

$$R = x_{\max} - x_{\min} = 28.4 - 27.6 = 0.8\text{cm}$$

由式（11-1-4）可得标准差为：

$$S = \left\{\frac{1}{10-1}[(28.1-27.98)^2 + (27.8-27.98)^2 + (28.1-27.98)^2 + (27.6-27.98)^2 + (27.7-27.98)^2 + (28.4-27.98)^2 + (28.2-27.98)^2 + (28.3-27.98)^2 + (27.7-27.98)^2 + (27.9-27.98)^2]\right\}^{\frac{1}{2}}$$

$$= 0.278\text{cm}$$

例 2 某新建公路路基施工中，对其中的甲、乙两段面层的摩擦系数进行检测，若甲路段摩擦系数平均值为 56.8，标准差为 4.25；乙路段摩擦系数平均值为 61.1，标准差为 4.35。试比较两路段面层抗滑的稳定性。

解 甲路段：
$$C_{v甲} = \frac{S}{\bar{x}} \times 100\% = \frac{4.25}{56.8} = 7.48\%$$

乙路段：
$$C_{v乙} = \frac{S}{\bar{x}} \times 100\% = \frac{4.35}{61.1} = 7.12\%$$

从标准差看，$S_甲 < S_乙$，但从变异系数分析，$C_{v甲} > C_{v乙}$，说明甲路段的摩擦系数相对波动比乙路段的大，面层抗滑稳定性较差。

在实际应用中，可以利用 Excel 进行未分组数据平均值、中位数、样本偏差的计算。下面结合例 1 来说明操作步骤：

(1)输入数据。

把混凝土检测数据输入 A2: A10 单元格，在 A1 中输入列标志“检测数据”。

(2)利用“描述统计”工具计算统计指标。

第一步：调用“描述统计”工具。在“工具”菜单中单击“数据分析”命令(有些计算机如没有“数据分析”命令，可到“工具”菜单中单击“加载宏”，再把“分析工具库”方框前打上“√”即可)，选择“描述统计”工具，在打开的“描述统计”对话框中进行设置，如图 11-1-1 所示。

第二步：显示描述统计结果。单击“确定”按钮。可得到输出结果，如图 11-1-2 所示。

上面结果中，平均指算术平均值；中值指中位数；样本偏差指样本标准差；区域指极差。

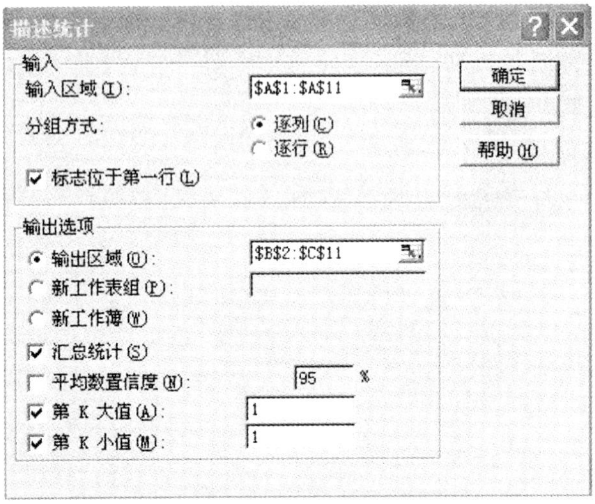

图 11-1-1　描述统计的对话框

	A	B	C
1	检测数据		
2	28.1	检测数据	
3	27.8		
4	28.1	平均	27.98
5	27.6	标准误差	0.087939
6	27.7	中值	28
7	28.4	模式	28.1
8	28.2	标准偏差	0.278089
9	28.3	样本方差	0.077333
10	27.7	峰值	-1.47098
11	27.9	偏斜度	0.102299
12		区域	0.8
13		最小值	27.6
14		最大值	28.4
15		求和	279.8
16		计数	10
17		最大(1)	28.4
18		最小(1)	27.6

图 11-1-2　描述统计的输出结果

11.1.3　几个常用统计量及其分布

统计量的分布又称抽样分布。在一般情况下，求任意一个统计量的分布是很困难的，在实际工作中，用得最多的是正态分布，对于正态分布是可以求出一些重要统计量的分布来的，这些结果也是以后各节重要的理论基础。本书只给出结论和使用方法，不予证明。

1) U 分布

设总体 $X\sim N(\mu,\sigma^2)$，$X_1,X_2,\cdots,X_n$ 是来自总体 X 的一个样本，$x_1,x_2,\cdots,x_n$ 是其观测值，则 $X_i\sim N(\mu,\sigma^2)$，可以证明：样本均值 $\bar{x}$ 也服从正态分布，其数学期望和方差计算如下：

$$E(\bar{x}) = E\left(\frac{1}{n}\sum_{i=1}^{n}x_i\right) = \frac{1}{n}\sum_{i=1}^{n}E(x_i) = \frac{1}{n}\sum_{i=1}^{n}\mu = \mu$$

$$D(\bar{x}) = D\left(\frac{1}{n}\sum_{i=1}^{n}x_i\right) = \frac{1}{n^2}\sum_{i=1}^{n}D(x_i) = \frac{1}{n^2}\sum_{i=1}^{n}\sigma^2 = \frac{\sigma^2}{n}$$

所以
$$\bar{x}\sim N\left(\mu,\frac{\sigma^2}{n}\right)$$

将 $\bar{x}$ 标准化，得到一个新的统计量：

$$U = \frac{\bar{x}-\mu}{\sqrt{\frac{\sigma^2}{n}}} = \frac{\bar{x}-\mu}{\sigma}\sqrt{n}$$

因为
$$E(U) = \frac{\sqrt{n}}{\sigma}E(\bar{x}-\mu) = \frac{\sqrt{n}}{\sigma}[E(\bar{x})-E(\mu)] = \frac{\sqrt{n}}{\sigma}(\mu-\mu) = 0$$

$$D(U) = \frac{n}{\sigma^2}D(\bar{x}-\mu) = \frac{n}{\sigma^2}D(\bar{x}) = \frac{n}{\sigma^2}\cdot\frac{\sigma^2}{n} = 1$$

所以，统计量 U 服从标准正态分布，即

$$U = \frac{\bar{x}-\mu}{\sigma}\sqrt{n}\sim N(0,1) \tag{11-1-7}$$

2) χ^2 分布

设总体 $X\sim N(0,1)$，$X_1,X_2,\cdots,X_n$ 是来自总体 X 的一个样本，则称统计量

$$\chi^2 = \sum_{i=1}^{n}X_i^2 = X_1^2+X_2^2+\cdots+X_n^2$$

所服从的分布为自由度是 n 的 χ^2 分布，记作 $\chi^2\sim\chi^2(n)$（自由度是指统计量中独立变量的个数，如对上述统计量 χ^2 再附加条件 $X_1+X_2+\cdots+X_n=0$，则此时 χ^2 的自由度为 $n-1$）。

当参数分别为 1、4、10、20 时，χ^2 分布的密度函数 $f(x)$ 的图形如图 11-1-3 所示。由图可见，当 $n\to\infty$ 时，$\chi^2(n)$ 的图形接近正态分布。

如果 $x_1,x_2,\cdots,x_n$ 是取自正态总体 $X\sim N(\mu,\sigma^2)$ 的一个样本，样本方差为 S^2，可以证明统计量

$$\chi^2 = \frac{(n-1)S^2}{\sigma^2} = \frac{\sum_{i=1}^{n}(x_i-\bar{x})^2}{\sigma^2}\sim\chi^2(n-1) \tag{11-1-8}$$

即 $\chi^2 = \frac{(n-1)S^2}{\sigma^2}$ 服从自由度为 $n-1$ 的 χ^2 分布。

3) t 分布

设 $X\sim N(0,1)$、$Y\sim\chi^2(n)$，且 X 与 Y 相互独立，则称随机变量

$$T = \frac{X}{\sqrt{Y/n}}$$

服从自由度为 n 的 t 分布或 Student 分布，记作 $T \sim t(n)$。

t 分布的密度函数 $f(x)$ 的图形如图 11-1-4 所示。显然密度函数的图形关于纵轴对称，随着自由度 n 的增大，越来越接近标准正态分布 $N(0,1)$。

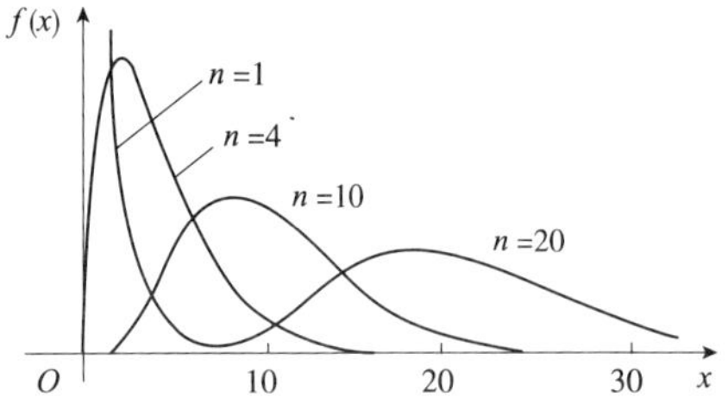

图 11-1-3

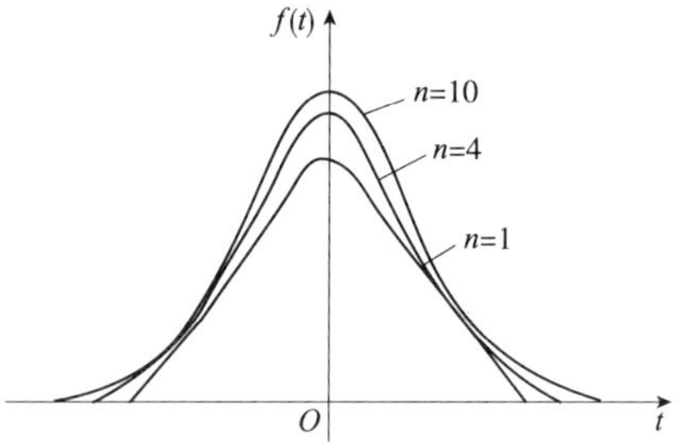

图 11-1-4

前面已经介绍过：若 $x_1, x_2, \cdots, x_n$ 为来自总体 $X \sim N(\mu, \sigma^2)$ 的一个样本，则统计量 $\bar{x} \sim N\left(\mu, \dfrac{\sigma^2}{n}\right)$，且有 $U = \dfrac{\bar{x} - \mu}{\sigma}\sqrt{n} \sim N(0,1)$。但在施工质量评级中，常需要解决在总体标准差未知的情况下，如何估价平均值的置信区间。为解决这一问题，一个很自然的想法，就是利用样本标准差 S 来代替总体标准差 σ，于是可得到一个新的统计量 $T = \dfrac{\bar{x} - \mu}{S}\sqrt{n}$。可以证明，$T$ 服从自由度为 $n-1$ 的 t 分布，即

$$T = \frac{\bar{x} - \mu}{S}\sqrt{n} \sim t(n-1) \tag{11-1-9}$$

当自由度 $n > 30$ 时，t 分布与正态分布密度函数曲线从形态上非常相似，所以当自由度 $n > 30$，常用标准正态分布 $N(0,1)$ 来近似代替 t 分布。

4）分位数

在统计中经常要用到某个概率分布的分位数作为临界值。

定义 2 设随机变量 X 的密度函数为 $f(x)$，对于正数 $\alpha(0 < \alpha < 1)$，我们把满足条件

$$P(X > x_\alpha) = \int_{x_\alpha}^{+\infty} f(x)\mathrm{d}x = \alpha$$

的数 x_α 称为 X 所服从分布的上 α 分位数或上侧临界值，简称上 α 点，数 α 也称为显著性水平。又若 λ_1、λ_2 使

$$P(X \leqslant \lambda_1) = \frac{\alpha}{2}, P(X \geqslant \lambda_2) = \frac{\alpha}{2}$$

则称 λ_1、λ_2 为 X 的双侧分位数或双侧临界值，简称双 α 点。

在数理统计中，通常根据所用统计量的分布的不同情况来选定临界值。

由于标准正态分布密度函数图形关于纵轴对称，所以 $\lambda_1 = -\lambda_2$，通常记 $\lambda_2 = U_{\frac{\alpha}{2}}$，如图 11-1-5 所示。那么 $U_{\frac{\alpha}{2}}$ 满足：

$$P(X > U_{\frac{\alpha}{2}}) = 1 - P(X \leqslant U_{\frac{\alpha}{2}}) = \frac{\alpha}{2}$$

所以

$$P(X \leqslant U_{\frac{\alpha}{2}}) = 1 - \frac{\alpha}{2}$$

如图 11-1-6 所示,查标准正态分布表(附录一)即可求出临界值 $U_{\frac{\alpha}{2}}$。

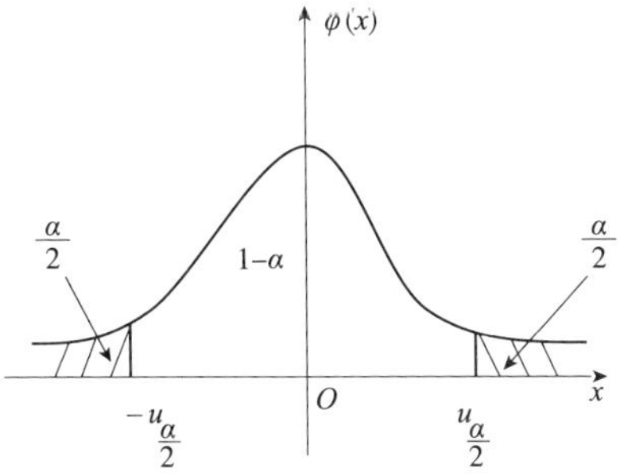

图 11-1-5

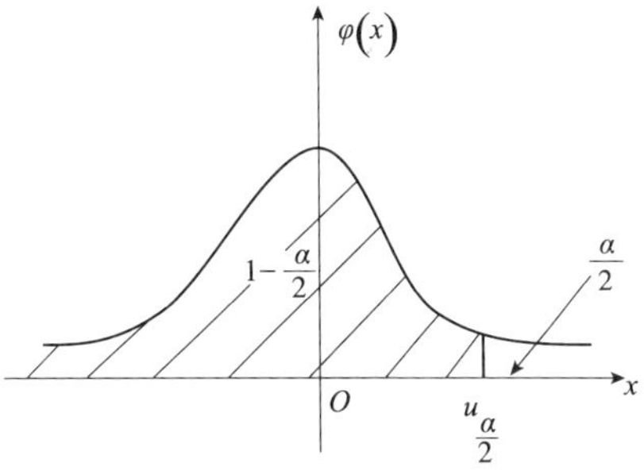

图 11-1-6

例 3 设 $U \sim N(0,1)$,已知 $P(|U| < U_{\frac{\alpha}{2}}) = 1 - \alpha$,求满足下列条件的 $U_{\frac{\alpha}{2}}$。

(1)$\alpha = 0.05$;(2)$\alpha = 0.1$。

解 因为 $P(|U| < U_{\frac{\alpha}{2}}) = 1 - \alpha$,所以 $P(X \leqslant U_{\frac{\alpha}{2}}) = 1 - \frac{\alpha}{2}$。

(1)$P(X \leqslant U_{\frac{\alpha}{2}}) = 1 - \frac{\alpha}{2} = 0.975$,查附录一得双侧临界值 $U_{\frac{\alpha}{2}} = 1.96$。

(2)$P(X \leqslant U_{\frac{\alpha}{2}}) = 1 - \frac{\alpha}{2} = 0.95$,查附录一得双侧临界值 $U_{\frac{\alpha}{2}} = 1.64$。

附录二和附录三分别给出了 t 分布和 χ^2 分布的部分临界值 $t_\alpha(n)$ 和 ${\chi_\alpha}^2(n)$。

例 4 查表求 $t_{0.05}(10)$、${\chi_{0.01}}^2(15)$。

解 查附录二得 $t_{0.05}(10) = 1.8125$;

查附录三得 ${\chi_{0.01}}^2(15) = 30.578$。

例 5 求下列各式中的 λ:

(1)$P(0 < \chi^2(5) < \lambda) = 0.05$;

(2)$P(|t(11)| < \lambda) = 0.99$。

解 (1)因为 $P(0 < \chi^2(5) < \lambda) = 1 - P(\chi^2(5) \geqslant \lambda)$,

所以 $P(\chi^2(5) \geqslant \lambda) = 1 - 0.05 = 0.95$,查表得 $\lambda = {\chi_{0.95}}^2(5) = 1.145$。

(2)因为 $P(|t(11)| < \lambda) = 0.99$,

即 $P(-\lambda < t(11) < \lambda) = 0.99$,

所以 $1 - 2P(t(11) > \lambda) = 0.99$,

$P(t(11) > \lambda) = 0.005$,

查表得 $\lambda = t_{0.005}(11) = 3.1058$。

习题 11.1

1. 若总体 X 的分布为 $N(\mu,\sigma^2)$,其中 μ 未知,σ^2 已知,设 X_1、X_2、X_3 是取自总体的样本,指出下列各式中哪些是统计量?哪些不是统计量?

(1) $2X_1+X_2-X_3$；　(2) $\frac{1}{3}\sum_{i=1}^{3}(X_i-\mu)^2$；　(3) $\sum_{i=1}^{3}(X_i-\sigma)^2$。

2. 某路段沥青混凝土面层抗滑性能检测，摩擦系数的检测使用摆式仪法，测得的摩擦摆值 $F_B(BPN)$（共10个测点）分别为：58，56，60，53，48，54，50，61，57，55。求摩擦系数的算术平均值、中位数、极差和标准差。

3. 设 $U\sim N(0,1)$，已知 $P(|U|<\lambda)=1-\alpha$，求满足下列条件的 $\lambda=u_{\frac{\alpha}{2}}$：

(1) $\alpha=0.05$；(2) $\alpha=0.01$；(3) $\alpha=0.1$。

4. 查表计算下列各式之值：

(1) $t_{0.05}(30)$；(2) $t_{0.025}(15)$；(3) $\chi^2_{0.05}(9)$；(4) $\chi^2_{0.01}(20)$。

5. 推理分析——消失的咖啡销量

星巴克咖啡店首席执行官想在店里销售一种新品牌的咖啡，但他不确定这种咖啡是否受客户欢迎。他让新来的实习生进行调查，摸清客户的想法。实习生请客户品尝新品牌的咖啡，然后把客户的想法告诉首席执行官。

这位实习生十分乐意得到这个大好的工作机会，首先，他已经打听到，如果这个工作干得好，月底将得到一份奖金；其次，他打算向星巴克的友好客户分发免费咖啡，并聆听一些积极信息；第三，他一直在找借口，想和他常驻的咖啡店的一位常客——一位很特别的女孩搭话，这次工作正是一个机会。这位实习生做完调查后，兴冲冲地跑去告诉首席执行官人人都喜欢新品牌咖啡，这种新品牌很可能销量火暴。“太好了”，首席执行官说，“我们下个季度就推出这种咖啡。”

当新品牌咖啡最终上市后，销量很不好，首席执行官不得不取消这个系列。你觉得问题出在哪里？新品牌咖啡为什么销路不佳？

11.2 参数估计

【引例】 某工程使用的一批钢筋长度 $X\sim N(\mu,0.09)$，测得一组样本观测值为12.6，13.4，12.8，13.2，那么以95%的把握可以断言长度的真值 X 在什么范围内？

分析 本题已知总体 X 的分布类型，但总体分布中的参数 μ 未知，从而只能通过样本均值的计算去推断总体的未知参数 μ。

在数理统计推断中，人们经常遇到的问题是如何选取样本以及根据样本来对总体的各种统计特征作出判断。实际工作中碰到的随机变量（总体）往往是：分布类型大致知道，但确切的形式并不知道，即总体的参数未知。要求出总体的分布函数 $F(x)$（或密度函数 $f(x)$），就等于要根据样本来估计出总体的参数，这类问题称为参数估计。它通常有两种方法：一个是点估计，就是以样本的某一函数值作为总体中未知参数的估计值；另一个是区间估计，就是把总体数字特征确定在某一范围内。

11.2.1 点估计

【案例1】 在11.1节案例1中，通过曼帝糖果公司口味抽样检验，得到了关于样本糖球口味持续时间的大量数据(单位:min):61.9,62.6,63.3,64.8,65.1,66.4,67.1,67.2,68.7,69.9。那么如何用糖球样本的口味测试结果得出糖球总体的口味持续时间均值呢?

答案其实十分直观。假设样本糖球的口味持续时间与总体糖球的口味持续时间相符,则样本均值是能为总体均值做出的最好估计。样本均值被称为总体均值的点估计量。

点估计方法很多。对于 $X \sim N(\mu,\sigma^2)$ 未知参数的估计,通常可以用来自总体的样本均值 $\bar{x}$ 作为总体期望 μ 的估计值 $\hat{\mu}$,用样本方程 S^2 来估计总体方差 σ^2 的估计值 $\hat{\sigma}^2$。

在案例1中,可以通过计算样本均值估计糖球总体的口味持续时间均值:

$$\hat{\mu}=\bar{x}=\frac{1}{10}(61.9+62.6+63.3+64.8+65.1+66.4+67.1+67.2+68.7+69.9)=65.7。$$

例1 用点估计方法对引例中的未知参数 μ 作出估计。

解 $\hat{\mu}=\bar{x}=\frac{1}{n}\sum_{i=1}^{n}x_i=\frac{1}{4}(12.6+13.4+12.8+13.2)=13$。

例2 设总体 ξ 服从密度函数为 $\varphi(x)=\begin{cases}(\alpha+1)x^{\alpha}, & 0<x<1\\ 0, & 其他\end{cases}$ 的分布,α 是未知参数,X_1,$X_2,\cdots,X_n$ 是一个样本,求 α 的点估计。

解 $E\xi=\int_0^1 x(\alpha+1)x^{\alpha}\mathrm{d}x=\frac{\alpha+1}{\alpha+2}$

令 $$\frac{\alpha+1}{\alpha+2}=\bar{X}$$

解得 $$\hat{\alpha}=\frac{2\bar{X}-1}{1-\bar{X}}$$

11.2.2 估计量的评价标准

对于同一个未知参数 θ,可以采用不同的方法去估计,求出的估计量不一定相等。那么,哪一个估计量更好呢?需要一定的标准来评价,通常用无偏性和有效性这两个标准评价估计量的好坏。

1)无偏性

定义1 设 $\hat{\theta}$ 是总体 X 的未知参数 θ 的估计量,若

$$E(\hat{\theta})=\theta$$

则称 $\hat{\theta}$ 为参数 θ 的无偏估计量。

根据一个样本对真实参数的估计可能存在一定的误差,但是可以要求对同一总体的同一参数进行多次估计时,所有这些估计值的期望值等于其真实参数值。

可以证明,样本均值 $\bar{x}$ 是 μ 的无偏估计量,样本方差 S^2 是 σ^2 的无偏估计量。即

$$E(\bar{x})=\mu,E(S^2)=\sigma^2$$

例3 设 $X_1,X_2,\cdots,X_n$ 是总体 X 的一个样本$(n>2)$,若 X 服从泊松分布

$$P(X=k)=\frac{e^{-\lambda}}{k!}\lambda^k(k=0,1,2\cdots)$$

试说明：$\hat{\lambda}_1=\overline{X}$ 与 $\hat{\lambda}_2=\dfrac{X_1+2X_n}{3}$ 都是 λ 的无偏估计。

解 因为
$$E(X_i)=\lambda \qquad (i=1,2,\cdots,n)$$
所以
$$E(\hat{\lambda}_1)=E\left(\frac{1}{n}\sum_{i=1}^{n}X_i\right)=\frac{1}{n}\sum_{i=1}^{n}E(X_i)=\lambda$$
$$E(\hat{\lambda}_2)=E\left(\frac{X_1+2X_n}{3}\right)=\frac{1}{3}[E(X_1)+2E(X_n)]=\lambda$$

即 $\hat{\lambda}_1$ 与 $\hat{\lambda}_2$ 都是 λ 的无偏估计。

2）有效性

对于一个参数 θ 而言，仅用无偏性来确定估计量的好坏是不够的，还要根据它具有最小的方差，即 $\hat{\theta}$ 对 θ 的偏离程度越小越好，这就是有效性的要求。

定义 2 设 $\hat{\theta}_1$ 和 $\hat{\theta}_2$ 都是参数 θ 的无偏估计量，若
$$D(\hat{\theta}_1)<D(\hat{\theta}_2)$$
则称 $\hat{\theta}_1$ 比 $\hat{\theta}_2$ 有效。

例 4 设 $X_1,X_2,\cdots,X_n(n>2)$ 是取自正态总体 $X\sim N(\mu,\sigma^2)$ 的一个样本。
$$\hat{\mu}_1=\overline{X}=\frac{1}{n}\sum_{i=1}^{n}X_i,\hat{\mu}_2=\frac{X_1+2X_n}{3}$$
试说明 $\hat{\mu}_1$ 比 $\hat{\mu}_2$ 有效。

解 由于 $X_1,X_2,\cdots,X_n$ 相互独立且都与 X 有相同分布，所以
$$E(X_i)=E(X)=\mu,D(X_i)=D(X)=\sigma^2 \qquad (i=1,2,\cdots,n)$$
于是
$$E(\hat{\mu}_1)=E\left(\frac{1}{n}\sum_{i=1}^{n}X_i\right)=\frac{1}{n}\sum_{i=1}^{n}E(X_i)=\mu$$
$$E(\hat{\mu}_2)=E\left(\frac{X_1+2X_n}{3}\right)=\frac{1}{3}[E(X_1)+2E(X_n)]=\mu$$

即 $\hat{\mu}_1$、$\hat{\mu}_2$ 都是 μ 的无偏估计。又
$$D(\hat{\mu}_1)=D\left(\frac{1}{n}\sum_{i=1}^{n}X_i\right)=\frac{1}{n^2}\sum_{i=1}^{n}E(X_i)=\frac{\sigma^2}{n}$$
$$D(\hat{\mu}_2)=D\left(\frac{X_1+2X_n}{3}\right)=\frac{1}{9}[D(X_1)+4D(X_n)]=\frac{5\sigma^2}{9}>\frac{\sigma^2}{n} \quad (n\geqslant 2)$$

所以 $\hat{\mu}_1$ 比 $\hat{\mu}_2$ 有效。

11.2.3 区间估计

【案例 2】 曼帝糖果出事了

曼帝糖果公司用一个包含 100 粒糖球的样本得出口味持续时间均值的点估计量为

65.7min,同时总体方差的点估计量为 25min^2。首席执行官在电视节目黄金时段宣布:糖球口味的平均持续时间为65.7min。然而公司碰到了麻烦。因为有人自行作了测试,得出了不同的结果。如果有人因为曼帝糖果公司的广告和他们打官司,公司就会又赔钱又丢生意。曼帝公司是否应该用点估计量的精确值做广告?为什么?

分析 如前面所述,点估计量是有可能给出的总体统计量的最佳估计。但点估计量的推导过程存在这样的问题:依赖来自唯一样本的结果得出总体的估计。我们想了很多办法,确保样本无偏,使样本尽可能具有代表性;但对于这个样本是不是能100%地代表总体,我们并没有绝对地把握。由于点估计是单个的数值,总是存在误差,对误差也不能准确地计算出来。与其给出一个精确值作为总体均值的估计值,不如采用另一种方法。我们可以指定某个区间——而不是用一个十分精确的时间长度,作为糖球口味持续时间的估计。例如,可以说:我们期望糖球的口味持续时间为55~65min,这仍然会让听者觉得糖球口味持续时间接近1小时,但却留有更大的误差空间。

问题是,我们如何确定区间?这就看你希望自己对结果有多大自信了。下面就让我们来认识置信区间。

设总体的概率分布 $F(x;\theta)$ 中有未知参数 θ,$X_1,X_2,\cdots,X_n$ 是从总体中抽取的样本。所谓的区间估计,就是以两个统计量 $\hat{\theta}_1(X_1,X_2,\cdots,X_n)\leqslant\hat{\theta}_2(X_1,X_2,\cdots,X_n)$ 为端点的区间 $[\hat{\theta}_1,\hat{\theta}_2]$,一旦有了样本,就把 θ 估计在这个区间内。这里有两个要求:

(1)要求 θ 以很大的可能被包含在区间 $[\hat{\theta}_1,\hat{\theta}_2]$ 内,就是说,概率 $P(\hat{\theta}_1\leqslant\theta\leqslant\hat{\theta}_2)$ 要尽可能大。

(2)估计的精度要尽可能高,比方说,要求区间的长度 $\hat{\theta}_2-\hat{\theta}_1$ 尽可能小,或某种能体现该要求的其他准则。

例如,估计一个人的体重在某一区间内,例如,在[60,70](单位:kg)内,要求该估计尽量可靠,即有很大的把握此人的体重在这个范围内。同时,也要求这个区间不能太长,区间长了,可靠度提高了,其精度也就差了,这是一对矛盾。一般是在保证可靠的条件下,尽量提高精度。下面给出置信区间的定义。

定义3 设 θ 为总体分布的一个未知参数,若由样本 $X_1,X_2,\cdots,X_n$ 确定的两个统计量 $\hat{\theta}_1$ 和 $\hat{\theta}_2$,对于给定 $\alpha(0<\alpha<1)$,满足

$$P(\hat{\theta}_1\leqslant\theta\leqslant\hat{\theta}_2)=1-\alpha$$

则区间 $[\hat{\theta}_1,\hat{\theta}_2]$ 称为 θ 的 $1-\alpha$ 的置信区间,$\hat{\theta}_1$ 称为置信下限,$\hat{\theta}_2$ 称为置信上限,$1-\alpha$ 称为置信水平(或置信度),α 称为显著性水平。

置信区间的意义:若反复抽样多次,每个样本观察值所确定的区间 $[\hat{\theta}_1,\hat{\theta}_2]$,要么包含 θ 的真值,要么不包含 θ 的真值。在所有得到的众多置信区间 $[\hat{\theta}_1,\hat{\theta}_2]$ 中,包含 θ 真值的约占 $100(1-\alpha)\%$,不包含 θ 真值的约占 $100\alpha\%$,由此可见,置信区间以 $1-\alpha$ 的概率包含未知参数 θ。

在实际应用中,α 的取值通常为0.05、0.01、0.10等。

本节的区间估计，只介绍在总体 $X\sim N(\mu,\sigma^2)$ 的情况下，如何对均值 μ 和方差 σ^2 进行区间估计。

1）正态总体均值的区间估计

设总体 $X\sim N(\mu,\sigma^2)$，而 $(x_1,x_2,\cdots,x_n)$ 是总体中抽取的容量为 n 的样本，求总体均值 μ 的区间估计。

（1）总体方差 σ^2 已知时，均值 μ 的 $1-\alpha$ 的置信区间

由于 σ^2 已知，选取含有 μ,σ 及估计量 $\bar{x}$ 的统计量

$$U=\frac{\bar{x}-\mu}{\sigma/\sqrt{n}}\sim N(0,1)$$

于是对于给定的置信度 $1-\alpha$，由标准正态分布，有

$$P(|U|<u_{\frac{\alpha}{2}})=P\left(-u_{\frac{\alpha}{2}}<\frac{\bar{x}-\mu}{\sigma}\sqrt{n}<u_{\frac{\alpha}{2}}\right)=1-\alpha$$

即有
$$P\left(\bar{x}-u_{\frac{\alpha}{2}}\cdot\frac{\sigma}{\sqrt{n}}<\mu<\bar{x}+u_{\frac{\alpha}{2}}\cdot\frac{\sigma}{\sqrt{n}}\right)=1-\alpha$$

由图 11-1-6 得

$$P(U<u_{\frac{\alpha}{2}})=1-\frac{\alpha}{2}$$

据此查标准正态分布表（附录一），可得到双侧临界值 $u_{\frac{\alpha}{2}}$，那么 μ 的 $1-\alpha$ 置信区间为

$$\left(\bar{x}-u_{\frac{\alpha}{2}}\cdot\frac{\sigma}{\sqrt{n}},\quad \bar{x}+u_{\frac{\alpha}{2}}\cdot\frac{\sigma}{\sqrt{n}}\right) \tag{11-2-1}$$

例 5 用区间估计方法对引例 1 中的未知参数 μ 作出区间估计。

解 由题意得 $\sigma=0.3,n=4,1-\alpha=0.95,1-\frac{\alpha}{2}=0.975$，

计算样本平均值：

$$\bar{x}=\frac{1}{n}\sum_{i=1}^{n}x_i=\frac{1}{4}(12.6+13.4+12.8+13.2)=13$$

由 $P(U<u_{\frac{\alpha}{2}})=1-\frac{\alpha}{2}=0.975$，查附录一得 $u_{\frac{\alpha}{2}}=1.96$，故

$$\text{置信下限 } \bar{x}-u_{\frac{\alpha}{2}}\cdot\frac{\sigma}{\sqrt{n}}=13-1.96\cdot\frac{0.3}{\sqrt{4}}=12.706$$

$$\text{置信上限 } \bar{x}+u_{\frac{\alpha}{2}}\cdot\frac{\sigma}{\sqrt{n}}=13+1.96\cdot\frac{0.3}{\sqrt{4}}=13.294$$

从而参数 μ 的 0.95 的置信区间为（12.706，13.294）。即以 95% 的把握可以断言长度的真值在（12.706，13.294）范围内。

以上解题步骤可归纳为：

①选取统计量 $U=\frac{\bar{x}-\mu}{\sigma/\sqrt{n}}$，计算样本平均值；

②由给定的置信度 $1-\alpha$，查标准正态分布表，得到双侧临界值 $u_{\frac{\alpha}{2}}$，其满足 $P(U<u_{\frac{\alpha}{2}})=$

$1-\frac{\alpha}{2}$；

③计算置信下限和上限，写出置信度为 $1-\alpha$ 的置信区间，即 $\left(\bar{x}-u_{\frac{\alpha}{2}}\cdot\frac{\sigma}{\sqrt{n}},\ \bar{x}+u_{\frac{\alpha}{2}}\cdot\frac{\sigma}{\sqrt{n}}\right)$。

例6 正常生产条件下炼铁厂的铁水含碳量 $X\sim N(\mu,0.16)$。现测定了9炉铁水，其平均含碳量为4.484。以此数据计算铁水含碳量的置信区间（$\alpha=0.01$）。

解 由题意得 $\sigma=0.4$，$n=9$，$1-\frac{\alpha}{2}=0.995$，样本平均值 $\bar{x}=4.484$。

由 $P(U<u_{\frac{\alpha}{2}})=1-\frac{\alpha}{2}=0.995$，查附录一得 $u_{\frac{\alpha}{2}}=2.58$，故

$$\text{置信下限 } \bar{x}-u_{\frac{\alpha}{2}}\cdot\frac{\sigma}{\sqrt{n}}=4.484-2.58\cdot\frac{0.4}{\sqrt{9}}=4.14$$

$$\text{置信上限 } \bar{x}+u_{\frac{\alpha}{2}}\cdot\frac{\sigma}{\sqrt{n}}=4.484+2.58\cdot\frac{0.4}{\sqrt{9}}=4.828$$

所以铁水含碳量 X 的均值 μ 的0.99置信区间为（4.14，4.828）。

（2）总体方差 σ^2 未知时，均值 μ 的 $1-\alpha$ 的置信区间

由于 σ^2 未知，则用 σ^2 的无偏估计量样本方差 S^2 来代替总体方差 σ^2。由 t 分布可知，选取统计量

$$T=\frac{\bar{x}-\mu}{S/\sqrt{n}}\sim t(n-1)$$

对于给定的置信度 $1-\alpha$，由 t 分布得到

$$P\left(-t_{\frac{\alpha}{2}}(n-1)<\frac{\bar{x}-\mu}{S}\sqrt{n}<t_{\frac{\alpha}{2}}(n-1)\right)=1-\alpha$$

即
$$P\left(\bar{x}-t_{\frac{\alpha}{2}}(n-1)\cdot\frac{S}{\sqrt{n}}<\mu<\bar{x}+t_{\frac{\alpha}{2}}(n-1)\cdot\frac{S}{\sqrt{n}}\right)=1-\alpha$$

根据 $P(T>t_{\frac{\alpha}{2}}(n-1))=\frac{\alpha}{2}$，查 t 分布表（附录二）可得到双侧临界值 $t_{\frac{\alpha}{2}}(n-1)$（见图11-2-1），于是 μ 的 $1-\alpha$ 置信区间为

$\left(\bar{x}-t_{\frac{\alpha}{2}}(n-1)\cdot\frac{S}{\sqrt{n}},\bar{x}+t_{\frac{\alpha}{2}}(n-1)\cdot\frac{S}{\sqrt{n}}\right)$。

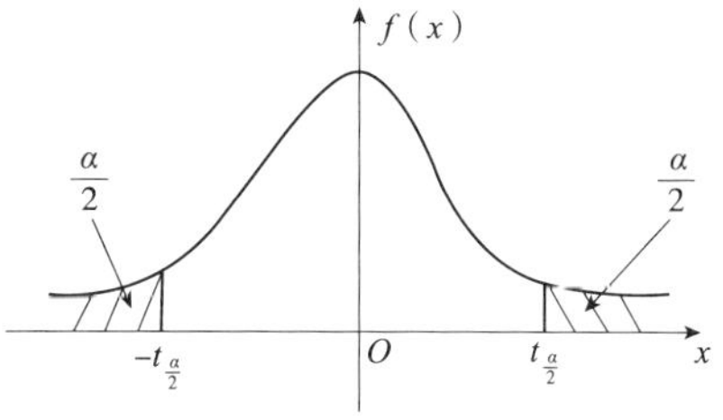

图 11-2-1

例7 实验室内进行同配比的混凝土强度试验，其实验结果为（单位：MPa）：23.0，24.5，26.0，25.0，24.8，27.0，25.5，31.0，25.4，25.8，试以95%的置信度估计该批混凝土的平均强度。

解 由于总体方差未知，选取统计量 $T=\frac{\bar{x}-\mu}{S/\sqrt{n}}$ 估计总体均值。

由题意知，$n=10$，计算样本均值

$$\bar{x}=\frac{(23.0+24.5+26.0+25.0+24.8+27.0+25.5+31.0+25.4+25.8)}{10}=25.8(\text{MPa})$$

样本标准差

$$S=\sqrt{\frac{\sum_{i=1}^{10}(x_i-\bar{x})^2}{10-1}}=2.10(\text{MPa})$$

由 $P(T>t_{\frac{\alpha}{2}}(9))=\frac{\alpha}{2}=0.025$，查附录表二得到 $t_{\frac{\alpha}{2}}(9)=2.2622$，故

$$\text{置信下限 } \bar{x}-t_{\frac{\alpha}{2}}\cdot\frac{S}{\sqrt{n}}=25.8-2.2622\cdot\frac{2.1}{\sqrt{10}}=24.30$$

$$\text{置信上限 } \bar{x}+t_{\frac{\alpha}{2}}\cdot\frac{S}{\sqrt{n}}=25.8+2.2622\cdot\frac{2.1}{\sqrt{10}}=27.30$$

所以以95%的置信度估计该批混凝土的平均强度在(24.3MPa,27.3MPa)。

2）小样本下正态总体均值未知，求总体方差 σ^2 的区间估计

设 $x_1,x_2,\cdots,x_n$ 是取自正态总体 $X\sim N(\mu,\sigma^2)$ 的一个样本，由 χ^2 分布可知，统计量

$$\frac{(n-1)S^2}{\sigma^2}\sim\chi^2(n-1)$$

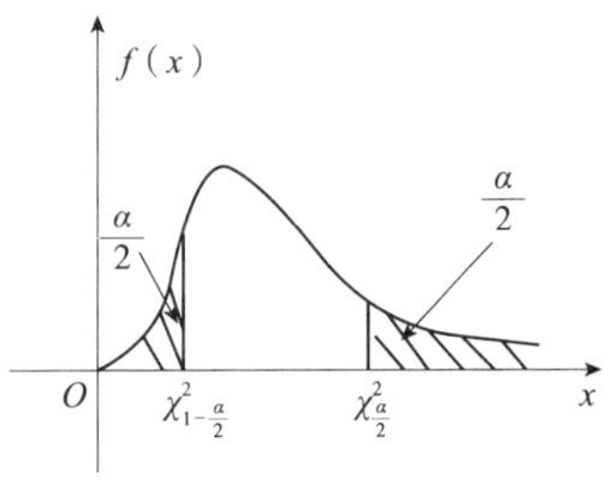

图 11-2-2

其中 σ^2 为总体方差，S^2 为样本方差。对于给定的置信度 $1-\alpha$，由 χ^2 分布表（附录三），存在双侧临界值 $\chi^2_{1-\frac{\alpha}{2}}(n-1)$ 和 $\chi^2_{\frac{\alpha}{2}}(n-1)$，使得

$$P\left\{\chi^2_{1-\frac{\alpha}{2}}(n-1)<\frac{(n-1)S^2}{\sigma^2}<\chi^2_{\frac{\alpha}{2}}(n-1)\right\}=1-\alpha$$

即 $$P\left\{\frac{(n-1)S^2}{\chi^2_{\frac{\alpha}{2}}(n-1)}<\sigma^2<\frac{(n-1)S^2}{\chi^2_{1-\frac{\alpha}{2}}(n-1)}\right\}=1-\alpha$$

如图 11-2-2 所示，所以 σ^2 的 $1-\alpha$ 的置信区间为 $\left(\frac{(n-1)S^2}{\chi^2_{\frac{\alpha}{2}}(n-1)},\ \frac{(n-1)S^2}{\chi^2_{1-\frac{\alpha}{2}}(n-1)}\right)$。

例 8 设某机床加工的零件长度 $X\sim N(\mu,\sigma^2)$，今抽查16个零件，测得长度（单位：mm）如下：12.15，12.12，12.01，12.08，12.09，12.16，12.03，12.01，12.06，12.13，12.07，12.11，12.08，12.01，12.03，12.06，在置信度为95%时，试求总体方差 σ^2 的置信区间。

解 已知 $n=16,\alpha=0.05$，由样本值算得 $\bar{x}=12.075,S^2=0.00244$，

查 χ^2 分布表（附录三）可得

$$\chi^2_{0.975}(15)=6.262,\chi^2_{0.025}(15)=27.488$$

则方差 σ^2 的置信区间为

$$\left(\frac{(n-1)S^2}{\chi^2_{\frac{\alpha}{2}}(n-1)},\frac{(n-1)S^2}{\chi^2_{1-\frac{\alpha}{2}}(n-1)}\right)=\left(\frac{15\times0.00244}{27.488},\frac{15\times0.00244}{6.262}\right)$$

$$=(0.0013,0.0058)$$

注意：大样本可用 S^2 代替方差，$\bar{X}$ 近似服从正态分布，按方差已知的正态总体区间估计计算，置信区间为 $(\bar{x}-\frac{s}{\sqrt{n}}U_{\frac{\alpha}{2}},\bar{x}+\frac{s}{\sqrt{n}}U_{\frac{\alpha}{2}})$。为了便于使用，现将正态总体期望和方差的置信区间列表见表 11-2-1。

正态总体期望和方差的置信区间公式表　　表 11-2-1

待估参数	条件	选用统计量及分布	临界值	$1-\alpha$ 的置信区间
期望 μ	σ^2 已知	$U=\dfrac{\overline{x}-\mu}{\sigma/\sqrt{n}}\sim N(0,1)$	$u_{\frac{\alpha}{2}}$	$\left(\overline{x}-u_{\frac{\alpha}{2}}\cdot\dfrac{\sigma}{\sqrt{n}},\ \overline{x}+u_{\frac{\alpha}{2}}\cdot\dfrac{\sigma}{\sqrt{n}}\right)$
	σ^2 未知	$T=\dfrac{\overline{x}-\mu}{S/\sqrt{n}}\sim t(n-1)$	$t_{\frac{\alpha}{2}}(n-1)$	$\left(\overline{x}-t_{\frac{\alpha}{2}}(n-1)\cdot\dfrac{S}{\sqrt{n}},\overline{x}+t_{\frac{\alpha}{2}}(n-1)\cdot\dfrac{S}{\sqrt{n}}\right)$
方差 σ^2	μ 未知	$\chi^2=\dfrac{(n-1)S^2}{\sigma^2}\sim\chi^2(n-1)$	$\chi^2_{1-\frac{\alpha}{2}}(n-1)\chi^2_{\frac{\alpha}{2}}(n-1)$	$\left(\dfrac{(n-1)S^2}{\chi^2_{\frac{\alpha}{2}}(n-1)},\ \dfrac{(n-1)S^2}{\chi^2_{1-\frac{\alpha}{2}}(n-1)}\right)$

习题 11.2

1. 从某一年龄的学生中任意抽取 10 名，测得他们的身高如下(单位:cm)：

123,124,126,129,120,132,123,123,129,128

试用点估计法估计这一年龄学生的平均身高与方差。

2. 设总体 $X\sim N(\mu,\sigma^2)$，X_1,X_2,X_3 是来自 X 的样本，试证：

估计量 $\hat{\mu}_1=\frac{1}{5}X_1+\frac{3}{10}X_2+\frac{1}{2}X_3$；$\hat{\mu}_2=\frac{1}{3}X_1+\frac{1}{4}X_2+\frac{5}{12}X_3$；$\hat{\mu}_3=\frac{1}{3}X_1+\frac{1}{6}X_2+\frac{1}{2}X_3$ 都是 μ 的无偏估计，并指出它们中哪一个最有效？

3. 某工地加工固定模板用的螺杆，螺杆直径服从正态分布，即 $X\sim N(\mu,0.3^2)$，现随机抽取 5 根，测得直径(单位:mm)分别为:22.3,21.5,22.0,21.8,21.4，试求直径 μ 的置信度为 95% 的置信区间。

4. 已知钢材的屈服点服从正态分布，即 $X\sim N(\mu,\sigma^2)$，现从一批钢材中随机抽取 20 根，检测结果，样本平均屈服点为 5.21，方差为 0.049，试求这批钢材的屈服点总体均值的置信区间($\alpha=0.05$)。

5. 一家保险公司想要估计过去一年里投保人的平均理赔率，选取了 36 个投保人作为一个随机样本，得到样本均值是 $\overline{x}=739.98$ 元，样本标准差是 $S=312.70$ 元。试以 99% 的置信水平估计去年一年里投保人的平均理赔率。

6. 某土石方填筑工程，其填筑密度服从正态分布 $N(\mu,\sigma^2)$，抽取一个容量 $n=10$ 的样本，计算得到其修正后的样本方差 $S^2=0.058$。求参数 σ^2 的置信度为 0.95 的置信区间。

11.3 常用的数理统计方法

在工程项目管理过程中，常用数理统计方法作为质量控制与评价的基本手段。所谓数理统计方法，就是运用统计性规律，收集、整理、分析数据，并以这些数据作为判断、决策和解决质量问题的依据。

工程质量控制中比较常用而有效的统计的方法有直方图法、排列图法、因果分析图法、控制图法、分层法、一元线性回归分析法等。限于篇幅,本节主要介绍直方图法和一元线性回归分析方法。

11.3.1 频数直方图法

频数直方图即质量分布图,简称直方图,是把收集到的质量数据,按顺序分成若干间隔相等的组,以组距为横坐标,以落入各组的数据频数为纵坐标,按比例构成的若干矩形条排列的图。频数直方图的优点是计算和绘图比较方便,能明确表示质量分布情况;主要缺点是不能反映动态变化情况,且要求收集的数据较多,至少在50个以上,一般100个左右,否则不能反映出数据分布规律。

1)直方图的绘制

频数是指重复试验中,随机事件出现的次数。频数的统计方法有两种:一是以单个数值进行统计,即某个数值重复出现的次数就是它的频数;二是按每个区间内数值重复进行统计,即在已收集的数据中按照一定划分范围把整个数值分成若干个区间,按每个区间内每个数值重复出现的次数作为这个区间的频数。在质量控制中,一般多采用第二种方法,也就是按区间进行频数统计。

下面结合实例说明绘制频数分布直方图的方法与步骤。

例1 某公路路面基层水泥稳定碎石拌和生产中,水泥含量的检测结果及每行的最值列于表11-3-1中。试绘制频数直方图。

水泥抽检数据(单位:%) 表11-3-1

序号	水泥含量数据										最大值	最小值
1	4.8	5.0	5.0	4.6	4.8	5.1	4.7	4.8	4.9	4.9	5.1	4.6
2	4.8	4.9	4.5	4.9	5.2	5.1	4.9	4.6	4.8	5.0	5.2	4.5
3	5.2	4.8	4.9	4.7	5.0	4.9	4.8	4.9	4.9	4.8	5.2	4.7
4	5.1	4.9	4.7	5.0	4.7	4.8	4.7	4.9	4.9	4.8	5.1	4.7
5	4.8	4.7	4.8	4.8	4.9	4.5	4.8	4.9	5.1	5.2	5.2	4.5
6	4.7	4.8	4.9	5.1	5.0	4.8	4.5	4.8	5.0	4.9	5.1	4.5
7	5.2	4.9	4.8	4.9	4.5	4.7	5.2	4.9	4.6	5.0	5.2	4.5
8	4.4	5.1	5.3	4.6	4.9	4.9	5.3	4.8	4.7	4.8	5.3	4.4
9	4.9	4.6	5.1	4.5	4.9	4.8	5.2	4.8	4.8	5.0	5.2	4.5
10	5.0	4.7	4.6	4.4	4.6	5.1	4.9	4.7	4.8	4.9	5.1	4.4

解 (1)找出总体数据的最大值和最小值,并计算极差 R。

本例中最大值为5.3,最小值为4.4,极差 $R=5.3-4.4=0.9$。

(2)确定组数和组距。

组数用 B 表示,组数的确定应视总数而定,当数据总数为50以下时,$B=5\sim7$ 组;数据总数为 $50\sim100$ 时,$B=6\sim10$ 组;数据总数为 $100\sim250$ 时,$B=7\sim12$ 组;总数为250以上时，$B=10\sim20$ 组。本例中，组数 B 取为 9，则组距 $h=R/B=0.1$。

(3)确定组界值。

确定组界时，应使全体数据落在第一组的下界值与最后一组的上界所组成的开区间内；同时，为避免数据恰好落在组界上，第一组的上、下界值可由下式计算：

$$下界值 = x_{min} - h/2 = 4.4 - 0.1/2 = 4.35$$

$$上界值 = x_{max} + h/2 = 4.4 + 0.1/2 = 4.45$$

第一组的上、下界值加上组距即为第二组的上、下界值，其他组以此类推。由于第一组的下界值比最小值要小，最后一组的上界值比最大值要大，所以通过缩放，本例实际组数为 $B+1=10$ 组。

(4)统计频数或频率。

每一组的频率即为这一组的频数除以总频数，所有组的频率之和为 100%。

本例的统计结果见表 11-3-2。

频数分布统计表 表 11-3-2

序号	分组区间	频数	频率(%)	序号	分组区间	频数	频率(%)
1	4.35~4.45	2	2	7	4.95~5.05	10	10
2	4.45~4.55	5	5	8	5.05~5.15	8	8
3	4.55~4.65	7	7	9	5.15~5.25	6	6
4	4.65~4.75	11	11	10	5.25~5.35	2	2
5	4.75~4.85	24	24	合计		100	100
6	4.85~4.95	25	25				

(5)绘制直方图。

以横坐标为质量特性分组，纵坐标为频数(或频率)作直方图，如图 11-3-1 所示。

由图 11-3-1 可知，如果收集的检测数据数越来越多，分组越来越细，直方图就转化为一条光滑的曲线。这条曲线叫概率分布曲线。

注意：直方图的长方形之间不该有间隔。

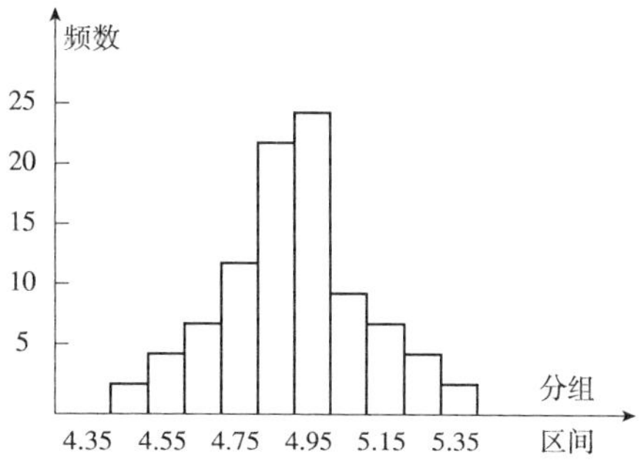

图 11-3-1 直方图

2)直方图的应用

通过直方图的形状，可以观察与判断产品质量特性分布状况，即质量是否稳定，质量分布状态是否正常(正常的质量分布应是中间高，两头低，基本呈正态分布)，由此判断生产过程是否正常，判断工序是否稳定，找出异常的原因，以决定是否采取相应处理措施；此外，还可以利用直方图计算工序能力，估算生产过程不合格频率。这些知识以后在专业课本中会涉及，本书不一一详解了。

11.3.2 一元线性回归分析法

【引例】 某质检公司要考察建筑混凝土的强度 R，然而这是一种破坏性很强的试验，因此，试图通过混凝土的超声波的速度 V 来测量混凝土的强度 R。为此工作人员特制作了 10 块混凝土样，测得数据如表 11-3-3 所示：

波速与混凝土强度的关系 表 11-3-3

V(m/s)	5520	5460	5400	5370	5360	5340	5310	5290	5220	5200
R(MPa)	437	418	414	404	399	387	376	372	374	369

问：V 与 R 之间是否具有相互依存关系？如有关系，它们依存的密切程度如何以及如何根据 V 来预测 R？

分析 从表中可以看出 V 减少，R 也随之减少，而且 V 的改变量与相应 R 的改变量大致成正比。这说明 R 与 V 之间存在一种近似函数的依存关系，但这种依存关系又不能完全用函数关系表示出来。

在自然界中变量之间的关系大致可以分为两类，一类是确定性的关系，常用函数关系来表达，例如，圆面积 S 与半径 r 之间的关系就是这种关系，当变量 r 确定后，另一个变量 S 也就完全确定了（因为 $S=\pi r^2$）；另一类是不确定性的关系，两个随机变量之间确实存在着某种关系，但是不能用一个函数表达式来表示，如人的年龄与血压、身高与体重、居民人均收入与某种商品的销量等关系。随机变量之间的这种关系称为相关关系，通常是用数理统计的方法来处理。

函数关系是微积分研究的对象，而回归分析是研究随机变量之间相关关系的数理统计方法，它不仅可以提供随机变量之间相关关系的近似数学表达式（经验公式或回归方程），而且可以判断这种数学表达式的精确性，还可以利用数学表达式对随机变量间未来的变化规律作进一步的分析、预测和控制。

1）相关图

相关图又称散点图或散布图，它是把相关表中的原始对应数值在平面直角坐标系用坐标点描绘出来。当变量间有一定的相关关系时，它们之间可以是因果关系，如销售收入与广告费用之间的关系，水泥用量、水灰比与抗压强度的关系等；也可以是影响同一质量特性的各因素之间的相互关系，其中表示原因的或比较容易控制的变量为 x，表示结果的或不易控制的变量为 y。

例 2 作出引例 1 中超声波的速度 V 与混凝土的强度 R 的相关图。

解 取超声波的速度 V 为横坐标轴，混凝土的强度 R 为纵坐标轴，相关图如图 11-3-2 所示。

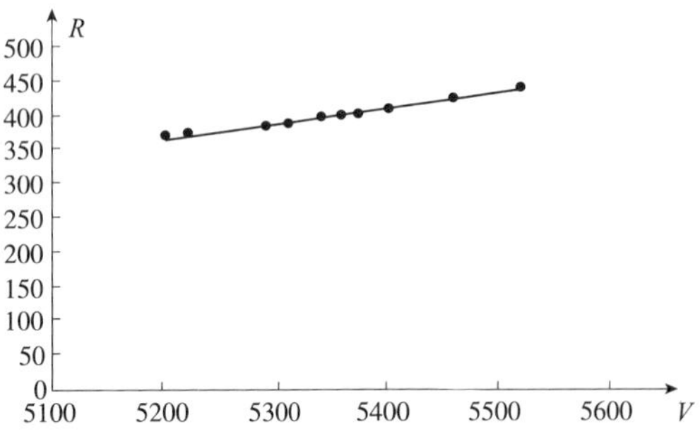

图 11-3-2

从图 11-3-2 可以看出，V 与 R 依存关系非常密切，而且两者大致分布在一直线附近。这种相关性也称为线性相关（或直线相关）。所以从相关图可以直观地、大致地看出两个现象间相关关系的表现形式是否密切以及相关的方向。下面我们根据相关图给出以下几种常见的相关性。

(1)正线性相关:如图 11-3-3 所示,当 x 轴上的低端值对应着 y 轴上的低端值,同时 x 轴上的高端值对应着 y 轴上的高端值且呈直线分布时,为正线性相关。

(2)负线性相关:如图 11-3-4 所示,当 x 轴上的低端值对应着 y 轴上的高端值,同时 x 轴上的高端值对应着 y 轴上的低端值且呈直线分布时,为负线性相关。

(3)不相关:如图 11-3-5 所示,如果 x 和 y 的数值呈现出一种随机模式,则称二者不相关。

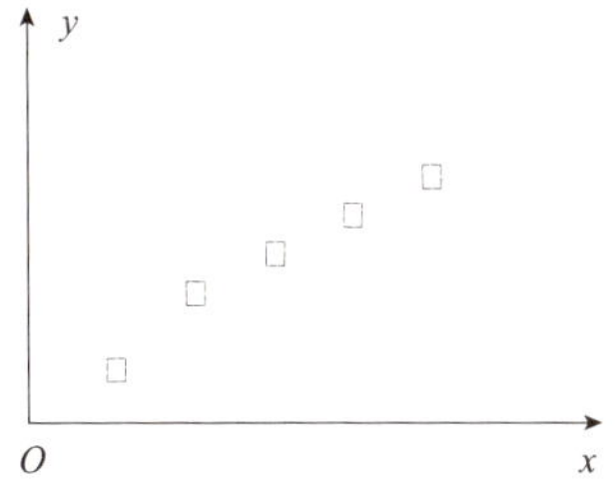

图 11-3-3

图 11-3-4

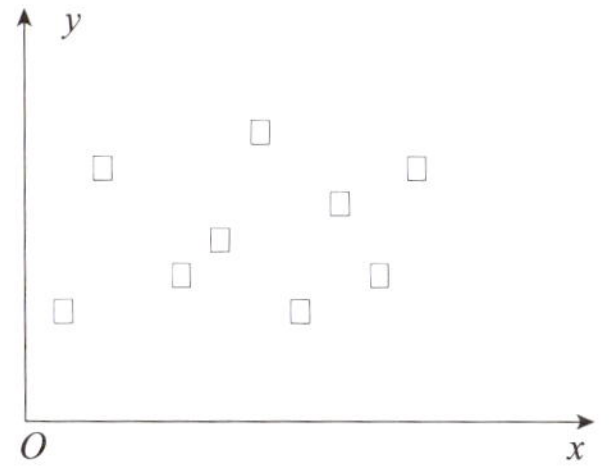

图 11-3-5

从相关表和相关图可以直观判断两个现象是否相关,但不能准确判断相关的密切程度,为了从数量上具体说明现象之间相关关系的密切程度,需计算相关系数。

2)相关图的定量分析——相关系数

相关系数是线性相关条件下说明两个现象之间相关关系密切程度的统计分析指标,通常用符号"r"表示。计算相关系数的方法有好几种,最简单的一种方法叫积差法,直接来源于数理统计中相关系数的定义,其计算公式为

$$r = \frac{L_{XY}}{\sqrt{L_{XX}L_{YY}}} \tag{11-3-1}$$

其中:

$$L_{XY} = \sum_{i=1}^{n}(x_i - \bar{x})(y_i - \bar{y}) = \sum_{i=1}^{n} x_i y_i - n\bar{x}\bar{y} \tag{11-3-2}$$

$$L_{XX} = \sum_{i=1}^{n}(x_i - \bar{x})^2 = \sum_{i=1}^{n} x_i^2 - n(\bar{x})^2 \tag{11-3-3}$$

$$L_{YY} = \sum_{i=1}^{n}(y_i - \bar{y})^2 = \sum_{i=1}^{n} y_i^2 - n(\bar{y})^2 \tag{11-3-4}$$

相关系数 r 的取值范围为 $-1 \leq r \leq 1$,正值表示正相关,负值表示负相关。r 的绝对值越接近 1,相关程度越密切。当 $r = \pm 1$ 时,两个变量之间符合直线函数关系,称为完全相关,这时所有数据点均在一条直线上。如果 r 趋近于 0,则两个变量之间没有线性关系,这时它们可能不相关,也可能是曲线相关。

一般情况下,通过相关系数判断相关关系的密切程度的标准是:

当 $r=0$ 时为不线性相关;当 $0<|r|<0.3$ 时为无关;当 $0.3 \leq |r| < 0.5$ 时为低度相关;当 $0.5 \leq |r| < 0.8$ 时为显著相关;当 $0.8 \leq |r| < 1$ 时为高度相关;当 $|r| = 1$ 为完全相关。

例 3 由表 11-3-3,求出超声波的速度 V 与混凝土强度 R 之间的相关系数。

解 将表 11-3-3 中的数据计算列表如下:

V		R	V^2	R^2	VR
5520		437	30470400	190969	2412240
5460		418	29811600	174724	2282280
5400		414	29160000	171396	2235600
5370		404	28836900	163216	2169480
5360		399	28729600	159201	2138640
5340		387	28515600	149769	2066580
5310		376	28196100	141376	1996560
5290		372	27984100	138384	1967880
5220		374	27248400	139876	1952280
5200		369	27040000	136161	1918800
合计	53470	3950	285992700	1565072	21140340

则
$$n=10,\bar{V}=53470\div 10=5347,\bar{R}=3950\div 10=395$$
$$L_{VV}=285992700-10\times 5347^2=88610$$
$$L_{RR}=1565072-10\times 395^2=4822$$
$$L_{VR}=21140340-5347\times 395\times 10=19690$$

所以
$$r=\frac{L_{VR}}{\sqrt{L_{VV}L_{RR}}}=\frac{19690}{\sqrt{88610\times 4822}}=0.95$$

结果表明超声波的速度 V 与混凝土强度 R 之间呈高度正相关。

虽然通过相关系数可以来确定超声波的速度 V 与混凝土强度 R 之间呈高度正相关，但我们无法根据超声波的速度预测出混凝土强度的值。为此，需要讨论回归分析。

3）回归分析

回归分析就是对具有相关关系的变量之间数量变化的一般关系进行测定，确定一个相关的数学表达式，以便于进行估计或预测的统计方法。其所建立的数学表达式，称为回归方程，把代表现象之间一般数量关系的直线或曲线称为回归直线或回归曲线。

由于篇幅限制，此处仅介绍一元线性回归分析。一元线性回归就是工程中经常遇到的配直线的问题。通过试验，可以得到若干组对应数据。根据这些数据计算相关系数 r，判定两变量确实存在线性相关关系后，便可以用一条适当的直线来表示两变量的关系。设直线方程为：

$$\hat{y}=a+bx \tag{11-3-5}$$

说明：$\hat{y}$ 是直线 $\hat{y}=a+bx$ 上对应于 x 时的纵坐标，当 x 取 x_i 时，直线上对应于 x_i 的纵坐标为$\hat{y}_i=a+bx_i$，$\hat{y}_i$是为了区别 Y 的实际观测值 y_i。

式(11-3-5)称为随机变量 Y 对于变量 x 的回归直线方程，a、b 称为回归系数。那么，怎样来确定回归直线方程中的回归系数 a、b 呢？

(1)最小二乘法

设有 n 对 x、Y 观测数据$(x_i,y_i)(i=1,2,\cdots,n)$，将 x_i 代入方程 $\hat{y}=a+bx$ 得$\hat{y}_i=a+bx_i$ $(i=1,2,\cdots,n)$，这里(x_i,y_i)为已知值，a,b 是未知值。那么，在 x_i 处，差 $y_i-\hat{y}_i(i=1,2,\cdots,n)$刻画了实际观测值 $\hat{y}_i$ 与回归直线上相应的纵坐标y_i之间的偏离程度，如图11-3-6所示。怎样使偏差达到最小呢？为了不使 $y_i-\hat{y}_i$偏差之和正负抵消，我们通常将全部实际观测值 y_i 与回归直线上对应的$\hat{y}_i$的偏差平方和称为总偏差，记为

$$Q(a,b)=\sum_{i=1}^{n}(y_i-y_i)^2=\sum_{i=1}^{n}(y_i-a-bx_i)^2$$

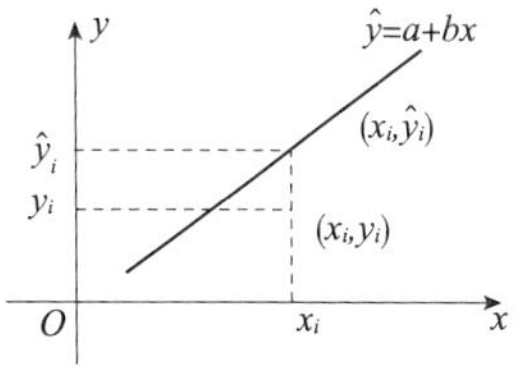

图 11-3-6

下面就求出使总偏差 Q 达到最小的回归系数 a、b 的值。

由于是使偏差平方和为最小，所以称这种方法为最小二乘法。由二元函数的极值原理，得

$$\begin{cases}\dfrac{\partial Q}{\partial a}=-2\sum\limits_{i=1}^{n}(y_i-a-bx_i)=0\\ \dfrac{\partial Q}{\partial b}=-2\sum\limits_{i=1}^{n}(y_i-a-bx_i)x_i=0\end{cases}$$

整理，得到方程组

$$\begin{cases}na+n\overline{bx}=n\overline{y}\\ n\overline{ax}+b\sum\limits_{i=1}^{n}x_i^2=\sum\limits_{i=1}^{n}x_iy_i\end{cases}$$

从中解出 a、b 的值，记作 $\hat{a}$、$\hat{b}$。有

$$\begin{cases}\hat{b}-\dfrac{\sum\limits_{i=1}^{n}x_iy_i-n\overline{x}\overline{y}}{\sum\limits_{i=1}^{n}x_i{}^2-n(\overline{x})^2}\\ \hat{a}=\overline{y}-\hat{b}\overline{x}\end{cases}\tag{11-3-6}$$

此时，回归直线方程为 $\hat{y}=\hat{a}+\hat{b}x$，也称此方程为 x、Y 的相关关系的经验公式。

由式(11-3-2)、式(11-3-3)又可得 $\hat{a}$、$\hat{b}$ 的值为

$$\begin{cases}\hat{b}=\dfrac{L_{xy}}{L_{xx}}\\ \hat{a}=\overline{y}-\hat{b}\overline{x}\end{cases}\tag{11-3-7}$$

(2)求回归直线方程的步骤

①作散点图，考察数据分布是否呈直线趋势；

②计算 L_{xy}、L_{xx}，根据式(11-3-7)算出 $\hat{b}$；计算 $\overline{x}=\frac{1}{n}\sum\limits_{i=1}^{n}x_i$、$y=\frac{1}{n}\sum\limits_{i=1}^{n}y_i$，根据式(11-3-7)算出 $\hat{a}$；

③写出回归直线方程 $\hat{y}=\hat{a}+\hat{b}x$。

例 4 求出超声波的速度 V 与混凝土强度 R 之间的回归直线方程。

解 由例 2 得

$$L_{VV} = 285992700 - 10 \times 5347^2 = 88610$$
$$L_{RR} = 1565072 - 10 \times 395^2 = 4822$$
$$L_{VR} = 21140340 - 5347 \times 395 \times 10 = 19690$$
$$\hat{b} = \frac{L_{VR}}{L_{VV}} = \frac{19690}{88610} = 0.2222$$
$$\hat{a} = \bar{R} - \hat{b}\bar{V} = 395 - 0.2222 \times 5347 = -793.1$$

所以，R 对 V 的回归直线方程为 $\hat{R} = -793.1 + 0.2222V$。

(3)线性相关关系的显著性检验

当 $0 < |r| < 1$ 时，$|r|$ 达到什么程度才能认为存在线性相关关系呢？相关系数显著性检验表(附录四)给出了不同的显著性水平 α 下的相关系数的临界值 r_α，用来判别 Y 与 x 之间线性相关关系是否显著。

具体检验步骤如下：

①计算相关系数 r；

②对给定的显著性水平 α，自由度 $n-2$，查相关系数检验表(附录四)查得临界值 r_α；

③作比较：如果 $|r| > r_\alpha$，则 Y 与 x 之间的线性相关性是显著的；如果 $|r| < r_\alpha$，则 Y 与 x 之间的线性相关性不显著，或者说则 Y 与 x 之间不存在线性相关关系。

在实际应用中，我们约定，如果 $|r| > r_{0.05}$，则称 Y 与 x 之间的相关性是显著的，此时也称 Y 与 x 之间的相关性是高度显著的。

例 5 对例 4 中所求回归直线方程进行线性相关性检验($\alpha = 0.05$)。

解 (1)由例 2 得相关系数 $r = 0.95$；

(2)查 $\alpha = 0.05$，$n-2=8$ 的相关系数临界值表，得 $r_\alpha = 0.632$；

(3)因为 $|r| = 0.95 > r_\alpha = 0.632$，所以超声波的速度 V 与混凝土强度 R 之间的线性关系是显著的，回归方程有意义。

例 6 水泥和水用量的比值，工程上称作水灰比(C/W)，不同水灰比的混凝土 28 天强度 R_{28} 试验结果见表 11-3-4，试确定 $C/W - R_{28}$ 之间的回归方程及其相关系数 r(取显著性水平 $\alpha = 0.05$)。

$C/W - R_{28}$ 试验结果及回归计算表 表 11-3-4

序号	$x(C/W)$	$y(R_{28})$(MPa)	x^2	y^2	xy
1	1.25	14.3	1.5625	204.49	17.875
2	1.50	18.0	2.25	324	27
3	1.75	22.8	3.0625	519.84	39.9
4	2.00	26.7	4	72.89	53.4
5	2.25	30.3	5.0625	918.09	68.175
6	2.50	34.1	6.25	1162.81	85.25
合计	11.25	146.2	22.1875	3842.12	291.6

解 由上表计算得

$$n=6, \bar{x}=11.25\div 6=1.875, \bar{y}=146.2\div 6=24.367$$

$$L_{xx}=\sum_{i=1}^{n}x_i^2-n(\bar{x})^2=22.1875-6\times(1.875)^2=1.094$$

$$L_{yy}=\sum_{i=1}^{n}y_i^2-n(\bar{y})^2=3842.12-6\times 24.367^2=279.616$$

$$L_{xy}=\sum_{i=1}^{n}x_iy_i-n\bar{x}\bar{y}=291.6-6\times 1.875\times 24.367=17.47$$

$$\hat{b}=\frac{L_{xy}}{L_{xx}}=\frac{17.47}{1.094}=15.96, \hat{a}=\bar{y}-\hat{b}\bar{x}=24.367-15.96\times 1.875=-5.56$$

则回归方程为 $\hat{y}=-5.56+15.96x$ 或 $R_{28}=-5.56+15.96(C/W)$。

相关系数为

$$r=\frac{L_{xy}}{\sqrt{L_{xx}L_{yy}}}=\frac{17.47}{\sqrt{1.094\times 279.616}}=0.9989$$

由试验次数 $n=6$，显著性水平 $\alpha=0.05$，查相关系数临界值表(附表四)，得 $r_\alpha=0.811$。因为 $|r|=0.9989>r_\alpha=0.811$，说明混凝土28天的抗压强度与水灰比($C/W$)是线性相关的，所确定的直线回归方程是有意义的。

习题 11.3

1. 观察一个连续型随机变量，抽到100株豫农一号玉米的穗位(单位：cm)，得到如表11-3-5中所列数据。按区间[70,80)，[80,90)，…，[150,160)，将100个数据分成9个组，列出分组数据的统计表，并画出频数直方图。

100个样本的穗位数据(单位：mm) 表11-3-5

127	118	121	113	145	125	87	94	118	111
102	72	113	76	101	134	107	118	114	128
118	114	117	120	128	94	124	87	88	105
115	134	89	141	114	119	150	107	126	95
137	108	129	136	98	121	91	111	134	123
138	104	107	121	94	126	108	114	103	129
103	127	93	86	113	97	122	86	94	118
109	84	117	112	112	125	94	73	93	94
102	108	158	89	127	115	112	94	118	114
88	111	111	104	101	129	144	128	131	142

2. 有人认为，企业的利润水平和它的研究费用之间存在近似的线性关系，表11-3-6所

列资料能否证实这种论断($\alpha=0.05$)?

表 11-3-6

研究费用(万元)	10	10	8	8	8	12	12	12	11	11
利润(万元)	100	150	200	180	250	300	280	310	320	300

3. 随机抽取 12 个城市居民家庭关于收入与食品支出的样本,数据如表 11-3-7 所示。试判断食品支出与家庭收入是否存在线性相关关系,并求出食品支出与收入间的回归直线方程($\alpha=0.05$)。

表 11-3-7

家庭收入 x(元)	82	93	105	130	144	150	160	180	200	270	300	400
每月支出 y(元)	75	85	92	105	120	120	130	145	156	200	200	240

4. 根据调查,建筑面积 x(百平方米)与建筑成本 y(万元)之间存在着线性相关关系,其统计资料如表 11-3-8 所示:

表 11-3-8

建筑面积 x(百平方米)	4	3	5	2	4	5
建筑成本 y(万元)	14.9	13.2	15.5	12.8	14.1	16.0

试建立 y 对 x 的线性回归方程。

11.4 假设检验及应用

假设检验是推断统计的另一项重要内容,它与参数估计类似,但角度不同。参数估计是利用样本信息推断未知的总体参数,而假设检验则是先对总体参数提出一个假设值,然后利用样本信息判断这一假设是否成立。

假设检验方法在许多领域都有应用。例如,工业生产中常用这种方法来监督一条生产线的工作情况。先假设生产线的工作是正常的,然后每隔一段时间抽查几个产品的质量指标,如果没有发现反常情况,就不拒绝原假设,即认为生产是正常的;如果发现产品的质量有大的变动,超过了允许的限度,则否定原假设,即认为生产不正常而需要停机检修。

又如,进出口贸易中常用这种方法来检查一批商品的质量是否合格,如我们向国外出口一批罐头,有一个质量标准。可以提出一个假设:罐头是合格的,然后从每箱中抽查一只,从这些样品的质量可以判定原假设是否可信,如果否定了原假设,则将其返回,不允许出口。

又如,丰田公司的威驰(Vios)汽车安装的是 8A 型发动机,排量为 1.342L,声称其手动挡汽车每百千米油耗(等速情况下)不超过 5L。要检验购买的车辆是否达到了说明书上的节油标准,就需要计算在高速路上匀速行驶的平均油耗,假定你的汽车平均每百千米油耗为 5.5L,那么你的汽车是属于质量达标汽车中恰巧由于运气不好碰上的个例呢,还是该批产品本身就不合格呢？统计方法可以做出检验并给予回答。

那么，如何进行假设检验呢？

11.4.1 假设检验的基本思想

简单地说，就是分析差异，也就是对统计调查中出现的差异进行定量的分析，以确定其性质。

让我们来看一个例子：

【案例】 一台自动车床加工零件的直径服从正态分布，其标准差 $\sigma=0.6\text{cm}$，$E(X)=5\text{cm}$ 是规格。若从一天的产品中抽查 50 个，分别测量直径，算得 $\bar{X}=4.8\text{cm}$。问这天的生产是否正常？

分析 这天生产的所有零件组成一个总体 X，已知 X 服从正态分布，问题是想知道 $E(X)=\mu$ 是否等于 5，如果 $\mu=5$，说明生产正常；否则，说明生产不正常。

我们根据问题，提出一个统计假设：假设这天生产正常。将原假设记为 H_0，即 $H_0: \mu=5$；则备选假设为 $H_1: \mu\neq5$。

这里有一个问题，为什么不把 $\mu\neq5$ 作为原假设，而把 $\mu=5$ 作为原假设呢？要注意抽样检查是生产正常时采用的方法，所以可以相信一般情况下，$\mu=5$ 是成立的，在这个前提下，则把 $\mu=5$ 作为原假设。在实际问题中，往往把不肯轻易否定的命题作为原假设 H_0。

怎样来判定 H_0 是否成立呢？由于 μ 是正态分布的期望值，它的估计量是样本均值 $\bar{X}$。现在，$\bar{X}=4.8$，正常生产下总体均值 $\mu=5$，其间的差异 $\bar{X}-\mu=-0.2$。问题的关键是对这个差异进行分析。

(1)差异可能是由随机因素引起的，称为“抽样误差”或“随机误差”，这种误差反映偶然的、非本质的因素引起的随机波动。

(2)差异不是由随机因素引起的，它反映事物的本质差别(反映这天生产的总体同正常生产的总体之间不同)，这叫“系统误差”。

那么，这个抽样结果究竟是偶然性在起作用，还是该天生产不正常所造成的？这里需要给出一个量的界限。即给出一个数 α，如果 $|\bar{X}-\mu|<\alpha$，则认为是随机性的差异，或者用统计学上的术语：差异不够显著；如果 $|\bar{X}-\mu|>\alpha$，则认为不是随机性的差异，或者说差异显著。

要给出上述量的界限，需要用到概率论的知识。这里使用的是概率论中的一个基本原理：小概率事件在一次试验中基本上不会发生。具体地说，有某假设 H_0 需要检验，不妨先假设 H_0 是正确的，在此假定下，某事件 A 出现的概率很小，比如 $P(A)=0.05$，进行一次试验，如果 A 出现了，就是说在一次试验中就出现了小概率事件 A，考虑到“小概率事件在一次试验中基本上不会发生”，而现在 A 居然发生了，那就使人不能不怀疑作为小概率事件 A 的前提的假设 H_0 的正确性。反之，如果小概率事件 A 不出现，则试验结果与假设相符，没有理由拒绝 H_0。

在假设检验中，称这个小概率 α 为显著性水平。α 的选取要根据实际情况而定。在应用中，通常取 $\alpha=0.01$，$\alpha=0.05$，$\alpha=0.1$。

作出以上判断所依据的逻辑是这样的：如果原假设是对的，那么衡量差异大小的某个统

计量落入某个区域 W 是个小概率事件，如果该统计量的实测值落入区域 W，也就是说，原假设成立下的小概率事件发生了，就认为原假设不可信而否定。否则就不能否定原假设（只好接受）。不否定原假设并不是肯定原假设一定对，而只是说差异还不够显著，还没有达到足以否定原假设的程度。

下面结合案例 1（设显著性水平 $\alpha=0.05$），把假设检验的基本步骤作一介绍。

（1）提出原假设 H_0 及备择假设 H_1；

原假设 $H_0:\mu=5$；则备择假设为 $H_1:\mu\neq 5$。

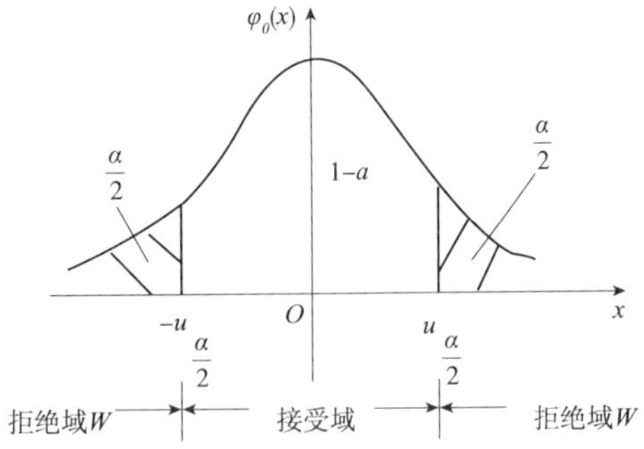

图 11-4-1

（2）选取统计量（检验统计量），在 H_0 成立下求出它的分布

$$U=\frac{\overline{X}-5}{\sigma/\sqrt{n}}\sim N(0,1)$$

（3）由给定显著性水平 $\alpha=0.05$，查标准正态分布表得双侧临界值 $U_{\frac{\alpha}{2}}=1.96$，使得

$$P(|U|>1.96)=0.05$$

于是得拒绝域 W（见图 11-4-1）：$|U|>1.96$。

（4）由样本算出 U 的实测值 $|U|=2.36$。

（5）给出接受 H_0 或拒绝 H_0 的结论。因为 U 的实测值 $|U|=2.36>1.96$，落入拒绝域，故否定原假设，即认为这天生产不正常，需检修。

11.4.2 双侧检验与单侧检验的概念

根据问题的要求不同，假设检验又有双侧检验与单侧检验之分。例如，要检验的是某种材料的强度；元件的使用寿命等指标，这时总体均值越大越好。再例如，要检验的是零件的尺寸指标，大了不好，小了也不好。因此，要检验的假设形式就不同。

（1）在水平 α 下检验假设

$$H_0:\mu=\mu_0;\quad H_1:\mu\neq\mu_0$$

称该假设检验为双侧检验。其中备择假设 H_1 常省略。如案例 1 就是双侧检验。

（2）在水平 α 下检验假设

$$H_0:\mu\leqslant\mu_0;\quad H_1:\mu>\mu_0$$

称该假设为右侧检验。

（3）在水平 α 下检验假设

$$H_0:\mu\geqslant\mu_0;\quad H_1:\mu<\mu_0$$

称该假设为左侧检验。

假设检验(2)、(3)称为单侧检验。当原假设 H_0 被拒绝时，就必须接受备择假设 H_1；当接受原假设 H_0 时，就必须拒绝备择假设 H_1。单侧假设必须有原假设，而原假设的拒绝域又必须由备择假设 H_1 来确定。双侧检验的拒绝域在抽样分布的两侧（所以被称为双侧检验）；而单侧检验中，如果备择假设具有符号“<”，拒绝域位于抽样分布的左侧，故称为左侧检验；

单侧检验中,如果备择假设具有符号“>”,拒绝域位于抽样分布的右侧,故称为右侧检验。在给定显著性水平 α 条件下,拒绝域和临界值可用图 11-4-2 来表示。

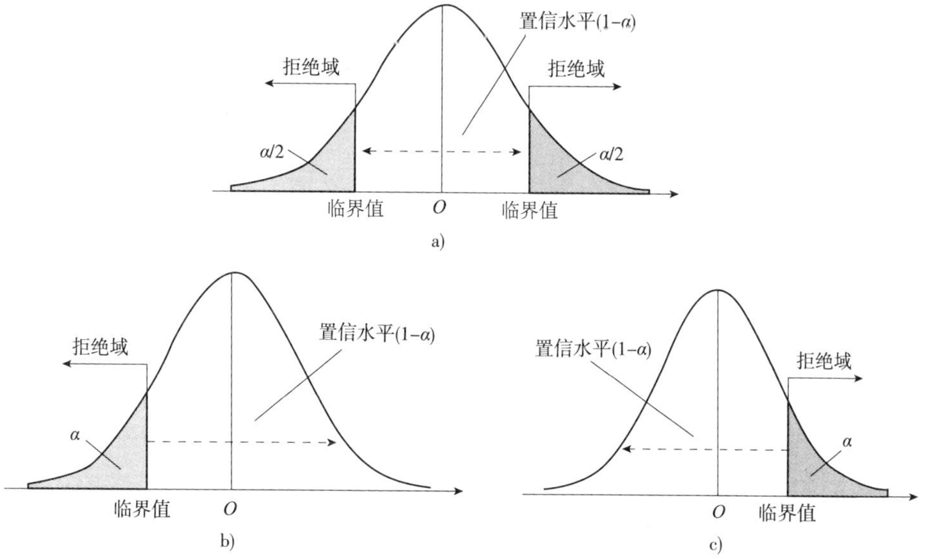

图 11-4-2

a)双侧临界值;b)左侧临界值;c)右侧临界值

11.4.3 单个正态总体的均值检验和方差检验

1)方差 σ^2 已知,总体均值 μ 的检验——U 检验法

在案例 1 中,我们已经讨论过假设

$$H_0: \mu = \mu_0, \quad H_1: \mu \neq \mu_0$$

的双边检验方法和步骤,这里不再重复。

下面作单侧检验(以右侧检验为例)。其步骤如下:

(1)提出原假设 $H_0: \mu \leq \mu_0$;备择假设 $H_1: \mu > \mu_0$。

(2)在 H_0 成立条件下选取统计量

$$U = \frac{\overline{X} - \mu_0}{\sigma / \sqrt{n}} \sim N(0,1)$$

(3)由给定显著性水平 α,查标准正态分布表(见附录一)得临界值 U_α,则拒绝域为 $U > U_\alpha$[见图 11-4-2c)]。

(4)由样本计算统计量 U 的值。

(5)给出结论:如果 $U > U_\alpha$,则拒绝 H_0,否则接受 H_0。

例 1 某工厂生产的固体燃料推进器的燃烧率服从正态分布 $N(\mu, \sigma^2)$,$\mu = 40\text{cm/s}$,$\sigma = 2\text{cm/s}$。现在用新方法生产了一批推进器,从中随机取 $n = 25$ 台,测得燃烧率的样本均值 $\overline{x} = 41.25\text{cm/s}$,设在新方法下总体均方差仍为 2cm/s,问这批推进器的燃烧率是否较以往生产的推进器的燃烧率有显著提高?且取显著性水平 $\alpha = 0.05$。

解 (1)提出原假设 $H_0:\mu\leqslant\mu_0=40$;备择假设 $H_1:\mu>\mu_0=40$;

(2)在 H_0 成立条件下选取统计量

$$U=\frac{\overline{X}-\mu_0}{\sigma/\sqrt{n}}=\frac{\overline{x}-40}{2/\sqrt{25}}\sim N(0,1)$$

(3)由显著性水平 $\alpha=0.05$,查标准正态分布表(见附录一)得临界值 $U_\alpha=U_{0.05}=1.65$,则拒绝域为 $U>1.65$;

(4)由样本均值 $\overline{x}=41.25\text{cm/s}$,计算得 $U=3.125$;

(5)因为 $U=3.125>U_\alpha=1.65$ 落在了拒绝域中,故在显著性水平 $\alpha=0.05$ 下拒绝 H_0 接受 H_1,即认为这批推进器的燃烧率较以往生产的有显著提高。

2)方差 σ^2 未知,总体均值 μ 的检验——t 检验法

由于方差 σ^2 未知,所以总体均值 μ 用 U 检验法已不适用。为了得到不含未知参数 σ 的统计量,自然想到用 σ^2 的无偏估计量 S^2 代替 σ^2。这样便得到 $T=\dfrac{\overline{x}-\mu_0}{S/\sqrt{n}}\sim t(n-1)$ 作为检验的统计量。利用 T 统计量得出的检验法称为 t 检验法。t 检验法的步骤如下(以双侧检验为例):

(1)提出原假设 $H_0:\mu=\mu_0$;

(2)在 H_0 成立条件下选取统计量

$$T=\frac{\overline{x}-\mu_0}{S/\sqrt{n}}\sim t(n-1)$$

(3)由给定显著性水平 α,查 t 分布表(见附录二)得双侧临界值 $t_{\frac{\alpha}{2}}(n-1)$,则拒绝域为 $|T|>t_{\frac{\alpha}{2}}(n-1)$(见图 11-2-1);

(4)由样本计算统计量 T 的值;

(5)给出结论:如果 $|T|>t_{\frac{\alpha}{2}}(n-1)$,则拒绝 H_0,否则接受 H_0。

为了便于应用,现将正态总体均值 μ 的各种类型的假设检验 H_0 的拒绝域列于表 11-4-1中。

正态总体均值 μ 的假设检验表 表 11-4-1

H_0	H_1	在显著性水平 α 下的拒绝域	
		方差 σ^2 已知	方差 σ^2 未知
$\mu=\mu_0$	$\mu\neq\mu_0$	$\left\|U=\dfrac{\overline{x}-\mu_0}{\sigma/\sqrt{n}}\right\|>U_{\frac{\alpha}{2}}$	$\left\|T=\dfrac{\overline{x}-\mu_0}{S/\sqrt{n}}\right\|>t_{\frac{\alpha}{2}}(n-1)$
$\mu\leqslant\mu_0$	$\mu>\mu_0$	$U=\dfrac{\overline{x}-\mu_0}{\sigma/\sqrt{n}}>U_\alpha$	$T=\dfrac{\overline{x}-\mu_0}{S/\sqrt{n}}>t_\alpha(n-1)$
$\mu\geqslant\mu_0$	$\mu<\mu_0$	$U=\dfrac{\overline{x}-\mu_0}{\sigma/\sqrt{n}}<-U_\alpha$	$T=\dfrac{\overline{x}-\mu_0}{S/\sqrt{n}}<-t_\alpha(n-1)$

例 2 一种汽车配件的平均长度要求为 12cm,高于或低于该标准均被认为是不合格的。汽车生产企业在购进配件时,通常是经过招标,然后对中标的配件提供商提供的样品进行检验,以决定是否购进。现对一个配件提供商提供的 10 个样本进行了检验。检测数据如下(单位:cm):10.8,11.8,12.0,12.2,11.9,12.3,12.4,11.3,12.0,12.2。假定该供货商生产的配件长度服从正态分布,在 0.05 的显著性水平下,检验该供货商提供的配件是否符合要求?

解 (1)提出原假设 $H_0:\mu=\mu_0=12$;

(2)选取统计量

$$T=\frac{\overline{x}-\mu_0}{S/\sqrt{n}}=\frac{\overline{x}-12}{S/\sqrt{10}}\sim t(9)$$

(3)在0.05的显著性水平下,查 t 分布表得双侧临界值 $t_{\frac{\alpha}{2}}(9)=2.2622$;

(4)计算统计量 T 的值:

$$\overline{x}=\frac{1}{10}(10.8+11.8+12.0+12.2+11.9+12.3+12.4+11.3+12.0+12.2)$$
$$=11.89\text{cm}$$

$$S=0.4932$$

$$|T|=\left|\frac{11.89-12}{0.4932/\sqrt{10}}\right|=0.7052$$

(5)因为 $|T|<t_{\frac{\alpha}{2}}(9)$,所以接受原假设,即在0.05的显著性水平下,该供货商提供的配件符合要求。

3)正态总体方差的假设检验——χ^2检验法

χ^2检验法是利用χ^2统计量,来检验总体方差 σ^2 的一种统计检验方法。因此只给出总体均值μ未知时,方差 σ^2 的各种假设检验。

设正态总体 $X\sim N(\mu,\sigma^2)$,其中数学期望μ未知,$(x_1,x_2,\cdots,x_n)$是来自总体 X 的一个样本,检验原假设 $H_0:\sigma^2=\sigma_0^2$,检验步骤如下:

(1)提出原假设 $H_0:\sigma^2=\sigma_0^2$;

(2)选取统计量$\chi^2=\dfrac{(n-1)S^2}{\sigma_0^2}\sim\chi^2(n-1)$;

(3)给定显著性水平 α,查χ^2 分布表(见附录三)得双侧临界值$\chi^2_{1-\frac{\alpha}{2}}(n-1)$和$\chi^2_{\frac{\alpha}{2}}(n-1)$;

(4)根据样本值计算统计量$\chi^2=\dfrac{(n-1)S^2}{\sigma_0^2}$的值;

(5)作比较得出结论,如果$\chi^2\geqslant\chi^2_{\frac{\alpha}{2}}(n-1)$或$\chi^2\leqslant\chi^2_{1-\frac{\alpha}{2}}(n-1)$(见图11-2-2),那么拒绝$H_0$,否则接受 H_1。

例3 在正常情况下,印花棉布布幅的宽度服从正态分布 $N(1.4,0.048^2)$,某日选取该种棉布5匹,测得布幅宽度为1.32,1.55,1.36,1.40,1.44,问该日印花棉布布幅宽度的方差是否正常(取 $\alpha=0.05$)。

解 (1)提出原假设 $H_0:\sigma^2=0.048^2$;

(2)选取统计量$\chi^2=\dfrac{(5-1)S^2}{0.048^2}\sim\chi^2(5-1)$;

(3)当 $\alpha=0.05$ 时,查χ^2 分布表(见附录三)得双侧临界值

$$\chi^2_{1-\frac{\alpha}{2}}(n-1)=\chi^2_{0.975}(4)=0.484,\chi^2_{\frac{\alpha}{2}}(n-1)=\chi^2_{0.025}(4)=11.143;$$

(4)计算样本均值 $\overline{x}=1.414$,样本方差 $S^2=0.00778$,统计量$\chi^2=\dfrac{(n-1)S^2}{\sigma_0^2}=13.5$;

(5)因为$\chi^2=13.5>11.143$,所以否定原假设,即认为该日生产棉布布幅宽度的方差

不正常。

11.4.4 假设检验在工程质量检验中的应用

工程质量检验是工程质量控制的一个重要环节，是保证工程质量的必要手段。在工程质量检验中，往往采用抽样检验的方法。抽样检验方法以数理统计学为理论依据，具有很强的科学性和经济性。在许多情况下，由于公路工程不同于一般产品，它是一个连续的整体，且采用的质量检测手段又多属于破坏性的。所以，就公路工程质量检验而言，不可能采用全数检验，而只能采用抽样检验。即从待检工程中抽取样本，根据样本的质量检查结果，推断整个待检工程的质量状况。下面举例说明假设检验在工程中的应用。

例 4 某路段水泥混凝土路面厚度检测数据见表 11-4-2，保证率为 95%，设计厚度 $h_d = 25\text{cm}$，试对该路段的板厚进行评价。

水泥混凝土路面板厚度检测结果　　表 11-4-2

序号	1	2	3	4	5	6	7	8	9	10
厚度 h_i(cm)	25.1	24.8	25.1	24.6	24.7	25.4	25.2	25.3	24.7	24.9
序号	11	12	13	14	15	16	17	18	19	20
厚度 h_i(cm)	24.9	24.8	25.3	25.3	25.2	25.0	25.1	24.8	25.0	25.1
序号	21	22	23	24	25	26	27	28	29	30
厚度 h_i(cm)	24.7	24.9	25.0	25.4	25.2	25.1	25.0	25.0	25.5	25.4

解 (1)提出原假设 $H_0: \mu = \mu_0 = 25\text{cm}$；

(2)选取统计量：

$$T = \frac{\bar{h} - \mu_0}{S/\sqrt{n}} = \frac{\bar{h} - 25}{S/\sqrt{30}} \sim t(29)$$

(3)在 0.05 的显著性水平下，查 t 分布表得双侧临界值 $t_{\frac{\alpha}{2}}(29) = 2.0452$；

(4)计算统计量 T 的值：

$$\bar{h} = 25.05\text{cm},\ S = 0.24\ \text{cm},\ |T| = \left|\frac{25.05 - 25}{0.24/\sqrt{30}}\right| = 1.141$$

(5)因为 $|T| < t_{\frac{\alpha}{2}}(29)$，所以接受原假设，即在 0.05 的显著性水平下，该路段的板厚满足要求。

例 5 某新建公路路基施工中，对其中的一段压实质量进行检查，压实度检测结果如表11-4-3所示，压实度标准 $K_0 = 95\%$。请按保证率 95% 计算该路段的代表性压实度并进行质量评定。

压实度检测结果　　表 11-4-3

序号	1	2	3	4	5	6	7	8	9	10
压实度(%)	96.4	95.4	93.5	97.3	96.3	95.8	95.9	96.7	95.3	95.6
序号	11	12	13	14	15	16	17	18	19	20
压实度(%)	97.6	95.8	96.8	95.7	96.1	96.3	95.1	95.5	97.0	95.3

解 (1)提出原假设 $H_0: \mu \leqslant \mu_0 = 95\%$，备择假设 $H_1: \mu > \mu_0 = 95\%$；

(2)选取统计量：

$$T = \frac{\overline{K} - \mu_0}{S/\sqrt{n}} = \frac{\overline{K} - 95}{S/\sqrt{20}} \sim t(19)$$

(3)在0.05的显著性水平下，查 t 分布表得右侧临界值 $t_\alpha(19) = 1.7291$；

(4)计算统计量 T 的值：

$$\overline{K} = 95.97\%, S = 0.91\%, T = \frac{95.97 - 95}{0.91/\sqrt{20}} = 4.767$$

(5)因为 $T > t_\alpha(19)$，所以否定原假设，即在0.05的显著性水平下，该路段压实度大于标准95%，即符合质量要求。

例6 某新建高速公路竣工后，在不利季节测得某路段路面的弯沉值如表11-4-4所示，路面设计弯沉值为40(0.01mm)，试按保证率95%判断该路段的弯沉值是否符合要求。

弯沉值检测结果 表11-4-4

序号	1	2	3	4	5	6	7	8	9	10	11
弯沉值 l_i(0.01mm)	30	29	31	28	27	26	33	32	30	30	31
序号	12	13	14	15	16	17	18	19	20	21	22
弯沉值 l_i(0.01mm)	29	27	26	32	31	33	31	30	29	28	28

解 (1)提出原假设 $H_0: \mu \geqslant \mu_0 = 40$，备择假设 $H_1: \mu < \mu_0 = 40$；

(2)选取统计量：

$$T = \frac{\overline{l} - \mu_0}{S/\sqrt{n}} = \frac{\overline{l} - 40}{S/\sqrt{22}} \sim t(21)$$

(3)在0.05的显著性水平下，查 t 分布表得左侧临界值 $t_\alpha(21) = 1.7207$；

(4)计算统计量 T 的值：

$$\overline{l} = 29.6(0.01\text{mm}), S = 2.09(\text{mm}), T = \frac{29.6 - 40}{2.09/\sqrt{22}} = -23.33 < -t_\alpha(21) = -1.7207;$$

(5)因为 $T = -23.33 < -t_\alpha(21)$，所以否定原假设，即可以认为该路段的弯沉值小于40(0.01mm)，从而符合质量要求。

习题 11.4

1. 一家汽车生产企业在广告中宣称“该公司的汽车可以保证在2年或24000km内无事故”，但该汽车的一个经销商认为保证“2年”这一项是不必要的，因为汽车车主在2年内行驶的平均里程超过24000km。假设这个经销商要用 U 检验法检验假设 $H_0: \mu \leqslant \mu_0 = 24000$，$H_0: \mu > \mu_0 = 24000$，取显著性水平为 $\alpha = 0.01$，则此项检验的拒绝域是什么？

2. 已知某砖厂生产的砖的抗断强度服从正态分布 $N(32.5, 11^2)$，现随机抽取 6 块，测得抗断强度（$d(\mathrm{N/cm^2})$）如下：32.56，29.66，31.64，30.00，31.87，31.03。试问这批砖的平均抗断强度是否为 32.50（$\alpha = 0.05$）？

3. 已知某一试验，其温度服从正态分布 $N(\mu, \sigma^2)$，现在测量了温度的 5 个值为：1250，1265，1245，1260，1275。问是否可以认为 $\mu = 1277$（$\alpha = 0.05$）？

4. 一项调查结果声称某市 65 岁以上老年人口比重至少为 14.7%，标准差为 0.354，该市老龄人口研究会为了检验该项调查是否可靠，随机抽取 400 名居民，发现其中有 57 人在 65 岁以上。问调查结果是否支持该市老年人口比重至少为 14.7% 的说法（$\alpha = 0.05$）？

5. 假设某高校一年级的高等数学成绩服从正态分布，第一个学期全年级高等数学考试平均分为 80 分，第二学期进行了教学改革，随机抽取 25 名学生的高等数学成绩做样本，算得平均分为 85 分，标准差为 10 分，问教学改革是否有效果（$\alpha = 0.1$）？

6. 某种导线的电阻服从正态分布 $N(\mu, 0.005^2)$。今从新生产的一批导线中抽取 9 根，测其电阻，得 $S = 0.008\Omega$。对于 $\alpha = 0.05$，能否认为该批导线的电阻的标准差仍为 0.005？

7. 问答题

假设一名囚犯正在因犯罪行为接受审判，你是法官。法官的任务是评判囚犯是否有罪，如果有足够证据证明囚犯有罪，则需宣判囚犯有罪。

（1）这个试验的原假设是什么？

（2）备择假设是什么？

（3）在什么情况下，法官会做出正确判决？

（4）在什么情况下，法官会做出错误判决？

11.5 统计问题的 MATLAB 求解

11.5.1 统计图形

1）直方图

直方图是常用的统计图形之一，可以直观显示各种数据。绘制直方图的函数是 hist。直方图的横坐标将数据范围划分出若干段，每个柱的高度显示该区间内分布的数据个数。其命令格式为：

```
hist(y,n)        %统计每段的元素个数并画出直方图
N=hist(y,x)      %统计出每段元素个数
```

说明：

n：分段的个数，n 省略时则默认为分成 10 段。

x 是向量，用于指定所分每个数据段的中间值。

y 可以是向量或矩阵，如果是矩阵则按列分段。

例1 根据11.3节中例1数据,绘制频数直方图。

解 输入

```
>>y=[4.8  5.0  5.0  4.6  4.8  5.1  4.7  4.8  4.9  4.9…     %…表示续行
4.8  4.9  4.5  4.9  5.2  5.1  4.9  4.6  4.8  5.0…
5.2  4.8  4.9  4.7  5.0  4.9  4.8  4.9  4.9  4.8…
5.1  4.9  4.7  5.0  4.7  4.8  4.7  4.9  4.9  4.8…
4.8  4.7  4.8  4.8  4.9  4.5  4.8  4.9  5.1  5.2…
4.7  4.8  4.9  5.1  5.0  4.8  4.5  4.8  5.0  4.9…
5.2  4.9  4.8  4.9  4.5  4.7  5.2  4.9  4.6  5.0…
4.4  5.1  5.3  4.6  4.9  4.9  5.3  4.8  4.7  4.8…
4.9  4.6  5.1  4.5  4.9  4.8  5.2  4.8  4.8  5.0…
5.0  4.7  4.6  4.4  4.6  5.1  4.9  4.7  4.8  4.9];
```

hist(y,10)%把数据分为10段,自动确定横轴的范围从4.4~5.3,每段高度是由该段范围内的元素个数确定的。

输出图形如图11-5-1所示。

2)相关图(散点图)

相关图又称散点图或散布图,它是把相关表中的原始对应数值在平面直角坐标系用坐标点描绘出来。调用格式为:

plot(x,y,'参数'),其中x、y可为向量也可为矩阵,但x、y必须具有相同的元素个数。

例2 作出11.3引例1中超声波速度V与混凝土强度R的相关图。

解 输入:

```
>>V=[5520  5460  5400  5370  5360  5340  5310  5290  5220  5200];
>>R=[437  418  414  404  399  387  376  372  374  369];
>>plot(V,R,'*')
```

输出图形如图11-5-2所示。

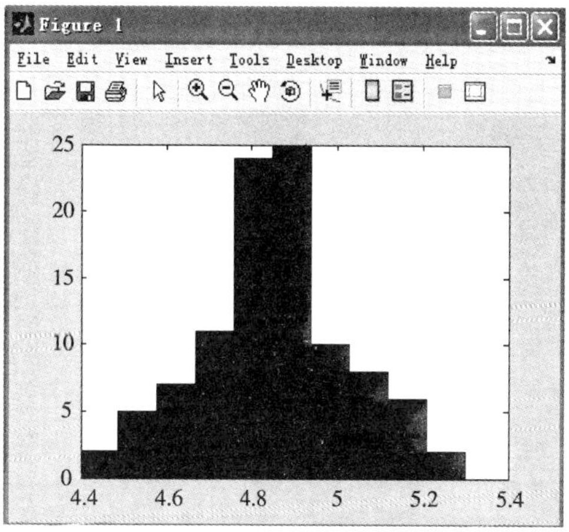

图 11-5-1

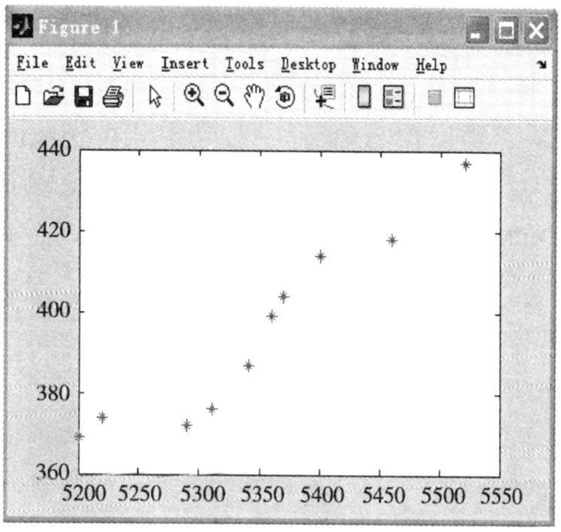

图 11-5-2

11.5.2 样本均值、中位数、极差、方差和标准差

如果已知一组随机变量样本数据构成一个向量 $x=[x_1,x_2,\cdots,x_n]$，则可调用下列函数求出该向量各个元素的均值、中位数、极差、方差和标准差。

m = mean(x)表示求向量 x 各个元素的均值；

me = median(x)表示求向量 x 各个元素的中位数；

R = max(x) - min(x)表示求向量 x 中元素的极差；

s2 = var(x)表示求向量 x 各个元素的方差；

s = std(x)表示求向量 x 各个元素的标准差。

例 3 用 MATLAB 来求解 11.1 节中例 1。

解 输入：

```
>>X=[28.1  27.8  28.1  27.6  27.7  28.4  28.2  28.3  27.7  27.9];
>>m=mean(X),me=median(X),R=max(X)-min(X),s=std(X)
```

输出：

```
m =
    27.9800
me=
    28
R =
    0.8000
s =
    0.2781
```

11.5.3 参数估计

若通过测量得到一组数据 $X=[x_1,x_2,\cdots,x_n]$，且已知这些数据满足某种分布，则可以利用 MATLAB 工具箱中的相关参数估计函数来计算各参数的估计值，并同时估计出其置信区间。这里以正态分布为例，介绍此类函数的命令调用格式。

[mu,signa,muci,signaci] = normfit(X,α)：其中 mu 输出为均值 μ，signa 输出为标准差 σ，muci 输出为均值的置信区间，signaci 输出为标准差的置信区间，置信度为 $1-\alpha$。

例 4 用 MATLAB 求解 11.2 中例 7。

解 输入：

```
>>x=[23.0,24.5,26.0,25.0,24.8,27.0,25.5,31.0,25.4,25.8];
>>[mu,signa,muci]=normfit(x,0.05)
```

输出：

```
mu =
    25.8000
```

signa =

2.1066

muci =

24.2930

27.3070

所以,以 95% 的置信度估计该批混凝土的平均强度在(24.2930MPa,27.3070MPa)之间。

例 5 从一个年级的学生中随机抽取 20 名学生的数学成绩为:

70 85 69 80 93 73 77 88 92 66

65 85 90 80 69 75 72 85 81 65

已知学生的数学成绩服从正态分布。试求数学成绩的均值 μ 和标准差 σ 的置信度为 95% 的置信区间。

解 输入:

```
>>x=[70,85,69,80,93,73,77,88,92,66,65,85,90,80,69,75,72,85,81,65];
>> [mu,signa,muci,signaci]=normfit(x,0.05)
```

输出:

```
mu =
    78
signa =
    9.1995
muci =
    73.6945
    82.3055
signaci =
    6.9962
    13.4366
```

即以 95% 置信度估计该年级数学成绩的均值 μ 的置信区间为 73.6945 ~ 82.3055 分,标准差 σ 的置信区间为 6.9962 ~ 13.4366 分。

11.5.4 假设检验

若通过测量得到一组数据 $X=[x_1,x_2,\cdots,x_n]$,且已知这些数据满足正态分布,则可以利用 MATLAB 工具箱对相关参数作假设检验。其命令调用格式为:

[h,sig] = ztest(x,m,sigma,alpha,tail)表示总体方差已知,正态总体均值 U 检验。检验列状样本数据 x 的均值是否为 m;sigma 为已知方差;α 为显著性水平(默认值为 0.05);参数 tail 为 0 表示双边检验($H_1:\mu\neq\mu_0$)(缺省值),1 表示右边检验($H_1:\mu>\mu_0$),-1 表示左边检验($H_1:\mu<\mu_0$);h 返回 1 表示拒绝 H_0,返回 0 表示接受 H_0;sig 返回临界值拒绝概率,sig < α 时 h = 1。

[h,sig] = ttest(x,m,alpha,tail)表示总体方差未知,正态总体均值 t 检验。

例 6 对习题 11.4 中第 2 题用 MATLAB 进行检验。

解 原假设 $H_0:\mu=\mu_0=32.5$

输入：

```
>>x=[32.56  29.66  31.64  30.00  31.87  31.03];
>>m=mean(x);[h,sig]=ztest(x,32.5,11,0.05,0)
```

输出：

```
  h =
    0
sig =
    0.7597
```

h=0 表示这批砖的平均抗断强度可以视为 32.50。

例 7 对 11.4 节中的例 2 用 MATLAB 进行检验。

解 原假设 $H_0:\mu=\mu_0=12$；

输入：

```
>>x=[10.8  11.8  12.0  12.2  11.9  12.3  12.4  11.3  12.0  12.2];
>>m=mean(x);[h,sig]=ttest(x,12,0.05,0)
```

输出：

```
  h =
    0
sig =
    0.4985
```

h=0 表示在 0.05 的显著性水平下，该供货商提供的配件符合要求。

11.5.5 相关与回归分析

MATLAB 7.1 中提供了以下命令来对已知的数据建立回归模型，求回归系数的点估计和区间估计，并检验回归模型，命令调用格式为：

X=[ones(size(x),1),x];

[b,bint,r,rint,stats]=regress[y,X,alpha];b,bint,stats

其中 x 为自变量数据（列向量），y 为因变量数据（列向量）；alpha 缺省时，默认为 0.05；b：回归系数 a_0,a_1；回归方程为：$y=a_0+a_1x$；bint：回归系数的置信区间；r，rint：残差向量 $e=Y-\hat{Y}$ 以及它们的置信区间；stats：相关系数 R^2，F 统计量与 F 对应的概率。

例 8 产量与生产费用问题

某公司所属 8 个企业生产某种产品的月产量与生产费用的资料见表 11-5-1。

表 11-5-1

企业编号	1	2	3	4	5	6	7	8	合计
月产量（千吨）x	1.2	2.0	3.1	3.8	5.1	6.1	7.1	8.0	36.4
生产费用（万元）y	62	86	80	110	115	132	135	160	880

求 y 关于 x 的线性回归方程。

解 输入：

```
>>x=[1.2  2.0  3.1  3.8  5.1  6.1  7.1  8.0]';  %x 应为列向量
>>y=[62  86  80  110  115  132  135  160]';
>>X=[ones(8,1),x];[b,bint,r,rint,stats]=regress(y,X);b,stats
```

输出：

```
b =
     50.9487          %参数 a0
     12.9783          %参数 a1
```

%一元线性回归方程为：$y=a_0+a_1x=50.9487+12.9783x$

```
stats =
       0.9428      98.9447      0.0001      70.6467
```

%相关系数 $R^2=0.9428$；$F=98.9447$；$p=0.0001$

查表得 $R_{0.05}=0.7067$，有 $|R|=\sqrt{R^2}=0.9710>R_{0.05}$，认为 y 与 x 线性关系特别显著。回归方程为：$y=50.9487+12.9873x$。

习题 11.5

利用 MATLAB 求解下列各题：

1. 某大型超市抽查 9 个柜台组，每个柜台组某日的销售额（万元）分别为：9，8，6，4，5，8，6，10，7。

求该商店柜台组销售额的样本均值、中位数、极差、样本方差和标准差。

2. 机器包装食盐，假设每袋盐的净重服从正态分布，规定每袋标准重量为 500g，某天开工后，从包装好的食盐中随机抽取 9 袋，测得净重（单位：g）为：497，507，510，475，484，488，524，491，515。

试以 99% 的置信度估计该批食盐的净重与净重的标准差。

3. 某工地加工固定模板用的螺杆，螺杆直径服从正态分布，即 $X\sim N(\mu,0.3^2)$，现随机抽取 5 根，测得直径（单位：mm）分别为：22.3，21.5，22.0，21.8，21.4，试求直径 μ 的置信度为 95% 的置信区间。

4. 某种弹壳直径 X 标准为 $\mu_0=8\text{mm}$，$\sigma=0.09\text{mm}$。今从一批弹壳中任取 9 枚，测得直径为（单位：mm）：

7.92，7.94，7.90，7.93，7.92，7.92，7.93，7.91，7.94。

根据历史资料，认为弹壳直径 $X\sim N(\mu,\sigma^2)$，其标准差也符合标准（即 $\sigma=0.09\text{mm}$）。试问这批弹壳直径是否符合标准（显著性水平 $\alpha=0.05$）？

5. 化肥厂用自动打包机打包，每包标准重量为 100kg。每天开工后需要检验打包机工作是否正常，即检查打包机是否有系统偏差。某日开工后，测得 9 包化肥重量（单位：kg）如下：

99.5　98.7　100.6　101.1　98.5　99.6　99.7　102.1　100.6

问该日打包机工作是否正常？设显著性水平为0.05,包重服从正态分布。

6. 利用 MATLAB 作出习题 11.3 节第 1 题的频数直方图。

7. 利用 MATLAB 作出习题 11.3 节第 2 题研究费用与利润的相关图。

8. 利用 MATLAB 求解习题 11.3 节第 3 题。

复习题十一

1. 某批零件的长度服从正态分布，现随机抽取10件，测得长度(单位:cm)如下：

19.1,20.0,21.2,18.8,19.6,20.5,22.0,21.6,19.4,20.3。

求这批零件长度的中位数、极差，并用点估计这批零件长度的数学期望、方差。

2. 设 $X_1,X_2,\cdots,X_n$ 是来自总体 X 的样本，且 $E(X)=\mu$。以下两个估计谁更有效？

$$\hat{\mu}_1=\frac{1}{2}X_1+\frac{3}{8}X_2+\frac{1}{8}X_3,\hat{\mu}_2=\frac{1}{3}X_1+\frac{3}{4}X_2-\frac{1}{12}X_3$$

3. 某工厂生产一批滚珠，其直径 X 服从正态分布 $N(\mu,\sigma^2)$，现从某天的产品中随机抽取6件，测得直径为15.1,14.8,15.2,14.9,14.6,15.1。

(1)若 $\sigma^2=0.06$， 求 μ 的置信度为95%的置信区间；

(2)若 σ^2 未知，求 μ 的置信度为95%的置信区间；

(3)求方差 σ^2 的置信度为95%的置信区间。

4. 设钢珠直径 $X\sim N(\mu,\sigma^2)$，从刚生产的一大堆钢珠中随机抽出9个，测量他们的直径(单位:mm)，并求得样本均值 $\overline{x}=31.06$，样本方差 $S^2=0.25^2$。试求 μ 的置信度为95%的置信区间。

5. 某厂生产一种摩托车，其每台车的寿命(行驶里程，单位:km)是一个随机变量，设其服从正态分布 $N(\mu,90000)$。从过去较长一段时间的统计资料表明，该种摩托车的平均行驶里程为10万km，现在采用新材料后，在所生产的摩托车中抽取6辆进行行驶实验，得到平均行驶里程为11万km，问采用新材料后摩托车的平均寿命是否有显著提高($\alpha=0.05$)？

6. 已知"丰收"牌柴油发动机，每升柴油的运转时间(单位:min)服从正态分布，现测试装配好的发动机6台，其运转时间分别为:28、27、31、29、30、27。按设计要求，平均每升运转应在30min以上。根据测试结果，在显著性水平为0.05时，能否说明这种发动机是符合设计要求的？

7. 某厂生产小型电动机，其说明书上写着:这种小型电动机在正常负载下平均消耗电流不会超过0.8A。现随机抽取16台电动机试验，求得平均消耗电流为0.92A，消耗电流的标准差为0.32A。假设电动机所消耗的电流服从正态分布，取显著性水平为 $\alpha=0.05$，问根据这个样本，能否否定厂方的断言？

8. 合成纤维的强度与拉伸倍数有关，测得数据如下：

拉伸倍数 x	2.0	2.5	3.0	4.0	5.0
强度 y(kg/mm^2)	1.5	2.5	3.0	3.5	5.5

求 y 关于 x 的回归方程，并检验方程的显著性。

数学素质拓展——孟德尔的豌豆试验

下面以遗传学上的一项伟大发现为例，说明统计方法在研究自然界和人类社会的规律性方面，起着积极的、主动的作用。

奥地利生物学家孟德尔1865年发表了一篇文章，文中提出了基因的学说，从而奠定了现代遗传学的基础。孟德尔的基因理论最初是建立在豌豆试验的基础上的，他所使用的豌豆的果实有黄、绿两种颜色。孟德尔分别培养了一个黄色的纯系和一个绿色的纯系，其子一代所结的豆子分别全部是黄色的和全部是绿色的。然后他将这两个纯系进行杂交，发现这种黄—绿杂交品种所结的豆子全部是黄色的，与黄色纯系无不同。但在将这种杂交体再进行一次自身杂交而产生第二代时，发现某些这种“第二代杂交种子”呈黄色，某些呈现绿色，其数目的比例大致接近3∶1。

孟德尔把他的试验重复了多次，每次都得到类似的结果。这个表面上的规律性启发了孟德尔去发展一种理论，以解释这个现象。他假定存在一种现在称为基因的实体以控制豆子的颜色。这种实体有两个状态 y（黄）和 g（绿），共组成四种配合 yy、yg、gy、gg（称为基因型）。前三种配合使豆子呈黄色，而第四种配合使豆子呈绿色（在遗传学上称 y 为显性的，而称 g 为隐性的）。根据这个学说，孟德尔就容易给他的实验结果以圆满的解释：黄色纯系和绿色纯系的基因型分别是 yy 和 gg。杂交第一代豆子的基因型则只有一种可能性，即 yg，而根据 y 为显性的假设，具有这种基因型的豆子呈黄色，在外观上与 yy 无异，但若对 yg，再进行自身杂交，则呈现四种可能性：yy、yg、gy、gg，前三种是黄色而后一种是绿色。这解释了杂交第二代豆子中黄绿之比近似为3∶1的观察结果。孟德尔理论的伟大意义不是在于它给这个特殊的观察结果提供了理论解释，而是在于，用经过发展后的这个理论可以解释生物体的很多遗传现象，从而形成了遗传学中的基因学派，到20世纪50年代，基因的存在已经在分子的水平上获得了证实。

在从分子的水平上观察到基因的存在因而完全证实这个理论之前，人们曾经用统计方法对依这个理论推出的大量结论进行过检验。检验的结果都证实了这个理论与观察结果相符合。这本身就是统计方法在自然科学上的一项重要应用。

*第12章 线性代数及应用

学习目标

1. 理解行列式、矩阵、逆矩阵、初等变换、线性方程组等概念；
2. 掌握行列式、矩阵及基本运算；
3. 会用克莱姆法则、矩阵求解线性方程组；
4. 会求矩阵的秩、逆矩阵；
5. 会利用初等变换判定方程组解的存在性并求解；
6. 会建立线性规划问题的数学模型并进行求解；
7. 会利用 MATLAB 解决线性代数中的求解问题。

重点：行列式的计算、矩阵的运算、线性方程组的求解、线性规划问题的应用。

难点：n 阶行列式的计算、线性方程组解的存在和结构以及解的求解、线性规划问题的应用。

【案例】 线性方程组在交通流量问题中的应用

图 12-1-1 所示的是某一地区的公路交通网络图，所有道路都是单行线，且道路上不能停车，通行方向用箭头标明，标示的数字为高峰期每小时进出网络的车辆。进入网络的车共有 800 辆，等于离开网络的车辆总数；另外，进入每个交叉点的车辆数等于离开该交叉点的车辆数，这两个交通流量平衡的条件都得到满足。

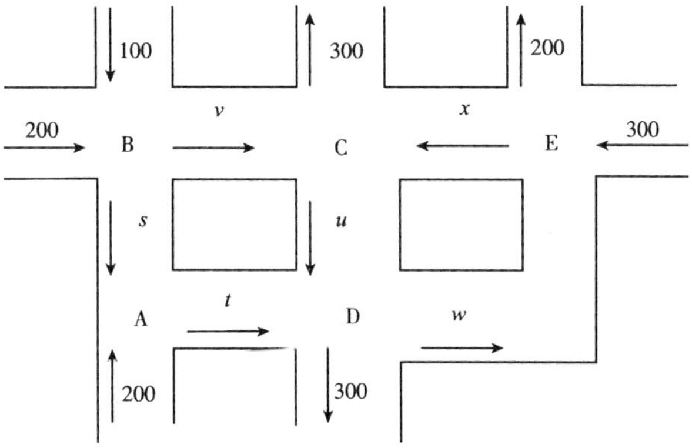

图 12-1-1

若通过图示引入每小时各交通干道的车辆数 s、t、u、v、w 和 x（例如 s 就是每小时通过干道 BA 的车辆数等），则从交通流量平衡条件建立起的线性代数方程组，可得到网络交通流量的一些结论。

分析 对每一个道路交叉点都可以写出一个流量平衡方程，例如，对于 A 点，从图12-1-1上看，进入车辆数为 $200+s$，而离开车辆数为 t，于是有

对 A 点：$200+s=t$；

对 B 点：$200+100=s+v$；

对 C 点：$v+x=300+u$；

对 D 点：$u+t=300+w$；

对 E 点：$300+w=200+x$。

这样得到一个描述网络交通流量的线性代数方程组

$$\begin{cases} s-t=-200 \\ s+v=300 \\ -u+v+x=300 \\ t+u-w=300 \\ -w+x=100 \end{cases}$$

这是一个含有 6 个未知数，5 个方程所组成的线性方程组，这样的方程组可能无解，也可能有无穷多组解，如果有无穷多解又该如何表示出所有的解？这就是本章要解决的问题。

线性代数的核心内容是：研究线性方程组解的存在条件、解的结构以及解的求法。所用的基本工具是矩阵，而行列式是研究矩阵的很有效的工具之一。所以本章的学习就先从研究行列式开始。

12.1 行列式

12.1.1 行列式的概念

1）二阶行列式和三阶行列式

考察两个二元一次线性方程所组成的方程组（12-1-1）的解。

$$\begin{cases} a_{11}x_1+a_{12}x_2=b_1 \\ a_{21}x_1+a_{22}x_2=b_2 \end{cases} \qquad (12\text{-}1\text{-}1)$$

利用中学学过的消元法，可得

$$\begin{cases} (a_{11}a_{22}-a_{12}a_{21})x_1=b_1a_{22}-b_2a_{12} \\ (a_{11}a_{22}-a_{12}a_{21})x_2=b_2a_{11}-b_1a_{21} \end{cases}$$

若 $a_{11}a_{22}-a_{12}a_{21}x_1\neq 0$，则方程组有唯一解

$$\begin{cases} x_1 = \dfrac{b_1a_{22} - b_2a_{12}}{a_{11}a_{22} - a_{12}a_{21}} \\ x_2 = \dfrac{b_2a_{11} - b_1a_{21}}{a_{11}a_{22} - a_{12}a_{21}} \end{cases} \tag{12-1-2}$$

式(12-1-2)中分母都是“$a_{11}a_{22} - a_{12}a_{21}$”,其中 a_{11}、a_{22}、a_{12}、a_{21} 都是方程组未知数的系数,为了方便记忆和讨论,我们把它们按照原来方程组中相对位置排列成一个“正方形”:$\begin{vmatrix} a_{11} & a_{12} \\ a_{21} & a_{22} \end{vmatrix}$,则“$a_{11}a_{22} - a_{12}a_{21}$”就是对角线上的元素相乘之和:$\begin{matrix} a_{11} & a_{12} \\ a_{21} & a_{22} \end{matrix}$,其中实线上元素乘积为正,虚线上元素乘积为负,我们把 $a_{11}a_{22} - a_{12}a_{21}$ 称为二阶行列式 $\begin{vmatrix} a_{11} & a_{12} \\ a_{21} & a_{22} \end{vmatrix}$ 的值。即

$$\begin{vmatrix} a_{11} & a_{12} \\ a_{21} & a_{22} \end{vmatrix} = a_{11}a_{22} - a_{12}a_{21} \tag{12-1-3}$$

例1 计算二阶行列式 $\begin{vmatrix} 3 & 5 \\ 4 & 6 \end{vmatrix}$ 的值。

解 $\begin{vmatrix} 3 & 5 \\ 4 & 6 \end{vmatrix} = 3 \times 6 - 4 \times 5 = -2$。

可见,二阶行列式实质上是个数。其中横排称为行,纵排称为列,a_{12} 的下标1表示它位于第一行,2表示它位于第二列,下标就表示了它的位置。从左上角至右下角的对角线称为主对角线,从左下角至右上角的对角线称为次对角线,行列式交叉处的每一项称为行列式的元素。

$D = \begin{vmatrix} a_{11} & a_{12} \\ a_{21} & a_{22} \end{vmatrix}$ 称为原方程组的系数行列式,因为它是由原方程组未知元的系数按照原位置顺序排列而成的。

同理,x_1、x_2 的分子也可以用行列式来表示:

$$D_1 = \begin{vmatrix} b_1 & a_{12} \\ b_2 & a_{22} \end{vmatrix} = b_1a_{22} - a_{12}b_2, D_2 = \begin{vmatrix} a_{11} & b_1 \\ a_{21} & b_2 \end{vmatrix} = a_{11}b_2 - b_1a_{21}。$$

从而当 $D = \begin{vmatrix} a_{11} & a_{12} \\ a_{21} & a_{22} \end{vmatrix} \neq 0$ 时,方程组(12-1-1)的解可以表示为

$$x_1 = \frac{D_1}{D}, x_2 = \frac{D_2}{D}。$$

例2 用行列式求解方程组 $\begin{cases} 2x + 4y - 1 = 0 \\ x + 3y - 2 = 0 \end{cases}$。

解 原方程组化成一般式 $\begin{cases} 2x + 4y = 1 \\ x + 3y = 2 \end{cases}$,

$$D = \begin{vmatrix} 2 & 4 \\ 1 & 3 \end{vmatrix} = 6 - 4 = 2 \neq 0, D_1 = \begin{vmatrix} 1 & 4 \\ 2 & 3 \end{vmatrix} = 3 - 8 = -5, D_2 = \begin{vmatrix} 2 & 1 \\ 1 & 2 \end{vmatrix} = 4 - 1 = 3,$$

所以，$x=\dfrac{D_1}{D}=-\dfrac{5}{2}$，$y=\dfrac{D_2}{D}=\dfrac{3}{2}$。

此法还可以应用到三元一次线性方程组的求解问题中。为此，先定义三阶行列式：

定义 1 由 3 × 3 个数排成三行三列，组成的式子 $\begin{vmatrix} a_{11} & a_{12} & a_{13} \\ a_{21} & a_{22} & a_{23} \\ a_{31} & a_{32} & a_{33} \end{vmatrix}$，称为三阶行列式，其中 a_{ij} 称为行列式的元素。规定这个三阶行列式的值为 $\begin{vmatrix} a_{11} & a_{12} & a_{13} \\ a_{21} & a_{22} & a_{23} \\ a_{31} & a_{32} & a_{33} \end{vmatrix}=a_{11}a_{22}a_{33}+a_{12}a_{23}a_{31}+a_{13}a_{21}a_{32}-a_{11}a_{23}a_{32}-a_{12}a_{21}a_{33}-a_{13}a_{22}a_{31}$。

下面介绍三阶行列式的两个计算方法："对角线法"和"沙路法"。

（1）对角线法

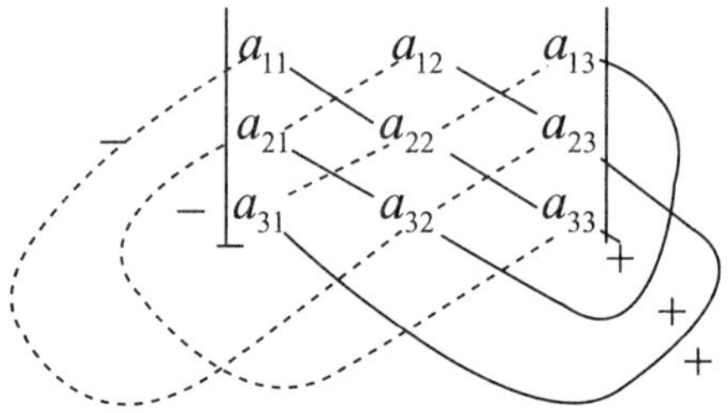

$$=a_{11}a_{22}a_{33}+a_{12}a_{23}a_{31}+a_{13}a_{21}a_{32}$$
$$-a_{13}a_{22}a_{31}-a_{11}a_{23}a_{32}-a_{12}a_{21}a_{33}$$

以上算式共有 6 项，可按对角线展开法计算得到。其方法是：主对角线以及主对角线方向上的三个元素相乘取正号（上图中实线连接的三个元素）；次对角线以及次对角线方向上的三个元素相乘取负号（上图中虚线连接的三个元素）。

（2）沙路法

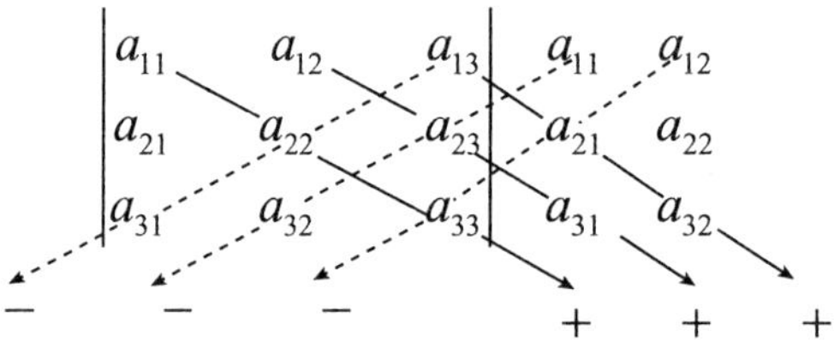

$$=a_{11}a_{22}a_{33}+a_{12}a_{23}a_{31}+a_{13}a_{21}a_{32}-$$
$$a_{13}a_{22}a_{31}-a_{11}a_{23}a_{32}-a_{12}a_{21}a_{33}$$

例 3 计算行列式：$D=\begin{vmatrix} 2 & 3 & -1 \\ 3 & 4 & 7 \\ -3 & 6 & 5 \end{vmatrix}$。

解 $D=2\times4\times5+3\times6\times(-1)+(-3)\times7\times3-(-1)\times4\times(-3)-3\times3\times5-2\times6\times7=-182$

注意：一阶行列式 $|a|$ 也是一个数 a，如 $|-2|=-2$，所以不能把行列式记号与绝对值

混起来。

对于三元一次线性方程组

$$\begin{cases} a_{11}x_1 + a_{12}x_2 + a_{13}x_3 = b_1 \\ a_{21}x_1 + a_{22}x_2 + a_{23}x_3 = b_2 \\ a_{31}x_1 + a_{32}x_2 + a_{33}x_3 = b_3 \end{cases} \tag{12-1-4}$$

若其系数行列式

$$D = \begin{vmatrix} a_{11} & a_{12} & a_{13} \\ a_{21} & a_{22} & a_{23} \\ a_{31} & a_{32} & a_{33} \end{vmatrix} \neq 0$$

则有唯一解

$$x_1 = \frac{D_1}{D}, x_2 = \frac{D_2}{D}, x_3 = \frac{D_3}{D} \tag{12-1-5}$$

式中 D_1、D_2、D_3 是将方程组(12-1-4)中的系数行列式 D 的第一、二、三列换成常数列得到的三阶行列式。即

$$D_1 = \begin{vmatrix} b_1 & a_{12} & a_{13} \\ b_2 & a_{22} & a_{23} \\ b_3 & a_{32} & a_{33} \end{vmatrix}, D_2 = \begin{vmatrix} a_{11} & b_1 & a_{13} \\ a_{21} & b_2 & a_{23} \\ a_{31} & b_3 & a_{33} \end{vmatrix}, D_3 = \begin{vmatrix} a_{11} & a_{12} & b_1 \\ a_{21} & a_{22} & b_2 \\ a_{31} & a_{32} & b_3 \end{vmatrix}$$

用行列式来表述方程组的解,显得非常简洁。

例 4 解三元线性方程组

$$\begin{cases} x_1 + 3x_2 + 2x_3 = 17 \\ 2x_1 - 4x_2 - x_3 = 9 \\ 3x_1 - 2x_2 = 25 \end{cases}。$$

解 方程组的系数行列式 $D = \begin{vmatrix} 1 & 3 & 2 \\ 2 & -4 & -1 \\ 3 & -2 & 0 \end{vmatrix} = 5 \neq 0$,所以方程组有唯一解。

由行列式

$$D_1 = \begin{vmatrix} 17 & 3 & 2 \\ 9 & -4 & -1 \\ 25 & -2 & 0 \end{vmatrix} = 55,\ D_2 = \begin{vmatrix} 1 & 17 & 2 \\ 2 & 9 & -1 \\ 3 & 25 & 0 \end{vmatrix} = 20,\ D_3 = \begin{vmatrix} 1 & 3 & 17 \\ 2 & -4 & 9 \\ 3 & -2 & 25 \end{vmatrix} = -15,$$

得方程组的解为

$$x_1 = \frac{D_1}{D} = 11, x_2 = \frac{D_2}{D} = 4, x_3 = \frac{D_3}{D} = -3$$

在实际问题中,遇到的线性方程组往往含有更多的未知量,在理论研究中需要讨论含有 n 个未知量和 n 个方程构成的线性方程组的求解问题,行列式可以推广为 n 阶行列式。

2) n 阶行列式

分析二阶、三阶行列式的展开式的特征,给出 n 阶行列式的定义:

定义 2 用 n^2 个元素 $a_{ij}(i,j=1,2,\cdots,n)$ 组成的记号

$$\begin{vmatrix} a_{11} & a_{12} & \cdots & a_{1n} \\ a_{21} & a_{22} & \cdots & a_{2n} \\ \cdots & \cdots & \cdots & \cdots \\ a_{n1} & a_{n2} & \cdots & a_{nn} \end{vmatrix} \tag{12-1-6}$$

称为 ***n*** 阶行列式，其中横排称为行，竖排称为列。它表示所有可能取自不同的行不同的列的 n 个元素乘积的代数和。行列式有时简记为 $D=|a_{ij}|$。

行列式展开后，一阶行列式有 1! 项，二阶行列式有 2! 项，三阶行列式有 3! 项，……，n 阶行列式共有 $n!$ 项。例如，4 阶行列式 $D_4=|a_{ij}|$：共有 $4!=24$ 项。

如此看来，二阶、三阶行列式的求值计算还可行，若是四阶行列式（或更高阶的行列式）其值的计算就不那么容易了，需要用性质、展开法、适当的方法和技巧。下面先给出两个概念：

定义 3 在 n 阶行列式 D 中去掉元素 a_{ij} 所在的行和列，余下的元素构成的 $n-1$ 阶行列式称为元素 a_{ij} 的余子式，记作 M_{ij}，而 $A_{ij}=(-1)^{i+j}M_{ij}$ 称为元素 a_{ij} 的代数余子式。

例如，三阶行列式

$$\boldsymbol{D}=\begin{vmatrix} a_{11} & a_{12} & a_{13} \\ a_{21} & a_{22} & a_{23} \\ a_{31} & a_{32} & a_{33} \end{vmatrix}=a_{11}a_{22}a_{33}+a_{12}a_{23}a_{31}+a_{13}a_{21}a_{32}-a_{11}a_{23}a_{32}-a_{12}a_{21}a_{33}-a_{13}a_{22}a_{31}$$

其展开式的六项中按行列式的第一行元素提取公因式，合并同类项得

$$a_{11}(a_{22}a_{33}-a_{23}a_{32})-a_{12}(a_{21}a_{33}-a_{23}a_{31})+a_{13}(a_{21}a_{32}-a_{22}a_{31}),$$

即

$$a_{11}\begin{vmatrix} a_{22} & a_{23} \\ a_{32} & a_{33} \end{vmatrix}-a_{12}\begin{vmatrix} a_{21} & a_{23} \\ a_{31} & a_{33} \end{vmatrix}+a_{13}\begin{vmatrix} a_{21} & a_{22} \\ a_{31} & a_{32} \end{vmatrix},$$

从而有

$$\begin{vmatrix} a_{11} & a_{12} & a_{13} \\ a_{21} & a_{22} & a_{23} \\ a_{31} & a_{32} & a_{33} \end{vmatrix}=a_{11}\begin{vmatrix} a_{22} & a_{23} \\ a_{32} & a_{33} \end{vmatrix}-a_{12}\begin{vmatrix} a_{21} & a_{23} \\ a_{31} & a_{33} \end{vmatrix}+a_{13}\begin{vmatrix} a_{21} & a_{22} \\ a_{31} & a_{32} \end{vmatrix} \tag{12-1-7}$$

故

$$D=a_{11}A_{11}+a_{12}A_{12}+a_{13}A_{13} \tag{12-1-8}$$

其中 $A_{11}=(-1)^{1+1}\begin{vmatrix} a_{22} & a_{23} \\ a_{32} & a_{33} \end{vmatrix}$，$A_{12}=(-1)^{1+2}\begin{vmatrix} a_{21} & a_{23} \\ a_{31} & a_{33} \end{vmatrix}$，$A_{13}=(-1)^{1+3}\begin{vmatrix} a_{21} & a_{22} \\ a_{31} & a_{32} \end{vmatrix}$ 分别是行列式 D 的第一行三个元素 a_{11},a_{12},a_{13} 的代数余子式。

一般地，n 阶行列式 D 可按某一行展开

$$D=a_{i1}A_{i1}+a_{i2}A_{i2}+\cdots+a_{in}A_{in}\quad(i=1,2,\cdots,n) \tag{12-1-9}$$

或按某一列展开

$$D=a_{1j}A_{1j}+a_{2j}A_{2j}+\cdots+a_{nj}A_{nj}\quad(j=1,2,\cdots,n) \tag{12-1-10}$$

用这两个公式求行列式的值可使 D 降阶求值，称为降阶法。

例如,对例 4 中方程组的系数行列式

$$D = \begin{vmatrix} 1 & 3 & 2 \\ 2 & -4 & 1 \\ 3 & -2 & 0 \end{vmatrix} = 5 \neq 0$$

用降阶法求值(按第三列展开):

$$\begin{aligned} D &= a_{13}A_{13} + a_{23}A_{23} + a_{33}A_{33} \\ &= 2 \times (-1)^{1+3}\begin{vmatrix} 2 & -4 \\ 3 & -2 \end{vmatrix} + (-1) \times (-1)^{2+3}\begin{vmatrix} 1 & 3 \\ 3 & -2 \end{vmatrix} + 0 \times (-1)^{3+3}\begin{vmatrix} 1 & 3 \\ 2 & -4 \end{vmatrix} \\ &= 2 \times 8 + (-1) \times 11 + 0 = 5。\end{aligned}$$

由此可见,当行列式的某一行(列)零元素较多时,容易计算。

3)特殊行列式

(1)对角行列式

对角行列式:主对角线上的元素不全为零,其他元素全为零,它的值等于主对角线上元素的乘积。

$$\begin{vmatrix} a_{11} & 0 & \cdots & 0 \\ 0 & a_{22} & \cdots & 0 \\ \vdots & \vdots & \vdots & \vdots \\ 0 & 0 & \cdots & a_{nn} \end{vmatrix} = a_{11}a_{22}\cdots a_{nn}$$

(2)三角行列式

上三角行列式:主对角线及其上方元素不全为零,其他元素都为零,它的值等于主对角线上元素的乘积。

$$\begin{vmatrix} a_{11} & a_{12} & \cdots & a_{1n} \\ 0 & a_{22} & \cdots & a_{2n} \\ \vdots & \vdots & \vdots & \vdots \\ 0 & 0 & \cdots & a_{nn} \end{vmatrix} = a_{11}a_{22}\cdots a_{nn}$$

下三角行列式:主对角线及其下方元素不全为零,其他元素都为零,它的值等于主对角线上元素的乘积。

$$\begin{vmatrix} a_{11} & 0 & \cdots & 0 \\ a_{21} & a_{22} & \cdots & 0 \\ \vdots & \vdots & \vdots & \vdots \\ a_{n1} & a_{n2} & \cdots & a_{nn} \end{vmatrix} = a_{11}a_{22}\cdots a_{nn}$$

12.1.2 行列式的性质与计算

由定义来计算行列式的值是比较麻烦的,为了简化行列式的计算,下面介绍行列式的性质。在本节中我们只通过具体例子来验证行列式的性质,不加以严谨的证明。

定义 4 将行列式 D 的行与相应的列按原顺序互换后得到的新行列式,称为 D 的转置行列式，记为 D^{T} 或 D'。

即若 $D=\begin{vmatrix} a_{11} & a_{12} & \cdots & a_{1n} \\ a_{21} & a_{22} & \cdots & a_{2n} \\ \cdots & \cdots & \cdots & \cdots \\ a_{n1} & a_{n2} & \cdots & a_{nn} \end{vmatrix}$，则 $D^{\mathrm{T}}=\begin{vmatrix} a_{11} & a_{21} & \cdots & a_{n1} \\ a_{12} & a_{22} & \cdots & a_{n2} \\ \cdots & \cdots & \cdots & \cdots \\ a_{1n} & a_{2n} & \cdots & a_{nn} \end{vmatrix}$。

性质 1（转置性质） 行列式与它的转置行列式的值相等，即 $D=D^{\mathrm{T}}$。

例如，二阶行列式 $D=\begin{vmatrix} a_1 & a_2 \\ b_1 & b_2 \end{vmatrix}=a_1b_2-a_2b_1=\begin{vmatrix} a_1 & b_1 \\ a_2 & b_2 \end{vmatrix}=D^{\mathrm{T}}$。

这个性质表明，行列式中的行与列具有同等的地位，凡是对行成立的性质对列也成立。

性质 2（变号性质） 行列式的两行或两列互换，则行列式的值变号。

例如，二阶行列式 $D=\begin{vmatrix} a_1 & a_2 \\ b_1 & b_2 \end{vmatrix}=a_1b_2-a_2b_1=-(b_1a_2-b_2a_1)=-\begin{vmatrix} b_1 & b_2 \\ a_1 & a_2 \end{vmatrix}$。

性质 3（零值性质）

(1)行列式中某行（或某列）所有元素全为零，则行列式的值为零。

(2)行列式中某两行（或两列）的对应元素相同，则行列式的值为零。

(3)行列式的某两行（或两列）的对应元素成比例，则行列式的值为零。

例如，$D=\begin{vmatrix} 1 & 2 & 3 \\ 1 & 2 & 3 \\ 2 & 3 & 5 \end{vmatrix}$，把行列式 D 的第一行与第二行的对应元素互换，由性质 2 得 $D=-D$，所以 $D=0$。

性质 4（倍乘性质） 一个数 k 乘以行列式相当于数 k 乘以行列式中的某行（或某列）的所有元素。

例如，$kD=k\begin{vmatrix} a_1 & a_2 \\ b_1 & b_2 \end{vmatrix}=\begin{vmatrix} ka_1 & ka_2 \\ b_1 & b_2 \end{vmatrix}$。

推论 行列式中某一行（或某一列）的所有元素的公因子可提到行列式记号外。

例 5 求行列式 $D=\begin{vmatrix} a & b & c \\ ka & kb & kc \\ x & y & z \end{vmatrix}$ 的值。

解 $D=\begin{vmatrix} a & b & c \\ ka & kb & kc \\ x & y & z \end{vmatrix}=k\begin{vmatrix} a & b & c \\ a & b & c \\ x & y & z \end{vmatrix}=0$

性质 5（分项性质） 行列式中的某一行（或某一列）的所有元素都是两项之和，那么此行列式等于从这些元素里各取一项作为相应的行（列），而其余各行（列）不变的两个行列式的和。

例如，二阶行列式

$$\begin{vmatrix} a_1 & a_2 \\ b_1+c_1 & b_2+c_2 \end{vmatrix}=a_1(b_2+c_2)-a_2(b_1+c_1)$$

$$= (a_1b_2 - a_2b_1) + (a_1c_2 - a_2c_1) = \begin{vmatrix} a_1 & a_2 \\ b_1 & b_2 \end{vmatrix} + \begin{vmatrix} a_1 & a_2 \\ c_1 & c_2 \end{vmatrix}。$$

性质6(倍加性质)　将行列式的某一行(列)所有元素同乘以数 k 后加到另一行(列)对应位置的元素上,行列式的值不变。

例如,三阶行列式

$$\begin{vmatrix} a_1 & a_2 & a_3 \\ b_1 & b_2 & b_3 \\ c_1 & c_2 & c_3 \end{vmatrix} \xlongequal{\text{第一行的}k\text{倍加到第三行}} \begin{vmatrix} a_1 & a_2 & a_3 \\ b_1 & b_2 & b_3 \\ c_1 + ka_1 & c_2 + ka_2 & c_3 + ka_3 \end{vmatrix}$$

注意:由于性质2、5、6在行列式的计算中常用,故用以下记号:

(1) $r_i \leftrightarrow r_j$ ($c_i \leftrightarrow c_j$)表示第 i、j 行(列)互换位置。

(2) kr_i (kc_i)表示第 i 行(列)所有元素乘以数 k 。

(3) $r_j + kr_i$ ($c_j + kc_i$)表示第 i 行(列)元素遍乘数 k 加到第 j 行(列)上。

注意:今后约定把对行的变换的记录写在等号上方,把对列的变换的记录写在等号下方以示区分。

例6　计算行列式 $\boldsymbol{D} = \begin{vmatrix} 0 & 1 & 3 & 2 \\ 1 & 1 & -1 & 2 \\ -2 & 0 & -2 & -5 \\ -1 & 2 & -1 & -2 \end{vmatrix}$ 的值。

解　对行列式 $\boldsymbol{D}$ 用两次性质

$$D = \begin{vmatrix} 0 & 1 & 3 & 2 \\ 1 & 1 & -1 & 2 \\ -2 & 0 & -2 & -5 \\ -1 & 2 & -1 & -2 \end{vmatrix} \xlongequal[]{\substack{r_3+2r_2 \\ r_4+r_2}} \begin{vmatrix} 0 & 1 & 3 & 2 \\ 1 & 1 & -1 & 2 \\ 0 & 2 & -4 & -1 \\ 0 & 3 & -2 & 0 \end{vmatrix} \text{(按第一列展开)}$$

$$= a_{11}A_{11} + a_{21}A_{21} + a_{31}A_{31} + a_{41}A_{41}$$

$$= 0 \times A_{11} + 1 \times (-1)^{2+1} \begin{vmatrix} 1 & 3 & 2 \\ 2 & -4 & -1 \\ 3 & -2 & 0 \end{vmatrix} + 0 \times A_{31} + 0 \times A_{41}$$

$$= -5$$

由此可知,“性质”和“降阶法”并用,便可解决一般的行列式的计算求值问题了。

例7　计算行列式 $D = \begin{vmatrix} 1+a & 2+a & 3+a \\ 1+b & 2+b & 3+b \\ 1+c & 2+c & 3+c \end{vmatrix}$ 的值。

解　$D = \begin{vmatrix} 1+a & 2+a & 3+a \\ 1+b & 2+b & 3+b \\ 1+c & 2+c & 3+c \end{vmatrix} \xlongequal[\substack{c_2+(-1)c_1 \\ c_3+(-1)c_1}]{} \begin{vmatrix} 1+a & 1 & 2 \\ 1+b & 1 & 2 \\ 1+c & 1 & 2 \end{vmatrix} = 0$

例 8 计算行列式 $D=\begin{vmatrix}1&2&3&4\\0&1&2&3\\1&0&2&3\\1&2&0&3\end{vmatrix}$ 的值。

解 利用行列式的性质，把 D 化为上(下)三角行列式，再写出结果，这是行列式计算常用的方法。

$$D=\begin{vmatrix}1&2&3&4\\0&1&2&3\\1&0&2&3\\1&2&0&3\end{vmatrix}\xlongequal[r_4+(-1)r_1]{r_3+(-1)r_1}\begin{vmatrix}1&2&3&4\\0&1&2&3\\0&-2&-1&-1\\0&0&-3&-1\end{vmatrix}\xlongequal{r_3+2r_2}\begin{vmatrix}1&2&3&4\\0&1&2&3\\0&0&3&5\\0&0&-3&-1\end{vmatrix}$$

$$\xlongequal{r_4+r_3}\begin{vmatrix}1&2&3&4\\0&1&2&3\\0&0&3&5\\0&0&0&4\end{vmatrix}=12$$

例 9 计算 n 阶行列式 $\begin{vmatrix}x&a&\cdots&a\\a&x&\cdots&a\\\cdots&\cdots&\cdots&\cdots\\a&a&\cdots&x\end{vmatrix}$。

解 根据行列式各列的元素之和都为 $x+na$ 的特点，所以 $\begin{vmatrix}x&a&\cdots&a\\a&x&\cdots&a\\\cdots&\cdots&\cdots&\cdots\\a&a&\cdots&x\end{vmatrix}=$

$$\begin{vmatrix}x+na&a&\cdots&a\\x+na&x&\cdots&a\\\cdots&\cdots&\cdots&\cdots\\x+na&a&\cdots&x\end{vmatrix}=(x+na)\begin{vmatrix}1&a&\cdots&a\\1&x&\cdots&a\\\cdots&\cdots&\cdots&\cdots\\1&a&\cdots&x\end{vmatrix}=(x+na)\begin{vmatrix}1&a&\cdots&a\\0&x-a&\cdots&a\\\cdots&\cdots&\cdots&\cdots\\0&0&\cdots&x-a\end{vmatrix}=$$

$$(x+na)\underbrace{(x-a)(x-a)\cdots(x-a)}_{n-1\text{个}}=(x+na)(x-a)^{n-1}。$$

12.1.3 克莱姆(Cramer)法则

我们在引入二、三阶行列式时，已经讨论过二、三元线性方程组的解。当系数行列式不等于零时，其方程组的解可用行列式表示。现在我们把它推广到 n 元线性方程组的情形。

定理 1 克莱姆(Cramer)法则。

若线性方程组

$$\begin{cases}a_{11}x_1+a_{12}x_2+\cdots+a_{1n}x_n=b_1\\a_{21}x_1+a_{22}x_2+\cdots+a_{2n}x_n=b_2\\\qquad\cdots\cdots\\a_{n1}x_1+a_{n2}x_2+\cdots+a_{nn}x_n=b_n\end{cases}\tag{12-1-11}$$

的系数行列式 $D \neq 0$ 时,则方程组有唯一解

$$x_j = \frac{D_j}{D} \quad (j = 1,2,\cdots,n) \qquad (12\text{-}1\text{-}12)$$

其中 $D_j\ (j = 1,2,\cdots,n)$ 是将系数行列式中第 j 列元素 $a_{1j},a_{2j},\cdots,a_{nj}$ 对应地换为方程组的常数列 $b_1,b_2,\cdots,b_n$ 后得到的行列式。

注意:用此法则求解的线性方程组必须要满足两个条件:

(1)方程组中方程的个数等于未知量的个数;

(2)系数行列式 $D \neq 0$。

例 10 用克莱姆法则解线性方程组

$$\begin{cases} -x_1 + 2x_2 - x_3 + 2x_4 = -4 \\ x_1 - x_2 + x_3 - 2x_4 = 2 \\ 2x_1 - x_3 + 4x_4 = 4 \\ 3x_1 + 2x_2 + x_3 = -1 \end{cases}$$

解 因为方程组的系数行列式

$$D = \begin{vmatrix} -1 & 2 & -1 & 2 \\ 1 & -1 & 1 & -2 \\ 2 & 0 & -1 & 4 \\ 3 & 2 & 1 & 0 \end{vmatrix} = 2 \neq 0$$

根据克莱姆法则,方程组有唯一解。

计算 $D_j(j = 1,2,3,4)$ 得

$$D_1 = \begin{vmatrix} -4 & 2 & -1 & 2 \\ 2 & -1 & 1 & -2 \\ 4 & 0 & -1 & 4 \\ -1 & 2 & 1 & 0 \end{vmatrix} = 2, \quad D_2 = \begin{vmatrix} -1 & -4 & -1 & 2 \\ 1 & 2 & 1 & -2 \\ 2 & 4 & -1 & 4 \\ 3 & -1 & 1 & 0 \end{vmatrix} = -4,$$

$$D_3 = \begin{vmatrix} -1 & 2 & -4 & 2 \\ 1 & -1 & 2 & -2 \\ 2 & 0 & 4 & 4 \\ 3 & 2 & -1 & 0 \end{vmatrix} = 0, \quad D_4 = \begin{vmatrix} -1 & 2 & -1 & -4 \\ 1 & -1 & 1 & 2 \\ 2 & 0 & -1 & 4 \\ 3 & 2 & 1 & -1 \end{vmatrix} = 1。$$

所以方程组的解为

$$x_1 = \frac{D_1}{D} = 1, x_2 = \frac{D_2}{D} = -2, x_3 = \frac{D_3}{D} = 0, x_4 = \frac{D_4}{D} = \frac{1}{2}$$

说明:克莱姆定理的逆命题也成立,即:若线性方程组(12-1-11)有唯一解,则它的系数行列式 $D \neq 0$。

如果线性方程组(12-1-11)的常数项均为零,即

$$\begin{cases} a_{11}x_1 + a_{12}x_2 + \cdots + a_{1n}x_n = 0 \\ a_{21}x_1 + a_{22}x_2 + \cdots + a_{2n}x_n = 0 \\ \cdots \\ a_{n1}x_1 + a_{n2}x_2 + \cdots + a_{nn}x_n = 0 \end{cases} \qquad (12\text{-}1\text{-}13)$$

称为齐次线性方程组。

显然,齐次线性方程组(12-1-13)一定有一组零解:$x_1 = x_2 = \cdots = x_n = 0$。为了判断它是否存在非零解,有下面两个定理。

定理 2 如果齐次线性方程组(12-1-13)的系数行列式 $D \neq 0$,则它仅有零解。

因为根据克莱姆法则,D_j 的第 j 列元素全为零,所以 $D_j = 0$,故 $x_j = \dfrac{D_j}{D} = 0 \quad (j = 1, 2, \cdots, n)$。

定理 3 如果齐次线性方程组(12-1-13)有非零解,则它的系数行列式 $D = 0$。

例 11 当 m 取什么值时,方程组 $\begin{cases} x_1 + 2x_2 + 3x_3 = mx_1 \\ 2x_1 + x_2 + 3x_3 = mx_2 \\ 3x_1 + 3x_2 + 6x_3 = mx_3 \end{cases}$ 有非零解?

解 把方程组整理为

$$\begin{cases} (1-m)x_1 + 2x_2 + 3x_3 = 0 \\ 2x_1 + (1-m)x_2 + 3x_3 = 0 \\ 3x_1 + 3x_2 + (6-m)x_3 = 0 \end{cases}$$

由定理 3 得

$$\begin{vmatrix} 1-m & 2 & 3 \\ 2 & 1-m & 3 \\ 3 & 3 & 6-m \end{vmatrix} = 0$$

展开此行列式,得 $m(m+1)(m-9) = 0$。所以当 $m = 0$ 或 $m = -1$ 或 $m = 9$ 时方程组有非零解。

习题 12.1

1. 填空题:

(1)如果 $\begin{vmatrix} a_{11} & a_{12} & a_{13} \\ a_{21} & a_{22} & a_{23} \\ a_{31} & a_{32} & a_{33} \end{vmatrix} = 2$,则 $\begin{vmatrix} 2a_{11} & 2a_{12} & 2a_{13} \\ 2a_{21} & 2a_{22} & 2a_{23} \\ 2a_{31} & 2a_{32} & 2a_{33} \end{vmatrix} =$ ______;

(2)已知 4 阶行列式 A,其第三列元素分别为 1、3、−2、2,它们的代数余子式的值分别为 3、−2、1、1,则行列式 A 的值为______。

2. 计算下列行列式:

(1) $\begin{vmatrix} \sin x & \cos x \\ -\cos x & \sin x \end{vmatrix}$; (2) $\begin{vmatrix} 3 & 2 \\ 6 & 7 \end{vmatrix}$;

(3) $\begin{vmatrix} 1 & 4 & 2 \\ 2 & 5 & 1 \\ 2 & 1 & 6 \end{vmatrix}$; (4) $\begin{vmatrix} a & b & c \\ -a & b & c \\ 0 & 0 & c \end{vmatrix}$;

(5) $\begin{vmatrix} a & 1 & 0 & 0 \\ -1 & b & 1 & 0 \\ 0 & -1 & c & 1 \\ 0 & 0 & -1 & d \end{vmatrix}$；

(6) $\begin{vmatrix} 1 & 1 & 1 & 1 \\ 2 & 3 & 6 & 5 \\ 2^2 & 3^2 & 6^2 & 5^2 \\ 2^3 & 3^3 & 6^3 & 5^3 \end{vmatrix}$（范德蒙行列式）；

(7) $\begin{vmatrix} 1 & 0 & -1 & 3 \\ 2 & 1 & 0 & -3 \\ 0 & -2 & 0 & 1 \\ 1 & 2 & 0 & -1 \end{vmatrix}$；

(8) $\begin{vmatrix} a & b & c & d \\ c & b & a & d \\ b & b & d & d \\ d & b & b & d \end{vmatrix}$；

(9) $\begin{vmatrix} 0 & a_1 & 0 & 0 & 0 \\ 0 & 0 & a_2 & 0 & 0 \\ 0 & 0 & 0 & a_3 & 0 \\ 0 & 0 & 0 & 0 & a_4 \\ a_5 & b & c & d & e \end{vmatrix}$；

(10) $\begin{vmatrix} 4 & 0 & 0 & 0 & 0 \\ 9 & -1 & 0 & 0 & 0 \\ 10 & -8 & 3 & 0 & 0 \\ 7 & 13 & 39 & 0 & 0 \\ 41 & 5 & -8 & -4 & 9 \end{vmatrix}$。

3. 利用行列式性质证明下列各式：

(1) $\begin{vmatrix} a+b-c & c & -a \\ a-b+c & b & -c \\ -a+b+c & a & -b \end{vmatrix} = \begin{vmatrix} b & a & c \\ a & c & b \\ c & b & a \end{vmatrix}$；

(2) $\begin{vmatrix} a_1+b_1 & b_1+c_1 & c_1+a_1 \\ a_2+b_2 & b_2+c_2 & c_2+a_2 \\ a_3+b_3 & b_3+c_3 & c_3+a_3 \end{vmatrix} = 2\begin{vmatrix} a_1 & b_1 & c_1 \\ a_2 & b_2 & c_2 \\ a_3 & b_3 & c_3 \end{vmatrix}$。

4. 求一个二次多项式 $f(x)$，使 $f(1)=0$，$f(2)=3$，$f(-3)=28$。

5. 用克莱姆法则解下列方程组：

(1) $\begin{cases} x_1+x_2-2x_3=-2 \\ x_2+2x_3=1 \\ x_1-x_2=2 \end{cases}$；

(2) $\begin{cases} 3x_1+x_2=2 \\ 2x_1+3x_2+x_3=0 \\ 2x_2+3x_3+x_4=0 \\ 2x_3+3x_4=-1 \end{cases}$。

6. 当 λ 为何值时，齐次线性方程组 $\begin{cases} \lambda x_1+x_2+x_3=0 \\ x_1+\lambda x_2+x_3=0 \\ x_1+x_2+\lambda x_3=0 \end{cases}$ 有非零解。

12.2 矩阵

用克莱姆法则求解 n 元线性方程组，有一定的局限性，因此，在讨论一般线性方程组时，必须借助另一个非常重要的数学工具——矩阵。矩阵在自然科学和工程技术以及生产实际中都有广泛的应用。

12.2.1 矩阵的概念

【引例 1】 某公司销售四种产品 A、B、C、D，第二季度的销售量制作成报表如表 12-2-1 所示。

某公司第一季度的产品销售额　　表 12-2-1

月份	A 产品	B 产品	C 产品	D 产品
4 月份	230	450	320	125
5 月份	300	500	421	200
6 月份	350	480	480	215

由于公司关心的是表中的数据，如果将表格中的行和列的线条去掉，剩下数字用括号表示如下：

$$\begin{pmatrix} 230 & 450 & 320 & 125 \\ 300 & 500 & 421 & 200 \\ 350 & 480 & 480 & 215 \end{pmatrix}$$

就形成了一个矩形数表。

【引例 2】 线性方程组

$$\begin{cases} a_{11}x_1 + a_{12}x_2 + \cdots + a_{1n}x_n = b_1 \\ a_{21}x_1 + a_{22}x_2 + \cdots + a_{2n}x_n = b_2 \\ \cdots\cdots\cdots\cdots\cdots\cdots\cdots\cdots \\ a_{m1}x_1 + a_{m2}x_2 + \cdots + a_{mn}x_n = b_m \end{cases}$$

的解取决于系数 $a_{ij}(i=1,2,\cdots,m;j=1,2,\cdots,n)$ 及常数项 $b_i(i=1,2,\cdots,m)$。如果把线性方程组的系数 $a_{ij}(i=1,2,\cdots,m;j=1,2,\cdots,n)$ 与常数项 $b_i(i=1,2,\cdots,m)$ 按原位置取出，则也形成了如下的一张矩形数表：

$$\begin{pmatrix} a_{11} & a_{12} & \cdots & a_{1n} \\ a_{21} & a_{22} & \cdots & a_{2n} \\ \cdots & \cdots & \cdots & \cdots \\ a_{m1} & a_{m2} & \cdots & a_{mn} \end{pmatrix}$$

对线性方程组的研究可转化为对这张表的研究。数学上把上面这种矩形数表称为矩阵。

定义 1 由 $m \times n$ 个数 $a_{ij}(i=1,2,\cdots,m;j=1,2,\cdots n)$ 排成的一个 m 行 n 列的矩形数表，称为一个 $m \times n$ 矩阵，记为

$$\begin{pmatrix} a_{11} & a_{12} & \cdots & a_{1n} \\ a_{21} & a_{22} & \cdots & a_{2n} \\ \cdots & \cdots & \cdots & \cdots \\ a_{m1} & a_{m2} & \cdots & a_{mn} \end{pmatrix} \text{或} \begin{bmatrix} a_{11} & a_{12} & \cdots & a_{1n} \\ a_{21} & a_{22} & \cdots & a_{2n} \\ \cdots & \cdots & \cdots & \cdots \\ a_{m1} & a_{m2} & \cdots & a_{mn} \end{bmatrix}$$

还可简记为 $(a_{ij})_{m\times n}$。其中 a_{ij} 称为矩阵第 i 行第 j 列的元素。通常用大写英文字母 A、B、C、… 或 $A_{m\times n}$、$B_{m\times n}$、$C_{m\times n}$… 表示矩阵，即 $A = (a_{ij})_{m\times n}$。

注意：由定义可知，矩阵和行列式是两个不同的概念。矩阵是一张矩形数表，而行列式是一个算式，当其中的元素是具体的数时，行列式是一个数值。

例 1 有一种“石头—剪子—布”的二人游戏，甲、乙二人各自的出法都只能在{石头，剪子，布}中选择一种。当双方各自选定一个出法（也叫策略）时，就确定了一个“局势”，也就可以据此定出输赢。如果我们规定胜者得 1 分，负者得 −1 分，平手时各得零分，则对应各种可能的“局势”下甲的得分，可以用下面的矩阵表示：

$$\begin{array}{cc} & \text{乙的策略} \\ & \begin{array}{ccc} \text{石} & \text{剪} & \text{布} \end{array} \\ \text{甲的策略} \quad \begin{array}{c} \text{石} \\ \text{剪} \\ \text{布} \end{array} & \begin{pmatrix} 0 & 1 & -1 \\ -1 & 0 & 1 \\ 1 & -1 & 0 \end{pmatrix} \end{array}$$

这个矩阵称之为支付矩阵，在游戏中，甲，乙都想选取适当的策略，以取得胜利。将这个问题一般化，便可引出“对策论”中的一类基本模型：矩阵对策的理论和方法。

例 2 设某省有 m 个产煤地 $A_1, \cdots, A_m$，它们所产的煤有 n 个销地 $B_1, B_2, \cdots, B_n$，那么一个调运方案就可用一个矩阵 $\begin{pmatrix} a_{11} & a_{12} & \cdots & a_{1n} \\ a_{21} & a_{22} & \cdots & a_{2n} \\ \cdots & \cdots & \cdots & \cdots \\ a_{m1} & a_{m2} & \cdots & a_{mn} \end{pmatrix}$ 来表示，其中 a_{ij} 表示由产地 A_i 运到销地 B_j 的数量 $(i = 1,2,\cdots,m; j = 1,2,\cdots,n)$。

实际上，用数表表示一些量或关系的方法，在生产和工作中是常用的，如银行的利率表、工厂中产量的统计表、通航信息表等，如果把这种数表的实际意义隐去，抽象出来的就是矩阵。下面介绍几种特殊的矩阵。

(1) 零矩阵：所有元素全为零的矩阵，记为 $\boldsymbol{O}$ 或 $\boldsymbol{O}_{m\times n}$。例如

$$\begin{pmatrix} 0 \\ 0 \\ 0 \end{pmatrix} \quad \text{和} \quad \begin{pmatrix} 0 & 0 \\ 0 & 0 \end{pmatrix}。$$

(2) 负矩阵：在矩阵 $\boldsymbol{A}$ 所有元素前添上一个负号而得到的矩阵称为 $\boldsymbol{A}$ 的负矩阵，记为 $-\boldsymbol{A}$。

如 $\boldsymbol{A} = \begin{pmatrix} 1 & -2 & 0 \\ 2 & -3 & 0 \end{pmatrix}$，则 $-\boldsymbol{A} = \begin{pmatrix} -1 & 2 & 0 \\ -2 & 3 & 0 \end{pmatrix}$。

(3) 行矩阵：如果矩阵只有一行，则称这个矩阵为行矩阵，如 $(2 \quad -1 \quad 0 \quad 1)$。

(4) 列矩阵：如果矩阵只有一列，则称这个矩阵为列矩阵，如 $\begin{pmatrix} 1 \\ 3 \\ 5 \end{pmatrix}$。

(5) 方阵：如果矩阵 $\boldsymbol{A}$ 的行数与列数都等于 n，则称 $\boldsymbol{A}$ 为 $\boldsymbol{n}$ 阶矩阵或 $\boldsymbol{n}$ 阶方阵（简称为方阵，记为 $\boldsymbol{A}_n$，简记为 $\boldsymbol{A}$）。

在 n 阶方阵中，从左上角到右下角的对角线称为主对角线，从右上角到左下角的对角线

称为次对角线。

(6)单位矩阵:主对角线上的元素全是1,其余元素全为0的方阵称为单位矩阵。记为$\boldsymbol{E}_n$或$\boldsymbol{I}_n$(简记为$\boldsymbol{E}$或$\boldsymbol{I}$),如$\begin{pmatrix}1&0\\0&1\end{pmatrix}$和$\begin{pmatrix}1&0&0\\0&1&0\\0&0&1\end{pmatrix}$。

(7)对称矩阵:n阶矩阵$\boldsymbol{A}=(a_{ij})_{m\times n}$中的元素满足条件$a_{ij}=a_{ji}\,(i,j=1,2,\cdots,n)$,称$\boldsymbol{A}$为对称矩阵,如$\begin{pmatrix}1&0&-2\\0&3&4\\-2&4&5\end{pmatrix}$。

注意:单位矩阵、对称矩阵都是方阵的特例,应明确它们之间的从属关系。

(8)上三角矩阵:在n阶方阵中,如果主对角线左下方的元素全为零,则称它为上三角矩阵,如$\begin{pmatrix}a_{11}&a_{12}&a_{13}\\0&a_{22}&a_{23}\\0&0&a_{33}\end{pmatrix}$。

(9)下三角矩阵:在n阶方阵中,如果主对角线右上方的元素全为零,则称它为下三角矩阵,如$\begin{pmatrix}a_{11}&0&0\\a_{21}&a_{22}&0\\a_{31}&a_{32}&a_{33}\end{pmatrix}$。

12.2.2 矩阵的运算

1)矩阵的相等

定义2 如果两个矩阵$\boldsymbol{A}=(a_{ij})_{m\times n}$与$\boldsymbol{B}=(b_{ij})_{m\times n}$的行数与列数分别相同,而且各对应元素相等,即$a_{ij}=b_{ij}(i=1,2,\cdots,m;j=1,2,\cdots,n)$,则称矩阵$\boldsymbol{A}$与$\boldsymbol{B}$相等,记为$\boldsymbol{A}=\boldsymbol{B}$。

注意:两个矩阵相等的前提是同型矩阵(行数相同,列数相等),然后才有对应元素相等.即使同为零矩阵也未必相等,如$\begin{pmatrix}0\\0\\0\end{pmatrix}\neq\begin{pmatrix}0&0\\0&0\end{pmatrix}$。

2)矩阵的加法

定义3 设矩阵$\boldsymbol{A}=(a_{ij})_{m\times n}$与$\boldsymbol{B}=(b_{ij})_{m\times n}$,则称矩阵$(a_{ij}+b_{ij})_{m\times n}$为矩阵$\boldsymbol{A}$与$\boldsymbol{B}$的和矩阵,记为$\boldsymbol{A}+\boldsymbol{B}$,即

$$\boldsymbol{A}+\boldsymbol{B}=(a_{ij}+b_{ij})_{m\times n}$$

注意:矩阵$\boldsymbol{A}$与$\boldsymbol{B}$是同型矩阵才能进行加法运算,而且是对应元素相加的运算。

例3 设有矩阵等式:$\begin{pmatrix}1&5&2\\y&0&3\end{pmatrix}+\begin{pmatrix}0&1&-3\\1&0&z\end{pmatrix}=\begin{pmatrix}1&x&-1\\0&0&3\end{pmatrix}$,求元素$x$、$y$、$z$的值。

解 根据矩阵相等和矩阵加法的定义有$5+1=x,\quad y+1=0,\quad 3+z=3$

即$x=6,\quad y=-1,\quad z=0$。

不难验证，矩阵的加法满足以下运算规律：

(1)交换律 $A+B=B+A$

(2)结合律 $(A+B)+C=A+(B+C)$

(3)利用负矩阵可以定义矩阵的减法 $A-B=A+(-B)$

(4)$A-A=O,A+O=A$

3)矩阵的数乘运算

定义4 设k是一个数，$A=(a_{ij})_{m\times n}$，则称矩阵$(ka_{ij})_{m\times n}$为数k与矩阵A的积，记为kA或$kA=Ak$，相应的运算称为矩阵的数乘，即

$$k\begin{bmatrix} a_{11} & a_{12} & \cdots & a_{1n} \\ a_{21} & a_{22} & \cdots & a_{2n} \\ \cdots & \cdots & \cdots & \cdots \\ a_{m1} & a_{m2} & \cdots & a_{mn} \end{bmatrix}=\begin{bmatrix} ka_{11} & ka_{12} & \cdots & ka_{1n} \\ ka_{21} & ka_{22} & \cdots & ka_{2n} \\ \cdots & \cdots & \cdots & \cdots \\ ka_{m1} & ka_{m2} & \cdots & ka_{mn} \end{bmatrix}$$

容易验证，数乘矩阵满足以下运算规律：

设矩阵A与B都是$m\times n$矩阵，k、$l\in R$，则

(1)数对矩阵的分配律 $k(A+B)=kA+kB$

(2)矩阵对数的分配律 $(k+l)A=kA+lA$

(3)数与矩阵的结合律 $k(lA)=(kl)A$

例4 已知$A=\begin{pmatrix} 1 & 2 \\ 3 & 0 \\ 5 & 0 \end{pmatrix}$，$B=\begin{pmatrix} 1 & 0 \\ 2 & -1 \\ 3 & 3 \end{pmatrix}$，求$3A-2B$。

解 先做矩阵的数乘运算$3A$和$2B$，然后求$3A-2B$。

因为 $3A=\begin{pmatrix} 3\times 1 & 3\times 2 \\ 3\times 3 & 3\times 0 \\ 3\times 5 & 3\times 0 \end{pmatrix}=\begin{pmatrix} 3 & 6 \\ 9 & 0 \\ 15 & 0 \end{pmatrix}$，

$$2B=\begin{pmatrix} 2\times 1 & 2\times 0 \\ 2\times 2 & 2\times(-1) \\ 2\times 3 & 2\times 3 \end{pmatrix}=\begin{pmatrix} 2 & 0 \\ 4 & -2 \\ 6 & 6 \end{pmatrix},$$

所以 $3A-2B=\begin{pmatrix} 3 & 6 \\ 9 & 0 \\ 15 & 0 \end{pmatrix}-\begin{pmatrix} 2 & 0 \\ 4 & -2 \\ 6 & 6 \end{pmatrix}=\begin{pmatrix} 1 & 6 \\ 5 & 2 \\ 9 & -6 \end{pmatrix}$。

例5 甲、乙、丙、丁四人语文、数学、英语的期中、期末、平时考试成绩如表12-2-2所示。

学生考试成绩表

表12-2-2

	平时考试			期中考试			期末考试		
	语文	数学	英语	语文	数学	英语	语文	数学	英语
甲	90	80	90	94	90	97	90	86	95
乙	80	80	70	83	85	76	78	80	70
丙	90	90	100	98	95	97	92	93	96
丁	70	80	80	60	70	72	66	74	75

(1)分别写出表示甲、乙、丙、丁四人的期中、期末、平时成绩的矩阵 $\boldsymbol{A}$、$\boldsymbol{B}$、$\boldsymbol{C}$。

(2)学校规定学期成绩计算方法是期中考试成绩占 20%，期末考试成绩占 70%，平时成绩占 10%，若把甲、乙、丙、丁四人期终成绩的矩阵记为 $\boldsymbol{D}$，写出 $\boldsymbol{A}$、$\boldsymbol{B}$、$\boldsymbol{C}$、$\boldsymbol{D}$ 之间的关系，并由此计算出 $\boldsymbol{D}$(最后数字用四舍五入表示)。

解

(1) $\boldsymbol{A}=\begin{pmatrix}94&90&97\\83&85&76\\98&95&97\\60&70&72\end{pmatrix}$，$\boldsymbol{B}=\begin{pmatrix}90&86&95\\78&80&70\\92&93&96\\66&74&75\end{pmatrix}$，$\boldsymbol{C}=\begin{pmatrix}90&80&90\\80&80&70\\90&90&100\\70&80&80\end{pmatrix}$。

(2) $\boldsymbol{D}=0.2\boldsymbol{A}+0.7\boldsymbol{B}+0.1\boldsymbol{C}=\begin{pmatrix}91&86&95\\79&81&71\\93&93&97\\65&74&75\end{pmatrix}$。

4)矩阵的乘法

在定义矩阵乘法这一重要运算之前，先来考察下面案例：

【案例】 某地区甲、乙、丙三家商场同时销售Ⅰ、Ⅱ两种品牌的家用电器，现有单价—利润表(表 12-2-3)和销售量表(表 12-2-4)：

单价—利润表　　表 12-2-3

	单价(万元/台)	利润(万元)
Ⅰ	0.6	0.1
Ⅱ	2	0.4

销售量表(单位:台)　　表 12-2-4

	Ⅰ	Ⅱ
甲商场	15	10
乙商场	20	10
丙商场	5	3

记销售量矩阵为 $\boldsymbol{A}=\begin{pmatrix}15&10\\20&10\\5&3\end{pmatrix}$，单价—利润矩阵为 $\boldsymbol{B}=\begin{pmatrix}0.6&0.1\\2&0.4\end{pmatrix}$。

若要统计每个商场的总营业额和总利润，只需将销售量矩阵 $\boldsymbol{A}$ 和单价—利润矩阵 $\boldsymbol{B}$ 做如下的运算：

$$\boldsymbol{AB}=\begin{pmatrix}15&10\\20&10\\5&3\end{pmatrix}\begin{pmatrix}0.6&0.1\\2&0.4\end{pmatrix}=\begin{pmatrix}15\times0.6+10\times2&15\times0.1+10\times0.4\\20\times0.6+10\times2&20\times0.1+10\times0.4\\5\times0.6+3\times2&5\times0.1+3\times0.4\end{pmatrix}=\begin{pmatrix}29&5.5\\32&6\\9&1.7\end{pmatrix}=\boldsymbol{C}$$

从而得到三个商场的总营业额 $\begin{pmatrix}29\\32\\9\end{pmatrix}$ 和总利润 $\begin{pmatrix}5.5\\6\\1.7\end{pmatrix}$。

这是个 3×2 的矩阵和 2×2 的矩阵作“乘法”，所得结果是 3×2 的矩阵。

一般地，对矩阵的乘法作如下的定义：

定义 5 设矩阵 $\boldsymbol{A}=(a_{ik})_{m\times l}$ 的列数与矩阵 $\boldsymbol{B}=(b_{kj})_{l\times n}$ 的行数相同，则由元素

$$c_{ij}=a_{i1}b_{1j}+a_{i2}b_{2j}+\cdots+a_{il}b_{lj}=\sum_{k=1}^{l}a_{ik}b_{kj}\quad(i=1,2,\cdots,m;j=1,2,\cdots,n)$$

构成的 m 行 n 列矩阵 $\boldsymbol{C}=(c_{ij})_{m\times n}=\left(\sum_{k=1}^{l}a_{ik}b_{kj}\right)_{m\times n}$ 称为矩阵 $\boldsymbol{A}$ 与 $\boldsymbol{B}$ 的乘积，记为 $\boldsymbol{C}=\boldsymbol{AB}$。

这个定义说明：

(1) 只有矩阵 $\boldsymbol{A}$ 的列数等于矩阵 $\boldsymbol{B}$ 的行数，$\boldsymbol{A}$ 与 $\boldsymbol{B}$ 才能乘得 $\boldsymbol{AB}$；

(2) 两个矩阵的乘积 $\boldsymbol{AB}$ 亦是矩阵，它的行数等于左边矩阵 $\boldsymbol{A}$ 的行数，它的列数等于右边矩阵 $\boldsymbol{B}$ 的列数；

(3) 乘积矩阵 $\boldsymbol{AB}$ 中的第 i 行第 j 列的元素，等于矩阵 $\boldsymbol{A}$ 的第 i 行元素与矩阵 $\boldsymbol{B}$ 的第 j 列对应元素乘积之和。

例 6 设矩阵 $\boldsymbol{A}=\begin{pmatrix}2&0&2\\1&-1&1\end{pmatrix}$，$\boldsymbol{B}=\begin{pmatrix}1&1\\0&2\\-1&0\end{pmatrix}$，求 $\boldsymbol{AB}$ 与 $\boldsymbol{BA}$。

解 $\boldsymbol{AB}=\begin{pmatrix}2&0&2\\1&-1&1\end{pmatrix}\begin{pmatrix}1&1\\0&2\\-1&0\end{pmatrix}$

$$=\begin{pmatrix}2\times1+0\times0+2\times(-1) & 2\times1+0\times2+2\times0\\1\times1+(-1)\times0+1\times(-1) & 1\times1+(-1)\times2+1\times0\end{pmatrix}=\begin{pmatrix}0&2\\0&-1\end{pmatrix}$$

$$\boldsymbol{BA}=\begin{pmatrix}1&1\\0&2\\-1&0\end{pmatrix}\begin{pmatrix}2&0&2\\1&-1&1\end{pmatrix}$$

$$=\begin{pmatrix}1\times2+1\times1 & 1\times0+1\times(-1) & 1\times2+1\times1\\0\times2+2\times1 & 0\times0+2\times(-1) & 0\times2+2\times1\\-1\times2+0\times1 & -1\times0+0\times(-1) & -1\times2+0\times1\end{pmatrix}$$

$$=\begin{pmatrix}3&-1&3\\2&-2&2\\-2&0&-2\end{pmatrix}$$

结论：一般地，$\boldsymbol{AB}\neq\boldsymbol{BA}$。(即矩阵的乘法不满足交换律)，因此矩阵相乘时必须注意顺序。

特别地，我们把满足 $\boldsymbol{AB}=\boldsymbol{BA}$ 的矩阵 $\boldsymbol{A}$ 与矩阵 $\boldsymbol{B}$ 称为可交换矩阵。如 $\boldsymbol{A}=\begin{pmatrix}1&1\\0&1\end{pmatrix}$ 与 $\boldsymbol{B}=\begin{pmatrix}1&2\\0&1\end{pmatrix}$ 是可交换矩阵。

更特别地，若取 $\boldsymbol{A}=\begin{pmatrix}-1&1\\3&-2\end{pmatrix}$，$\boldsymbol{B}=\begin{pmatrix}2&1\\3&1\end{pmatrix}$，则有 $\boldsymbol{AB}=\boldsymbol{BA}=\boldsymbol{E}$。这两个矩阵是可交换矩阵中的特例，这类矩阵在矩阵理论中的地位和作用非常重要。对此，我们将在逆矩阵中进行讨论。

例 7 求下列矩阵的乘积：

(1) $\begin{pmatrix}4&3&1\\1&-2&3\\5&7&0\end{pmatrix}\begin{pmatrix}7\\2\\1\end{pmatrix}$； (2) $(1\quad2\quad3)\begin{pmatrix}4\\3\\2\end{pmatrix}$； (3) $\begin{pmatrix}3\\2\\1\end{pmatrix}(4\quad-2)$。

解 （1）$\begin{pmatrix}4 & 3 & 1\\1 & -2 & 3\\5 & 7 & 0\end{pmatrix}\begin{pmatrix}7\\2\\1\end{pmatrix}=\begin{pmatrix}4\times7+3\times2+1\times1\\1\times7+(-2)\times2+3\times1\\5\times7+7\times2+0\times1\end{pmatrix}=\begin{pmatrix}35\\6\\49\end{pmatrix}$；

（2）$(1\quad 2\quad 3)\begin{pmatrix}4\\3\\2\end{pmatrix}=(1\times4+2\times3+3\times2)=(16)$

注意：答案中（16）不能写成16。

（3）$\begin{pmatrix}3\\2\\1\end{pmatrix}(4\quad -2)=\begin{pmatrix}12 & -6\\8 & -4\\4 & -2\end{pmatrix}$。

矩阵乘法满足以下运算规律：

（1）结合律 $(\boldsymbol{AB})\boldsymbol{C}=\boldsymbol{A}(\boldsymbol{BC})$。

（2）数乘结合律 $k(\boldsymbol{AB})=(k\boldsymbol{A})\boldsymbol{B}=\boldsymbol{A}(k\boldsymbol{B})$。

（3）分配律 $(\boldsymbol{A}+\boldsymbol{B})\boldsymbol{C}=\boldsymbol{AC}+\boldsymbol{BC}$ 及 $\boldsymbol{C}(\boldsymbol{A}+\boldsymbol{B})=\boldsymbol{CA}+\boldsymbol{CB}$。

例8 设 $\boldsymbol{A}=\begin{pmatrix}2 & 4\\1 & 2\end{pmatrix}$，$\boldsymbol{B}=\begin{pmatrix}2 & -2\\-1 & 1\end{pmatrix}$，$\boldsymbol{C}=\begin{pmatrix}0 & 2\\0 & -1\end{pmatrix}$，$\boldsymbol{E}=\begin{pmatrix}1 & 0\\0 & 1\end{pmatrix}$，$\boldsymbol{O}=\begin{pmatrix}0 & 0\\0 & 0\end{pmatrix}$。

求（1）$\boldsymbol{AB}$；（2）$\boldsymbol{AC}$；（3）$\boldsymbol{AE}$；（4）$\boldsymbol{EA}$；（5）$\boldsymbol{AO}$。

解 （1）$\boldsymbol{AB}=\begin{pmatrix}2 & 4\\1 & 2\end{pmatrix}\begin{pmatrix}2 & -2\\-1 & 1\end{pmatrix}=\begin{pmatrix}0 & 0\\0 & 0\end{pmatrix}$；

（2）$\boldsymbol{AC}=\begin{pmatrix}2 & 4\\1 & 2\end{pmatrix}\begin{pmatrix}0 & 2\\0 & -1\end{pmatrix}=\begin{pmatrix}0 & 0\\0 & 0\end{pmatrix}$；

（3）$\boldsymbol{AE}=\begin{pmatrix}2 & 4\\1 & 2\end{pmatrix}\begin{pmatrix}1 & 0\\0 & 1\end{pmatrix}=\begin{pmatrix}2 & 4\\1 & 2\end{pmatrix}=\boldsymbol{A}$；

（4）$\boldsymbol{EA}=\begin{pmatrix}1 & 0\\0 & 1\end{pmatrix}\begin{pmatrix}2 & 4\\1 & 2\end{pmatrix}=\begin{pmatrix}2 & 4\\1 & 2\end{pmatrix}=\boldsymbol{A}$；

（5）$\boldsymbol{AO}=\begin{pmatrix}2 & 4\\1 & 2\end{pmatrix}\begin{pmatrix}0 & 0\\0 & 0\end{pmatrix}=\begin{pmatrix}0 & 0\\0 & 0\end{pmatrix}=\boldsymbol{O}$。

结论：（1）$\boldsymbol{AB}=\boldsymbol{O}$，不一定有 $\boldsymbol{A}=\boldsymbol{O}$ 或 $\boldsymbol{B}=\boldsymbol{O}$；

（2）$\boldsymbol{AB}=\boldsymbol{AC}$，且 $\boldsymbol{A}\neq\boldsymbol{O}$，不一定有 $\boldsymbol{B}=\boldsymbol{C}$（即矩阵的乘法不满足消去律）。

（3）在可以相乘的前提下，对于任意的矩阵 $\boldsymbol{A}$，总有：$\boldsymbol{AE}=\boldsymbol{A}$，$\boldsymbol{EA}=\boldsymbol{A}$，$\boldsymbol{AO}=\boldsymbol{O}$，$\boldsymbol{OA}=\boldsymbol{O}$。

这里，我们可以如此理解：

单位矩阵在矩阵的乘法中，起着类似于数1在代数乘法中的作用；零矩阵在矩阵的乘法中，起着类似于数0在代数乘法中的作用。

5）矩阵的转置

定义6 将 $m\times n$ 矩阵 $\boldsymbol{A}=\begin{pmatrix}a_{11} & a_{12} & \cdots & a_{1n}\\a_{21} & a_{22} & \cdots & a_{2n}\\\cdots & \cdots & \cdots & \cdots\\a_{m1} & a_{m2} & \cdots & a_{mn}\end{pmatrix}$ 的行与列依次互换位置，得到 $n\times m$ 矩

阵$\begin{pmatrix} a_{11} & a_{21} & \cdots & a_{m1} \\ a_{12} & a_{22} & \cdots & a_{m2} \\ \cdots & \cdots & \cdots & \cdots \\ a_{1n} & a_{2n} & \cdots & a_{mn} \end{pmatrix}$称为$A$的转置矩阵,记为$A^T$或$A'$。

例9 设行矩阵$A=(1\quad 2\quad 3)$,求A^TA和AA^T。

解 $A^TA=\begin{pmatrix}1\\2\\3\end{pmatrix}(1\quad 2\quad 3)=\begin{pmatrix}1&2&3\\2&4&6\\3&6&9\end{pmatrix}$,

$AA^T=(1\quad 2\quad 3)\begin{pmatrix}1\\2\\3\end{pmatrix}=(1\times1+2\times2+3\times3)=(14)$。

例10 设矩阵$A=\begin{pmatrix}1&1\\2&0\\3&-1\end{pmatrix}$,$B=\begin{pmatrix}1&1\\0&-1\end{pmatrix}$,求$(AB)^T$和$B^TA^T$。

解 因为 $AB=\begin{pmatrix}1&1\\2&0\\3&-1\end{pmatrix}\begin{pmatrix}1&1\\0&-1\end{pmatrix}=\begin{pmatrix}1&0\\2&2\\3&4\end{pmatrix}$,所以$(AB)^T=\begin{pmatrix}1&0\\2&2\\3&4\end{pmatrix}^T=\begin{pmatrix}1&2&3\\0&2&4\end{pmatrix}$。

又因为$A^T=\begin{pmatrix}1&1\\2&0\\3&-1\end{pmatrix}^T=\begin{pmatrix}1&2&3\\1&0&-1\end{pmatrix}$,$B^T=\begin{pmatrix}1&1\\0&-1\end{pmatrix}^T=\begin{pmatrix}1&0\\1&-1\end{pmatrix}$,

所以$B^TA^T=\begin{pmatrix}1&0\\1&-1\end{pmatrix}\begin{pmatrix}1&2&3\\1&0&-1\end{pmatrix}=\begin{pmatrix}1&2&3\\0&2&4\end{pmatrix}$。

即$(AB)^T=B^TA^T$。

矩阵的转置运算满足以下运算规律:

(1)$(A^T)^T=A$。

(2)$(A+B)^T=A^T+B^T$。

(3)$(kA)^T=kA^T$(k为实数)。

(4)$(AB)^T=B^TA^T$。

6)方阵的幂运算

定义7 设A是方阵,k为自然数,$A^k=\underbrace{A\cdot A\cdot\cdots\cdot A}_{k}$称为方阵$A$的$k$次幂。

性质: (1)$A^mA^n=A^{m+n}$;

(2)$(A^m)^n=A^{mn}$。

例11 设$A=\begin{pmatrix}1&0\\\lambda&1\end{pmatrix}$,求$A^2$、$A^3$、…、$A^k$。

解 $A^2=\begin{pmatrix}1&0\\\lambda&1\end{pmatrix}\begin{pmatrix}1&0\\\lambda&1\end{pmatrix}=\begin{pmatrix}1&0\\2\lambda&1\end{pmatrix}$。

$A^3=A^2A=\begin{pmatrix}1&0\\2\lambda&1\end{pmatrix}\begin{pmatrix}1&0\\\lambda&1\end{pmatrix}=\begin{pmatrix}1&0\\3\lambda&1\end{pmatrix}$。

利用数学归纳法可得：$A^k = \begin{pmatrix} 1 & 0 \\ k\lambda & 1 \end{pmatrix}$。

7）方阵的行列式

定义 8 n 阶矩阵（方阵）A 的所有元素，按原来次序构成的 n 阶行列式，称为矩阵 A 的行列式，又叫方阵行列式。记作 $|A|$（或 $\det A$）。

例如，$A = \begin{pmatrix} a_{11} & a_{12} & \cdots & a_{1n} \\ a_{21} & a_{22} & \cdots & a_{2n} \\ \cdots & \cdots & \cdots & \cdots \\ a_{n1} & a_{n2} & \cdots & a_{nn} \end{pmatrix}$，则 $|A| = \begin{vmatrix} a_{11} & a_{12} & \cdots & a_{1n} \\ a_{21} & a_{22} & \cdots & a_{2n} \\ \cdots & \cdots & \cdots & \cdots \\ a_{n1} & a_{n2} & \cdots & a_{nn} \end{vmatrix}$。

方阵行列式具有下列性质：

设 A、B 为 n 阶矩阵，则

（1）$|A^{\mathrm{T}}| = |A|$。

（2）$|kA| = k^n |A|$。

（3）$|AB| = |A||B|$。

（4）$|AB| = |BA|$。

性质的证明要用到行列式的性质（证略）。

例 12 设 A 为三阶矩阵，且 $|A| = -2$，求 $\left| |A| A^2 A^{\mathrm{T}} \right|$。

解 $\left| |A| A^2 A^{\mathrm{T}} \right| = |A|^3 |A^2 A^{\mathrm{T}}| = |A|^3 |A^2| |A^{\mathrm{T}}| = |A|^3 |A||A||A| = |A|^6 = (-2)^6 = 64$。

12.2.3 逆矩阵

在前面，我们定义了矩阵的加法、减法和乘法运算。事实上，这三种矩阵的运算类似于过去大家所熟悉的加法、减法和乘法运算，但也有明显不同的地方。现在，人们自然会问矩阵是否也可以定义类似于除法的运算呢？为回答这个问题先引入如下的定义。

定义 9 对于 n 阶矩阵 A，如果存在 n 阶矩阵 B，使得

$$AB = BA = E$$

那么矩阵 A 称为可逆矩阵（简称 A 可逆），而矩阵 B 称为 A 的逆（矩阵）。记为 A^{-1}，即 $B = A^{-1}$。

例 13 设有方阵 $A = \begin{pmatrix} 1 & -4 & -3 \\ 1 & -5 & -3 \\ -1 & 6 & 4 \end{pmatrix}$，$B = \begin{pmatrix} 2 & 2 & 3 \\ 1 & -1 & 0 \\ -2 & 2 & 1 \end{pmatrix}$，验证 B 是否为 A 的逆矩阵。

解 因为 $AB = \begin{pmatrix} 1 & 0 & 0 \\ 0 & 1 & 0 \\ 0 & 0 & 1 \end{pmatrix} = E$，$BA = \begin{pmatrix} 1 & 0 & 0 \\ 0 & 1 & 0 \\ 0 & 0 & 1 \end{pmatrix} = E$，

所以 A 是 B 的逆矩阵，同样 B 也是 A 的逆矩阵。

现在看来，矩阵逆运算确实与非零的数运算：$a^{-1}a = aa^{-1} = 1$ 很相似。显然，在这里，矩阵 A 的逆 A^{-1} 类似于"除数"的作用，逆运算类似于除法的运算。

那么,矩阵 $\boldsymbol{A}$ 满足什么条件时,才有逆矩阵?如何求 $\boldsymbol{A}$ 的逆矩阵?

定理 1 设 $\boldsymbol{A}$ 为 n 方阵,$\boldsymbol{A}$ 可逆的充分必要条件是 $|\boldsymbol{A}|\neq 0$,此时也称 $\boldsymbol{A}$ 为非奇异矩阵。

例 14 设 $\boldsymbol{A}=\begin{pmatrix}1 & 2 & 3\\ 2 & 1 & 0\\ 0 & 3 & 1\end{pmatrix}$,判断它是否可逆。

解 因为 $|\boldsymbol{A}|=\begin{vmatrix}1 & 2 & 3\\ 2 & 1 & 0\\ 0 & 3 & 1\end{vmatrix}=15\neq 0$,根据定理 1,$\boldsymbol{A}$ 是可逆的。

容易证明,逆矩阵有如下性质:

(1)若 $\boldsymbol{A}$ 可逆,则 $\boldsymbol{A}^{-1}$ 是唯一的。

(2)若 $\boldsymbol{A}$ 可逆,则 $\boldsymbol{A}^{-1}$ 也可逆,且 $(\boldsymbol{A}^{-1})^{-1}=\boldsymbol{A}$。

(3)若 $\boldsymbol{A}$ 可逆,数 $k\neq 0$,则 $(k\boldsymbol{A})^{-1}=\dfrac{1}{k}\boldsymbol{A}^{-1}$。

(4)若 $\boldsymbol{A}$ 可逆,则 $\boldsymbol{A}^{\mathrm{T}}$ 也可逆,并且 $(\boldsymbol{A}^{\mathrm{T}})^{-1}=(\boldsymbol{A}^{-1})^{\mathrm{T}}$。

(5)若 n 阶方阵 $\boldsymbol{A}$ 与 $\boldsymbol{B}$ 都可逆,则 $\boldsymbol{AB}$ 也可逆,并且 $(\boldsymbol{AB})^{-1}=\boldsymbol{B}^{-1}\boldsymbol{A}^{-1}$。

下面介绍求解逆矩阵的方法:

1)用伴随矩阵法求逆矩阵

定义 10 设有 n 阶方阵

$$\boldsymbol{A}=\begin{pmatrix}a_{11} & a_{12} & \cdots & a_{1n}\\ a_{21} & a_{22} & \cdots & a_{2n}\\ \cdots & \cdots & \cdots & \cdots\\ a_{n1} & a_{n2} & \cdots & a_{nn}\end{pmatrix}$$

则由 $\boldsymbol{A}$ 的行列式中元素 a_{ij} 的代数余子式 A_{ij} 组成的 n 阶矩阵

$$\boldsymbol{A}^{*}=\begin{pmatrix}A_{11} & A_{21} & \cdots & A_{n1}\\ A_{12} & A_{22} & \cdots & A_{n2}\\ \cdots & \cdots & \cdots & \cdots\\ A_{1n} & A_{2n} & \cdots & A_{nn}\end{pmatrix}$$

称为 $\boldsymbol{A}$ 的伴随矩阵,记作 $\boldsymbol{A}^{*}$。

注意:由定义知,$\boldsymbol{A}_{ij}$ 不是放在 $\boldsymbol{A}^{*}$ 的第 i 行第 j 列的位置,而是放在相对于主对角线对称的位置,即第 j 行第 i 列的位置上。

利用伴随矩阵,可以证明:$\boldsymbol{AA}^{*}=|\boldsymbol{A}|\boldsymbol{E}$,因此有

定理 2 若矩阵 $\boldsymbol{A}$ 可逆,则

$$\boldsymbol{A}^{-1}=\frac{\boldsymbol{A}^{*}}{|\boldsymbol{A}|}$$

例 15 求矩阵 $\boldsymbol{A}=\begin{pmatrix}1 & 2 & 3\\ 2 & 2 & 1\\ 3 & 4 & 3\end{pmatrix}$ 的逆矩阵。

解 因为 $|\boldsymbol{A}|=\begin{vmatrix}1&2&3\\2&2&1\\3&4&3\end{vmatrix}=2\neq0$，所以 $\boldsymbol{A}^{-1}$ 存在。又因为 $|\boldsymbol{A}|$ 中各元素的代数余子式分别为

$$\boldsymbol{A}_{11}=\begin{vmatrix}2&1\\4&3\end{vmatrix}=2,\boldsymbol{A}_{12}=-\begin{vmatrix}2&1\\3&3\end{vmatrix}=-3,\boldsymbol{A}_{13}=\begin{vmatrix}2&2\\3&4\end{vmatrix}=2,$$

$$\boldsymbol{A}_{21}=-\begin{vmatrix}2&3\\4&3\end{vmatrix}=6,\boldsymbol{A}_{22}=\begin{vmatrix}1&3\\3&3\end{vmatrix}=-6,\boldsymbol{A}_{23}=-\begin{vmatrix}1&2\\3&4\end{vmatrix}=2,$$

$$\boldsymbol{A}_{31}=\begin{vmatrix}2&3\\2&1\end{vmatrix}=-4,\boldsymbol{A}_{32}=-\begin{vmatrix}1&3\\2&1\end{vmatrix}=5,\boldsymbol{A}_{33}=\begin{vmatrix}1&2\\2&2\end{vmatrix}=-2。$$

于是 $\boldsymbol{A}^*=\begin{pmatrix}2&6&-4\\-3&-6&5\\2&2&-2\end{pmatrix}$，所以 $\boldsymbol{A}^{-1}=\dfrac{\boldsymbol{A}^*}{|\boldsymbol{A}|}=\dfrac{1}{2}\begin{pmatrix}2&6&-4\\-3&-6&5\\2&2&-2\end{pmatrix}=\begin{pmatrix}1&3&-2\\-\frac{3}{2}&-3&\frac{5}{2}\\1&1&-1\end{pmatrix}$。

例 16 用逆矩阵法解线性方程组 $\begin{cases}x_1+2x_2+3x_3=-7\\2x_1-x_2+2x_3=-8\\x_1+3x_2=7\end{cases}$。

解 设 $\boldsymbol{A}=\begin{pmatrix}1&2&3\\2&-1&2\\1&3&0\end{pmatrix}$，$\boldsymbol{X}=\begin{pmatrix}x_1\\x_2\\x_3\end{pmatrix}$，$\boldsymbol{B}=\begin{pmatrix}-7\\-8\\7\end{pmatrix}$，则方程组可写成 $\boldsymbol{AX}=\boldsymbol{B}$。

因为 $|\boldsymbol{A}|=19\neq0$，对 $\boldsymbol{AX}=\boldsymbol{B}$ 两边同时左乘 $\boldsymbol{A}^{-1}$，得原方程组的解为：$\boldsymbol{X}=\boldsymbol{A}^{-1}\boldsymbol{B}$。

经计算得 $\boldsymbol{A}^{-1}=\begin{pmatrix}-\frac{6}{19}&\frac{9}{19}&\frac{7}{19}\\\frac{2}{19}&-\frac{3}{19}&\frac{4}{19}\\\frac{7}{19}&-\frac{1}{19}&-\frac{5}{19}\end{pmatrix}$，于是

$$\boldsymbol{X}=\boldsymbol{A}^{-1}\boldsymbol{B}=\begin{pmatrix}-\frac{6}{19}&\frac{9}{19}&\frac{7}{19}\\\frac{2}{19}&-\frac{3}{19}&\frac{4}{19}\\\frac{7}{19}&-\frac{1}{19}&-\frac{5}{19}\end{pmatrix}\begin{pmatrix}-7\\-8\\7\end{pmatrix}=\begin{pmatrix}1\\2\\-4\end{pmatrix}。$$

2）用矩阵的初等行变换法求逆矩阵

定义 11 对矩阵的行实施以下三种变换，称为矩阵的初等行变换：

（1）对换变换：将矩阵的两行对换（对换第 i、j 行，记为 $r_i\leftrightarrow r_j$）；

（2）倍乘变换：将矩阵的某行乘以一个非零常数 k（第 i 行乘 k，记为 kr_i）；

（3）倍加变换：将矩阵的某一行的 k 倍加到另一行上（第 i 行的 k 倍加到第 j 行上，记为 r_j+kr_i）。

把定义中的“行”换成“列”，即得到矩阵的初等列变换（所有记号是把“r”换成“c”），矩阵的初等行变换与矩阵的初等列变换统称为矩阵的初等变换。

本章只使用初等行变换。

定理3 如果 n 阶矩阵 $\boldsymbol{A}$ 可逆，将 $\boldsymbol{A}$ 和 n 阶单位矩阵 $\boldsymbol{E}$ 合写为一个 $n\times 2n$ 矩阵 $(\boldsymbol{A}\vdots\boldsymbol{E})$，然后对它实施一系列行初等变换，当左边的矩阵 $\boldsymbol{A}$ 变成单位矩阵时，右边的矩阵 $\boldsymbol{E}$ 就变成为 $\boldsymbol{A}$ 的逆矩阵 $\boldsymbol{A}^{-1}$，即

$$(\boldsymbol{A}\vdots\boldsymbol{E})\rightarrow\overset{\text{初等行变换}}{\cdots\cdots}\rightarrow(\boldsymbol{E}\vdots\boldsymbol{A}^{-1})。$$

这就给出了求逆矩阵的一种方法——初等变换法。

证明从略。

例17 用初等变换法求 $\boldsymbol{A}=\begin{pmatrix}0&1&2\\1&1&4\\2&-1&0\end{pmatrix}$ 的逆矩阵。

解 $(\boldsymbol{A}\vdots\boldsymbol{E})=\left(\begin{array}{ccc:ccc}0&1&2&1&0&0\\1&1&4&0&1&0\\2&-1&0&0&0&1\end{array}\right)\xrightarrow{r_1\leftrightarrow r_2}\left(\begin{array}{ccc:ccc}1&1&4&0&1&0\\0&1&2&1&0&0\\2&-1&0&0&0&1\end{array}\right)\xrightarrow{r_3+(-2)r_1}$

$\left(\begin{array}{ccc:ccc}1&1&4&0&1&0\\0&1&2&1&0&0\\0&-3&-8&0&-2&1\end{array}\right)\xrightarrow[r_1+(-1)r_2]{r_3+3r_2}\left(\begin{array}{ccc:ccc}1&0&2&-1&1&0\\0&1&2&1&0&0\\0&0&-2&3&-2&1\end{array}\right)\xrightarrow[r_1+r_3]{r_2+r_3}$

$\left(\begin{array}{ccc:ccc}1&0&0&2&-1&1\\0&1&0&4&-2&1\\0&0&-2&3&-2&1\end{array}\right)\xrightarrow{r_3\times(-\frac{1}{2})}\left(\begin{array}{ccc:ccc}1&0&0&2&-1&1\\0&1&0&4&-2&1\\0&0&1&-\frac{3}{2}&1&-\frac{1}{2}\end{array}\right)=(\boldsymbol{E}\vdots\boldsymbol{A}^{-1})$

所以 $\boldsymbol{A}^{-1}=\begin{pmatrix}2&-1&1\\4&-2&1\\-\frac{3}{2}&1&-\frac{1}{2}\end{pmatrix}$。

例18 解矩阵方程 $\boldsymbol{AX}=\boldsymbol{B}$。其中 $\boldsymbol{A}=\begin{pmatrix}1&1&0\\2&1&-1\\3&4&2\end{pmatrix}$，$\boldsymbol{B}=\begin{pmatrix}0&1\\1&0\\-2&3\end{pmatrix}$，求 $\boldsymbol{X}$。

解法一 若 $\boldsymbol{A}$ 可逆，则 $\boldsymbol{X}=\boldsymbol{A}^{-1}\boldsymbol{B}$。（这相当于在矩阵方程 $\boldsymbol{AX}=\boldsymbol{B}$ 的两边同时左乘 $\boldsymbol{A}^{-1}$）

因为

$$(\boldsymbol{A}\vdots\boldsymbol{E})=\left(\begin{array}{ccc:ccc}1&1&0&1&0&0\\2&1&-1&0&1&0\\3&4&2&0&0&1\end{array}\right)\rightarrow\cdots\rightarrow\left(\begin{array}{ccc:ccc}1&0&0&-6&2&1\\0&1&0&7&-2&-1\\0&0&1&-5&1&1\end{array}\right)$$

所以 $\boldsymbol{A}^{-1}=\begin{pmatrix}-6&2&1\\7&-2&-1\\-5&1&1\end{pmatrix}$，于是

$$X=A^{-1}B=\begin{pmatrix}-6&2&1\\7&-2&-1\\-5&1&1\end{pmatrix}\begin{pmatrix}0&1\\1&0\\-2&3\end{pmatrix}=\begin{pmatrix}0&-3\\0&4\\-1&-2\end{pmatrix}。$$

解法二 直接对下面的矩阵实施初等行变换：

$$(A\vdots B)=\begin{pmatrix}1&1&0&\vdots&0&1\\2&1&-1&\vdots&1&0\\3&4&2&\vdots&-2&3\end{pmatrix}\xrightarrow[r_3+(-3)r_1]{r_2+(-2)r_1}\begin{pmatrix}1&1&0&\vdots&0&1\\0&-1&-1&\vdots&1&-2\\0&1&2&\vdots&-2&0\end{pmatrix}\xrightarrow[r_3+r_2]{r_1+r_2}$$

$$\begin{pmatrix}1&0&-1&\vdots&1&-1\\0&-1&-1&\vdots&1&-2\\0&0&1&\vdots&-1&-2\end{pmatrix}\xrightarrow[r_2+r_3]{r_1+r_3}\begin{pmatrix}1&0&0&\vdots&0&-3\\0&-1&0&\vdots&0&-4\\0&0&1&\vdots&-1&-2\end{pmatrix}\xrightarrow{r_2\times(-1)}$$

$$\begin{pmatrix}1&0&0&\vdots&0&-3\\0&1&0&\vdots&0&4\\0&0&1&\vdots&-1&-2\end{pmatrix}=(E\vdots A^{-1}B)，即得X=A^{-1}B=\begin{pmatrix}0&-3\\0&4\\-1&-2\end{pmatrix}，此法简洁。$$

例 19 设 n 阶矩阵 A 满足 $A^2-2A+2E=O$，证明 A 为可逆矩阵，并求 A^{-1}。

解 由 $A^2-2A+2E=O$，有 $A^2-2A=-2E$。故有 $-\frac{1}{2}A^2+A=E$，即 $(-\frac{1}{2}A+E)A=E$，因此 A 可逆，且 $A^{-1}=-\frac{1}{2}A+E$。

12.2.4 矩阵的秩

矩阵的秩是线性代数中一个非常重要的概念，它不仅与可逆矩阵问题有关，而且在讨论线性方程组解的情况中也起着重要的作用。

为了求得矩阵的秩，下面先介绍阶梯形矩阵的概念。

1）阶梯形矩阵

定义 12 如果一个矩阵满足下列三个条件：

(1)矩阵如果有零行(元素全部为零的行)，则零行全部在非零行(元素不全为零的行)的下方；

(2)各非零行的第一个不为零的元素(称为首非零元)的下方均为零；

(3)各首非零元的列表随着行标的增大而依次增大。

则称这样的矩阵为阶梯形矩阵，简称阶梯矩阵。

例如，

$$\begin{pmatrix}2&1&3&0&5\\0&0&-1&1&1\\0&0&0&1&2\\0&0&0&0&3\end{pmatrix}、\begin{pmatrix}3&0&1&2&4\\0&0&2&1&5\\0&0&0&0&0\end{pmatrix}$$都是阶梯形矩阵，虚线比较形象地表示出它的

“阶梯形”。而矩阵$\begin{pmatrix}2&1&3&0&5\\0&0&-1&1&1\\0&0&0&1&2\\0&0&0&-1&1\end{pmatrix}$就不是阶梯形，因为第四行的首个非零元列标没有随着行标递增而严格增大。

2）行阶梯形矩阵

定义 13 首非零元素等于1，且首非零元素等于1所在列的其他元素全为零的阶梯形矩阵称为行简化阶梯形矩阵，简称行简化阶梯矩阵。

例如，$\begin{pmatrix}1&1&3&0&5\\0&0&1&1&1\\0&0&0&1&2\\0&0&0&0&1\end{pmatrix}$、$\begin{pmatrix}1&0&2\\0&1&3\\0&0&0\end{pmatrix}$都是行简化阶梯矩阵。

定理 4 任何一个$m\times n$非零矩阵$\boldsymbol{A}$都可以经过有限次初等行变换化成阶梯矩阵，并且进一步可化为行简化阶梯矩阵。

例 20 将矩阵$\boldsymbol{A}=\begin{pmatrix}1&-1&2&2\\-1&-1&2&0\\3&1&-2&2\end{pmatrix}$化为行简化阶梯矩阵。

解 $\boldsymbol{A}=\begin{pmatrix}1&-1&2&2\\-1&-1&2&0\\3&1&-2&2\end{pmatrix}\xrightarrow[r_3+(-3)r_1]{r_2+r_1}\begin{pmatrix}1&-1&2&2\\0&-2&4&2\\0&4&-8&-4\end{pmatrix}\xrightarrow{r_3+2r_2}\begin{pmatrix}1&-1&2&2\\0&-2&4&2\\0&0&0&0\end{pmatrix}$

（这已是阶梯矩阵）$\xrightarrow{r_2\times\left(-\frac{1}{2}\right)}\begin{pmatrix}1&-1&2&2\\0&1&-2&-1\\0&0&0&0\end{pmatrix}\xrightarrow{r_1+r_2}\begin{pmatrix}1&0&0&1\\0&1&-2&-1\\0&0&0&0\end{pmatrix}$。

容易发现，矩阵经过初等行变换后，矩阵的元素发生了变化，但是无论怎样实施变换，最后所得的阶梯形矩阵的非零行的行数（或者说阶梯形的“层数”）是保持不变的。

利用初等行变换化矩阵$\boldsymbol{A}$为行简化阶梯矩阵有以下两个阶段：

一般矩阵$\boldsymbol{A}\to$阶梯矩阵（可判断$\boldsymbol{A}$的秩）$\to$行简化阶梯矩阵（可解线性方程组）。

3）矩阵秩的定义

定义 14 矩阵$\boldsymbol{A}$的阶梯形矩阵的非零行的行数称为矩阵$\boldsymbol{A}$的秩，记为秩($\boldsymbol{A}$)或$r(\boldsymbol{A})$。

定理 5 矩阵的初等变换不改变矩阵的秩。

由此可知，可以通过实施初等行变换的方法求矩阵的秩。如例20中$r(\boldsymbol{A})=2$。

当$\boldsymbol{A}=\boldsymbol{O}$时，规定$r(\boldsymbol{A})=0$。

定义 15 对于n阶方阵$\boldsymbol{A}$，如果$r(\boldsymbol{A})=n$，则称$\boldsymbol{A}$为满秩矩阵，或非奇异矩阵。

定理 6 任何一个满秩矩阵都能通过初等行变换化为单位矩阵。

例 21 求以下矩阵的秩：

$$\boldsymbol{A}=\begin{pmatrix}2&1&3&0&5\\0&0&-1&1&1\\0&0&0&1&2\\0&0&0&0&0\end{pmatrix},\boldsymbol{B}=\begin{pmatrix}3\\0\\1\end{pmatrix},\boldsymbol{C}=\begin{pmatrix}0&0&0\\0&0&0\end{pmatrix},\boldsymbol{E}_n=\begin{pmatrix}1&0&\cdots&0\\0&1&\cdots&0\\\cdots&\cdots&\cdots&\cdots\\0&0&\cdots&1\end{pmatrix}。$$

解　$\boldsymbol{A}$ 是 4×5 阶梯矩阵，可直接判断 $r(\boldsymbol{A})=3$，

$\boldsymbol{B}$ 是列矩阵，它的阶梯形就是$\begin{pmatrix}3\\0\\0\end{pmatrix}$，显然有 $r(\boldsymbol{B})=1$，

$\boldsymbol{C}$ 是零矩阵，$r(\boldsymbol{C})=0$，

$\boldsymbol{E}_n$ 是 n 阶方阵，已是阶梯形，所以 $r(\boldsymbol{E}_n)=n$，$\boldsymbol{E}_n$ 是满秩矩阵。

例 22　设矩阵 $\boldsymbol{C}=\begin{pmatrix}1&3&-1&-2\\2&-1&2&3\\3&2&1&1\end{pmatrix}$，求 $\boldsymbol{C}$ 和 $\boldsymbol{C}^{\mathrm{T}}$ 的秩。

解　对 $\boldsymbol{C}$ 和 $\boldsymbol{C}^{\mathrm{T}}$ 不能直接判断秩，可对其先实施初等行变换化为阶梯矩阵，再作判断：

$$\boldsymbol{C}=\begin{pmatrix}1&3&-1&-2\\2&-1&2&3\\3&2&1&1\end{pmatrix}\xrightarrow[r_3+(-3)r_1]{r_2+(-2)r_1}\begin{pmatrix}1&3&-1&-2\\0&-7&4&7\\0&-7&4&7\end{pmatrix}\xrightarrow{r_3+(-1)r_2}\begin{pmatrix}1&3&-1&-2\\0&-7&4&7\\0&0&0&0\end{pmatrix}。$$

$$\boldsymbol{C}^{\mathrm{T}}=\begin{pmatrix}1&2&3\\3&-1&2\\-1&2&1\\-2&3&1\end{pmatrix}\xrightarrow{\substack{r_2+(-3)r_1\\r_3+r_1\\r_4+2r_1}}\begin{pmatrix}1&2&3\\0&-7&-7\\0&4&4\\0&7&7\end{pmatrix}\xrightarrow{\substack{r_3+\frac{4}{7}r_2\\r_4+r_2}}\begin{pmatrix}1&2&3\\0&-7&-7\\0&0&0\\0&0&0\end{pmatrix}。$$

所以 $r(\boldsymbol{C})=2$，$r(\boldsymbol{C}^{\mathrm{T}})=2$。

由例 22 可知，矩阵 $\boldsymbol{C}$ 和它的转置矩阵 $\boldsymbol{C}^{\mathrm{T}}$ 的秩相等，可以证明这一结论具有一般性。

注意：本教材只介绍用初等行变换求得矩阵的秩。实际上，也可以用初等列变化求得矩阵的秩，还可以对矩阵既用初等行变换又用初等列变换求得矩阵的秩。后一种求法，有兴趣的读者可参阅其他教材。

习题 12.2

1. 已知 $\boldsymbol{A}=\begin{pmatrix}2&1&1\\1&3&5\\-2&4&2\end{pmatrix}$，$\boldsymbol{B}=\begin{pmatrix}5&7&2\\3&-4&-1\\3&0&2\end{pmatrix}$，求 $\boldsymbol{A}+\boldsymbol{B}$，$3\boldsymbol{A}-2\boldsymbol{B}$，$\boldsymbol{A}^{\mathrm{T}}\boldsymbol{B}+\boldsymbol{A}\boldsymbol{B}^{\mathrm{T}}$。

2. 设 $\begin{pmatrix}x+y&u+v\\u&x-y\end{pmatrix}=\begin{pmatrix}3&2\\4&7\end{pmatrix}$，求 x、y、u、v 的值。

3. 计算：

(1) $\begin{pmatrix}0&2\\0&3\end{pmatrix}\begin{pmatrix}3&5\\0&0\end{pmatrix}$；　　(2) $\begin{pmatrix}2&1&4&0\\1&-1&3&4\end{pmatrix}\begin{pmatrix}1&3&1\\0&-1&2\\1&-3&1\\4&0&-2\end{pmatrix}$；

(3) $(1\quad 2\quad 3\quad 4)\begin{pmatrix}2\\0\\-1\\1\end{pmatrix}$；　　(4) $\begin{pmatrix}2\\0\\-1\\1\end{pmatrix}(1\quad 2\quad 3\quad 4)$。

4. 利用伴随矩阵求下列逆矩阵：

(1) $\begin{pmatrix}3&1\\4&2\end{pmatrix}$　　(2) $\begin{pmatrix}3&4&2\\2&1&3\\1&1&1\end{pmatrix}$；　　(3) $\begin{pmatrix}1&2&-3\\0&1&2\\0&0&1\end{pmatrix}$。

5. 利用初等变换求矩阵 $\begin{pmatrix}2&1&0&0\\3&2&0&0\\5&7&1&8\\-1&-3&-1&-6\end{pmatrix}$ 的逆矩阵。

6. 利用逆矩阵解下列线性方程组：

(1) $\begin{cases}x_1+x_2-x_3=2\\-2x_1+x_2+x_3=3\\x_1+x_2+x_3=6\end{cases}$；　　(2) $\begin{cases}x_1+x_3=1\\2x_1+x_2=4\\3x_1-2x_2+5x_3=2\end{cases}$。

7. 解下列矩阵方程：

(1) $\begin{pmatrix}1&1\\0&2\end{pmatrix}\boldsymbol{X}=\begin{pmatrix}2\\8\end{pmatrix}$；　　(2) $\boldsymbol{X}\begin{pmatrix}2&1&-1\\2&1&0\\1&-1&1\end{pmatrix}=\begin{pmatrix}1&-1&3\\4&3&2\end{pmatrix}$；

(3) $\begin{pmatrix}1&2\\3&4\end{pmatrix}\boldsymbol{X}\begin{pmatrix}3&4\\-1&2\end{pmatrix}=\begin{pmatrix}2&-1\\1&3\end{pmatrix}$。

8. 求下列矩阵的秩：

(1) $\begin{pmatrix}1&2&-3\\-1&-3&4\\1&1&-2\end{pmatrix}$；　　(2) $\begin{pmatrix}3&-2&0&1&7\\-1&-3&2&0&4\\2&0&-4&5&1\\4&1&-2&1&-11\end{pmatrix}$。

9. 若矩阵 $\boldsymbol{A}=\begin{pmatrix}5&3\\-4&0\end{pmatrix}$，求 $\det(-2\boldsymbol{A})$。

10. 某单位准备建一电脑房，需购买指定型号的计算机 30 台，激光打印机 5 台，电脑桌椅 20 套，已询问的 3 家公司的报价如表 12-2-5 所示：

报 价 单 表　　表 12-2-5

	计算机(元/台)	打印机(元/台)	电脑桌椅(元/台)
甲	6000	3500	420
乙	5800	4000	500
丙	5900	3800	450

如果觉得只在一家选购，应选哪家？

12.3 线性方程组

在工程技术和工程管理中有许多问题经常可以归结为线性方程组类型的数学模型。例如，在12.1中得到一个描述网络交通流量的线性方程组为

$$\begin{cases} s - t = -200 \\ s + v = 300 \\ -u + v + x = 300 \\ t + u - w = 300 \\ -w + x = 100 \end{cases}$$

显然该方程组的求解既不能用克莱姆法则，也不能用逆矩阵求解。这就要求我们进一步讨论一般的线性方程组的解。对一般线性方程组解的讨论涉及三个问题：

(1)这个方程组是否有解？

(2)如果这个方程组有解，共有多少组解？

(3)怎样求出所有解？这就是下面所要讨论的问题。

12.3.1 一般线性方程组的概念

一般地，称由 n 个未知量，m 个线性方程组成的方程组

$$\begin{cases} a_{11}x_1 + a_{12}x_2 + \cdots + a_{1n}x_n = b_1 \\ a_{21}x_1 + a_{22}x_2 + \cdots + a_{2n}x_n = b_2 \\ \cdots\cdots \\ a_{m1}x_1 + a_{m2}x_2 + \cdots + a_{mn}x_n = b_m \end{cases} \tag{12-3-1}$$

称为 n 元线性方程组。其中 x_j 为未知量（或未知元），a_{ij} 为系数，b_i 为常数。当线性方程组(12-3-1)中的常数项 $b_1, b_2, \cdots, b_m$ 不全为零时，称线性方程组(12-3-1)为非齐次线性方程组。当 $b_1, b_2, \cdots, b_m$ 全为零时，即

$$\begin{cases} a_{11}x_1 + a_{12}x_2 + \cdots + a_{1n}x_n = 0 \\ a_{21}x_1 + a_{22}x_2 + \cdots + a_{2n}x_n = 0 \\ \cdots\cdots \\ a_{m1}x_1 + a_{m2}x_2 + \cdots + a_{mn}x_n = 0 \end{cases} \tag{12-3-2}$$

称线性方程组(12-3-2)为齐次线性方程组。

如果令

$$\boldsymbol{A} = \begin{pmatrix} a_{11} & a_{12} & \cdots & a_{1n} \\ a_{21} & a_{22} & \cdots & a_{2n} \\ \cdots & \cdots & \cdots & \cdots \\ a_{m1} & a_{m2} & \cdots & a_{mn} \end{pmatrix}, \boldsymbol{X} = \begin{pmatrix} x_1 \\ x_2 \\ \cdots \\ x_n \end{pmatrix}, \boldsymbol{B} = \begin{pmatrix} b_1 \\ b_2 \\ \cdots \\ b_m \end{pmatrix}$$

则利用矩阵的乘法,线性方程组(12-3-1)可表示为

$$\boldsymbol{AX} = \boldsymbol{B} \tag{12-3-3}$$

其中 $\boldsymbol{A}$ 称为系数矩阵,$\boldsymbol{X}$ 称为未知量矩阵,$\boldsymbol{B}$ 称为常数列矩阵。

而线性方程组(12-3-2)可表示为

$$\boldsymbol{AX} = \boldsymbol{O} \tag{12-3-4}$$

这样,解线性方程组(12-3-1)等价于从式(12-4-3)中解出未知矩阵 $\boldsymbol{X}$。由于线性方程组解是由它的系数和常数项确定的,为此,我们定义:由系数和常数项组成的矩阵

$$\begin{pmatrix} a_{11} & a_{12} & \cdots & a_{1n} & b_1 \\ a_{21} & a_{22} & \cdots & a_{2n} & b_2 \\ \cdots & \cdots & \cdots & \cdots & \cdots \\ a_{m1} & a_{m2} & \cdots & a_{mn} & b_m \end{pmatrix}$$

称为方程组(12-3-1)的增广矩阵,记为$(\boldsymbol{A} \vdots \boldsymbol{B})$或$\bar{\boldsymbol{A}}$,用增广矩阵可以完全清楚地表示一个线性方程组。

12.3.2 高斯消元法

例 1 用消元法解线性方程组 $\begin{cases} 2x_1 - x_2 = 0 \\ x_1 + x_2 = 3 \end{cases}$。

方程组的消元过程与增广矩阵的初等行变换过程对照如表 12-3-1 所示。

表 12-3-1

方程组的消元过程	增广矩阵的初等行变换
$\begin{cases} 2x_1 - x_2 = 0 & ① \\ x_1 + x_2 = 3 & ② \end{cases}$	$(\boldsymbol{A} \vdots \boldsymbol{B}) = \begin{pmatrix} 2 & -1 & \vdots & 0 \\ 1 & 1 & \vdots & 3 \end{pmatrix}$
①与②对换位置 $\begin{cases} x_1 + x_2 = 3 & ① \\ 2x_1 - x_2 = 0 & ② \end{cases}$	$\xrightarrow{r_1 \leftrightarrow r_2} \begin{pmatrix} 1 & 1 & \vdots & 3 \\ 2 & -1 & \vdots & 0 \end{pmatrix}$
①×(−2)加到② $\begin{cases} x_1 + x_2 = 3 & ① \\ -3x_2 = -6 & ② \end{cases}$	$\xrightarrow{r_2 + r_1 \times (-2)} \begin{pmatrix} 1 & 1 & \vdots & 3 \\ 0 & -3 & \vdots & -6 \end{pmatrix}$
②×$(-\frac{1}{3})$ $\begin{cases} x_1 + x_2 = 3 & ① \\ x_2 = 2 & ② \end{cases}$	$\xrightarrow{r_2 \times (-\frac{1}{3})} \begin{pmatrix} 1 & 1 & \vdots & 3 \\ 0 & 1 & \vdots & 2 \end{pmatrix}$
②×(−1)加到① $\begin{cases} x_1 = 1 & ① \\ x_2 = 2 & ② \end{cases}$	$\xrightarrow{r_1 + r_2 \times (-1)} \begin{pmatrix} 1 & 0 & \vdots & 1 \\ 0 & 1 & \vdots & 2 \end{pmatrix}$

通过上表对照可以看出,对线性方程组做加减消元的过程,实质上是对增广矩阵实施初等行变换,将增广矩阵化为行简化阶梯矩阵的过程,即

增广矩阵$(A\vdots B)$→阶梯矩阵(可判断秩)→行简化阶梯矩阵(可解线性方程组)。

因此,用消元法解一般线性方程组,只需写出增广矩阵,对其实施初等行变换,将增广矩阵化为行简化阶梯矩阵,最后还原为最简线性方程组,从而写出方程组的解。这种解线性方程组的方法称为高斯消元法,简称消元法。

例 2 利用高斯消元法求解线性方程组 $\begin{cases} x_1 - x_2 + 2x_3 = 3 \\ -x_1 + 3x_2 - x_3 = -1 \\ 2x_2 + x_3 = 2 \end{cases}$

解 $(A\vdots B)=\begin{pmatrix} 1 & -1 & 2 & \vdots & 3 \\ -1 & 3 & -1 & \vdots & -1 \\ 0 & 2 & 1 & \vdots & 2 \end{pmatrix} \xrightarrow{r_2+r_1} \begin{pmatrix} 1 & -1 & 2 & \vdots & 3 \\ 0 & 2 & 1 & \vdots & 2 \\ 0 & 2 & 1 & \vdots & 2 \end{pmatrix} \xrightarrow{r_3-r_2} \begin{pmatrix} 1 & -1 & 2 & \vdots & 3 \\ 0 & 2 & 1 & \vdots & 2 \\ 0 & 0 & 0 & \vdots & 0 \end{pmatrix}$。

与阶梯形矩阵相对应的线性方程组为 $\begin{cases} x_1 - x_2 + 2x_3 = 3 \\ 2x_2 + x_3 = 2 \end{cases}$,此方程组与原方程组同解,显然该方程组有无穷多组解。其中 x_3 是自由未知量。

对自由未知量 x_3 取任意实数 C,则该方程组的解可表示为

$$\begin{pmatrix} x_1 \\ x_2 \\ x_3 \end{pmatrix} = \begin{pmatrix} 4-\frac{5}{2}C \\ 1-\frac{1}{2}C \\ C \end{pmatrix}$$

其向量(列矩阵)表示形式为:

$$\begin{pmatrix} x_1 \\ x_2 \\ x_3 \end{pmatrix} = \begin{pmatrix} 4 \\ 1 \\ 0 \end{pmatrix} + C\begin{pmatrix} -\frac{5}{2} \\ -\frac{1}{2} \\ 1 \end{pmatrix} \text{(其中 } C \text{ 为任意常数)}$$

由于 C 可任意取值,便可得到原方程组的无穷多组解。

注意:此题也可设 x_1(或 x_2)为任意常数,但解的表达式会有所变化。

例 3 利用高斯消元法求解线性方程组

$$\begin{cases} x_1 - 2x_2 + x_3 + x_4 - x_5 = 1 \\ 2x_1 + x_2 - x_3 - x_4 - x_5 = 2 \\ x_1 + 3x_2 - 2x_3 - 2x_4 = 4 \\ 3x_1 - x_2 - 2x_5 = 3 \end{cases}$$

解 $(A\vdots B)=\begin{pmatrix} 1 & -2 & 1 & 1 & -1 & \vdots & 1 \\ 2 & 1 & -1 & -1 & -1 & \vdots & 2 \\ 1 & 3 & -2 & -2 & 0 & \vdots & 4 \\ 3 & -1 & 0 & 0 & -2 & \vdots & 3 \end{pmatrix} \xrightarrow[r_4-3r_i]{r_2-2r_i \atop r_3-r_i} \begin{pmatrix} 1 & -2 & 1 & 1 & -1 & \vdots & 1 \\ 0 & 5 & -3 & -3 & 1 & \vdots & 0 \\ 0 & 5 & -3 & -3 & 1 & \vdots & 3 \\ 0 & 5 & -3 & -3 & 1 & \vdots & 0 \end{pmatrix} \xrightarrow{r_3-r_2 \atop r_4-r_2}$

$$\begin{pmatrix} 1 & -2 & 1 & 1 & -1 & \vdots & 1 \\ 0 & 5 & -3 & -3 & 1 & \vdots & 0 \\ 0 & 0 & 0 & 0 & 0 & \vdots & 3 \\ 0 & 0 & 0 & 0 & 0 & \vdots & 0 \end{pmatrix}$$

与阶梯形矩阵相对应的线性方程组为

$$\begin{cases} x_1 - 2x_2 + x_3 + x_4 - x_5 = 1 \\ 5x_2 - 3x_3 - 3x_4 + x_5 = 0 \\ 0 = 3 \end{cases}$$

显然第三个等式不成立,所以该方程组无解。由于原方程组与该方程组同解,故原方程组无解。

综上所述,用消元法解线性方程组的具体步骤可归纳为:

第1步:写出增广矩阵($\boldsymbol{A} \vdots \boldsymbol{B}$),用初等行变换将($\boldsymbol{A} \vdots \boldsymbol{B}$)化为阶梯形矩阵(或行简化阶梯矩阵);

第2步:根据阶梯形矩阵(或行简化阶梯矩阵),写出同解线性方程组,从而判断或得出线性方程组的一般解。

12.3.3 n 元非齐次线性方程组解的判定

由例1、例2、例3可知,线性方程组可能无解,可能有唯一解,也有可能有无穷多组解。如何进行判定呢?

通过观察,可以发现线性方程组有唯一解时,$\boldsymbol{r}(\boldsymbol{A}) = \boldsymbol{r}(\boldsymbol{A} \vdots \boldsymbol{B}) = \boldsymbol{n}$($n$ 为方程组中未知数个数)(如例1);线性方程组有无穷多组解时,$\boldsymbol{r}(\boldsymbol{A}) = \boldsymbol{r}(\boldsymbol{A} \vdots \boldsymbol{B}) < \boldsymbol{n}$(如例2);线性方程组无解时,$\boldsymbol{r}(\boldsymbol{A}) \neq \boldsymbol{r}(\boldsymbol{A} \vdots \boldsymbol{B})$(如例3)。

定理1 (解的存在定理)n 元非齐次线性方程组 $\boldsymbol{AX} = \boldsymbol{B}$ 有解的充分必要条件是它的系数矩阵的秩和增广矩阵的秩相等,即 $r(\boldsymbol{A}) = r(\boldsymbol{A} \vdots \boldsymbol{B})$。并且当 $r(\boldsymbol{A}) = n$ 时,有唯一解;当 $r(\boldsymbol{A}) < n$ 时,有无穷多组解。

例4 判断线性方程组

$$\begin{cases} 4x_1 + 2x_2 - x_3 = 2 \\ 3x_1 - x_2 + 2x_3 = 3 \\ 11x_1 + 3x_2 = -6 \end{cases}$$

是否有解。

解
$$(\boldsymbol{A} \vdots \boldsymbol{B}) = \begin{pmatrix} 4 & 2 & -1 & \vdots & 2 \\ 3 & -1 & 2 & \vdots & 3 \\ 11 & 3 & 0 & \vdots & -6 \end{pmatrix} \xrightarrow{r_1 - r_2} \begin{pmatrix} 1 & 3 & -3 & \vdots & -1 \\ 3 & -1 & 2 & \vdots & 3 \\ 11 & 3 & 0 & \vdots & -6 \end{pmatrix}$$

$$\xrightarrow[r_3 - 11r_1]{r_2 - 3r_1} \begin{pmatrix} 1 & 3 & -3 & \vdots & -1 \\ 0 & -10 & 11 & \vdots & 6 \\ 0 & -30 & 33 & \vdots & 5 \end{pmatrix} \xrightarrow{r_3 - 3r_2} \begin{pmatrix} 1 & 3 & -3 & \vdots & -1 \\ 0 & -10 & 11 & \vdots & 6 \\ 0 & 0 & 0 & \vdots & -13 \end{pmatrix}$$

可见 $\boldsymbol{r}(\boldsymbol{A}) = 2$,$\boldsymbol{r}(\boldsymbol{A} \vdots \boldsymbol{B}) = 3$,因此方程组无解。

例5 当 a 取何值时,方程组

$$\begin{cases} ax_1 + x_2 + x_3 = 1 \\ x_1 + ax_2 + x_3 = a \\ x_1 + x_2 + ax_3 = a^2 \end{cases}$$

有唯一解，有无穷多组解，无解？

解 $\boldsymbol{A} = \begin{pmatrix} a & 1 & 1 \\ 1 & a & 1 \\ 1 & 1 & a \end{pmatrix}, (\boldsymbol{A} \vdots \boldsymbol{B}) = \begin{pmatrix} a & 1 & 1 & \vdots & 1 \\ 1 & a & 1 & \vdots & a \\ 1 & 1 & a & \vdots & a^2 \end{pmatrix}$

计算系数矩阵 $\boldsymbol{A}$ 的行列式

$$|\boldsymbol{A}| = \begin{vmatrix} a & 1 & 1 \\ 1 & a & 1 \\ 1 & 1 & a \end{vmatrix} = (a+2)(a-1)^2$$

(1)当 $|\boldsymbol{A}| \neq 0$ 时，即 $a \neq 1$ 且 $a \neq -2$ 时，方程组有唯一解。

(2)当 $a = 1$ 时，其增广矩阵

$$(\boldsymbol{A} \vdots \boldsymbol{B}) = \begin{pmatrix} 1 & 1 & 1 & \vdots & 1 \\ 1 & 1 & 1 & \vdots & 1 \\ 1 & 1 & 1 & \vdots & 1 \end{pmatrix} \xrightarrow[r_3 - r_1]{r_2 - r_1} \begin{pmatrix} 1 & 1 & 1 & \vdots & 1 \\ 0 & 0 & 0 & \vdots & 0 \\ 0 & 0 & 0 & \vdots & 0 \end{pmatrix}$$

因为 $r(A) = r(\tilde{A}) = 1 < n(n = 3)$，所以方程组有无穷多组解。

(3)当 $a = -2$ 时，其增广矩阵

$$(\boldsymbol{A} \vdots \boldsymbol{B}) = \begin{pmatrix} -2 & 1 & 1 & \vdots & 1 \\ 1 & -2 & 1 & \vdots & -2 \\ 1 & 1 & -2 & \vdots & 4 \end{pmatrix} \xrightarrow{r_1 \leftrightarrow r_2} \begin{pmatrix} 1 & -2 & 1 & \vdots & -2 \\ -2 & 1 & 1 & \vdots & 1 \\ 1 & 1 & -2 & \vdots & 4 \end{pmatrix}$$

$$\xrightarrow[r_3 - r_1]{r_2 + 2r_1} \begin{pmatrix} 1 & -2 & 1 & \vdots & -2 \\ 0 & -3 & 3 & \vdots & -3 \\ 0 & 3 & -3 & \vdots & 6 \end{pmatrix} \xrightarrow{r_3 + r_2} \begin{pmatrix} 1 & -2 & 1 & \vdots & -2 \\ 0 & -3 & 3 & \vdots & -3 \\ 0 & 0 & 0 & \vdots & 3 \end{pmatrix}$$

因为 $r(A) = 2, r(A \vdots B) = 3, r(A) \neq r(A \vdots B)$，所以方程组无解。

12.3.4 n 元齐次线性方程组的解

由于齐次线性方程组(12-3-2)的系数矩阵和增广矩阵的秩总相等，所以它恒有解。显然，$x_i = 0(i = 1, 2, \cdots, n)$ 就是该方程组的一组解。我们把这组解称为方程组的零解。求解齐次线性方程组只要把系数矩阵 $\boldsymbol{A}$ 经过行初等变换，变换为阶梯形矩阵(或行最简形矩阵)即可求解。

定理 2 在齐次线性方程组(12-3-2)中，

(1)当 $r(A) = n$ 时，方程组只有零解；

(2)当 $r(A) < n$ 时，方程组有非零解。

例 6 解齐次线性方程组$\begin{cases} x_1+2x_2+4x_3-3x_4=0 \\ 3x_1+5x_2+6x_3-4x_4=0 \\ 4x_1+5x_2-2x_3+3x_4=0 \end{cases}$。

解

$$A=\begin{pmatrix} 1 & 2 & 4 & -3 \\ 3 & 5 & 6 & -4 \\ 4 & 5 & -2 & 3 \end{pmatrix} \xrightarrow[r_3-4r_1]{r_2-3r_1} \begin{pmatrix} 1 & 2 & 4 & -3 \\ 0 & -1 & -6 & 5 \\ 0 & -3 & -18 & 15 \end{pmatrix} \xrightarrow{r_3-3r_2} \begin{pmatrix} 1 & 2 & 4 & -3 \\ 0 & -1 & -6 & 5 \\ 0 & 0 & 0 & 0 \end{pmatrix} \xrightarrow{-r_2}$$

$$\begin{pmatrix} 1 & 2 & 4 & -3 \\ 0 & 1 & 6 & -5 \\ 0 & 0 & 0 & 0 \end{pmatrix} \xrightarrow{r_1-2r_2} \begin{pmatrix} 1 & 0 & -8 & 7 \\ 0 & 1 & 6 & -5 \\ 0 & 0 & 0 & 0 \end{pmatrix}$$

即得到与原方程组同解的方程组

$$\begin{cases} x_1-8x_3+7x_4=0 \\ x_2+6x_3-5x_4=0 \end{cases}$$

即

$$\begin{cases} x_1=8x_3-7x_4 \\ x_2=-6x_3+5x_4 \end{cases}$$

令 $x_3=C_1$，$x_4=C_2$（C_1,C_2 为任意常数），则该齐次线性方程组的通解为：

$$\begin{cases} x_1=8C_1-7C_2 \\ x_2=-6C_1+5C_2 \\ x_3=C_1 \\ x_4=C_2 \end{cases}$$

例 7 求 k 为何值时，方程组

$$\begin{cases} x_1+2x_2+3x_3=kx_1 \\ 2x_1+x_2+3x_3=kx_2 \\ 3x_1+3x_2+6x_3=kx_3 \end{cases}$$ 有非零解。

解 把方程组改写成

$$\begin{cases} (1-k)x_1+2x_2+3x_3=0 \\ 2x_1+(1-k)x_2+3x_3=0 \\ 3x_1+3x_2+(6-k)x_3=0 \end{cases}$$

当系数行列式 $|A|=\begin{vmatrix} 1-k & 2 & 3 \\ 2 & 1-k & 3 \\ 3 & 3 & 6-k \end{vmatrix}=0$ 时，方程组有非零解，展开行列式得 $k(k+1)(k-9)=0$。

所以，当 $k=0$ 或 $k=-1$ 或 $k=9$ 时，方程组有非零解。

习题 12.3

1. 判断下列线性方程组是否有解，如有解，求出其解：

(1) $\begin{cases} 2x_1 + x_2 - x_3 = 1 \\ x_1 - 3x_2 + 4x_3 = 2 \\ 11x_1 - 12x_2 + 17x_3 = 3 \end{cases}$；
(2) $\begin{cases} x_1 - 2x_2 + 3x_3 - 4x_4 = 4 \\ x_2 - x_3 + x_4 = -3 \\ x_1 + 3x_2 - 3x_4 = 1 \\ -7x_2 + 3x_3 + x_4 = -3 \end{cases}$；

(3) $\begin{cases} 2x_1 - 3x_2 + x_3 = -1 \\ x_1 + 2x_2 - x_3 = 4 \\ -2x_1 - x_2 + x_3 = -3 \end{cases}$。

2. 解下列齐次线性方程组：

(1) $\begin{cases} 3x_1 - 5x_2 + x_3 - 2x_4 = 0 \\ 2x_1 + 3x_2 - 5x_3 + x_4 = 0 \\ -x_1 + 7x_2 - 4x_3 + 3x_4 = 0 \\ 4x_1 + 15x_2 - 7x_3 + 9x_4 = 0 \end{cases}$；
(2) $\begin{cases} x_1 + x_2 + x_3 = 0 \\ x_1 - 2x_2 + x_3 = 0 \\ x_1 + x_2 - 2x_3 = 0 \end{cases}$。

3. 问 a、b 取何值时，方程组 $\begin{cases} x_1 - 2x_3 = 1 \\ -x_1 + x_2 + x_3 = 0 \\ 3x_1 - x_2 + ax_3 = b \end{cases}$ 无解？有唯一解？有无穷多解？

12.4 线性规划

线性规划是运筹学中产生较早、应用广泛的一个分支。自 1947 年丹捷格（G. B. Dantzig）提出了一般线性规划的求解方法——单纯形法之后，线性规划在理论上趋向成熟，在实际应用中日益广泛与深入。特别是在电子计算机能处理成千上万个约束条件和决策变量的线性规划问题之后，线性规划更为广泛地应用于工业、农业、商业、交通运输业、军事、经济计划和管理决策等各个领域，成为现代科学管理的重要工具之一。

12.4.1 线性规划问题的数学模型

在实际问题中，我们会经常遇到在一定条件下使解决的问题达到最优。例如，在有限资源条件下，确定生产产品的品种、数量，使产值或利润最大；用最小的人力、物力耗费来完成某项既定的任务等。这在数学上被称为规划问题。线性规划问题是规划问题中最基本、最重要的一类问题。

【案例 1】 汽车厂生产计划

一汽车厂生产小、中、大三种类型的汽车，已知各类型每辆车对钢材、劳动时间的需求，利润以及每月工厂钢材、劳动时间的现有量如表12-4-1所示。试制订月生产计划,使工厂的利润最大。

表12-4-1

	小型	中型	大型	现有量
钢材(t)	1.5	3	5	600
劳动时间(h)	280	250	400	60000
利润(万元)	2	3	4	

分析 设每月生产小、中、大型汽车的数量分别为x_1、x_2、x_3,工厂的月利润为z,希望的目标是$z = 2x_1 + 3x_2 + 4x_3$最大,但是由于生产受到外界条件的限制。

每月钢材量限制:$1.5x_1 + 3x_2 + 5x_3 \leqslant 600$;

每月劳动时间限制:$280x_1 + 250x_2 + 400x_3 \leqslant 60000$;

由于生产的三种产品数量不能为负数:$x_1, x_2, x_3 \geqslant 0$。

综上所述,本问题的数学模型为

$$\max z = 2x_1 + 3x_2 + 4x_3$$

满足

$$s.t.\begin{cases} 1.5x_1 + 3x_2 + 5x_3 \leqslant 600 \\ 280x_1 + 250x_2 + 400x_3 \leqslant 60000 \\ x_1, x_2, x_3 \in N \end{cases}$$

其中,记号"$\max z$"表示函数z的最大值,函数z称为目标函数,不等式组称为约束条件$s.t.$。

【案例2】 运输问题

有甲、乙、丙三个煤矿分别向A、B、C、D四个电厂供煤。各煤矿的日产量分别为4000t、9000t、11000t;各电厂的日耗煤量分别为5000t、4000t、7000t和8000t。煤的运费如表12-4-2所示(单位:元/t):

表12-4-2

煤矿	发电厂			
	A	B	C	D
甲	0.12	0.11	0.08	0.11
乙	0.09	0.11	0.11	0.13
丙	0.10	0.14	0.13	0.07

问如何安排运输方案,才能使总运费为最少?

分析 设x_{ij}表示从第i个煤矿向第j个电厂的运煤量,总运费为z。目标是$z = 0.12x_{11} + 0.11x_{12} + 0.08x_{13} + 0.11x_{14} + 0.09x_{21} + 0.11x_{22} + 0.11x_{23} + 0.13x_{24} + 0.10x_{31} + 0.14x_{32} + 0.13x_{33} + 0.07x_{34}$最小,但是由于受到外界条件的限制,本问题的数学模型为:

$\min z = 0.12x_{11} + 0.11x_{12} + 0.08x_{13} + 0.11x_{14} + 0.09x_{21} + 0.11x_{22} + 0.11x_{23} + 0.13x_{24} + 0.10x_{31} + 0.14x_{32} + 0.13x_{33} + 0.07x_{34}$

$$
s.t.\begin{cases}
x_{11}+x_{12}+x_{13}+x_{14}=4000\\
x_{21}+x_{22}+x_{23}+x_{24}=9000\\
x_{31}+x_{32}+x_{33}+x_{34}=11000\\
x_{11}+x_{21}+x_{31}=5000\\
x_{12}+x_{22}+x_{32}=4000\\
x_{13}+x_{23}+x_{33}=7000\\
x_{14}+x_{24}+x_{34}=8000\\
x_1,x_2,x_3,x_4,x_5,x_6\geqslant 0
\end{cases}。
$$

上述两个实例的数学模型有共同特征：

(1)每个问题都是求一组变量的值，这组变量 $x_1,x_2,\cdots,x_n$ 称为决策变量。它用来表示相应活动方案，由于实际问题的要求，这些决策变量通常都是非负的。

(2)每个问题都存在一定的限制条件，称为约束条件，约束条件是决策变量的线性不等式或等式。

(3)每个问题都有一个目标函数，要求目标函数的最大值或最小值，目标函数是决策变量的线性函数。

我们将具有这些共同特征的数学模型称为线性规划问题(Linear Programming，LP)的数学模型。

一般的线性规划问题的数学模型可记为：

目标函数

$$\max(\text{或}\ \min)\ z=c_1x_1+c_2x_2+\cdots+c_nx_n$$

$$
\text{受约束于}(s.t.)\begin{cases}
a_{11}x_1+a_{12}x_2+\cdots+a_{1n}x_n\leqslant(=,\geqslant)b_1\\
a_{21}x_1+a_{22}x_2+\cdots+a_{2n}x_n\leqslant(=,\geqslant)b_2\\
\cdots\cdots\cdots\cdots\cdots\cdots\\
a_{m1}x_1+a_{m2}x_2+\cdots+a_{mn}x_n\leqslant(=,\geqslant)b_m
\end{cases}
$$

满足约束条件的一组变量的值称为该线性规划问题的可行解。所有可行解构成的集合称为可行域，使目标函数取得最大(或最小)值的可行解，称为最优解。

12.4.2 线性规划问题的计算机求解

一般地，求解数学规划模型可以用 LINGO、MATLAB 等软件。在本节中只介绍 LINGO 软件的求解，线性规划问题的 MATLAB 软件求解将在下一节中介绍。

1)LINGO 的语法规定

(1)求目标函数的最大值或最小值分别用 MAX =…或 MIN =…来表示；

(2)每个语句必须以分号“;”结束，每行可以有多个语句，语句可以跨行；

(3)变量名称必须以字母(A ~ Z)开头，由字母、数字(0 ~ 9)和下划线所组成，长度不超过 32 个字符，不区分大小写；

(4)可以给语句加上标号，如[OBJ]　MAX = 200 * X1 + 300 * X2；

(5)以“!”开头,以“;”号结束的语句是注释语句;

(6)如果对变量的取值范围没有作特殊说明,则默认所有决策变量都非负;

(7)LINGO 模型以语句“MODEL:”开头,以“END”结束,对于比较简单的模型,这两个语句可以省略;

(8)LINGO 程序中符号“≤”、“≥”用“< =”、“> =”形式输出,它们与“<”、“>”等效;

(9)LINGO 程序中乘号用“*”,式子中不能有括号,右端不能有数学符号。

选菜单 Lingo Solve(或按 Ctrl + S),或用鼠标点击“求解”按钮,如果模型有语法错误,则弹出一个标题为“LINGO Error Message”(错误信息)的窗口,指出在哪一行,有怎样的错误,每种错误都有一个编号。

例 1 用 LINGO 软件求解案例 2。

解 输入:

```
MIN = 0.12 * x11 + 0.11 * x12 + 0.08 * x13 + 0.11 * x14 + 0.09 * x21 + 0.11 * x22 +
0.11 * x23 + 0.13 * x24 + 0.10 * x31 + 0.14 * x32 + 0.13 * x33 + 0.07 * x34;
x11 + x12 + x13 + x14 = 4000;
x21 + x22 + x23 + x24 = 9000;
x31 + x32 + x33 + x34 = 11000;
x11 + x21 + x31 = 5000;
x12 + x22 + x32 = 4000;
x13 + x23 + x33 = 7000;
x14 + x24 + x34 = 8000;
end
```

输出:

```
Objective value:                    2130.000
                 Variable        Value        Reduced Cost
                      X11     0.000000        0.6000000E-01
                      X12     0.000000        0.3000000E-01
                      X13     4000.000        0.000000
                      X14     0.000000        0.8000000E-01
                      X21     2000.000        0.000000
                      X22     4000.000        0.000000
                      X23     3000.000        0.000000
                      X24     0.000000        0.7000000E-01
                      X31     3000.000        0.000000
                      X32     0.000000        0.2000000E-01
                      X33     0.000000        0.1000000E-01
                      X34     8000.000        0.000000
```

即当甲煤矿向发电厂 C 运送 4000t 煤,乙煤矿向发电厂 A 运送 2000t 煤,向发电厂 B 运送 4000t 煤，向发电厂 C 运送 3000t 煤，丙煤矿向发电厂 A 运送 3000t 煤，向发电厂 D 运送 8000t 煤时，总运费最省，总运费最小值为 2130 元。

2）整数规划模型的求解

如果一个线性规划的某些决策变量或全部决策变量要求必须取整数，则这样的问题称为整数规划问题。

整数规划模型的 LINGO 求解命令为：

@ GIN(X)：限制 X 为整数。

例 2 用 LINGO 软件求解案例 1。

解 输入：

```
MAX = 2 * x1 + 3 * x2 + 4 * x3;
1.5 * x1 + 3 * x2 + 5 * x3 < = 600;
280 * x1 + 250 * x2 + 400 * x3 < = 60000;
@ GIN(x1);@ GIN(x2);@ GIN(x3);
end
```

输出：

```
Objective value:                                  632.0000
                        Variable          Value          Reduced Cost
                           X1          64.00000            -2.000000
                           X2          168.0000            -3.000000
                           X3          0.000000            -4.000000
```

即每月生产小型车 64 辆，中型车 168 辆，大型车不生产时，利润最大，为 632 万元。

3）0—1 规划模型的求解

在实际的规划问题中常常可以遇到这样的问题：一个决策只用来指明一项可能的实际行动，究竟是采用 $x_i = 1$ 呢？还是采用 $x_i = 0$ 呢？这里的决策变量仅取 0 或 1 两个值，即 0—1 规划。

0—1 规划模型的 LINGO 求解命令为：

@ BIN(X)：限制 X 为 0 或 1。

人们常会遇到这样的问题：有 n 项任务要完成，恰好有 n 人且每人可以分别去完成其中一项（即每一人都应分配一项任务，每一项任务也只能由一人去完成），但由于任务性质和各人工作的效率（或所花费的时间）有差别，因此提出下述问题：应当指派哪些人去完成哪些任务使总的效率为最高（或花费的总时间为最小）？这类问题称为指派问题，或称分派问题。

这是 0—1 规划模型的特例。

例 3 指派问题

有一份说明书，要分别译成法、英、德、日四种文字，交给甲、乙、丙、丁四个人完成，每人完成一种，因各人专长不同，他们翻译成不同文字所需要的时间（单位：min）如表 12-4-3 所示。问指派哪个人去完成哪项任务可使总的花费时间最少？

表 12-4-3

	法	英	德	日
甲	2	15	13	4
乙	10	4	14	15
丙	9	14	16	13
丁	7	8	11	9

解 设0—1变量 x_{ij}，规定 $x_{ij}=\begin{cases}1,\text{指派第 } i \text{ 人去完成第 } j \text{ 项任务}\\0,\text{不指派第 } i \text{ 人去完成第 } j \text{ 项任务}\end{cases}$。

从人力资源最佳分配角度考虑，要以花费时间最少为目标，即目标函数为

$$\min z = 2x_{11}+15x_{12}+13x_{13}+4x_{14}+10x_{21}+4x_{22}+14x_{23}+15x_{24}+ 9x_{31}+14x_{32}+16x_{33}+13x_{34}+7x_{41}+8x_{42}+11x_{43}+9x_{44}$$

约束条件包括两个方面：

第一，每个人只能接受一项任务，即 $x_{i1}+x_{i2}+x_{i3}+x_{i4}=1 \quad (i=1,2,3,4)$

第二，每项任务只能分配给一个人，即 $x_{1j}+x_{2j}+x_{3j}+x_{4j}=1 \quad (j=1,2,3,4)$

所以该问题的数学模型为：

$$\min z = 2x_{11}+15x_{12}+13x_{13}+4x_{14}+10x_{21}+4x_{22}+14x_{23}+15x_{24}+ 9x_{31}+14x_{32}+16x_{33}+13x_{34}+7x_{41}+8x_{42}+11x_{43}+9x_{44}$$

$$s.t.\begin{cases}x_{i1}+x_{i2}+x_{i3}+x_{i4}=1 & (i=1,2,3,4)\\x_{1j}+x_{2j}+x_{3j}+x_{4j}=1 & (j=1,2,3,4)\\x_{ij}=0\text{ 或 }1 & (i=1,2,3,4;\ j=1,2,3,4)\end{cases}$$

在 LINGO 中输入：

```
MIN=2*x11+15*x12+13*x13+4*x14+10*x21+4*x22+14*x23+15*x24+
9*x31+14*x32+16*x33+13*x34+7*x41+8*x42+11*x43+9*x44;
x11+x12+x13+x14=1;
x21+x22+x23+x24=1;
x31+x32+x33+x34=1;
x41+x42+x43+x44=1;
x11+x21+x31+x41=1;
x12+x22+x32+x42=1;
x13+x23+x33+x43=1;
x14+x24+x34+x44=1;
@BIN(x11);@BIN(x12);@BIN(x13);@BIN(x14);@BIN(x21);@BIN(x22);@BIN
(x23);@BIN(x24);@BIN(x31);@BIN(x32);@BIN(x33);@BIN(x34);@BIN(x41);@
BIN(x42);@BIN(x43);@BIN(x44);
end
```

输出：

```
Objective valuc:                    28.00000
```

Variable	Value	Reduced Cost
X11	0.000000	2.000000
X12	0.000000	15.00000
X13	0.000000	13.00000
X14	1.000000	4.000000
X21	0.000000	10.00000
X22	1.000000	4.000000
X23	0.000000	14.00000
X24	0.000000	15.00000
X31	1.000000	9.000000
X32	0.000000	14.00000
X33	0.000000	16.00000
X34	0.000000	13.00000
X41	0.000000	7.000000
X42	0.000000	8.000000
X43	1.000000	11.00000
X44	0.000000	9.000000

即最佳分配方案为：甲—日，乙—英，丙—法，丁—德，完成任务的最少时间为28min。

例4 选课策略

某学校规定，运筹学专业的学生毕业时必须至少学习过两门数学课、三门运筹学课和两门计算机课。这些课程的编号、名称、学分、所属类别和先修课要求如表12-4-4所示。问毕业时学生最少可以学习这些课程中的哪些课程？

表12-4-4

课程编号	课程名称	学分	所属类别	先修课要求
1	微积分	5	数学	
2	线性代数	4	数学	
3	最优化方法	4	数学、运筹学	微积分、线性代数
4	数据结构	3	数学、计算机	计算机编程
5	应用统计	4	数学、运筹学	微积分、线性代数
6	计算机模拟	3	计算机、运筹学	计算机编程
7	计算机编程	2	计算机	
8	预测理论	2	运筹学	应用统计
9	数学实验	3	运筹学、计算机	微积分、线性代数

解 用 $x_i = 1(i = 1,2,\cdots,9)$ 表示选修表12-4-4中按编号顺序的9门课程，$x_i = 0$ 表示不选。问题的目标为选修的课程总数最少，即目标函数：

$$\min z = \sum_{i=1}^{9} x_i$$

约束条件包括两个方面：

第一,每人至少学习过两门数学课、三门运筹学课和两门计算机课。根据表中对每门课程所属类别的划分,这一约束条件可以表示为

$$x_1+x_2+x_3+x_4+x_5\geqslant 2$$

$$x_3+x_5+x_6+x_8+x_9\geqslant 3$$

$$x_4+x_6+x_7+x_9\geqslant 2$$

第二,某些课程有先修课程的要求,例如,"数据结构"的先修课是"计算机编程",这意味着如果 $x_4=1$,必须 $x_7=1$,这个条件可以表示为 $x_4\leqslant x_7$(注意:$x_4=0$ 时对 x_7 没有限制)。"最优化方法"的先修课是"微积分"和"线性代数"的条件可表为 $x_3\leqslant x_1$,$x_3\leqslant x_2$,而这两个不等式可以用一个约束表示为 $2x_3-x_1-x_2\leqslant 0$。这样,所有课程的先修课要求可表为如下的约束:

$$\begin{cases}2x_3-x_1-x_2\leqslant 0\\ x_4-x_7\leqslant 0\\ 2x_5-x_1-x_2\leqslant 0\\ x_6-x_7\leqslant 0\\ x_8-x_5\leqslant 0\\ 2x_9-x_1-x_2\leqslant 0\end{cases}$$

用 LINGO 求解得,$x_1=x_2=x_3=x_6=x_7=x_9=1$,其他变量为0。对照课程编号,它们是微积分、线性 、最优化方法、计算机模拟、计算机编程、数学实验,共 6 门课,总学分为21。

习题 12.4

1. 生产组织与计划问题

某工厂计划生产 A、B 两种产品,要用甲、乙、丙三种不同的原料。每天原料供应的能力及每天生产一件产品 A 与 B 所需的原料与获得的利润如表 12-4-5 所示。问如何安排生产才能使一天的利润为最大?

表 12-4-5

单位产品所需原料 / 原料	产品		
	A	B	原料供应量(kg)
甲	1	1	6
乙	1	2	8
丙	1	0	5
单位利润(元)	4	3	求最大值

2. 汽车调度模型

丰顺汽车运输队有 8 辆载质量为 6t 的 A 型载货车和 6 辆载质量为 10t 的 B 型载货车,有 10 名驾驶员。此车队承担了每天从甲地运送至少 720t 蔬菜到乙地的任务。已知每辆载

货车每天往返的次数为 A 型载货车 16 次，B 型卡车 12 次。每辆卡车每天往返的成本费为 A 型车 240 元，B 型车 378 元。问每天派出 A 型车与 B 型车各多少辆可使运输队花费的成本最低。

3. 装货模型

远洋号货轮有前、中、后三个舱位，它们的容积与最大允许载重量见表 12-4-6。现有三种货物待运，相关数据见表 12-4-7。问该货轮应装载 A、B、C 各多少件才能使运费收入最大？

表 12-4-6

	前舱	中舱	后舱
最大允许载重量(t)	2000	3000	1500
容积(m^3)	4000	5400	1500

表 12-4-7

商品	数量(件)	每件体积(m^3)	每件质量(t)	每件运价(元)
A	600	10	8	1000
B	1000	5	6	700
C	800	7	5	600

4. 混合泳接力队的选拔

某班准备从 5 名游泳队员中选择 4 人组成接力队，参加学校的 4×100m 混合泳接力比赛。5 名队员中 4 种泳姿的百米平均成绩如表 12-4-8 所示，问应如何选拔队员组成接力队？

表 12-4-8

	甲	乙	丙	丁	戊
蝶泳	1′06″8	57″2	1′18″	1′10″	1′07″4
仰泳	1′15″6	1′06″	1′07″8	1′14″2	1′11″
蛙泳	1′27″	1′06″4	1′24″6	1′09″6	1′29″8
自由泳	58″6	53″	59″4	57″2	1′02″4

5. 值班安排问题

某商场决定：营业员每周连续工作 5 天后休息 2 天，轮流休息。根据统计，商场每天需要的营业员如表 12-4-9 所示。向商场人力资源部应如何安排每天的上班人数，才能使商场总的营业员最少？

表 12-4-9

星期	需要人数(人)	星期	需要人数(人)
一	300	五	480
二	300	六	600
三	350	日	550
四	400		

12.5 线性代数问题的 MATLAB 求解

12.5.1 矩阵的输入

MATLAB 7.1 的强大功能之一体现在能直接处理向量或矩阵。

命令调用格式为:

A = [$a_{11}, a_{12}, \cdots, a_{1n}; a_{21}, a_{22}, \cdots, a_{2n}; \cdots; a_{m1}, a_{m2}, \cdots, a_{mn}$] %$m$ 行 n 列矩阵

或 A = [$a_{11}\quad a_{12}\cdots a_{1n}; a_{21}\quad a_{22}\cdots a_{2n}; \cdots; a_{m1}\quad a_{m2}\cdots a_{mn}$]

矩阵中同一行的元素用逗号或者空格隔开,不同的行用分号“;”隔开,也可以用回车键代替分号。

例 1 输入矩阵 $\boldsymbol{A} = \begin{bmatrix} -1 & 1 & 2 \\ 3 & 2 & 4 \\ 5 & 0 & 2 \end{bmatrix}$。

解 输入:

```
>>A=[-1  1  2;3  2  4;5  0  2]
```

输出:

```
A =
 -1    1    2
  3    2    4
  5    0    2
```

说明:直接输入的矩阵其输出结果都是数值矩阵,如果要把数值矩阵转化成符号矩阵,则需要 sym(A)函数来实现。

输入:

```
>>sym(A)
```

输出:

```
ans =
[-1,1,2]
[3,2,4]
[5,0,2]
```

12.5.2 矩阵的基本运算

命令调用格式为:

(1)$\boldsymbol{A}'$:用于求矩阵 $\boldsymbol{A}$ 的转置矩阵 $\boldsymbol{A}^{\mathrm{T}}$;

(2)$\boldsymbol{A}+\boldsymbol{B}$:用于求矩阵 $\boldsymbol{A}$ 与 $\boldsymbol{B}$ 的和;

(3)$\boldsymbol{A}-\boldsymbol{B}$:用于求矩阵 $\boldsymbol{A}$ 与 $\boldsymbol{B}$ 的差;

(4)$k*\boldsymbol{A}$ 或 $\boldsymbol{A}*k$:用于求实数 k 与矩阵 $\boldsymbol{A}$ 的积;

(5) $A*B$：用于求矩阵 A 与 B 的积；

(6) 左除 $A\backslash B$：方程 $AX=B$ 的解；

(7) 右除 A/B：方程 $XA=B$ 的解；

(8) $A\hat{}P$：当 A 为方阵，P 为大于 0 的整数时，求 A 的 P 次方；P 为小于 0 的整数时，$A\hat{}P$ 表示 A^{-1}的 $|P|$ 次方；

(9) inv(A)：求方阵 A 的逆矩阵；

(10) det(A)：用于求方阵 A 的行列式；

(11) rref(A)：将矩阵 A 化成行最简形矩阵；

(12) rank(A)：求矩阵 A 的秩。

例 2 设 $A=\begin{bmatrix}1 & -1 & 2\\3 & 2 & 4\\4 & 1 & 5\end{bmatrix}$，$B=\begin{bmatrix}2 & 1 & 0\\4 & 2 & 3\\3 & -1 & 6\end{bmatrix}$，求 $A+B,3A,AB,A/B,A\backslash B,A^{T},|A|,A^{-1}$。

解 输入和输出结果见表 12-5-1。

表 12-5-1

输入命令	输出结果
>>A=[1 -1 2;3 2 4;4 1 5]; >>B=[2 1 0;4 2 3;3 -1 6]; >>A+B	ans = 3 0 2 7 4 7 7 0 11
>>3*A	ans = 3 -3 6 9 6 12 12 3 15
>>A*B	ans = 4 -3 9 26 3 30 27 1 33
>>A/B	ans = 0.6667 -0.5333 0.6000 -1.6667 1.7333 -0.2000 -0.3333 0.8667 0.4000
>>A\B	ans = -3.2000 -5.6000 5.4000 0.8000 1.4000 -0.6000 3.0000 4.0000 -3.0000
>>A'	ans = 1 3 4 -1 2 1 2 4 5
>>det(A)	ans = -5
>>inv(A)	ans = -1.2000 -1.4000 1.6000 -0.2000 0.6000 -0.4000 1.0000 1.0000 -1.0000

说明:在上述运算中,如果矩阵不满足运算的条件,例如,求加减运算是两矩阵的维数不同时,输出则会提示错误。

12.5.3 线性方程组的求解

1)利用 solve 函数解线性方程组

命令调用格式为:

[x1,x2,⋯,xn] = solve(eqn$_1$,eqn$_2$,⋯,eqn$_n$)

其中,x1,x2,⋯,xn 表示 n 个未知变量,eqn$_i$ 表示第 i 个方程的符号表达式。

例 3 解线性方程组 $\begin{cases} x_1 + 2x_2 + 3x_3 = -1 \\ 2x_1 + 2x_2 + x_3 = 2 \\ 3x_1 + 4x_2 + 3x_3 = 1 \end{cases}$。

解 输入:

```
>>[x1,x2,x3] = solve('x1 +2 * x2 +3 * x3 = -1','2 * x1 +2 * x2 + x3 =2','3 * x1 +
4 * x2 +3 * x3 =1')
```

输出:

```
x1 =
    3
x2 =
    -2
x3 =
    0
```

输出结果表示线性方程组的解为: $x_1 = 3, x_2 = -2, x_3 = 0$。

例 4 解线性方程组 $\begin{cases} x_1 + x_2 + x_3 = 1 \\ 2x_1 + x_2 - 4x_3 = 0 \\ -x_1 + 5x_3 = 1 \end{cases}$。

解 输入:

```
>>[x1,x2,x3] = solve('x1 +x2 +x3 =1','2 * x1 +x2 -4 * x3 =0','-x1 +5 * x3 =1')
```

输出:

```
x1 =
    -1 +5 * x3
x2 =
    2 -6 * x3
x3 =
    x3
```

输出结果表示线性方程组的解为: $\begin{cases} x_1 = 5x_3 - 1 \\ x_2 = -6x_3 + 2 \end{cases}$ (x_3 为自由未知量)。

2)将线性方程组转化为矩阵方程求解

由于线性方程组都可以转化成矩阵方程形式 $AX=B$（A 为线性方程组的系数矩阵，X 为未知数矩阵，B 为常数项矩阵），所以就可以利用解矩阵方程的方法求解线性方程组。

例 5 用矩阵解法求解线性方程组 $\begin{cases} x_1+2x_2+3x_3=-1 \\ 2x_1+2x_2+x_3=2 \\ 3x_1+4x_2+3x_3=1 \end{cases}$。

解 输入：

```
>>A=[1 2 3;2 2 1;3 4 3];B=[-1;2;1];inv(A)*B
```

输出：

```
ans =
     3.0000
    -2.0000
     0.0000
```

输出结果表示线性方程组的解为：$x_1=3, x_2=-2, x_3=0$。

下面用左除法来求：

输入：

```
>>A=[1 2 3;2 2 1;3 4 3];B=[-1;2;1];X=A\B
```

输出：

```
X =
     3.0000
    -2.0000
     0.0000
```

说明：求解方程组时，尽量使用左除法 $A\backslash B$，这样速度快，进度高。

3）利用 rref 函数解线性方程组

命令调用格式为：

rref([A,B])：其中 A 为线性方程组的系数矩阵，B 为常数项矩阵，利用 rref 函数解线性方程组本质上就是利用矩阵的行初等变换求解线性方程组的解。

例 6 解线性方程组 $\begin{cases} x_1+x_2-x_3=3 \\ x_1+2x_2-3x_3=1 \\ x_1+3x_2-6x_3=4 \end{cases}$。

解 输入：

```
>>  A=[1 1 -1;1 2 -3;1 3 -6];B=[3;1;4];rref([A,B])
```

输出：

```
ans =
     1     0     0    10
     0     1     0   -12
     0     0     1    -5
```

输出结果表示线性方程组的解为：$x_1=10, x_2=-12, x_3=-5$。

例 7 解线性方程组 $\begin{cases} 4x_1 - x_2 + 9x_3 = -6 \\ x_1 - 2x_2 + 4x_3 = -5 \\ 2x_1 + 3x_2 + x_3 = 4 \\ 3x_1 + 8x_2 - 2x_3 = 13 \end{cases}$。

解 输入：

```
> >A = [4 -1 9;1  -2 4;2 3 1;3 8  -2];B = [ -6; -5;4;13];rref([A,B])
```

输出：

```
ans =
    1    0    2    -1
    0    1   -1     2
    0    0    0     0
    0    0    0     0
```

输出结果表示线性方程组可化为 $\begin{cases} x_1 + 2x_3 = -1 \\ x_2 - x_3 = 2 \end{cases}$，即

方程组的解为：$\begin{cases} x_1 = -1 - 2x_3 \\ x_2 = 2 + x_3 \end{cases}$（$x_3$ 为自由未知量）。

12.5.4 线性规划问题的求解

MATLAB7.1 提供了 linprog 命令来求解线性规划问题，linprog 函数的三种调用格式如下：

（1）求解模型：

$$\min z = CX$$
$$s.t.\ AX \leqslant b$$

命令格式为：X = linprog(C,A,b)

（2）求解模型：

$$\min z = CX$$
$$s.t.\ AX \leqslant b$$
$$aeq.\ X = beq$$

命令格式为：X = linprog(C,A,b,aeq,beq)

（3）求解模型：

$$\min z = CX$$
$$s.t.\ AX \leqslant b$$
$$aeq.\ X = beq$$
$$vlb \leqslant X \leqslant vub$$

命令格式为：X = linprog(C,A,b,aeq,beq,vlb,vub)

说明：

s.t.：表示约束条件；

A：表示不等式约束矩阵；

b：表示不等式约束右边项系数向量；

aeq：表示等式约束矩阵；

beq：表示等式约束右边项系数向量；

vlb：表示自变量下限向量；

vub：表示自变量上限向量。

例 8 物质调运问题

设某种物资从两个供应地 A_1、A_2 运往三个需求地 B_1、B_2 和 B_3。各地供应量、需求量及供应地到需求地的单位物资运费见表 12-5-2，问如何调运才能使总运费最少？

表 12-5-2

运费(元/t) 供应地 / 需求地	B_1	B_2	B_3	供应量(t)
A_1	2	3	5	35
A_2	4	7	8	25
需求量(t)	10	30	20	

解 设物资从 A_1 运往 B_1、B_2、B_3 的数量分别为 x_1、x_2、x_3，从 A_2 运往 B_1、B_2、B_3 的数量分别为 x_4、x_5、x_6，显然 $x_i \geqslant 0(i=1,2,\cdots,6)$。

数学模型为：$\min z = 2x_1 + 3x_2 + 5x_3 + 4x_4 + 7x_5 + 8x_6$

$$s.t.\begin{cases} x_1 + x_2 + x_3 = 35 \\ x_4 + x_5 + x_6 = 25 \\ x_1 + x_4 = 10 \\ x_2 + x_5 = 30 \\ x_3 + x_6 = 20 \\ x_i \geqslant 0, i = 1,2,\cdots,6 \end{cases}$$

输入：

```
>>C=[2 3 5 4 7 8];A=[];b=[];          %[]表示零矩阵或零向量
>>aeq=[1 1 1 0 0 0;0 0 0 1 1 1; 1 0 0 1 0 0;0 1 0 0 1 0;0 0 1 0 0 1];
>>beq=[35;25;10;30;20];
>>vlb=[0;0;0;0;0;0];vub=[];
>>X=linprog(C,A,b,aeq,beq,vlb,vub)
```

输出：

```
Optimization terminated.
X =
     0.0000
    30.0000
     5.0000
    10.0000
     0.0000
```

```
    15.0000
```

再输入：

```
>>z=C*X
```

输出：

```
z =
   275.0000
```

即最优解为：$x_1 = 0, x_2 = 30, x_3 = 5, x_4 = 10, x_5 = 0, x_6 = 15$，最优值为 $z = 275$。

注意：MATLAB7.1 中未提供求解线性规划最大值问题的命令，但可将之转化为求解目标函数的相反数的最小值的线性规划问题，从而求出最优值点。

例 9 某化工公司用 A、B、C 三种化工原料生产甲、乙两种化工产品，每生产一吨甲产品需耗费化工原料 A 与 B 各 1t，每吨产品可获利 3 万元；每生产一吨乙产品需耗费化工原料 A1t、B2t、C1t，每吨产品可获利 4 万元；该公司现有 6t 化工原料 A、8t 化工原料 B、3t 化工原料 C。问如何制定生产计划，使得该公司的现有资源经生产后能获得最大利润？

解 设产品甲、乙各生产 x_1、x_2t，获利为 z 万元，由题意得

数学模型为：

$$\max z = 3x_1 + 4x_2$$

$$s.t.\begin{cases} x_1 + x_2 \leqslant 6 \\ x_1 + 2x_2 \leqslant 8 \\ x_2 \leqslant 3 \\ x_1 \geqslant 0, x_2 \geqslant 0 \end{cases}$$

最大值问题可转化为

$$\min -z = -3x_1 - 4x_2$$

输入：

```
>>C=[-3 -4];A=[1 1;1 2;0 1];b=[6;8;3];
>> aeq=[];beq=[];
>>vlb=[0;0];vub=[];
>>X=linprog(C,A,b,aeq,beq,vlb,vub)
```

输出：

```
Optimization terminated.
X =
     4.0000
     2.0000
```

再输入：

```
>>z=-C*X
```

输出：

```
z =
     20.0000
```

即甲产品生产 4t、乙产品生产 2t 时，利润最大，最大利润为 20 万元。

习题 12.5

利用 MATLAB 求解下列问题：

1. 已知矩阵 $\boldsymbol{A}=\begin{bmatrix}5&2&6\\1&2&4\\2&1&1\end{bmatrix}$，$\boldsymbol{B}=\begin{bmatrix}1&2&3\\3&-2&1\\4&-5&6\end{bmatrix}$，求 $2\boldsymbol{A}+\boldsymbol{B}^{\mathrm{T}}$、$\boldsymbol{AB}$。

2. 已知 $\boldsymbol{A}=\begin{bmatrix}4&3&2\\3&2&1\\2&1&1\end{bmatrix}$，求 $\boldsymbol{A}^{-1}$。

3. 已知 $\boldsymbol{A}=\begin{bmatrix}2&3&-1\\1&2&0\\-1&2&-2\end{bmatrix}$，$\boldsymbol{B}=\begin{bmatrix}2&1\\-1&0\\3&1\end{bmatrix}$，解矩阵方程 $\boldsymbol{AX}=\boldsymbol{B}$。

4. 用三种方法求解线性方程组 $\begin{cases}x_1+2x_2-x_3=-4\\3x_1+4x_2-2x_3=-7\\5x_1-4x_2+x_3=14\end{cases}$。

5. 物质调度问题

已知 A 仓库有货物 12t，B 仓库有货物 8t。由 A、B 两仓库向甲、乙、丙三个商店调运 7t、8t、5t 货物。从 A 仓库到甲、乙、丙三商店每吨货物运费分别为 8 元、6 元、9 元，从 B 仓库到甲、乙、丙三商店每吨货物运费分别为 3 元、4 元、5 元，问如何调度才能使两仓库到三商店的运费最少？

6. 利用 MATLAB 求解习题 12.4 中第 3 题。

复习题十二

1. 填空题

(1)二阶行列式 $\begin{vmatrix}3 & 5\\2 & 4\end{vmatrix}$ =________。

(2)若三阶行列式 $\boldsymbol{D}=3$,则 $\boldsymbol{D}^{\mathrm{T}}=$________。

(3)若 $\begin{vmatrix}a_{11} & a_{12}\\a_{21} & a_{22}\end{vmatrix}=5$,则 $\begin{vmatrix}3a_{11} & 3a_{12}\\3a_{21} & 3a_{22}\end{vmatrix}=$________。

(4)若三阶行列式 $\boldsymbol{D}=\begin{vmatrix}2 & 3 & 1\\1 & 2 & 0\\1 & 3 & 1\end{vmatrix}$,则元素 a_{23} 的代数余子式 $A_{23}=$________。

(5)四阶行列式 $\begin{vmatrix}2 & 3 & 1 & 9\\0 & 3 & 7 & 8\\0 & 0 & 4 & 6\\0 & 0 & 0 & 2\end{vmatrix}=$________。

(6)若 $\boldsymbol{A}$、$\boldsymbol{B}$ 为 n 阶方阵,且 $|\boldsymbol{A}|=3$,$|\boldsymbol{B}|=2$,则 $|\boldsymbol{BA}|=$________。

(7)设 $\boldsymbol{A}=\begin{pmatrix}\boldsymbol{a} & 0 & 0\\0 & \boldsymbol{b} & 0\\0 & 0 & \boldsymbol{c}\end{pmatrix}$,则 $\boldsymbol{A}^{10}=$________。

2. 计算下列行列式的值:

(1) $\begin{vmatrix}4 & 2 & 3\\1 & 1 & 2\\2 & 3 & 6\end{vmatrix}$; (2) $\begin{vmatrix}2 & -5 & 1 & 2\\-3 & 7 & -1 & 4\\5 & -9 & 2 & 7\\4 & -6 & 1 & 2\end{vmatrix}$; (3) $\begin{vmatrix}1 & 1 & 1 & 1\\a & x & b & b\\b & b & x & c\\c & c & c & x\end{vmatrix}$。

3. 已知 $\boldsymbol{A}=\boldsymbol{B}$,并且 $\boldsymbol{A}=\begin{pmatrix}a+b & 3\\3 & a-b\end{pmatrix}$,$\boldsymbol{B}=\begin{pmatrix}7 & 2c+d\\c-d & 3\end{pmatrix}$,求 a、b、c、d。

4. 计算:

(1) $\begin{pmatrix}1 & 1 & 1\\0 & 1 & 1\\0 & 0 & 1\end{pmatrix}^2$;(2) $\begin{pmatrix}2 & 1\\5 & -3\end{pmatrix}\begin{pmatrix}1 & 2 & 3\\2 & -1 & 6\end{pmatrix}\begin{pmatrix}3 & -2\\0 & 1\\-1 & 0\end{pmatrix}$。

5. 已知 $\boldsymbol{A}=\begin{pmatrix}3 & 1 & 0\\-1 & 2 & 1\\3 & 4 & 2\end{pmatrix}$,$\boldsymbol{B}=\begin{pmatrix}1 & 0 & 2\\-1 & 1 & 1\\2 & 1 & 1\end{pmatrix}$,求满足方程 $3\boldsymbol{A}-2\boldsymbol{X}=\boldsymbol{B}$ 的 $\boldsymbol{X}$。

6. 解下列线性方程组:

（1）$\begin{cases} x_1 - x_2 + x_3 - 2x_4 = 2 \\ 2x_1 - x_3 + 4x_4 = 4 \\ x_1 - 2x_2 + x_3 - 2x_4 = 4 \\ 3x_1 + 2x_2 + x_3 = -1 \end{cases}$；　　（2）$\begin{cases} x_1 + 5x_2 - x_3 - x_4 = -1 \\ x_1 + 4x_2 + x_3 + 3x_4 = 3 \\ 3x_1 + 14x_2 - x_3 + x_4 = 1 \end{cases}$；

（3）$\begin{cases} x_1 + 2x_2 + x_3 - 3x_4 = 0 \\ 3x_1 + 6x_2 + 4x_3 - 6x_4 = 0 \\ 2x_1 + 4x_2 + 5x_3 + 3x_4 = 0 \end{cases}$。

7. 当 p、q 取何值时，线性方程组 $\begin{cases} x_1 + x_2 + x_3 + x_4 + x_5 = 1 \\ 3x_1 + 2x_2 + x_3 + x_4 - 3x_5 = p \\ x_2 + 2x_3 + 2x_4 + 6x_5 = 3 \\ 5x_1 + 4x_2 + 3x_3 + 3x_4 - x_5 = q \end{cases}$ 有解？无解？在有解的情况下，求出它的解。

8. m 为何值时，齐次线性方程组 $\begin{cases} (5-m)x_1 + 2x_2 + 2x_3 = 0 \\ 2x_1 + (6-m)x_2 = 0 \\ 2x_1 + (4-m)x_3 = 0 \end{cases}$ 有非零解。

9. 生产安排模型

咏乐豆腐店用不同质量的黄豆制作两种不同口味的豆腐。制作口感较鲜嫩的豆腐每千克需要一级黄豆 0.2kg 及二级黄豆 0.1kg，售价 5 元/kg；制作口感较厚实的豆腐每千克需要一级黄豆 0.1kg 及二级黄豆 0.3kg，售价 3 元/kg。现小店购入 9kg 一级黄豆和 8kg 二级黄豆。问豆腐店制作两种豆腐各多少千克，才能获得最大收益，最大收益是多少？

10. 运输模型

某市东、南、西三个蔬菜基地要向市内东、南、西、北四个菜市场运送蔬菜以保证该市居民每天的蔬菜需求。东、南、西三个蔬菜基地的蔬菜供应量分别为：2000t、2500t、3000t。东、南、西、北四个菜市场蔬菜需求量分别为：2000t、2300t、1800t、1400t。每吨蔬菜的运输费用见下表所示（单位：元）。问如何制定运输方案才能使运费最省？

运输费用表（单位：元）

	市场东	市场南	市场西	市场北
基地东	21	27	13	40
基地南	45	51	37	20
基地西	32	35	20	30

数学素质拓展——矩阵密码问题

矩阵密码法是一种信息编码与解码的方法，其中最简单的一种是利用可逆矩阵，在26个英文字母与数字间建立起一一对应，如可以是

$$\begin{matrix} A & B & \cdots & Y & Z \\ \updownarrow & \updownarrow & & \updownarrow & \updownarrow \\ 1 & 2 & \cdots & 25 & 26 \end{matrix}$$

若要发出信息“SEND MONEY”，使用上述代码，则此信息的编码是19，5，14，4，13，15，14，5，25，其中5表示字母E。不幸的是，这种编码很容易被别人破译。在一个较长的信息编码中，人们会根据出现频率最高的数值而猜出它代表的是哪个字母，比如，上述编码中出现最多次的数值是5，人们自然会想到它代表的是字母E，因为统计规律告诉我们，字母E是英文单词中出现频率最高的。

人们可以利用矩阵乘法来对明文“SEND MONEY”进行加密，让其变成“密文”后再行传递，以增加非法用户破译的难度，而让合法用户轻松解密。如果一个矩阵 $\boldsymbol{A}$ 的元素均为整数，而且其行列式 $|\boldsymbol{A}|=1$ 或 -1，那么由 $\boldsymbol{A}^{-1}=\frac{1}{|\boldsymbol{A}|}\boldsymbol{A}^*$ 即知，$\boldsymbol{A}^{-1}$ 的元素均为整数。为此可以利用这样的矩阵 $\boldsymbol{A}$ 来对明文加密，使加密之后的密文很难破译。现在取

$$\boldsymbol{A}=\begin{pmatrix} 1 & 2 & 1 \\ 2 & 5 & 2 \\ 2 & 3 & 2 \end{pmatrix}$$

明文“SEND MONEY”对应的9个数值按3列被排成以下的矩阵

$$\boldsymbol{B}=\begin{pmatrix} 19 & 4 & 14 \\ 5 & 13 & 5 \\ 14 & 25 & 25 \end{pmatrix}$$

矩阵乘积

$$\boldsymbol{AB}=\begin{pmatrix} 1 & 2 & 1 \\ 2 & 5 & 2 \\ 2 & 3 & 2 \end{pmatrix}\begin{pmatrix} 19 & 4 & 14 \\ 5 & 13 & 5 \\ 14 & 25 & 25 \end{pmatrix}=\begin{pmatrix} 43 & 45 & 49 \\ 105 & 118 & 128 \\ 81 & 77 & 93 \end{pmatrix}$$

对应着将发出去的密文编码：

43，105，81，45，118，77，49，128，93

合法用户用 $\boldsymbol{A}^{-1}$ 去左乘上述矩阵即可解密得到明文。

$$\boldsymbol{A}^{-1}\begin{pmatrix} 43 & 45 & 49 \\ 105 & 118 & 128 \\ 81 & 77 & 93 \end{pmatrix}=\begin{pmatrix} 1 & -1 & 1 \\ 2 & 0 & -1 \\ -4 & 1 & 1 \end{pmatrix}\begin{pmatrix} 43 & 45 & 49 \\ 105 & 118 & 128 \\ 81 & 77 & 93 \end{pmatrix}=\begin{pmatrix} 19 & 4 & 14 \\ 5 & 13 & 5 \\ 14 & 25 & 25 \end{pmatrix}$$

为了构造“密钥”矩阵 $\boldsymbol{A}$，就可以从单位矩阵 $\boldsymbol{E}$ 开始，有限次地使用第三类初等行变换，而且只用某行的整数倍加到另一行，当然，第一类初等行变换也能使用。这样得到的矩阵 $\boldsymbol{A}$，其元素均为整数，而且由于 $|\boldsymbol{A}|=1$ 或 -1 可知，$\boldsymbol{A}^{-1}$ 的元素必然均为整数。

附录一 标准正态分布表

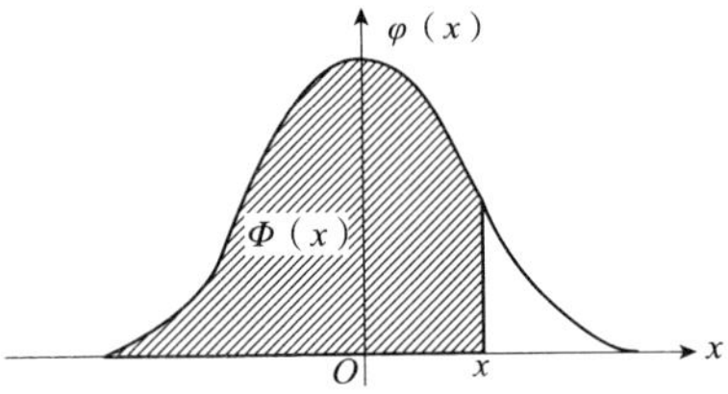

$$\Phi(x)=P(X\leqslant x)=\frac{1}{\sqrt{2\pi}}\int_{-\infty}^{x}e^{-\frac{t^2}{2}}dt$$

$$\Phi(-x)=1-\Phi(x)$$

$\Phi(x)$ \ x	0.00	0.01	0.02	0.03	0.04	0.05	0.06	0.07	0.08	0.09
0.00	0.500 0	0.504 0	0.508 0	0.512 0	0.516 0	0.519 9	0.523 9	0.527 9	0.531 9	0.535 9
0.1	0.539 8	0.543 8	0.547 8	0.551 7	0.555 7	0.559 6	0.563 6	0.567 5	0.571 4	0.575 3
0.2	0.579 3	0.583 2	0.587 1	0.591 0	0.594 8	0.598 7	0.602 6	0.606 4	0.610 3	0.614 1
0.3	0.617 9	0.621 7	0.625 5	0.629 3	0.633 1	0.636 8	0.640 6	0.644 3	0.648 0	0.651 7
0.4	0.655 4	0.659 1	0.662 8	0.666 4	0.670 0	0.673 6	0.677 2	0.680 8	0.684 4	0.687 9
0.5	0.691 5	0.695 0	0.698 5	0.701 9	0.705 4	0.708 8	0.712 3	0.715 7	0.719 0	0.722 4
0.6	0.725 7	0.729 1	0.732 4	0.735 7	0.738 9	0.742 2	0.745 4	0.748 6	0.751 7	0.754 9
0.7	0.758 0	0.761 1	0.764 2	0.767 3	0.770 3	0.773 4	0.776 4	0.779 4	0.782 3	0.785 2
0.8	0.788 1	0.791 0	0.793 9	0.96 7	0.799 5	0.802 3	0.85 1	0.807 8	0.810 6	0.813 3
0.9	0.815 9	0.818 6	0.821 2	0.823 8	0.826 4	0.828 9	0.831 5	0.834 0	0.836 5	0.838 9
1.0	0.841 3	0.843 8	0.846 1	0.848 5	0.850 8	0.853 1	0.855 4	0.857 7	0.859 9	0.862 1
1.1	0.864 3	0.866 5	0.868 6	0.870 8	0.872 9	0.874 9	0.877 0	0.879 0	0.881 0	0.883 0
1.2	0.884 9	0.886 9	0.868 9	0.890 7	0.892 5	0.894 4	0.896 2	0.898 0	0.899 7	0.901 5
1.3	0.903 2	0.904 9	0.906 6	0.908 2	0.909 9	0.911 5	0.913 1	0.914 7	0.916 2	0.917 7
1.4	0.919 2	0.920 7	0.922 2	0.923 6	0.925 1	0.926 5	0.927 8	0.929 2	0.930 6	0.931 9
1.5	0.933 2	0.934 5	0.935 7	0.937 0	0.938 2	0.939 4	0.940 6	0.941 8	0.943 0	0.944 1
1.6	0.945 2	0.946 3	0.947 4	0.948 4	0.949 5	0.950 5	0.951 5	0.952 5	0.953 5	0.954 5
1.7	0.955 4	0.956 4	0.957 3	0.958 2	0.959 1	0.959 9	0.960 8	0.961 6	0.962 5	0.963 3
1.8	0.964 1	0.964 8	0.965 6	0.966 4	0.967 1	0.967 8	0.968 6	0.969 3	0.970 0	0.970 6
1.9	0.971 3	0.971 9	0.972 6	0.973 2	0.973 8	0.974 4	0.975 0	0.975 6	0.976 2	0.976 7
2.0	0.977 2	0.977 8	0.978 3	0.978 8	0.979 3	0.979 8	0.980 3	0.980 8	0.981 2	0.981 7
2.1	0.982 1	0.982 6	0.983 0	0.983 4	0.983 8	0.984 2	0.984 6	0.985 0	0.985 4	0.985 7
2.2	0.986 1	0.986 4	0.986 8	0.987 1	0.987 4	0.987 8	0.988 1	0.988 4	0.988 7	0.989 0
2.3	0.989 3	0.989 6	0.989 8	0.990 1	0.990 4	0.990 6	0.990 9	0.991 1	0.991 3	0.991 6
2.4	0.991 8	0.992 0	0.992 2	0.992 5	0.992 7	0.992 9	0.993 1	0.993 2	0.993 4	0.993 6
2.5	0.993 8	0.994 0	0.994 1	0.994 3	0.994 5	0.994 6	0.994 8	0.994 9	0.995 1	0.995 2
2.6	0.995 3	0.995 5	0.995 6	0.995 7	0.995 9	0.996 0	0.996 1	0.996 2	0.996 3	0.996 4
2.7	0.996 5	0.996 6	0.996 7	0.996 8	0.996 9	0.997 0	0.997 1	0.997 2	0.997 3	0.997 4
2.8	0.997 4	0.997 5	0.997 6	0.997 7	0.997 7	0.997 8	0.997 9	0.997 9	0.998 0	0.998 1
2.9	0.998 1	0.998 2	0.998 2	0.998 3	0.998 4	0.998 4	0.998 5	0.998 5	0.998 6	0.998 6
3.0	0.998 7	0.999 0	0.999 3	0.999 5	0.999 7	0.999 8	0.999 8	0.999 9	0.999 9	0.1000 0

附录二 t 分布表

$P(t(n) > t_\alpha(n)) = \alpha$

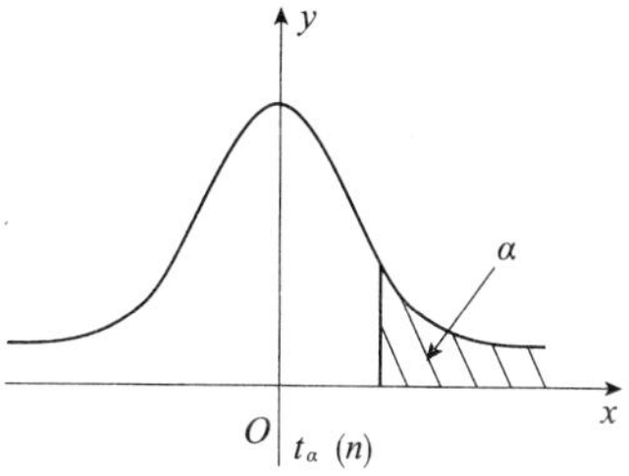

n	$\alpha=0.25$	0.10	0.05	0.025	0.01	0.005
1	1.000 0	3.077 7	6.313 8	12.706 2	31.820 7	63.657 4
2	0.816 5	1.885 6	2.920 0	4.302 7	6.964 6	9.924 8
3	0.764 9	1.637 7	2.353 4	3.182 4	4.540 7	5.840 9
4	0.740 7	1.533 2	2.131 8	2.776 4	3.746 9	4.604 1
5	0.726 7	1.475 9	2.015 0	2.570 6	3.364 9	4.032 2
6	0.717 6	1.439 8	1.943 2	2.446 9	3.142 7	3.707 4
7	0.711 1	1.414 9	1.894 6	2.364 6	2.998 0	3.499 5
8	0.706 4	1.396 8	1.859 5	2.306 0	2.896 5	3.355 4
9	0.702 7	1.383 0	1.833 1	2.262 2	2.821 4	3.249 8
10	0.699 8	1.372 2	1.812 5	2.228 1	2.763 8	3.169 3
11	0.697 4	1.363 4	1.795 9	2.201 0	2.718 1	3.105 8
12	0.695 5	1.356 2	1.782 3	2.178 8	2.681 0	3.054 5
13	0.693 8	1.350 2	1.770 9	2.160 4	2.650 3	3.012 3
14	0.692 4	1.345 0	1.761 3	2.144 8	2.624 5	2.976 8
15	0.691 2	1.340 6	1.753 1	2.131 5	2.602 5	2.946 7
16	0.690 1	1.336 8	1.745 9	2.119 9	2.583 5	2.920 8
17	0.689 2	1.333 4	1.739 6	2.109 8	2.566 9	2.898 2
18	0.688 4	1.330 4	1.734 1	2.100 9	2.552 4	2.878 4
19	0.687 6	1.327 7	1.729 1	2.093 0	2.539 5	2.860 9
20	0.687 0	1.325 3	1.724 7	2.086 0	2.528 0	2.845 3
21	0.686 4	1.323 2	1.720 7	2.079 6	2.517 7	2.831 4
22	0.685 8	1.321 2	1.717 1	2.073 9	2.508 3	2.818 8
23	0.685 3	1.319 5	1.713 9	2.068 7	2.499 9	2.807 3
24	0.684 8	1.317 8	1.710 9	2.063 9	2.492 2	2.796 9
25	0.684 4	1.316 3	1.708 1	2.059 5	2.485 1	2.787 4

续上表

n	$\alpha=0.25$	0.10	0.05	0.025	0.01	0.005
26	0.684 0	1.315 0	1.705 8	2.055 5	2.478 6	2.778 7
27	0.683 7	1.313 7	1.703 3	2.051 8	2.472 7	2.770 7
28	0.683 4	1.312 5	1.701 1	2.048 4	2.467 1	2.763 3
29	0.683 0	1.311 4	1.699 1	2.045 2	2.462 0	2.756 4
30	0.682 8	1.310 4	1.697 3	2.042 3	2.457 3	2.750 0
31	0.682 5	1.309 5	1.695 5	2.039 5	2.452 8	2.744 0
32	0.682 2	1.308 6	1.693 9	2.036 9	2.448 7	2.738 5
33	0.682 0	1.307 7	1.692 4	2.034 5	2.444 8	2.733 3
34	0.681 8	1.307 0	1.690 9	2.032 2	2.441 1	2.728 4
35	0.681 6	1.306 2	1.689 6	2.030 1	2.437 7	2.723 8
36	0.681 4	1.305 5	1.688 3	2.028 1	2.434 5	2.719 5
37	0.681 2	1.304 9	1.687 1	2.026 2	2.431 4	2.715 4
38	0.681 0	1.3042	1.686 0	2.024 4	2.428 6	2.711 6
39	0.680 8	1.303 6	1.684 9	2.022 7	2.425 8	2.707 9
40	0.680 7	1.303 1	1.683 9	2.021 1	2.423 3	2.704 5
41	0.680 5	1.302 5	1.682 9	2.019 5	2.420 8	2.701 2
42	0.680 4	1.302 0	1.682 0	2.018 1	2.418 5	2.698 1
43	0.680 2	1.301 6	1.681 1	2.016 7	2.416 3	2.695 1
44	0.680 1	1.301 1	1.680 2	2.015 4	2.414 1	2.692 3
45	0.680 0	1.300 6	1.679 4	2.014 1	2.412 1	2.680 6

附录三 χ^2 分布表

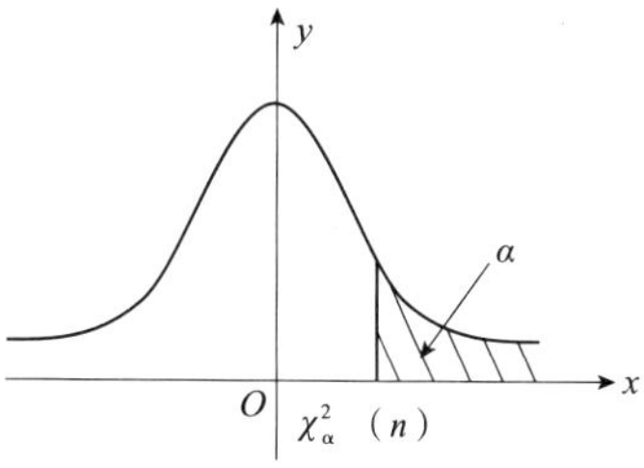

$P(\chi^2(n) > \chi^2_\alpha(n)) = \alpha$ （n 为自由度）

n	α=0.995	0.99	0.975	0.95	0.90	0.75
1	—	—	0.001	0.004	0.016	0.102
2	0.010	0.020	0.051	0.103	0.211	0.575
3	0.072	0.115	0.216	0.352	0.584	1.213
4	0.207	0.297	0.484	0.711	1.064	1.923
5	0.412	0.554	0.831	1.145	1.610	2.675
6	0.676	0.872	1.237	1.635	2.204	3.455
7	0.989	1.239	1.690	2.167	2.833	4.255
8	1.344	1.646	2.180	2.733	3.490	5.071
9	1.735	2.088	2.700	3.325	4.168	5.899
10	2.156	2.558	3.247	3.940	4.865	6.737
11	2.603	3.053	3.816	4.575	5.578	7.584
12	3.074	3.571	4.404	5.226	6.304	8.438
13	3.565	4.107	5.009	5.892	7.042	9.299
14	4.075	4.660	5.629	6.571	7.790	10.165
15	4.601	5.229	6.262	7.261	8.547	11.037
16	5.142	5.812	6.908	7.962	9.312	11.912
17	5.697	6.408	7.564	8.672	10.085	12.792
18	6.265	7.015	8.231	9.390	10.865	13.675
19	6.844	7.633	8.907	10.117	11.651	14.562
20	7.434	8.260	9.591	10.851	12.443	15.452

续上表

n	α = 0.995	0.99	0.975	0.95	0.90	0.75
21	8.034	8.897	10.283	11.591	13.240	16.344
22	8.643	9.542	10.982	12.338	14.042	17.240
23	9.260	10.196	11.689	13.091	14.848	18.137
24	9.886	10.856	12.401	13.848	15.659	19.037
25	10.520	11.524	13.120	14.611	16.473	19.939
26	11.160	12.198	13.844	15.379	17.292	20.843
27	11.808	12.879	17.573	16.151	18.114	21.749
28	12.461	13.565	15.308	16.928	18.939	22.657
29	13.121	14.257	16.047	17.708	19.768	23.567
30	13.787	14.954	16.791	18.493	20.599	24.478
31	14.458	15.655	17.539	19.281	21.434	25.390
32	15.134	16.362	18.291	20.072	22.271	26.304
33	15.815	17.074	19.047	20.807	23.110	27.219
34	16.501	17.789	19.806	21.664	23.952	28.136
35	17.192	18.509	20.569	22.465	24.797	29.054
36	17.887	19.233	21.336	23.269	25.613	29.973
37	18.586	19.960	22.106	24.075	26.492	30.893
38	19.289	20.691	22.878	24.884	27.343	31.815
39	19.996	21.426	23.654	25.695	28.196	32.737
40	20.707	22.164	24.433	26.509	29.051	33.660
41	21.421	22.906	25.215	27.326	29.907	34.585
42	22.138	23.650	25.999	28.144	30.765	35.510
43	22.859	24.398	26.785	28.965	31.625	36.430
44	23.584	25.143	27.575	29.787	32.487	37.363
45	24.311	25.901	28.366	30.612	33.350	38.291

n	α = 0.25	0.10	0.05	0.025	0.01	0.005
1	1.323	2.706	3.841	5.024	6.635	7.879
2	2.773	4.605	5.991	7.378	9.210	10.597
3	4.108	6.251	7.815	9.348	11.345	12.838
4	5.385	7.779	9.488	11.143	13.277	14.860
5	6.626	9.236	11.071	12.833	15.086	16.750

续上表

n	α =0.25	0.10	0.05	0.025	0.01	0.005
6	7.841	10.645	12.592	14.449	16.812	18.548
7	9.037	12.017	14.067	16.013	18.475	20.278
8	10.219	13.362	15.507	17.535	20.090	21.955
9	11.289	14.684	16.919	19.023	21.666	23.589
10	12.549	15.987	18.307	20.483	23.209	25.188
11	13.701	17.275	19.675	21.920	24.725	26.757
12	14.845	18.549	21.026	23.337	26.217	28.299
13	15.984	19.812	22.362	24.736	27.688	29.819
14	17.117	21.064	23.685	26.119	29.141	31.319
15	18.245	22.307	24.996	27.488	30.578	32.801
16	19.369	23.542	26.286	28.845	32.000	34.267
17	20.489	24.769	27.587	30.191	33.409	35.718
18	21.605	25.989	28.869	31.526	34.805	37.156
19	22.718	27.204	30.144	32.852	36.191	38.582
20	23.828	28.412	31.410	34.170	37.566	39.997
21	24.935	29.615	32.671	35.479	38.932	41.401
22	26.039	30.813	33.924	36.781	40.289	42.796
23	27.141	32.007	35.172	38.076	41.638	44.181
24	28.241	33.196	36.415	39.364	42.980	45.559
25	29.339	34.382	37.652	40.646	44.314	46.928
26	30.435	35.563	38.885	41.923	45.642	48.290
27	31.528	36.741	40.113	43.194	46.963	49.645
28	32.620	37.916	41.337	44.461	48.278	50.993
29	33.711	39.087	42.557	45.722	49.588	52.336
30	34.800	40.256	43.773	46.979	50.892	53.672

附录四 相关系数显著性检验表

$$P(|r| > r_{\alpha}) = \alpha$$

自由度 (k)	临界概率(α)及其相应的临界值				
	0.10	0.05	0.02	0.01	0.001
1	0.987 7	0.996 9	0.999 5	0.999 9	0.999 9
2	0.900 0	0.950 0	0.980 0	0.990 0	0.999 0
3	0.805 4	0.878 3	0.934 3	0.958 7	0.991 2
4	0.729 3	0.811 4	0.882 2	0.917 2	0.974 1
5	0.669 4	0.754 5	0.832 9	0.874 5	0.950 7
6	0.621 5	0.706 7	0.788 7	0.834 3	0.924 9
7	0.582 2	0.666 4	0.749 8	0.797 7	0.898 2
8	0.549 4	0.631 9	0.715 5	0.764 6	0.872 1
9	0.521 4	0.602 1	0.685 1	0.734 8	0.847 1
10	0.497 3	0.576 0	0.658 1	0.707 9	0.823 3
11	0.476 2	0.552 9	0.633 9	0.683 5	0.801 0
12	0.457 5	0.532 4	0.612 0	0.661 4	0.780 0
13	0.440 9	0.513 9	0.592 3	0.641 1	0.760 3
14	0.425 9	0.497 3	0.574 2	0.622 6	0.742 0
15	0.412 4	0.482 1	0.557 7	0.605 5	0.724 6
16	0.400 0	0.468 3	0.543 5	0.589 7	0.708 4
17	0.388 7	0.455 5	0.528 5	0.575 1	0.693 2
18	0.378 3	0.443 8	0.515 5	0.561 4	0.678 7
19	0.368 7	0.432 9	0.503 4	0.548 7	0.665 2
20	0.359 8	0.422 7	0.492 1	0.536 8	0.652 4
25	0.323 3	0.380 9	0.445 1	0.486 9	0.597 4
30	0.296 0	0.349 4	0.409 3	0.448 7	0.554 1
35	0.274 6	0.324 6	0.381 0	0.418 2	0.518 9
40	0.257 3	0.304 4	0.357 8	0.393 2	0.489 6
45	0.242 8	0.287 5	0.338 4	0.372 1	0.464 8
50	0.230 6	0.273 2	0.321 8	0.354 1	0.443 3
60	0.210 8	0.250 0	0.294 8	0.324 8	0.407 8
70	0.195 4	0.231 9	0.273 7	0.301 7	0.379 9
80	0.182 9	0.217 2	0.256 5	0.283 0	0.356 8
99	0.176 2	0.205 0	0.242 2	0.267 3	0.337 5
100	0.163 8	0.194 6	0.230 1	0.254 0	0.321 1

附录五 部分习题参考答案

习题 5.1

1. A、B、C、D 依次在第四、五、八、三卦限。

2. (1)$(a,b,-c)$,$(-a,b,c)$$(a,-b,c)$;　(2)$(a,-b,-c)$,$(-a,b,-c)$,$(-a,-b,c)$;(3)$(-a,-b,-c)$。

3. x 轴:$\sqrt{34}$;　y 轴:$\sqrt{41}$;　z 轴:5。

4. $\{0,1,-2\}$

习题 5.2

1. (1)$\boldsymbol{a}\perp\boldsymbol{b}$;(2)$\boldsymbol{a}$ 平行 $\boldsymbol{b}$。

2. $5\boldsymbol{a}-11\boldsymbol{b}+7\boldsymbol{c}$。

3. $\overrightarrow{AB}=\dfrac{1}{2}(\boldsymbol{a}-\boldsymbol{b})$,$\overrightarrow{CD}=\dfrac{1}{2}(\boldsymbol{b}-\boldsymbol{a})$,$\overrightarrow{BC}=\dfrac{1}{2}(\boldsymbol{a}+\boldsymbol{b})$,$\overrightarrow{DA}=-\dfrac{1}{2}(\boldsymbol{b}+\boldsymbol{a})$。

4. $\overrightarrow{D_1A}=-\dfrac{1}{5}\boldsymbol{a}-\boldsymbol{c}$,$\overrightarrow{D_2A}=-\dfrac{2}{5}\boldsymbol{a}-\boldsymbol{c}$,$\overrightarrow{D_3A}=-\dfrac{3}{5}\boldsymbol{a}-\boldsymbol{c}$,$\overrightarrow{D_4A}=-\dfrac{4}{5}\boldsymbol{a}-\boldsymbol{c}$。

5. $\overrightarrow{M_1M_2}=\{1,-2,-2\}$,$-2\overrightarrow{M_1M_2}=\{-2,4,4\}$。

6. 　2;　$\cos\alpha=-\dfrac{1}{2}$,$\cos\beta=-\dfrac{\sqrt{2}}{2}$,$\cos\gamma=\dfrac{1}{2}$,$\alpha=\dfrac{2\pi}{3}$,$\beta=\dfrac{3\pi}{4}$,$\gamma=\dfrac{\pi}{3}$。

7. (1)$\boldsymbol{a}\perp Ox$ 轴,$\boldsymbol{a}$ 平行 yOz 面;
(2)$\boldsymbol{a}\perp xOz$ 轴指向 y 轴正向;
(3)$\boldsymbol{a}$ 平行 Oz 轴,或 $\boldsymbol{a}\perp xOy$ 面。

8. $\boldsymbol{b}=\{-48,45,-36\}$。

习题 5.3

1. (1)3,$5\boldsymbol{i}+\boldsymbol{j}+7\boldsymbol{k}$;　(2)$-18$,$\{10,2,14\}$;　(3)$\dfrac{3}{2\sqrt{21}}$。

2. $\left\{\dfrac{\pm 3}{\sqrt{17}},\dfrac{\mp 2}{\sqrt{17}},\dfrac{\mp 2}{\sqrt{17}}\right\}$。

3. 5880J。

4. (1)$-8\boldsymbol{j}-24\boldsymbol{k}$;　(2)$-\boldsymbol{j}-\boldsymbol{k}$。

5. 略。

习题 5.4

1. $x^2+y^2+z^2-2x-6y+4z=0$。

2. 以$(1,-2,2)$为球心,半径为 4 的球面。

3. $y^2+z^2=5x$。

4. $x^2+y^2+z^2=9$。

5. 略。

6. $\begin{cases} y^2 = \dfrac{10}{9}z \\ x = 0 \end{cases}$。

7. $3y^2 - z^2 = 16$ 及 $3x^2 + 2z^2 = 16$。

8. $\begin{cases} 2\left(x - \dfrac{1}{2}\right)^2 + y^2 = \dfrac{17}{2} \\ z = 0 \end{cases}$。

9. $\begin{cases} x^2 + 4z^2 - 2x - 3 = 0 \\ y = 0 \end{cases}$。

10. $x = y = \dfrac{3}{\sqrt{2}}\cos\theta, z = 3\sin\theta, (0 \leqslant \theta \leqslant 2\pi)$。

习题 5.5

1. $3x - 7y + 5z - 4 = 0$。
2. $2x + 9y - 6z = 121$。
3. $x - y - 2z = 0$。
4. $13x + 13y - 13z = 0$。
5. $\dfrac{1}{3}, \dfrac{2}{3}, -\dfrac{2}{3}$。
6. 1。

习题 5.6

1. $\dfrac{x-4}{2} = \dfrac{y+1}{1} = \dfrac{z-3}{5}$。
2. $\dfrac{x-3}{-4} = \dfrac{y+2}{2} = \dfrac{z-1}{1}$。
3. $16x - 14y - 11z - 65 = 0$。
4. $\cos\theta = 0$。
5. $\dfrac{x}{-2} = \dfrac{y-2}{3} = \dfrac{z-4}{1}$。
6. $8x - 9y - 22z - 59 = 0$。

习题 5.7

1. 提示:t = 0:pi/50:10*pi;plot3(sin(t),cos(t),t,'linewidth',2)。
2. 提示:[x,y] = meshgrid(-8:0.5:8);z = x.^2/9 - y.^2/4;mesh(x,y,z)。
3. 提示:[x,y] = meshgrid(-8:0.5:8);z = sin(x - y) - cos(x + y);surf(x,y,z)。

复习题五

1. $-\dfrac{3}{2}$。
2. 略。
3. $\dfrac{\pi}{3}$。

4. $\lambda = 40$。

5. $\{-4,2,-4\}$。

6. $\boldsymbol{c}=5\boldsymbol{a}+\boldsymbol{b}$。

7. 绕 x 轴：$4x^2-9y^2-9z^2=36$；绕 y 轴：$4x^2-9y^2+4z^2=36$。

8. $5x+7y+11z-8=0$。

9. $\dfrac{3}{2}\sqrt{2}$。

10. $\dfrac{1}{14}$。

习题 6.1

1. $S=\dfrac{1}{2}xy\sin z$。

2. (1) $f(2,3)=\dfrac{12}{13}$，$f\left(1,\dfrac{b}{a}\right)=\dfrac{2ab}{a^2+b^2}$ $f(x,kx)=\dfrac{2k}{1+k^2}$；

(2) $f(x+\Delta x,y+\Delta y)=\Delta x-(2a+2y)\Delta y-(\Delta y)^2$；

(3) $\varphi\left(\dfrac{t}{s}\right)=\mathrm{e}^{\frac{t}{s}}\sin\dfrac{t}{s}$，$\varphi(x-y)=\mathrm{e}^{-(x-y)}\sin(x-y)$。

3. $\ln 2$。

4. 2。

习题 6.2

1. (1) $\dfrac{\partial z}{\partial x}=yx^{y-1}$，$\dfrac{\partial z}{\partial y}=x^y\ln x$；

(2) $\dfrac{\partial z}{\partial x}=yx^{y-1}$，$\dfrac{\partial z}{\partial y}=x^y\ln x$；

(3) $\dfrac{\partial z}{\partial x}=2x\sin y$，$\dfrac{\partial z}{\partial y}=x^2\cos y$；

(4) $\dfrac{\partial u}{\partial x}=\dfrac{x}{\sqrt{x^2+y^2}}+\dfrac{y}{z}$，$\dfrac{\partial u}{\partial y}=\dfrac{y}{\sqrt{x^2+y^2}}+\dfrac{x}{z}$，$\dfrac{\partial u}{\partial z}=-\dfrac{xy}{z^2}$。

2. (1) $\left.\dfrac{\partial z}{\partial y}\right|_{\substack{x=1\\y=2}}=\mathrm{e}^2+1$；　(2) $\left.\dfrac{\partial z}{\partial x}\right|_{\substack{x=1\\y=1}}=2\mathrm{e}^2$、$\left.\dfrac{\partial z}{\partial y}\right|_{\substack{x=1\\y=1}}=2\mathrm{e}^2$。

3. $\dfrac{\partial^2 z}{\partial x^2}=y^x\ln^2 y$，$\dfrac{\partial^2 z}{\partial y^2}=x(x-1)y^{x-2}$，$\dfrac{\partial^2 z}{\partial x\partial y}=y^{x-1}(1+x\ln y)$。

4. $\dfrac{\partial z}{\partial x}=\dfrac{2x}{y^2}\ln(3x-2y)+\dfrac{3x^2}{(3-2y)y^2}$，$\dfrac{\partial z}{\partial y}=-\dfrac{2x^2}{y^3}\ln(3x-2y)-\dfrac{3x^2}{(3-2y)y^2}$。

5. $\dfrac{\mathrm{d}z}{\mathrm{d}t}=\dfrac{3-12t^2}{\sqrt{1-(3t-4t^3)^2}}$。

6. $\mathrm{d}z=\dfrac{x}{(x^2+y^2)^{\frac{3}{2}}}(y\mathrm{d}x-\mathrm{d}y)$。

7. 长 $\sqrt{\dfrac{A}{3a}}$，宽 $\sqrt{\dfrac{A}{3a}}$，高 $\dfrac{a}{2\mathrm{b}}\sqrt{\dfrac{A}{3a}}$。

习题 6.3

1. $\int_a^b dx\int_c^d f(x,y)dy$、$\int_c^d dy\int_a^b f(x,y)dx$。

2. $2\ln2-\ln3$。　　3. $-\frac{\pi}{16}$。　　4. $\frac{6}{55}$。

5. $\frac{1}{30}$。　　6. $\frac{8}{15}$。　　7. $\frac{64}{15}$。

8. $\frac{13}{6}$。　　9. $\frac{2\pi}{5}$。　　10. $\pi(1-e^{-r^2})$。

11. $\frac{7}{2}$。　　12. $\frac{3\pi}{32}a^4$。

习题 6.4

1. $10\frac{2}{3}$。　　2. $(\frac{3}{4},\frac{3}{10})$。　　3. $\frac{1}{2}mr^2$。

习题 6.5

1. 8.3891。提示：symsxy；z = y^x + exp(x * y)；g = diff(z,y)；x = 1；y = 2；eval(g)。
2. = 2 * x * exp(x^2 + y^2)，= 2 * y * exp(x^2 + y^2)。
3. = 2 * cos(x + y) - x * sin(x + y)，= cos(x + y) - x * sin(x + y)。
4. (1)1/2 * exp(4) - 3/2 * exp(2) + exp(1)。
提示：> > symsxy；int(int(exp(y),y,x,2 * x),x,1,2)。
(2)提示：> > symsxy；int(int(x * y,y,x/2,sqrt(x)),x,0,4)。
(3)提示：> > symsxy；int(int(2 - y^2,x,1 - y,y - 1),y,1,3)。

复习题六

1. (1) $\left.\frac{\partial z}{\partial x}\right|_{\substack{x=1\\y=2}}=8$，$\left.\frac{\partial z}{\partial y}\right|_{\substack{x=1\\y=2}}=7$；

(2) $\left.\frac{\partial z}{\partial x}\right|_{\substack{x=1\\y=\pi}}=0$，$\left.\frac{\partial z}{\partial y}\right|_{\substack{x=1\\y=\pi}}=2$。

2. $\frac{\partial^2 z}{\partial x^2}=6xy^2$，$\frac{\partial^2 z}{\partial y^2}=2x^3-18xy$，$\frac{\partial^2 z}{\partial x\partial y}=6yx^2-9y^2-1$，$\frac{\partial^2 z}{\partial y\partial x}=6yx^2-9y^2-1$。

3. (1) $\frac{\partial r}{\partial x}=\frac{x}{\sqrt{x^2+y^2+z^2}}$，$\frac{\partial r}{\partial y}=\frac{y}{\sqrt{x^2+y^2+z^2}}$，$\frac{\partial r}{\partial z}=\frac{z}{\sqrt{x^2+y^2+z^2}}$；

(2) $\frac{\partial z}{\partial x}=e^u(y\sin v+\cos v)$，和 $\frac{\partial z}{\partial y}=e^u(x\sin v+\cos v)$；

(3) $\frac{dz}{dt}=e^t(\cos t-\sin t)+\cos t$。

4. 略。

5. $du=dx+\frac{1}{2}\cos\frac{y}{2}+ze^{yz}\sin\frac{y}{2}dy+ye^{yz}dz$。

6. (1)0.05；　　(2)16。

7. 长、宽、高均为 $\sqrt[3]{2}$ 时。用料最省。

8. $\dfrac{\sqrt{6}}{36}a^3$。

9. $\left(\dfrac{a^2+ab+b^2}{2(a+b)},0\right)$。

10. $\dfrac{1}{4}Ma^2$。

习题 7.1

1. (1) $\dfrac{1}{2n-1}$；　(2) $(-1)^{n+1}\dfrac{n}{n+1}$；　(3) $(-1)^{n+1}\dfrac{a^n}{2n}$；

(4) $n^{(-1)^{n+1}}$；　(5) $\dfrac{1+n}{1+n^2}$；　(6) $\dfrac{n!}{n^n}$。

2. (1)发散；(2)收敛；(3)收敛；(4)发散；(5)发散；(6)收敛。

习题 7.2

1. (1)发散；(2)发散；(3)收敛；(4)收敛。

2. (1)发散；(2)收敛；(3) $0<a<1$ 时；收敛；$a>1$ 时发散；$a=1,k>1$ 时收敛；$a=1,k\leqslant 1$ 时发散；(4)收敛。

3. (1)收敛；(2)收敛；(3)收敛；(4)发散。

4. (1)条件收敛；(2)绝对收敛；(3)绝对收敛；(4)绝对收敛。

习题 7.3

1. (1) $[-1,1]$；(2) $[-5,5)$；(3) $(-\infty,+\infty)$；(4) $\left[-\dfrac{1}{3},\dfrac{1}{3}\right]$；(5) $[0,2]$；(6) $[2,4)$。

2. (1) $\dfrac{1}{e}$；(2) 3。

3. (1) $\dfrac{1}{(1-x)^2}$，$(-1<x<1)$；

(2) $\dfrac{1}{x}[x+(1-x)\ln(1-x)]$，$(0<|x|<1)$；$0(x=0)$；

(3) $\dfrac{1}{2}\ln\dfrac{1-x}{1+x}$，$(-1<x<1)$。

习题 7.4

1. (1) $\ln 2+\sum\limits_{n=0}^{\infty}(-1)^n\dfrac{1}{n+1}\left(\dfrac{x}{2}\right)^{n+1}$，$(-2,2]$；　(2) $\sum\limits_{n=0}^{\infty}\dfrac{(x\ln 3)^n}{n!}$，$(-\infty,+\infty)$；

(3) $\sum\limits_{n=0}^{\infty}\dfrac{(-1)^n}{n!}x^{2n}$，$(-\infty,+\infty)$；　(4) $-\sum\limits_{n=0}^{\infty}\dfrac{1}{4}\left[\dfrac{1}{3^n}+(-1)^{n-1}\right]x^n$。

2. $\sqrt[3]{x}=-2+\dfrac{x+2}{3}+\sum\limits_{n=2}^{\infty}\dfrac{2\cdot 5\cdot 8\cdot(3n-4)}{3^n\cdot n!}(x+2)^n$，$[-3,-1]$。

3. $\lg x=\dfrac{1}{\ln 10}\sum\limits_{n=1}^{\infty}(-1)^{n-1}\dfrac{(x-3)^n}{n}$，$[2,4]$。

4. $\dfrac{1}{x}=\dfrac{1}{3}\sum\limits_{n=1}^{\infty}(-1)^n\dfrac{(x-3)^n}{3^n}$，$(0,6)$。

5. $\ln 2+\sum_{n=1}^{\infty}\left[(-1)^{n-1}-\frac{1}{2^n}\right]\frac{(x-1)^n}{n}, (0,2]$。

习题 7.5

1. (1)2.00430;(2)0.9994。
2. 0.4940。
3. 0.0975。

习题 7.6

1. $\frac{1}{2}+\frac{2}{\pi}\sum_{n=1}^{\infty}\frac{\sin(2k-1)x}{2k-1}=\begin{cases}f(x),(-\pi,0)\cup(0,\pi)\\ \frac{1}{2},x=0,\pm\pi\end{cases}$。

2. $f(x)=\pi^2+1+12\sum_{n=1}^{\infty}\frac{(-1)^n}{n^2}\cos nx,(-\infty,+\infty)$。

3. $2\sin\frac{x}{3}=\frac{18\sqrt{3}}{\pi}\sum_{n=1}^{\infty}(-1)^{n-1}\frac{n\sin nx}{9n^2-1},x\in(-\pi,\pi)$。

4. $2x^2=\frac{4}{\pi}\sum_{n=1}^{\infty}\left[-\frac{2}{n^3}+(-1)^n\left(\frac{2}{n^3}-\frac{\pi^2}{n}\right)\right]\sin nx,x\in[0,\pi)$。

$2x^2=\frac{2}{3}\pi^2+8\sum_{n=1}^{\infty}\frac{(-1)^n}{n^2}\cos nx,x\in[0,\pi]$。

习题 7.7

1. 9841/6561,3/2。
2. (1)1/2 * log((1+x)/(1-x));(2)1/(x-1)^2。
3. x+1/3 * x^3。
4. log(2)-1+1/2 * x-1/8 * (-2+x)^2+1/24 * (-2+x)^3。

复习题七

1. 1。
2. 1。
3. (1)发散;　(2)收敛;　(3)收敛;　(4)发散。
4. (1)条件收敛;　(2)发散。
5. (1) $(-e,e)$;　(2) $(-\sqrt{2},\sqrt{2})$。
6. $\frac{1}{x^2+3x+2}=\sum_{n=1}^{\infty}\left(\frac{1}{2^{n+1}}-\frac{1}{3^{n+1}}\right)(x+4)^n,x\in(-6,-2)$。
7. $-\sum_{n=1}^{\infty}\frac{x^{4n}}{n}+\sum_{n=1}^{\infty}\frac{x}{n},-1<x<1$。
8. 收敛域为 $0<x<2$, $s(x)=\frac{1}{(2-x)^2}$。
9. 1.648。
10. 0.4874。

习题 8.1

1.(1)是；　(2)是；　(3)是；　(4)不是。

2.(1)二阶；(2)三阶；(3)四阶；(4)一阶。

3.(1)是；　(2)不是；(3)不是；(4)是。

4.略。

习题 8.2

1.(1)是；(2)是；(3)不是；(4)是；(5)是；(6)不是。

2.(1) $y^2 = x^2 + C$；(2) $y = 0$ 或 $\ln y = Ce^x$；(3) $e^y = e^x + C$；

(4) $\sin y\cos x = C$；(5) $y = e^{Cx}$；(6) $(2 + y)(3 - x) = C$；

(7) $\arcsin x + \arcsin y = c$。

3.(1) $y = x^4$；　(2) $e^y = \frac{1}{2}(e^{2x} + 1)$；

(3) $\cos y = \frac{1}{\sqrt{2}}\cos x$；　(4) $(1 + y^2) = 2(1 + x^2)$ 或 $2x^2 - y^2 + 1 = 0$。

4. $y = x^2 - 5$。

5. $q = \frac{1}{4}(1 - e^{-8t})$；$i = 2e^{-8t}$。

习题 8.3

1.(1) $y = Ce^{-x^2} + 2$；　(2) $y = (x^2 - 4x + C)(x - 2)$；

(3) $\rho = \frac{1}{3}Ce^{-3\theta} + \frac{2}{3}$；　(4) $i = Ce^{6t} - (3\sin 2t + \cos 2t)/2$；

(5) $y = Cx^2 + x^4$；　(6) $y = e^x(\ln|x| + C)$；

(7) $y = C\cos x + \sin x$；　(8) $y = (C + x^3)e^{-(x+\ln|x|)}$。

2.(1) $x = \frac{t}{\cos t}$；　(2) $y = \frac{1}{x}(-\cos x + \pi - 1)$。

3. $y = x(C - \ln|x|)$。

4. $y = 3(e^x - x - 1)$。

习题 8.4

1. $y = C_1e^{-x} + C_2e^{3x}$。

2. $y = (C_1 + C_2)e^{-2x}$。

3. $y = (C_1\cos 3x + C_2\sin 3x)e^{2x}$。

4. $y = C_1e^{-x} + C_2e^{3x} - \frac{2}{3}x^2 + \frac{8}{9}x - \frac{1}{27}$。

5. $y = C_1e^{-x} + C_2e^{3x} - \frac{1}{4}xe^{-x}$。

6. $y = C_1\cos 2x + C_2\sin 2x + \sin x$。

7.(1) $\mu < k$ 时，$x = e^{-\mu t}(C_1\cos\sqrt{k^2 - \mu^2}t + C_2\sin\sqrt{k^2 - \mu^2}t)$。

(2) $\mu > k$ 时，$x = C_1e^{-\mu t + \sqrt{k^2-\mu^2}t} + C_2e^{-\mu t - \sqrt{k^2-\mu^2}t}$。

(3) $\mu = k$ 时，$x = e^{-\mu t}(C_1 + C_2t)$。

习题 8.5

1. 101432,(提示:> >f=[3,2,-10,0,7,0];polyval(f,8))。

2. (1)1.2328+0.7926i,1.2328-0.7926i,-0.4656;

(2)0.7071,0.7071,-0.7071,-0.7071。

3. 1,0.5。

4. $f(x)g(x)=x^4+3x^3+x^2+1$, $\dfrac{f(x)}{g(x)}=x^2+x-2+\dfrac{3}{x+1}$。

5. (1) $\dfrac{x^4+2x^2+x+1}{x^3-x^2-x+1}=\dfrac{\frac{3}{4}}{x+1}+\dfrac{\frac{13}{4}}{x-1}+\dfrac{\frac{5}{2}}{(x-1)^2}+x+1$;

(2) $\dfrac{x^3+5x^2+2x+1}{x^2-x-2}=\dfrac{11}{x-2}-\dfrac{1}{x+1}+x+6$。

6. (1)1/8-7/8*exp(-4*t)+7/4*exp(-2*t)。

提示:dsolve('D2x+6*Dx+8*x=1','Dx(0)=0','x(0)=1','t')。

(2)1/5-1/5*exp(-10*t)。

提示:dsolve('Dx+10*x=2','x(0)=0','t')。

(3)7/4*exp(-t)-3/4*exp(-3*t)+1/2*t*exp(-t)。

提示:dsolve('D2x+4*Dx+3*x=exp(-t)','x(0)=1','x(0)=1','t')。

(4)tan(atan(x)+C1)。

提示:dsolve('(x^2+1)*Dy-(y^2+1)=0','x')。

复习题八

1. (1) $x^2-y^2=C$;　(2) $e^y-e^x=C$;　(3) $y=(x-2)(x^2-4x+C)$;

(4) $y=C_1e^x+C_2e^{-2x}$;　(5) $y=C_1\cos x+C_2\sin x+2x^2-4x-3$;

(6) $y=C_1\cos 2x+C_2\sin 2x-\dfrac{3}{4}\cos 2x$。

2. (1) $y=\dfrac{1}{2}-\dfrac{1}{x}+\dfrac{1}{2x^2}$;　(2) $y=(2+x)e^{-\frac{x}{2}}$。

3. $\theta=15+\dfrac{10}{k}(1-e^{-kt})$。

4. $y=\dfrac{qx}{24\mathrm{EJ}}(x^2+6l^2-4lx)$。

习题 9.1

1. (1) $\dfrac{1}{1-j\omega}$;　(2) $\dfrac{10-4j\omega-2\omega^2}{25-6\omega^2+\omega^4}$;　(3) $\dfrac{2}{j\omega}$;

(4) $\dfrac{\pi}{2}[(\sqrt{3}+j)\delta(\omega+5)+(\sqrt{3}-j)\delta(\omega-5)]$;　(5) $\dfrac{2\alpha}{\alpha^2+\omega^2}$;

(6) $\dfrac{\pi}{4}j[(\delta(\omega-5)-3\delta(\omega-1)+3\delta(\omega+1)-\delta(\omega+3)]$;

(7) $\sqrt{\pi}E\tau e^{-(\frac{\omega\tau}{2})^2}$;　(8) $\pi\delta(\omega)+\dfrac{1}{j\omega}$。

2. $f(t)=\cos\omega_0 t$。

3. (1) $-\dfrac{1}{(\omega-\omega_0)^2}+j\pi\delta'(\omega-\omega_0)$；　(2) $\dfrac{1}{(\omega-\omega_0)^2}+\pi i\delta'(\omega-\omega_0)$。

习题 9.2

1. (1) $\dfrac{6}{s^2}$；　(2) $\dfrac{1}{s+2}$；　(3) $\dfrac{3s-10}{s^2+4}$；　(4) $\dfrac{1}{s}(2e^{-4t}-1)$；

(5) $L[f(t)]=\dfrac{2}{s^3}+\dfrac{3}{s^2}-\dfrac{4}{s}$；　(6) $L[f(t)]=\dfrac{1}{s}+\dfrac{1}{(s-1)^2}$；

(7) $L[f(t)]=\dfrac{144}{s(s^2+36)}$；　(8) $L[f(t)]=\dfrac{6s}{(s^2+9)^2}$。

2. (1) $2e^{2t}$；(2) $\dfrac{1}{2}e^t t^2$；(3) $2-3t$；(4) $4\cos 2t-\dfrac{3}{2}\sin 2t$；

(5) $\dfrac{5}{2}e^{-5t}-\dfrac{3}{2}e^{-3t}$；(6) $-1+t+e^{-t}$；(7) $2\sin t-\cos t+t\cos t$；

(8) $\dfrac{7}{5}e^{-2t}-2e^{-t}\left[\dfrac{1}{5}\cos 2t+\dfrac{2}{5}\sin 2t\right]u(t)$。

3. (1) $y(t)=3e^{2t}$；

(2) $y(t)=e^{2t}-5e^{t}+2$；

(3) $\begin{cases}x=e^{-t}\sin t\\ y=e^{-t}\cos t\end{cases}$；

(4) $\begin{cases}x=\dfrac{1}{5}\cos 2t\\ y=\dfrac{3}{5}\sin 2t\end{cases}$。

4. $i(t)=\dfrac{5}{2}e^{-5t}-\dfrac{3}{2}\cos 5t+\dfrac{5}{2}\sin 5t$。

习题 9.3

1. i*pi*(-dirac(w-1)+dirac(w+1)),sin(x)。

2. 1/(s-a)。

3. -5*t+2。

复习题九

1. (1) $F(\omega)=2\pi\delta(\omega)$；　(2) $F(\omega)=\pi[\delta(\omega+\omega_0)+\delta(\omega-\omega_0)]$；

(3) $F(\omega)=\dfrac{1}{j\omega}e^{-j\omega t_0}+\pi\delta(\omega)$；(4) $F(\omega)=\dfrac{\pi}{2j}[\delta(\omega-\omega_0)-\delta(\omega+\omega_0)]-\dfrac{\omega_0}{\omega^2-\omega_0^2}$；

(5) $F(\omega)=j\pi\delta(\omega-\omega_0)-\dfrac{1}{(\omega-\omega_0)^2}$。

2. 略。

3. (1) $\dfrac{e^{-\frac{s}{2}}}{s}$；　(2) $\dfrac{E}{s}(1-e^{-t_0 s})$；

(3) $\dfrac{2s^3-24s}{(s^2+4)^2}$；　(4) $\dfrac{1}{\sqrt{s+\pi}}$。

4. (1) $1-e^{t}+te^{t}$；　　(2) $e^{-t}(3\cos 3t+2\sin 3t)$；

(3) $\frac{1}{2}(t\cos t+\sin t)$；　　(4) $e^{t}(1+3t+\frac{3}{2}t^{2}+\frac{1}{6}t^{3})$。

5. (1) $y=e^{-x}(1-\cos x)$；

(2) $y=-3-2t+4t^{3}+\frac{2}{3}e^{-2t}+e^{t}(\frac{7}{3}\cos\sqrt{3}t+\frac{1}{\sqrt{3}}\sin\sqrt{3}t)$；

(3) $\begin{cases} x=\frac{1}{5}\cos 2t。\\ y=\frac{3}{5}\sin 2t。\end{cases}$

习题 10.1

1. (1) Ω = {甲乙,甲丙,甲丁,乙丙,乙丁,丙丁,乙甲,丙甲,丁甲,丙乙,丁乙,丁丙}；
(2) $\Omega=\{2,3,4,5,6,7,8,9,10\}$；
(3) $\Omega=\{(1,3),(3,1),(1,2),(2,1),(2,2)\}$。

2. (1) ABC；　(2) $\bar{A}\bar{B}\bar{C}$；　(3) $A\bar{B}\bar{C}$；　(4) $A+B+C$；　(5) $A\bar{B}\bar{C}+\bar{A}B\bar{C}+\bar{A}\bar{B}C$；

(6) $\bar{A}BC+A\bar{B}C+AB\bar{C}$。

3. 略。

4. C 与 E 是互斥事件，C 与 D 是对立事件。

习题 10.2

1. 24。
2. 1680。
3. 42。
4. 15。
5. 0.375。
6. D。
7. 0.9。
8. (1)0.0714；　(2)0.0286；　(3)0.0286。
9. (1)0.2778；　(2)0.1975；　(3)0.1157；　(4)0.5177。
10. 1/6。

习题 10.3

1. 0.96。
2. 0.88。
3. 0.214,0.375,0.633。
4. 0.5。
5. 0.72。
6. $\frac{3}{10}$；$\frac{3}{10}$。
7. (1)0.24；　(2)0.424。

8. 0.9。

9. (1) 0.56；　(2) 0.38；　(3) 0.94。

10. (1)0.0512；　(2)0.993。

11. 0.9983。

12. $2p^2 - p^4$。

13. 0.93。

14. 0.417。

15. 白球的可能性大。

16. 0.9524。

习题 10.4

1. 0.87, 0.72, 0.7。

2. $P(\xi = k) = \frac{C_{k-1}^2 C_1^1}{C_5^3}, (k = 3,4,5)$。

ξ	3	4	5
P	$\frac{1}{10}$	$\frac{3}{10}$	$\frac{3}{5}$

3.

X	0	1	2
P	0.01	0.18	0.81

4. (1)

X	0	1	2	3	4	5
P	0.01024	0.0768	0.2304	0.3456	0.2592	0.07776

(2)0.91296。

习题 10.5

1. (1)2；　(2)0.9375；　(3)0.25。

2. (1)1/2；　(2) $(1 - e^{-1})/2$。

3. 2/3。

4. (1)0.7257；　(2)0.1841；　(3)0.8904。

5. 0.8944；　0.6678。

6. (1)0.8664；(2)0.392。

7. 0.1587。

8. 1.84m。

习题 10.6

1. 5.48。

2. 0, 1/5。

3. $E(3\chi-3\eta-1)=-\frac{5}{4}$；$D(-6\chi+3\eta-4)=98.75$。

4. (1)9；(2)9。

5. $P(\chi=k)=C_5^k 0.1^k(1-0.1)^{5-k}$，$(k=0,1,2,3,4,5)$。

6. 60.8221918。

7. 7/6元。

习题10.7

1. 0.1901。

2. 0.9877。

3. 0.1359。

4. 数学期望为0.6000，方差为0.3733。

5. 35.0000；550。

提示：

```
>>X=[0 15 30 55 100]
>>P=[binopdf(0,4,0.5) binopdf(1,4,0.5) binopdf(2,4,0.5) binopdf(3,4,0.5) binopdf(4,4,0.5)];
>>EX=sum(X.*P);
>>DX=sum(X.^2.*P)-(EX)^2。
```

6. 数学期望为0，方差为3/20。

7. 数学期望为0.5，方差为0.75。

8. 数学期望为3，方差为16。

复习题十

1. (1)D； (2)B； (3)D； (4)B； (5)B。

2. (1)0.3； (2)$\frac{4}{7}$； (3)0； (4)$\frac{19}{396}$。

3. (1)$AB=A=\{X|4\leqslant X<6\}$；(2)$A+B=B=\{X|3<X\leqslant 7\}$；

(3)$B-A=\{X|3<x<4,\text{或}6\leqslant x\leqslant 7\}$；(4)$\bar{A}=\{X|1<x<4\text{ 或 }6\leqslant x<9\}$。

4. (1)$\frac{19}{396}$；(2)$\frac{19}{198}$。

5. $p=0.915$。

6. (1)0.2816； (2)0.7560； (3)0.0563； (4)$\left(\frac{1}{4}\right)^{10}\approx 9.54\times 10^{-7}$。

7. $p=0.68256$。

8. $\frac{1}{4}$，$\frac{15}{16}$。

9. $c=2$。

10. (1)0.9332； (2)0.0228； (3)0.0359； (4)0.8400； (5)0.9544。

11. (1)0.46； (2)0.43。

12. $E\xi=1.25$。

13. (1) $\frac{91}{36}$；　　(2) $\frac{2843}{1296}$。

习题 11.1

1. (1)是；　　(2)不是；　　(3)是。

2. 算术平均数 55.2，中位数 55.5，极差 13，标准偏差 4.13。

3. (1) $\lambda = 1.96$；(2) $\lambda = 2.57$；　(3) $\lambda = 1.64$。

4. (1)1.6973；　　(2)2.1315；　　(3)16.919；　　(4)37.566。

5. 我们无法肯定，但很有可能是因为实习生所调查的样本人群并未代表目标总体。

首先，实习生希望向友好客户免费派发咖啡，而且希望听到正面回应。这是不是说他只与看上去对他友好的客户交谈？他是得到了客户关于咖啡的真实评价，还是仅仅曾经询问他们是否同意“咖啡味道不错”？

实习生还希望利用这个工作机会和他常驻的咖啡店的一位年轻女常客搭讪，他是不是把大部分时间都花在这家店里了？这位女孩是否影响了他的样本选择？

最后，首席执行官推出咖啡的季节与进行调查的季节不同，这也有可能影响销量。所有这些因素，或者其中的部分因素，都有可能导致样本有误，进而导致了错误决策。

习题 11.2

1. 身高期望的点估计为 $\hat{\mu} = \bar{x} = 125.7$，身高方差的点估计为 $\hat{\sigma}^2 = S^2 = 13.79$。

2. 证明略，$\hat{\mu}_2$ 最有效。

3. (21.537,22.063)。

4. (5.11,5.31)。

5. (598.10,881.95)。

6. (0.027,0.193)。

习题 11.3

1. 略。

2. 不能证实。

3. 存在线性相关关系；$\hat{y} = 39.37 + 0.54x$。

4. $\hat{y} = 10.423 + 1.042x$。

习题 11.4

1. $U > 2.33$。

2. $|U| = \left|\frac{31.127 - 32.5}{11/\sqrt{6}}\right| = 0.306 < u_{\frac{\alpha}{2}} = 1.96$，所以可以认为这批砖的平均抗断强度为 32.50。

3. 不可以。

4. 左侧检验：$U = \frac{\sqrt{400}}{0.354}(0.1425 - 0.147) = -0.25 > -U_\alpha = -1.64$，所以接受 H_0，即认为该市老年人口比重至少为 14.7%。

5. 右侧检验：$T = \frac{\sqrt{25}}{10}(85-80) = 2.51 > t_{0.1}(24) = 1.3178$，所以拒绝 H_0，认为教学改革确有效果。

6. 答案：不能。

7. 原假设是：(1)囚犯无罪；(2)囚犯有罪；(3)囚犯无罪，且我们发现他无罪；囚犯有罪，且我们发现他有罪；(4)囚犯无罪，而我们发现他有罪；囚犯有罪，且我们发现他无罪。

习题 11.5

1. 均值为7，中位数为，极差为6，方差为3.7500，标准差为1.9365。

2. 净重的置信区间为[481.0697, 516.9303]g，净重标准差的置信区间为[9.6771, 39.1062]g。

3. 直径 μ 的置信度为95%的置信区间[21.3438, 22.2562]。

4. 这批弹壳直径不符合标准。

提示：>>x=[7.92 7.94 7.90 7.93 7.92 7.92 7.93 7.91 7.94]；
m=mean(x)；[h,sig]=ztest(x,8,0.09,0.05,0)。

5. 打包机工作正常。

提示：>>x=[99.5 98.7 100.6 101.1 98.5 99.6 99.7 102.1 100.6]；
m=mean(x)；[h,sig]=ttest(x,100,0.05,0)。

6. 略。

7. 略。

8. 存在线性相关关系；$\hat{y} = 40.18 + 0.54x$。

提示：>>x=[82 93 105 130 144 150 160 180 200 270 300 400]'；
>>y=[75 85 92 105 120 120 130 145 156 200 200 240]'；
>>X=[ones(12,1),x]；[b,bint,r,rint,stats]=regress(y,X)；b,stats

复习题十一

1. 零件长度的中位数20.15cm，极差1.2cm，$\hat{\mu} = \bar{x} = 20.25$，$\hat{\sigma}^2 = S^2 = 1.165$。

2. $\hat{\mu}_1$ 比 $\hat{\mu}_2$ 有效。

3. (1)(14.75, 15.15)；(2)(14.71, 15.187)；(3)(0.0199, 0.3069)。

4. (30.868, 31.252)。

5. 可以认为摩托车平均使用寿命有显著提高。

6. 装配的这种发动机符合原设计的要求。

7. 不能否定厂方断言。

8. 答案：$y = -0.754 + 1.198x$，显著。

习题 12.1

1. (1)16；(2)5。

2. (1)1；(2)9；(3)−27；(4) $2abc$；(5) $abcd + ab + ad + cd + 1$；(6)−72；(7)5；(8)0；(9) $a_1a_2a_3a_4a_5$；(10)0。

3. 略。

4. $f(x)=2x^2-3x+1$。

5. (1) $x_1=1,x_2=-1,x_3=1$；　(2) $x_1=1,x_2=-1,x_3=1,x_4=-1$。

6. $\lambda=-2$ 或 $\lambda=1$。

习题 12.2

1. $\boldsymbol{A}+\boldsymbol{B}=\begin{pmatrix}7&8&3\\4&-1&4\\1&4&4\end{pmatrix}$,　$3\boldsymbol{A}-2\boldsymbol{B}=\begin{pmatrix}-4&11&1\\-3&17&17\\-12&12&2\end{pmatrix}$,

$\boldsymbol{A}^{\mathrm{T}}\boldsymbol{B}+\boldsymbol{A}\boldsymbol{B}^{\mathrm{T}}=\begin{pmatrix}26&11&7\\62&-19&20\\48&-37&-1\end{pmatrix}$。

2. 5, −2, 4, −2。

3. (1) $\begin{pmatrix}0&0\\0&0\end{pmatrix}$；　(2) $\begin{pmatrix}6&-7&8\\20&-5&-6\end{pmatrix}$；　(3) (3)；　(4) $\begin{pmatrix}2&4&6&8\\0&0&0&0\\-1&-2&-3&-4\\1&2&3&4\end{pmatrix}$。

4. (1) $\begin{pmatrix}1&-\frac{1}{2}\\-2&\frac{3}{2}\end{pmatrix}$；　(2)不存在；　(3) $\begin{pmatrix}1&-2&7\\0&1&-2\\0&0&1\end{pmatrix}$。

5. $\begin{pmatrix}2&-1&0&0\\-3&2&0&0\\-5&7&-3&-4\\2&-2&\frac{1}{2}&\frac{1}{2}\end{pmatrix}$。

6. (1) $x_1=1,x_2=3,x_3=2$；　(2) $x_1=\frac{5}{2},x_2=-1,x_3=-\frac{3}{2}$。

7. (1) $\begin{pmatrix}-2\\4\end{pmatrix}$；　(2) $\begin{pmatrix}-2&2&1\\-\frac{8}{3}&5&-\frac{2}{3}\end{pmatrix}$；　(3) $\begin{pmatrix}-\frac{1}{10}&\frac{27}{10}\\\frac{1}{5}&-\frac{19}{10}\end{pmatrix}$。

8. (1)2；　(2)3。

9. 24。

10. 乙。

习题 12.3

1. (1)无解；(2)有无穷多组解 $x_1=-8,x_2=3+c,x_3=6+2c,x_4=c$（$c$ 为任意常数）；(3)有唯一解 $x_1=2,x_2=3,x_3=4$。

2. (1) $x_1=c,x_2=2c,x_3=c,x_4=-3c$；(2) $x_1=0,x_2=0,x_3=0$。

3. 当 $a=-5,b\neq2$ 时，方程组无解；当 $a\neq-5$ 时，方程组有唯一解；当 $a=-5,b=2$ 时，方程组有无穷多组解。

习题 12.4

1. 当生产 A 产品 5kg，B 产品 1kg 时，利润最大，为 23 元。

2. 运输队每天只需派出 8 辆 A 型载货车就能既完成运输任务又能使得成本最低，最低成本为 1920 元。

3. 各列货物装载不同舱位获利最大的方案，见下表：

获利最大方案（单位：件）

商品	前舱	中舱	后舱
A	150	375	75
B	0	0	150
C	160	0	0

4. 应当选派甲乙丙丁 4 人组成接力队，分别参加自由泳、蝶泳、仰泳、蛙泳的比赛。

5. 设 x_i 表示从星期 $i(i = 1,2,3,4,5,6,7)$ 开始工作（连续工作 5 天后休息 2 天）的人数，则有 $x_1 = 0, x_2 = 67, x_3 = 146, x_4 = 170, x_5 = 97, x_6 = 120, x_7 = 17$。从而可使商场总的营业员最少，为 617 人。

习题 12.5

1. $2\boldsymbol{A}+\boldsymbol{B}^{\mathrm{T}} = \begin{bmatrix} 11 & 7 & 16 \\ 4 & 2 & 3 \\ 7 & 3 & 8 \end{bmatrix}, \boldsymbol{AB} = \begin{bmatrix} 35 & -24 & 53 \\ 23 & -22 & 29 \\ 9 & -3 & 13 \end{bmatrix}$。

2. $\boldsymbol{A}^{-1} = \begin{bmatrix} -1 & 1 & 1 \\ 1 & 0 & -2 \\ 1 & -2 & 1 \end{bmatrix}$。

3. $\boldsymbol{X} = \begin{bmatrix} 1 & 1/3 \\ -1 & -1/6 \\ -3 & -5/6 \end{bmatrix}$。

提示：

```
>>A=[2 3 -1;1 2 0;-1 2 -2];B=[2 1;-1 0;3 1];X=A\B;
>>sym(X)   % 把 X 中元素化为分数
```

4. $x_1 = 1, x_2 = -2, x_3 = 1$。

5. 最优解为：$x_1 = 0, x_2 = 8, x_3 = 4, x_4 = 7, x_5 = 0, x_6 = 1$，最少运费为 $z = 110$ 元。

6. 见习题 12.4 第 3 题。

复习题十二

1. (1)2； (2)3； (3)45； (4) −3； (5)48； (6)6； (7) $\begin{pmatrix} \boldsymbol{a}^{10} & 0 & 0 \\ 0 & \boldsymbol{b}^{10} & 0 \\ 0 & 0 & \boldsymbol{c}^{10} \end{pmatrix}$。

2. (1)(−1)； (2) −9； (3) $(x-a)(x-b)(x-c)$。

3. $a = 5, b = 2, c = 2, d = -1$。

4. (1) $\begin{pmatrix}1&2&3\\0&1&2\\0&0&1\end{pmatrix}$；(2) $\begin{pmatrix}0&-5\\0&15\end{pmatrix}$。

5. $\boldsymbol{X}=\begin{pmatrix}4&\frac{3}{2}&-1\\-1&\frac{5}{2}&1\\\frac{7}{2}&\frac{11}{2}&\frac{5}{2}\end{pmatrix}$。

6. (1) $x_1=1, x_2=-2, x_3=0, x_4=\frac{1}{2}$；(2) $\begin{pmatrix}x_1\\x_2\\x_3\\x_4\end{pmatrix}=\begin{pmatrix}19\\-4\\0\\0\end{pmatrix}+k_1\begin{pmatrix}-9\\2\\1\\0\end{pmatrix}+k_2\begin{pmatrix}-19\\4\\0\\1\end{pmatrix}$（$k_1, k_2$ 为任意常数）；(3) $\begin{pmatrix}x_1\\x_2\\x_3\\x_4\end{pmatrix}=k_1\begin{pmatrix}-2\\1\\0\\0\end{pmatrix}+k_2\begin{pmatrix}6\\0\\-3\\1\end{pmatrix}$。

7. 当 $p\neq0$ 或 $q\neq2$ 时无解；当 $p=0$ 且 $q=2$ 时，有无穷多组解，$\begin{pmatrix}x_1\\x_2\\x_3\\x_4\\x_5\end{pmatrix}=\begin{pmatrix}-2\\3\\0\\0\\0\end{pmatrix}+k_1\begin{pmatrix}1\\-2\\1\\0\\0\end{pmatrix}+k_2\begin{pmatrix}1\\-2\\0\\1\\0\end{pmatrix}+k_3\begin{pmatrix}5\\-6\\0\\0\\1\end{pmatrix}$（$k_1$、$k_2$、$k_3$ 为任意常数）。

8. $m=2,5,8$。

9. 制作口感鲜嫩和口感厚实两种豆腐分别为 38kg、14kg 时豆腐店可获得最大收益，最大收益为 232 元。

10. 基地东向市场东运输蔬菜 2000t；基地南向市场南运输 1100t、市场北 1400t；基地西向市场南运输 1200t，市场西 1800t。